普通高等院校“十三五”应用型本科机械类规划教材

互换性与技术测量

主　编　管建峰　钟相强

副主编　孟　涛　王建彬　赵　敏

陈庆兰

参　编　疏　达　高　飞　姚志强

华征潇　韦　钧

北京理工大学出版社

BEIJING INSTITUTE OF TECHNOLOGY PRESS

内 容 简 介

本书系统地论述了“互换性与技术测量”的基本知识，分析介绍了我国最新公差与配合方面的新标准，阐述了测量的基本原理，介绍了一些新的测量技术，并在此基础上增加了一些典型的工程案例和练习题。全书主要内容包括绪论、几何量测量基础、极限与配合、几何公差及检测、表面结构参数及检测、光滑极限量规、尺寸链、滚动轴承的公差与配合、圆锥的公差与配合及检测、螺纹公差及检测、键和花键的公差配合及检测、渐开线圆柱齿轮精度及检测、综合实验和附录等内容。书中各章附有练习题，供读者复习与巩固知识。

本书主要作为高等院校应用型本科机械类各专业的互换性与技术测量或几何精度规范与精度设计课程的教材，也可作为机械制造、机械设计、车辆设计等工程技术人员、计量人员、检验人员的参考用书。

图书在版编目（CIP）数据

互换性与技术测量/管建峰，钟相强主编. —北京：北京理工大学出版社，2017.6（2018.6 重印）

ISBN 978-7-5682-4176-2

Ⅰ.①互…　Ⅱ.①管…　②钟…　Ⅲ.①零部件－互换性－高等学校－教材　②零部件－测量技术－高等学校－教材　Ⅳ.①TG801

中国版本图书馆 CIP 数据核字（2017）第 117608 号

出版发行 / 北京理工大学出版社有限责任公司
社　　址 / 北京市海淀区中关村南大街 5 号
邮　　编 / 100081
电　　话 /（010）68914775（总编室）
（010）82562903（教材售后服务热线）
（010）68948351（其他图书服务热线）
网　　址 / http://www.bitpress.com.cn
经　　销 / 全国各地新华书店
印　　刷 / 北京国马印刷厂
开　　本 / 787 毫米×1092 毫米　1/16
印　　张 / 20.5
字　　数 / 509 千字
版　　次 / 2017 年 6 月第 1 版　2018 年 6 月第 3 次印刷
定　　价 / 49.00 元

责任编辑 / 高　芳
文案编辑 / 赵　轩
责任校对 / 周瑞红
责任印制 / 李志强

前　言

人类社会的发展就是对自然世界的物质资源的综合利用。在物质产品的生产中，几何精度对产品的使用功能和寿命有着非常重要的影响。因此，机械产品的品质评价和制造工艺的合理确定及机械产品的精度指标和验收指标的确定对提高产品的竞争力有着十分重要的意义。

随着科学技术的发展，特别是“工业 4.0”的新概念的提出，人们对于固态产品的开发和设计的智能化提出了更高的要求。首先在一定的相关设计、优化处理和标准化后，对机械设备的总体之间的配合精度和使用精度也都提出了更高的要求，同时还对零件和部件的设计精度和使用精度提出了要求。

现代工业的发展正处于由劳动密集、资本密集逐步向科学技术密集、智力密集的方向发展，由单一品种、大批量生产进入多品种、小批量综合生产阶段。

互换性与技术测量是与机械、电子、仪器仪表、医疗、生物、食品、环境、卫生、汽车、航空航天等领域的制造工业发展紧密联系的基础学科，是机械类专业的学生必修的专业基础课，而且涉及机械设计、机械制造、质量控制、生产组织管理等多方面内容。本学科实际上是一门综合性应用技术基础学科，内容涉及固态产品及其零部件的设计、制造、维修、质量管理与生产管理等多方面的国家标准及其测量技术知识。

机械产品的开发可以分为 3 个阶段：设计、制造和验收。设计阶段，是从产品的功能要求出发，对组成整机的机械产品几何要素进行逐一分析，采用计算和类比的手段，在进行相关的优化设计处理后，确定尺寸、形状、位置要求，确定表面结构和表面精度要求，再按照规范化的国家标准确定评定项目和评定参数，进而在图样上进行正确表达。制造阶段，是根据设计图样进行工艺设计，完成零部件的制造，进行零部件的组装和调试。验收阶段，是根据设计图样制定检验方案，对测量结构进行误差评定。

应用型本科机械类专业系列教材定位于“应用型本科”，要体现“应用、实践、创新”的教学宗旨，体现实用性的特点；要求能够结合新的专业规范，融合先进的教学思想、方法和手段，在体现科学性、理论够用的前提下，加强实践性、操作性的内容，丰富工程案例，强调对学生实践能力的培养，做到“老师易教，学生易学，注重技能，新颖实用”。在这样的背景下，在教学中要考虑设计类课程与制造工艺课程的纽带作用，也是考虑从基础课及技术基础课教学过渡到专业课教学的桥梁作用。

本课程的任务是使读者掌握互换性与技术测量的基本知识并具备一定的分析问题和解

决问题的能力，能够应用公差标注及测量技术，通过相关工程案例进行分析与研究，得到对知识的进一步认识与理解。本课程的具体要求如下：

（1）建立互换性的概念，了解尺寸公差、几何公差、表面精度的概念及它们之间的关系；熟悉常见件的精度标注项目和要求，以及尺寸链的相关公差的分配与计算，能够有效合理地处理好公差数值的大小；掌握公差标注的方法、公差项目的选择及公差数值的确定；能够按照新的国家标准来标注图样。

（2）建立技术测量的概念，了解技术测量的原理和方法，掌握测量数据的处理方法；了解过程中测量和事后测量的区别，掌握常用测量器具的工作原理和测量方法、误差处理方法，能够进行综合量规设计，掌握单项测量和综合测量的方法和手段。

本课程由“公差配合”与“技术测量”两大部分组成，适当增加了工程案例与习题及典型的实验实践环节。

公差配合属于标准化和规范化范畴，技术测量属于计量范畴，两者结合在一起构成了这门技术的基础学科。

本书根据最新的国家标准进行宣贯，参考同类教材的体系，结合了相关检测和综合实验，介绍了美国标准等标准，专门为应用型本科机械类专业学生的互换性与技术测量课程而编写。

本书由常熟理工学院管建峰（第 10 章、第 13 章第 13.1、13.2、13.4 节和附录部分）、安徽工程大学钟相强（第 6 章、第 13 章第 13.3 节）担任主编，常熟理工学院孟涛（第 3 章）、陈庆兰（第 4 章、第 7 章）和安徽工程大学王建彬（第 8 章、第 9 章）、赵敏（第 11 章、第 12 章）担任副主编，常熟理工学院高飞（第 1 章、第 2 章）和安徽工程大学疏达（第 5 章）参与了编写，常熟理工学院华征潇、姚志强、韦钧参加了 ISO、ASME Y14.5—2009 的整理工作，常熟理工学院袁凤婷、吴露参与了有关的文字和图表的输入工作，管建峰最后按照新的国家标准进行了术语的规范，配合出版社进行了修改工作，对全书的文稿按照应用型本科教学的要求进行了调整，完成了最终的统稿工作。

在编写本书的过程中，我们得到了常熟长城轴承有限公司高级工程师蔡旭东先生、江苏振东港口机械有限公司金福民先生和江苏阳光四季新能源科技股份有限公司蒋国春先生在工程应用方面的指导，同时，常熟理工学院的吴永祥副教授对本书进行了审阅，在此一并表示感谢。

由于编者水平和时间有限，书中难免存在不足之处，恳请广大读者和专家批评指正。

编　者

2017 年 1 月

目　录

第1章
绪　论

1.1　互换性概述

近年来，我国高水头、超大容量水电等新能源设备，大型水面舰艇舱段、高铁车体、高档汽车车身等高速运载工具，以及火箭、导弹舱段类武器装备等国家重大工程装备的迅速发展，对机械产品的高精度和低成本也提出了更高的要求。如何在满足加工产品使用性能的前提下有效地降低加工成本，成为企业竞争的优势所在。因此，作为机械行业人员，必须牢牢把握住设计的加工产品既要满足使用性能，又要有合理的经济性这一原则。为保证零件的使用性能和制造的经济性，设计时要给出合理的公差值，把加工误差限制在允许的范围内。图1-1所示为圆柱齿轮减速器总装配图，从图中可以看到，它由箱体1、端盖（轴承盖）2、滚动轴承3、输出轴4、平键5、齿轮6、轴套7、齿轮轴8、垫片9和挡油环、螺钉等零部件组成，而这些零部件分别是由不同的工厂或者车间生产的，为了能够正确安装，给出了零部件的几何公差要求，从而保证这些零部件的装配和使用。

机械产品的设计过程一般需要进行以下3方面的分析计算：

（1）运动分析与计算。这是指由运动学原理确定机器或机构的合理的传动系统，选择合适的机构或元件，以满足运动方面的要求。

（2）强度的分析与计算。它是指确定各零件合理的公称尺寸，进行结构设计，使其达到强度和刚度方面的要求。

（3）几何量精度的分析与计算，即几何量精度设计。这是指零件公称尺寸确定后，要进行精度计算，以确定产品各部件的装配精度、零件的几何参数和公差。

几何量精度设计是机械产品精度设计中的重要内容，对机械产品的使用性能和制造成本及对企业的经济效益有着重要的影响，有时甚至起决定性作用。

几何量精度设计一般具有以下几个原则：

① 互换性原则，指同种零件在几何参数方面能够彼此互相替换。

② 经济性原则，在满足工艺性能的基础之上确定合理的精度要求、合理的选材、合理的调整环节，从而提高零部件的寿命。

③ 匹配性原则，根据机器中各部分对机械精度影响程度的不同，对其提出不同的精度要求，做到恰到好处的精度分配。

④ 最优化原则，是指探求并确定各组成零部件精度处于最佳协调时的集合体。

其中，互换性原则在研究加工产品的使用性能和经济性能的协调过程中具有重要地位。

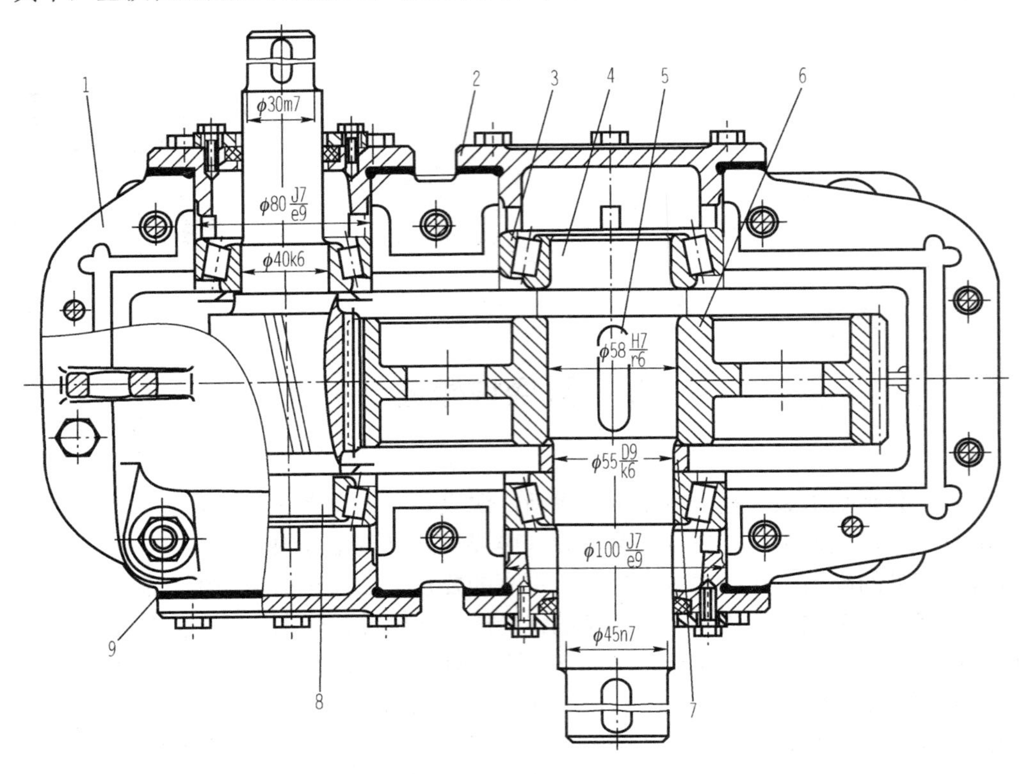

图 1-1 圆柱齿轮减速器总装配图

1—箱体；2—端盖；3—滚动轴承；4—输出轴；5—平键；6—齿轮；7—轴套；8—齿轮轴；9—垫片

1.2 互换性的定义、作用及分类

1.2.1 互换性的定义

同一规格的一批零部件，任取其一，不经任何挑选和修配就能装在机器上，并能满足其使用功能要求，这样的零件就具有互换性。互换性技术就是探求并确定各组成零部件精度处于最佳协调时的集合体，如探求并确定先进工艺、优质材料等。

1.2.2 互换性的作用

互换性的作用主要体现在以下几个方面：

（1）在设计方面：能最大限度地使用标准件，简化绘图和计算工作量，缩短设计周期，有利于产品的更新换代。

（2）在制造方面：有利于组织专业化生产使用专用设备和 CAM 技术。

（3）在使用和维修方面：便于及时更换丧失使用功能的零部件，对于易损件可提供备用件，既可及时维修、缩短停机时间，又减少了维修成本。

1.2.3 互换性的分类

根据不同的分类方法，可对互换性做如下分类。

1. 按是否应用在标准部件分类

按是否应用在标准部件，互换性可分为内互换和外互换。
内互换：组成标准部件的零件的互换；
外互换：标准部件与其他零部件的互换。

2. 按互换程度分类

按互换程度，互换性可分为完全互换（绝对互换）和不完全互换（有限互换）。

完全互换：若零件（或部件）在装配或更换时不仅不需辅助加工与修配，而且不需选择，则零件具有完全互换性。

不完全互换：当装配精度要求很高时，采用完全互换将使零件尺寸公差很小、加工困难、成本高，甚至无法加工。这时对某些形状误差很小而生产批量较大的零件，可将其制造公差适当地放大，以便于加工，在加工完毕后再用测量器具（计量器具）将零件按实际尺寸大小分为若干组，使同组零件间的差别减小，之后便可按组进行装配。这样既可保证装配精度与使用要求，又可解决加工困难，降低成本。此时仅组内零件可以互换，组与组之间不可互换，故称为不完全互换。例如，轴承部件在装配内圈、外圈和滚珠时，通过测量将零件按照实际尺寸的大小分组，组内互换装配，以保证内、外圈之间的半径差变化较小。

3. 按互换的范围分类

按互换的范围，互换性可分为几何参数互换和功能互换。
几何参数互换：零部件的尺寸、形状、位置及表面粗糙度等参数具有互换性；
功能互换：零部件的几何参数、物理性能、化学性能及力学性能等参数都具有互换性。
本课程主要研究几何参数的互换性。

1.3 公差与配合标准发展简介

18 世纪后期，资本主义生产的发展要求企业内部有统一的公差与配合标准，以扩大互换性生产的规模和控制机器备件的供应。1902 年，英国伦敦以生产剪羊毛机为主的纽瓦（Newall）公司编辑出版了《极限表》，即最早的公差制。

1906 年，英国颁布了最早的国家标准 B. S. 27。1924 年，英国又制定了国家标准 B.S.164。1925 年，美国制定了包括公差制在内的美国标准 A.S.A.B 4a。上述标准即为初期的公差标准。

在公差标准的发展史上，德国的标准 DIN 占有重要位置，它在英、美初期公差制的基础上有了较大发展。其特点是采用了基孔制和基轴制，并提出公差单位的概念，将公差等级和配合分开，规定了标准温度（20℃）。1929 年，苏联也颁布了一个“公差与配合”标准。

由于生产的发展，国际交流也愈来愈多。1926 年，在布拉格正式成立了国际标准化协会（International Standardization Association，ISA），其中第三技术委员会（Third Technical Committee，TC3）负责制定公差与配合标准，秘书国为德国。在总结 DIN（德国）、AFNOR（法国）、BSS（英国）、SNV（瑞士）等国公差制的基础上，1932 年，ISA 提出了国际制 ISA 的议案；1935 年，公布了国际公差制 ISA 的草案；直到 1940 年，才正式颁布国际公差标准 ISA。

第二次世界大战以后，1947 年 2 月，国际标准化组织重建，改名为 ISO（International Organization for Standardization），仍由第三技术委员会负责公差配合标准的制定，秘书国为法国。之后，其在 ISA 公差的基础上制定了新的 ISO 公差与配合标准。此标准于 1962 年公布，其编号为 ISO R 286:1962 极限与配合制。后来，ISO 又陆续公布了 ISO R 1938:1971《光滑工件的检验》、ISO 2768:1973《未注公差尺寸的允许偏差》、ISO 1829:1975《一般用途公差带选择》等，形成了现行国际公差标准。

在半封建半殖民地的旧中国，由于工业落后，加之帝国主义侵略，军阀割据，根本谈不上统一的公差标准。那时所采用的标准非常混乱，有德国标准 DIN、日本标准 JIS、美国标准 ASA、英国标准 BS 及国际标准 ISA。1944 年，旧经济部中央标准局曾颁布过中国标准 CIS（完全借用 ISA），实际上也未执行。

新中国成立以后，随着社会主义建设的发展，我国在吸收了一些国家在公差标准方面的经验的基础上，于 1955 年由第一机械工业部颁布了第一个公差与配合的部颁标准。1959 年，由国家科学技术委员会正式颁布了《公差与配合》国家标准（GB 159～174—1959）。接着我国又陆续制定了各种结合件、传动件、表面粗糙度及表面形状和位置公差等标准。此后，我国的公差标准随着国际标准不断更新，并结合我国的生产实际也在不断地审定、修改着。例如，将原有的《公差与配合》国家标准 GB 159～174—1959 修订为 GB 1800～1804—1979 标准；1996 年，又将该标准更名为《极限与配合》，并不断修订有关标准，如 GB/T 1800.1—1997、GB/T 1800.2—1998、GB 1800.3—1998、GB/T 1800.4—1999、GB/T 1801—1999、GB/T 1803—2003、GB/T 1804—2000 等；其他公差标准，如形状与位置公差标准 GB/T 1182—1996、GB/T 1184—1996、GB/T 4249—1996、GB/T 16671—1996，表面粗糙度标准 GB/T 1031—1995，滚动轴承公差标准 GB/T 307.1—2005，圆锥公差标准 GB/T 11334—2005，普通螺纹公差标准 GB/T 197—2003，矩形花键公差标准 GB/T 1144—2001 及圈柱齿轮传动公差标准 GB/T 10095.1—2001、GB/T 10095.2—2001、GB/Z 18620.1～4—2002 等，均不断地被修订，以适应我国飞速发展的需要。

为了与国际标准化组织 ISO/TC 213 的工作对应，我国也成立了“全国产品尺寸和几何技术规范标准化技术委员会”（SAC/TC 240），其工作范围包括：修订包括极限与配合、形状和位置公差、粗糙度及技术制图在内的技术标准，并制定了检验这些几何量的技术规范，称为“产品几何量技术规范与认证”（Geometrical Product Specification and Certification，GPS）。这项工作是标准化工作适应新时代发展的必然趋势。它有利于当代制造技术的发展，也有利于计算机辅助公差设计和计算机辅助测量的进一步完善。

随着微型计算机的发展及应用，20 世纪 70 年代末，国际上已出现了关于计算机辅助公差设计的研究，近几年来该研究更成了热门课题，我国部分高等院校和科研院所也积极开展了这方面的研究，并已取得可喜成绩。可以预计，随着该研究的进一步深入，传统的、以经验为主的公差设计方法将被计算机辅助公差设计所代替。

1.4 计量技术发展简介

要进行测量，首先就需要有计量单位和计量器具。长度计量在我国具有悠久的历史。早在我国商朝时期（至今3100～3600年）已有象牙制成的尺。到秦朝我国已统一了度量衡制度。公元9年，即西汉末王莽始建国元年，已制成铜质的卡尺，它可测车轮轴径、板厚和槽深，其最小读数值为一分。但是由于我国长期的封建统治导致社会经济落后，科学技术未能得到发展，计量技术也停滞不前。

18世纪末期，由于欧洲工业的发展，要求统一长度单位。1791年法国政府决定以通过巴黎的地球子午线的四千万分之一作为长度单位“米”。以后又制成1m的基准尺，称为档案尺。该尺的长度由两端面的距离决定。

1875年，国际米尺会议决定制造具有刻线的基准尺，并用铂铱合金制成（含铂90%，铱10%）。1888年，国际计量局接收了一些工业发达的国家制造的共31根基准尺，并经与档案米尺进行比较，以其中No.6接近档案米尺，于是在1889年召开的第一届国际计量大会上规定以该尺作为国际米原器（即米的基准）。

由于科学技术的发展，人们发现地球子午线有变化，米原器的金属结构也不够稳定，因而提出要从长期稳定的物理现象中找出长度的自然基准。1960年10月召开的第十一届国际计量大会规定采用氪的同位素^{86}Kr在真空中的波长定义米，即米等于^{86}Kr原子的2p10和5d5能级之间跃迁所对应的辐射，在真空中的1650763.73个波长的长度，准确度为1×10^{-8}。

随着科学技术的发展，人们已发现稳频激光的波长比^{86}Kr波长更稳定、误差更小（甲烷稳定的激光系统，波长为3.39μm，其准确度为1×10^{-11}）。因此，以它作为米的新定义似乎更理想。但是，为了避免今后发现一种更稳定的光波又要更改一次米的定义，在1983年第十七届国际计量大会上通过了以光速定义米的新定义，即米是光在真空中于1/299792458s的时间间隔内的行程长度。这就是目前所使用的米的定义。

伴随长度基准的发展，计量器具也在不断改进。1926年，德国Zeiss厂制成了小型工具显微镜；1927年，该厂又生产了万能工具显微镜。从此几何参数计量的准确度、计量范围随着生产的发展而飞速发展，误差由0.01mm提高到0.001mm、0.1μm，甚至0.01μm；测量范围由二维空间（如工具显微镜）发展到三维空间（如三坐标测量机）；测量的尺寸范围从集成元件上的线条宽度到飞机的机架尺寸；测量自动化程度从人工对准刻度尺读数发展到自动对准，并由计算机处理数据，自动打印或自动显示测量结果。

这里还应提到的是在20世纪80年代初期由Bining和Rohrer研制成功并于1986年获诺贝尔奖的隧道显微镜，该仪器的分辨力可达0.01nm，可测原子和分子的尺寸或形貌，这就为微尺寸的测量揭开了新的篇章。

新中国成立前，我国没有计量仪器制造厂。新中国成立后，随着生产的迅速发展，新建和扩建了一批计量仪器制造厂，如哈尔滨量具刃具厂、成都量具刃具厂、上海光学仪器厂、新添光学仪器厂、北京量具刃具厂及中原量仪厂等。这些厂为我国成批生产了诸如万能工具显微镜、万能渐开线检查仪、触针式粗糙度检查仪、接触式干涉仪、干涉显微镜、电感测微仪、气动量仪、圈度仪、三坐标测量机及齿轮单啮仪等计量仪器，满足了我国工业生产发展的需要。

为了做好计量管理和开展科学研究工作，1955 年我国成立了国家计量局（现为国家质量监督检验检疫总局）。之后又设立中国计量科学研究院，各省、直辖市、自治区也相应地成立了从事计量管理、检定和测试的机构。

新中国成立以后，我国在计量、测试科学的研究工作中也取得了很大的成绩。自 1962～1964 年建立了 ^{86}Kr 长度基准以来，又先后制成了激光光电光波比长仪、激光二坐标测量仪、激光量块干涉仪，从而使我国的线纹尺和量块测量技术达到世界先进水平。此外，我国研制成功并进行小批量生产的激光丝杆动态检查仪、光栅式齿轮全误差测量仪等，均跻身世界先进行列。近年来，我国又相继开发出了隧道显微镜和原子力显微镜，在纳米测量技术方面也紧跟世界先进水平。

可以预见，随着现代化建设事业的推进，我国的计量测试技术将得到更大的发展。

1.5 标准化及优先数系

现代化工业生产的特点是规模大、协作单位多、互换性要求高，为了正确协调各生产部门和准确衔接各生产环节，必须有一种协调手段，使分散的、局部的生产部门和生产环节保持必要的技术统一，成为一个有机的整体，以实现互换性生产。标准与标准化正是联系这种关系的主要途径和手段，是实现互换性的基础。

1.5.1 标准的定义

标准是对重复性事物和概念所做的统一规定，它以科学、技术和实践经验的综合成果为基础，经有关方面协商一致，由主管机构批准，以特定形式发布，作为共同遵守的准则和依据。

在国际上，为了促进世界各国在技术上的统一，成立了国际标准化组织（ISO）和国际电工委员会（International Electrotechnical Commission，IEC），由这两个组织负责制定和颁发国际标准。我国于 1978 年恢复参加 ISO 组织后，陆续修订了自己的标准。修订的原则是，在立足我国生产实际的基础上向 ISO 靠拢，以利于加强我国在国际上的技术交流和产品互换。

我国标准分为国家标准（GB）、行业标准（专业标准，如 JB）、地方标准和企业标准。

1.5.2 标准化

标准化是指标准的制定、发布和贯彻实施的全部活动过程，包括从调查标准化对象开始，经试验、分析和综合归纳，进而制定和贯彻标准，之后还要修订标准，等等。标准化是以标准的形式体现的，也是一个不断循环、不断提高的过程（图 1-2）。

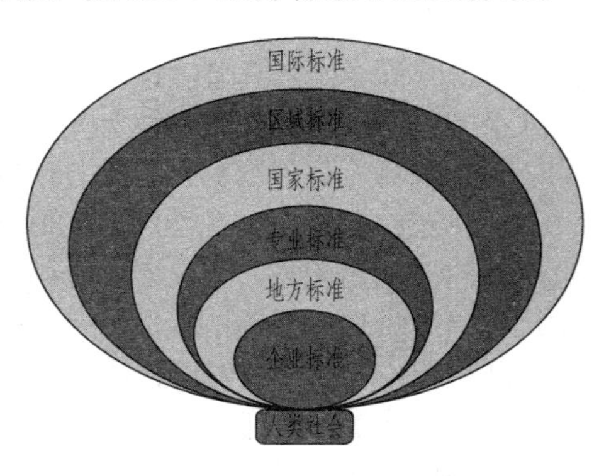

图 1-2　人类社会标准关系图

标准化是组织现代化生产的重要手段，是实现互换性的必要前提，是国家现代化水平的重要标志之一。它对人类进步和科学技术发展起着巨大的推动作用。

1.5.3 优先数和优先数系

机械设计中参数不是孤立的，会按照一定规律传递，故机械产品中的各种技术参数不能随意确定。例如，螺栓的尺寸会影响螺母的尺寸、丝锥和板牙的尺寸、量规的尺寸、螺栓孔和垫圈孔的尺寸及加工螺栓孔的钻头的尺寸等，如图 1-3 所示。

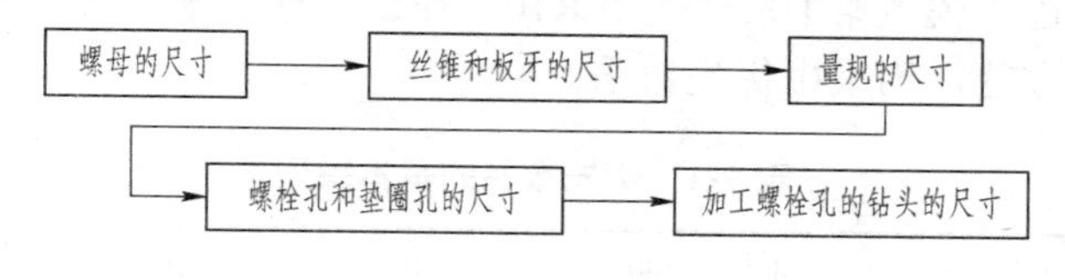

图 1-3 螺栓加工参数传递规律

在生产中，为了满足用户各种各样的要求，同一种产品的同一个参数还要从大到小取不同的值，从而形成不同规格的产品系列。这个系列确定得是否合理，与所取的数值如何分档、分级有直接关系。为使产品的参数选择能遵守统一的规律，必须对其数值做出统一规定。优先数和优先数系是一种科学的数值制度，它适用于各种数值的分级，是国际上统一的数值分级制度。目前，对于优先数和优先数系我国的国家标准为 GB/T 321—2005，国际标准为 ISO 3:1973、ISO 17:1973、ISO 497:1973。

优先数和优先数系就是对各种技术参数进行简化、协调和统一的科学的数值制度。数系的优化有个过程。标准化初期，最早人们采用算术级数（即等差级数），即

$$a，a+d，a+2d，\cdots，a+nd$$

但是这样的方法有很大缺点。后来人们采用几何级数（等比级数），即

$$a，ar，ar^2，ar^3，\cdots，ar^n(n=1，2，3，\cdots)$$

优先数系由一些十进制等比数列构成，代号为 Rr（R 是 renard 的第一个字母，r 取 5，10，20，40，80 等），其公比为$q_r=\sqrt[r]{10}$，它的含义是在每个十进制数的区间（如 1.0～10，10～100，…或 1.0～0.1，0.1～0.01，…）各有 r 个优先数。也就是说，在数列中，每隔 r 个数时其末位数与首位数之比增大 10 倍。例如 R5，当第一个数为 a，公比为q_5时，其数列依次为 a，aq_5，aq_5^2，aq_5^3，aq_5^4，aq_5^5，则aq_5^5/a =10，$q_5=\sqrt[5]{10}\approx1.6$；若首位数为 1，则在 1.0～10 区间的数列为1，1.6，2.5，4.0，6.3。同理，当为R10时，若首位数为a，则末位数就是aq_{10}^{10}，$q_{10}=\sqrt[10]{10}\approx1.26$；若首位数是1，则在 1.0～10 区间 R10 的数列为1，1.26，1.6，2.0，2.5，3.15，4.0，5.0，6.3，8.0。以此类推，R20、R40 和 R80 的公比将分别为$q_{20}\approx1.12$，$q_{40}\approx1.06$，$q_{80}\approx1.03$，其相应的数列列于表 1-1 中。由于优先数的理论值多为无理数，表中的数是经过圆整的数（R80 未列出）。

另外，优先数系还可在分母中应用，即任何优先数系的倒数所组成的数列仍是优先数系，只是项值增大的方向相反。例如，R10 的倒数系列$\frac{1}{1},\frac{1}{1.26},\frac{1}{1.6},\frac{1}{2.0},\frac{1}{2.5},\frac{1}{3.15},\frac{1}{4.0},\frac{1}{5.0},\frac{1}{6.3},\frac{1}{8.0}$，其值分别为 1，0.8，0.63，0.5，0.4，0.315，0.25，0.2，0.16，0.125 等。

此外，由于生产的需要，还有 Rr 的变形系列，即派生系列和复合系列。派生系列是指从

$\mathrm{R}r$ 的系列中按一定的项差 p 取值所构成的系列，如 $\mathrm{R}r/p$=R10/3，则其公比 $q_{r/3}=\left(\sqrt[10]{10}\right)^3\approx2$，其数系为1，2，4，8 等。复合系列是指由若干个等公比系列混合构成的多公比系列，如 10，16，25，35.5，50，71，100，125，160 就是由 R5，R20/3，R10 三个系列构成的复合系列。

数系应用的实例很多，例如，照相机的光圈就是采用 R20/3，而曝光时间采用 R10/3 的倒数系列；渐开线圆柱齿轮模数第 I 系列采用 R10。在公差标准中，尺寸分段（250mm 以后）、几何公差、粗糙度参数等，均采用优先数系。

表 1-1　优先数系的基本系列

R5	R10	R20	R40	R5	R10	R20	R40
1.00	1.00	1.00	1.00				3.15
			1.06			3.35	3.35
		1.12	1.12				3.55
			1.18				3.75
	1.26	1.26	1.26	4.00	4.00	4.00	4.00
			1.32				4.25
		1.40	1.40			4.50	4.50
			1.50				4.75
1.60	1.60	1.60	1.60		5.00	5.00	5.00
			1.70				5.30
		1.80	1.80			5.60	5.60
			1.90				6.00
	2.00	2.00	2.00	6.30	6.30	6.30	6.30
			2.12				6.70
		2.24	2.24			7.10	7.10
			2.36				7.50
2.50	2.50	2.50	2.50		8.00	8.00	8.00
			2.65				8.50
		2.80	2.80			9.00	9.00
			3.00	10.0	10.0	10.0	10.0

习　题　1

1．判断题

（1）不经挑选和修配就能相互替换、装配的零件，就是具有互换性的零件。　（　　）

（2）互换性原则只适用于大量生产。　（　　）

（3）不一定在任何情况下都要按完全互换性的原则组织生产。　（　　）

（4）为了实现互换性，零件的公差规定得越小越好。　（　　）

2．填空题

（1）互换性的定义是____。

（2）完全互换性适用于____。

（3）我国标准按颁发级别分为________、________、________和________。

（4）优先数系的基本系列有________、________、________和________，它们的公比分别为________、________、________和________。

3．简答题

（1）什么是互换性？互换性在机械制造中有何重要意义？

（2）完全互换与不完全互换有何区别？各应用于什么场合？

（3）公差、检测、标准化与互换性有何关系？

（4）为什么要规定优先数系？

（5）某机床主轴系列转速为 50，63，80，100，125，…，其中单位为 r/min，它们属于优先数系中的哪个系列？

（6）表面粗糙度 *Ra* 的基本系列值为…，0.012，0.025，0.050，0.100，0.200，…，其单位为μm，它们属于优先数系中的哪个系列？

（7）下列 3 列数据各属于优先数系中的哪种系列?公比分别为多少？

① 电动机转速（单位为 r/min）有 375，750，1500，3000，…。

② 摇臂转速（最大钻孔直径，单位为 mm）有 25，40，63，80，100，125，…。

③ 国家标准规定的从 IT6 级开始的尺寸公差等级系数依次为 10，16，25，40，64，100，…。

第 2 章

几何量测量基础

2.1 测量的基本概念

测量是指将被测的量与作为单位或标准的量进行比较，从而确定二者比值的试验过程。

在测量中假设 L 为被测量值，E 为所采用的计量单位，那么它们的比值为

$$q=\frac{L}{E} \tag{2-1}$$

这个公式的物理意义说明，在被测量值 L 一定的情况下，比值 q 的大小完全决定于所采用的计量单位 E，而且是成反比关系。同时它也说明计量单位的选择决定于被测量值所要求的准确程度，这样经比较而得到的被测量值为

$$L=qE \tag{2-2}$$

由式（2-2）可知，任何一个测量过程必须有被测的对象和所采用的计量单位。此外，还有二者是怎样进行比较和比较以后它的准确程度如何的问题，即测量的方法和测量的准确度问题。

一个完整的几何测量过程包括 4 个要素：测量对象、计量单位、测量方法和测量精度。

测量对象是指零件的尺寸、形状和位置误差及表面粗糙度等几何参数，其基本对象是长度和角度。由于几何量的特点是种类繁多，形状又各式各样，因此对于它们的特性、被测参数的定义及标准等都必须加以熟悉和研究，以便进行测量。

计量单位是几何量中的长度、角度单位。1984 年 2 月 27 日，中华人民共和国法定计量单位正式公布，确定米制为我国的基本计量制度。在长度计量中单位为米（m），其他常用单位有毫米（mm）和微米（μm）。在角度测量中以度（°）、分（′）、秒（″）为单位。

测量方法是指进行测量时所采用的测量原理、计量器具及测量条件的总和。对几何量的测量而言，测量方法则是根据被测参数的特点，如公差值、大小、轻重、材质、数量等，并分析研究该参数与其他参数的关系，最后确定对该参数如何进行测量的操作方法。

测量精度是指测得值与其真值的一致程度，即测量结果的可靠程度。由于任何测量过程总会不可避免地出现测量误差，误差大说明测量结果离真值远，准确度低。因此，准确度和误差是两个相对的概念。由于存在测量误差，任何测量结果都是以一近似值来表示的。

2.2　计量单位与量值传递系统

长度的基本单位是米（m），其定义在前文中介绍过。工程上不能直接按照米的定义用光波来测量零件，而是采用各种计量器具。为了保证量值的准确和统一，须有统一的量值传递系统。我国长度量值传递的主要标准器是量块系统和线纹尺系统。其传递系统如图 2-1 所示。

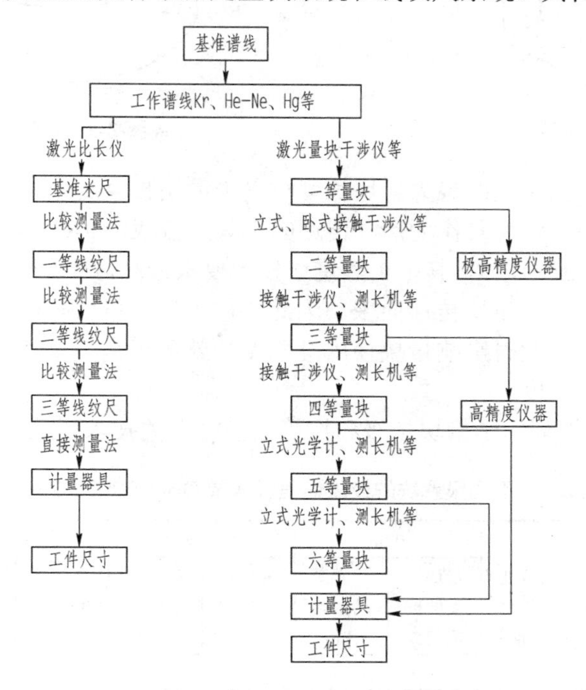

图 2-1　长度量值传递系统

2.2.1　量块及其传递系统

量块在机械制造和仪器制造中应用很广。量块在长度计量中作为实物标准，用以体现测量单位，并作为尺寸传递的媒介。此外，它还广泛用于检定和校准计量器具，在比较测量中用于调整仪器的零位，也可用于加工中机床的调整和工件的检验等。

量块的形状为长方形平面六面体，如图 2-2 所示。它有 2 个测量面和 4 个非测量面。两相互平行的测量面之间的距离即为量块的工作长度，称为标称长度（公称尺寸）。量块一般用铬锰钢或线膨胀系数小、性质稳定、耐磨及不易变形的其他材料制造。标称长度小于 10mm 的量块，其截面尺寸为 30mm×9mm；标称长度为 10～1000mm 的量块，其截面尺寸为 35mm×9mm。

按国家标准 GB/T 6093—2001《几何量技术规范（GPS） 长度标准 量块》的规定，量块按制造技术要求分为 5 级，即 K、0、1、2、3 级。分级的主要根据是量块长度极限偏差、量块长度变动允许值、测量面的平面度、量块的研合性及测量面的表面粗糙度等。

量块长度是指量块上测量面上一点到与此量块下测量面相研合的辅助体（如平晶）表面

之间的垂直距离，如图 2-3 所示。

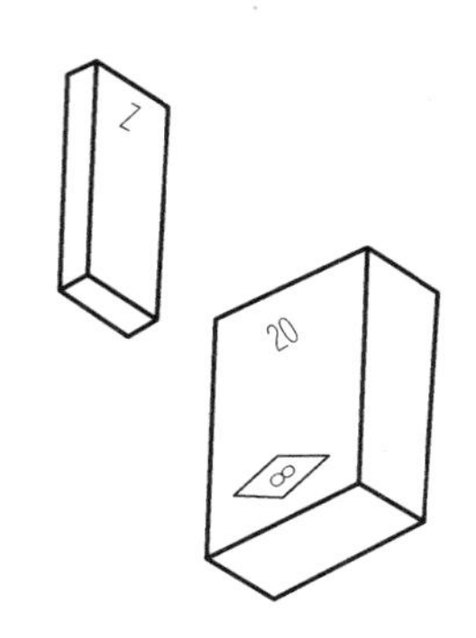
图 2-2　量块

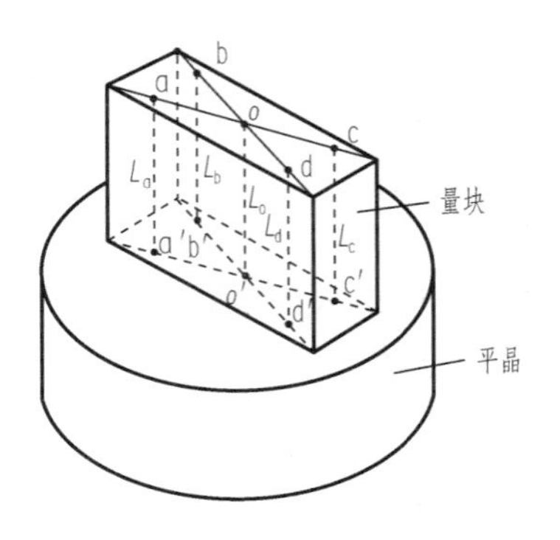

图 2-3　量块长度定义

量块长度变动量是指量块的最大量块长度与最小量块长度之差。

在计量测试部门中，量块常作为尺寸传递的工具。按我国 JJG 146—2011《量块》，将量块分为 5 等，即 1，2，3，4，5。其中 1 等量块技术要求最高，5 等量块技术要求最低。低一等的量块尺寸是由高一等的量块传递而来。因此，按等使用量块时，是用量块的实际尺寸，而不是量块的标称尺寸。此时影响量块使用准确度的就不再是量块长度的极限偏差，而是检定量块时的测量总不确定度。

表 2-1 和表 2-2 分别列出了量块按级和按等划分时有关技术要求的部分数值。

表 2-1　不同级量块的极限偏差（摘录 GB/T 6093—2001）

标称长度范围/mm		K 级		0 级		1 级		2 级		3 级	
		量块长度的极限偏差	长度变动量允许值	量块长度的极限偏差	长度变动量允许值	量块长度的极限偏差	长度变动量允许值	量块长度的极限偏差	长度变动量允许值	量块长度的极限偏差	长度变动量允许值
大于	至	μm									
—	10	±0. 20	0.05	±0.12	0.10	±0.20	0.16	±0.45	0.30	±1.0	0.50
10	25	±0.30	0.05	±0.14	0.10	±0.30	0.16	±0.60	0.30	±1.2	0.50
25	50	±0.40	0.06	±0.20	0.10	±0.40	0.18	±0.80	0.30	±1.6	0.55
50	75	±0.50	0.06	±0.25	0.12	±0.50	0.18	±1.00	0.35	±2.0	0.55
75	100	±0.60	0.07	±0.30	0.12	±0.60	0.20	±1.20	0.35	±2.5	0.60

表 2-2　不同等量块的极限偏差（摘录 JJG 146—2011）

标称长度范围/mm		1 等		2 等		3 等		4 等		5 等	
		测量不确定度	长度变动量	测量不确定度	长度变动量	测量不确定度	长度变动量	测量不确定度	长度变动量	测量不确定度	长度变动量
大于	至	μm									
—	10	0. 022	0.05	0.06	0.10	0.11	0.16	0.22	0.30	0.6	0.5
10	25	0.025	0.05	0.07	0.10	0.12	0.16	0.25	0.30	0.6	0.5
25	50	0.030	0.06	0.08	0.10	0.15	0.18	0.30	0.30	0.8	0.55
50	75	0.035	0.06	0.09	0.12	0.18	0.18	0.35	0.35	0.9	0.55
75	100	0.040	0.07	0.10	0.12	0.20	0.20	0.40	0.35	1.0	0.60

量块是单值量具，一个量块只代表一个尺寸。但由于量块测量面上的粗糙度数值和平面度误差均很小，当测量表面留有一层极薄的油膜（约 0.02μm）时，在切向推合力的作用下，由于分子之间的吸引力，两量块能研合在一起。这样，就可使用不同尺寸的量块组合成所需要的尺寸。量块是成套生产的，共有 17 种套别。其每套数目分别为 91，83，46，38，10，8，6，5 等。以 83 块一套的量块为例，其尺寸如下：

间隔 0.01mm，从 1.01，1.02，…到 1.49，共 49 块；

间隔 0.1mm，从 1.5，1.6，…到 1.9，共 5 块；

间隔 0.5mm，从 2.0，2.5，…到 9.5，共 16 块；

间隔 10mm，从 10，20，…到 100，共 10 块；

1.005mm，1mm，0.5mm 各 1 块。

选用不同尺寸的量块组成所需尺寸时，为了减少量块的组合误差，应尽量减少量块的数目，一般不超过 4 块。选用量块时，应从消去所需尺寸最小尾数开始，逐一选取。例如，若需从 83 块一套的量块中选取量块组成所需要的尺寸 28.785mm，其步骤如下：

$$
\begin{array}{rl}
28.785 & \text{第 1 块量块} \\
-\underline{\quad 1.005} & \text{第 2 块量块} \\
27.78 & \\
-\underline{\quad 1.28} & \text{第 3 块量块} \\
26.50 & \\
-\underline{\quad 6.5} & \text{第 4 块量块} \\
20 &
\end{array}
$$

2.2.2　角度传递系统

角度也是机械制造中重要的几何参数之一。由于一个圆周角定义为360°，因此角度不需要和长度一样再建立一个自然基准。但是在计量部门，为了工作方便，仍以分度盘或多面棱体作为角度量的基准。我国目前作为角度量的最高基准是分度值为 0.1″ 的精密测角仪。机械制造业中的一般角度标准则是角度量块、测角仪或分度头。

在过去相当长的时间里，常用角度量块作为基准，并以它进行角度传递。随着对角度准确度要求的不断提高，这种单值的角度量块已难以满足要求，因而出现了多面棱体。目前生产的多面棱体有 4，6，8，12，24，36，72 面等。图 2-4 所示为八面棱体，在任一横切面上其相邻两面法线间的夹角 α 为45°，用它作为基准可以测 $n\times45°$ 的角度（n=1，2，3，…）。

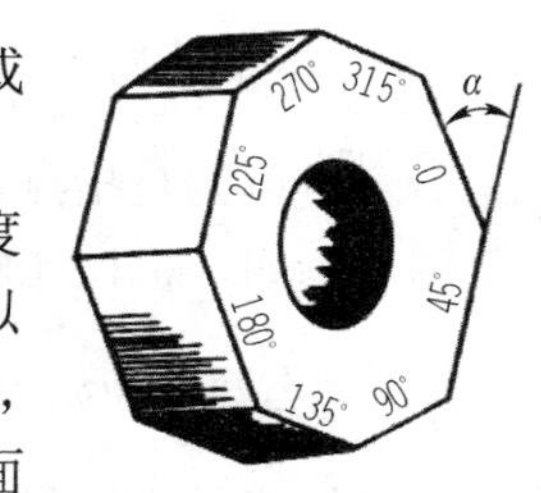

图 2-4　角度量块

以多面棱体作为角度基准的量值传递系统如图 2-5 所示。

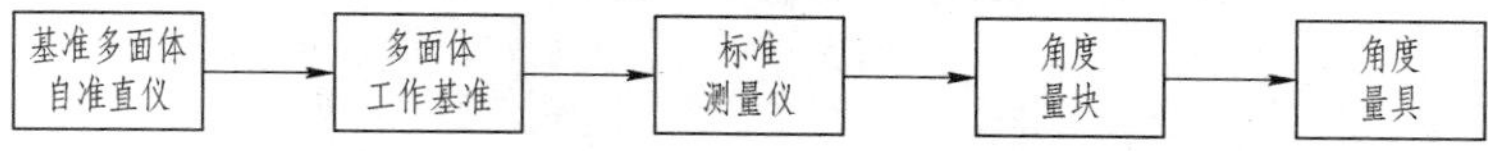

图 2-5　以多面棱体作为角度基准的量值传递系统

2.3 测量技术常用术语

不同度量指标是表征测量器具性能和功能的参数，测量中常用的术语如下：

1. 刻度间距

刻度间距是指计量器具刻度尺上两相邻刻线中心之间的距离或圆弧长度，常为等距刻线，一般为0.75～2.5mm。标尺间距用长度单位表示，而与被测量的单位和标尺上的单位无关。

2. 分度值

分度值是指计量器刻度尺上每一刻度间距所代表的被测量值。常用分度值有 0.1mm，0.05mm，0.02mm，0.01mm，0.002mm 和 0.001mm。

3. 分辨率

分辨率是指测量仪器显示的最末一位数所代表的量值。

4. 标尺范围

标尺范围是指在给定的标尺上，两端标尺标记之间标尺值的范围。标尺范围以标在标尺上的单位表示，与被测量的单位无关。

5. 测量范围

测量范围是指在允许误差限内测量仪器所能测量的最小和最大被测量值的范围。例如，某千分尺的测量范围是50～75mm。

6. 示值范围

示值范围是指测量仪器刻度标尺或刻度盘内所能显示或指示的被测几何量起始到终止的范围。例如，机械比较仪的示值范围是±0.1mm。

7. 灵敏度和放大比

灵敏度是指测量仪器对被测量微小变化的响应变化能力。若用 D_L 表示被测观察量的增量，用 D_X 表示被测量值的增量，则灵敏度 $K=D_L/D_X$。当分子与分母具有相同量纲时，灵敏度又称为放大比，它等于刻度间距 a 与分度值 i 之比，即 $K=a/i$。一般来说，分度值越小，灵敏度就越高。

8. 测量力

测量力是指在接触测量过程中，测量仪器的敏感元件与被测量工件表面之间的接触压力。测量力将引起测量器具和被测件的弹性变形，是精密测量中的一个重要的误差源。

9. 修正值

修正值是指为了消除系统误差用代数法加到测量结果上的值，其值与示值误差的大小相等，符号相反。修正值等于负的系统误差，由于系统误差不能完全获知，因此这种补偿并不完全。

10. 示值误差

示值误差是指计量器具上的示值与被测量真值的代数差，即测量仪器的示值与对应输入量的真值之差，可以用修正值进行修正。由于真值不能确定，因此实际上用的是约定真值。

对于显示式仪器：

$$\delta = v_{\mathrm{i}} - v_{\mathrm{t}}$$

对于实物量具：

$$\delta = v_{\mathrm{n}} - v_{\mathrm{t}}$$

式中，δ 为测量仪器的示值误差；v_{i} 为显示式仪器的示值；v_{n} 为实物量具所标出的值；v_{t} 为输入量（被测量）的真值。

11. 最大允许误差

对于给定的测量仪器，规范、规程等所允许的误差极限值即为该测量仪器的最大允许误差。有时也称测量仪器的允许误差限。

12. 示值

测量仪器所给出的量的值称为示值。对于实物量具，示值就是它所标出的值。

13. 分辨力

测量仪器显示装置的分辨力是指显示装置能有效辨别的最小的示值差。一般认为模拟式指示装置其分辨力为标尺间隔的一半。对于数字式显示装置，分辨力就是当变化一个末位有效数字时其示值的变化。

14. 鉴别力阈

使测量仪器产生未察觉的响应变化的最大激励变化称为鉴别力阈，这种激励变化应缓慢而单调地进行。鉴别力阈也可称为灵敏阈或灵敏限。

15. 稳定性

测量仪器保持其计量随时间恒定的能力称为稳定性。它可用计量特性经规定的时间所发生的变化来定量表示。

16. 测量不确定度

测量不确定度是指由于测量误差的存在而对被测量值的真值不能肯定的程度。它是综合指标，不能修正，只能用来估计测量误差的范围。测量不确定度表征合理地赋予被测量之值的分散性，是与测量结果相联系的参数。此参数可以用诸如标准偏差或其倍数，或说明了置信水准的区间的半宽度来表示。以标准偏差表示的测量不确定度称为标准不确定度。测量不确定度由多个分量组成，其中一些分量可用对观测列进行统计分析的方法来评定标准不确定度，称为不确定度的A类评定；另一些分量则可用不同于对观测列进行统计分析的方法来评定标准不确定度，称为不确定度的B类评定。获得B类标准不确定度的信息来源，一般可以是以前的观测数据，生产部门提供的技术资料文件，校准证书、检定证书、手册或某些资料提供的不确定度及目前暂在使用的极限误差等。当测量结果是由若干个其他量的值求得时，按其他各量的方差或（和）协方差算得的标准不确定度，称为合成标准不确定度。不确定度一词指可疑程度，简而言之，测量不确定度意为对测量结果正确性的可疑程度，它恒为正值。例如，分度值为0.01mm的千分尺在车间条件下测量0～50mm的尺寸时，其不确定度为±0.004mm，说明测量结果与被测量真值之间的差值最大不会大于+0.004mm，最小不会小于-0.004mm。

2.4 测量仪器与测量方法的分类

2.4.1 测量仪器的分类

1. 按功能及测量范围分类

1）量具

量具是一种具有固定形态、用以复现或提供一个或多个已知量值的器具，可分为单值量具（如量块）和多值量具（如线纹尺）。量具的特点是一般没有放大装置。

2）量规

量规是没有刻度的专用计量器具，用来检验工件实际尺寸和几何误差的综合结果。量规只能判断工件是否合格，而不能获得被测几何量的具体数值，如光滑极限量规、螺纹量规等。

3）量仪

量仪是指能将被测量转换成可直接观测的指示值或等效信息的计量器具。其特点是一般都有指示、放大系统。

4）测量装置

测量装置指为确定被测量所必需的测量装置和辅助设备的总体。

2. 按用途分类

1）标准量具

标准量具是指调整和校对其他计量器具或作为标准尺寸进行比较测量的器具，如量块、基准米尺、线纹尺等。

2）通用计量器具

通用计量器具是指能将被测几何量的量值转换成可直接观测的指示值或等效信息的器具，如游标量仪、机械类量仪、光学类量仪等。

3）专用计量器具

专用计量器具是指专门用来测量某种特定参数的计量器具，如圆度仪、渐开线检查仪等。

4）检验夹具

检验夹具是量具、量仪和定位元件等组合的一种专用计量器具。例如，检验滚动轴承的专用检验夹具，可同时测得内、外圈尺寸和径向与端面圆跳动误差等。

3. 按结构和工作原理分类

1）机械式计量器具

机械式计量器具是指通过机械结构实现对被测量的感应、传递和放大的计量器具，如机械式比较仪、百分表和扭簧比较仪等。

2）光学式计量器具

光学式计量器具是指通过光学方法实现对被测量的转换和放大的计量器具，如光学式比较仪、投影仪、自准直仪和工具显微镜等。

3）气动式计量器具

气动式计量器具是指靠压缩空气通过气动系统时的状态（流量或压力）变化来实现对被测量的转换的计量器具，如水柱式气动量仪和浮标式气动量仪等。

4）电动式计量器具

电动式计量器具是指将被测量通过传感器转变为电量，再经变换而获得读数的计量器具，如电动轮廓仪和电感测微仪等。

5）光电式计量器具

光电式计量器具是指利用光学方法放大或瞄准，通过光电元件再转换为电量进行检测，以实现几何量的测量的计量器具，如光电显微镜和光电测长仪等。

2.4.2 测量方法的分类

测量方法是指测量原理、测量仪器、测量条件的总和。按照不同的标准，可对测量方法做如下分类。

1. 按所测得的量（参数）是否为欲测量分类

1）直接测量

直接测量是指直接从测量器具的读数装置上得到欲测量的数值或对标准值的偏差的测量方法。例如，用游标卡尺、外径千分尺测量外圆直径，用比较仪测量长度尺寸，等等。

2）间接测量

间接测量是指先测出与欲测量有一定函数关系的相关量，然后按相应的函数关系式求得欲测量的测量方法。其测量精度不仅取决于直接测量精度，而且与计算精度有关，常用于无法直接测量的场合。

例如，用“弦长弓高法”测量大尺寸圆柱体的直径，由弦长 L 与弓高 H 的测量结果可求得直径 D 的实际值（图2-6）。

由图2-6知

$$D=\frac{L^2}{4H}+H \tag{2-3}$$

对式（2-3）微分后，得到测量结果的测量误差为

$$dD = \frac{L}{2H} dL + \left(1 - \frac{L^2}{4H^2}\right) dH \tag{2-4}$$

式中，dL 为弦长 L 的测量误差；dH 为弓高 H 的测量误差。

2. 按测量结果的读数值不同分类

1）绝对测量

绝对测量是指从测量仪器上直接得到被测参数的整个量值的测量方法，如用游标卡尺测量零件轴径。

2）相对测量

相对测量是指将被测量和与其量值只有微小差别的已知量（一般为测量标准量）相比较，得到被测量与已知量的相对偏差的测量方法。例如，比较仪用量块调零后测量轴的直径，比较仪的示值就是量块与轴径的量值之差。

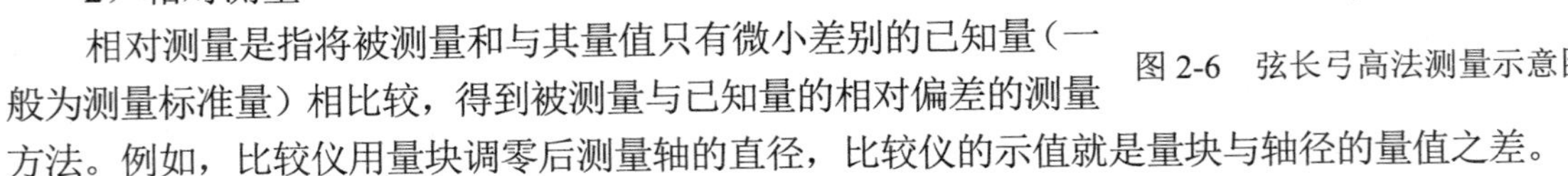

图 2-6　弦长弓高法测量示意图

3. 按被测件表面与测量器具测头是否有机械接触分类

1）接触测量

接触测量是指测头与被测表面接触，有机械作用力的测量方法。测量力可能使测量器具及被测件发生变形而产生测量误差，或可造成被测零件表面质量的损坏。

2）非接触测量

非接触测量是指测量器具与被测零件不直接接触，不存在测量力的测量方法，如利用光、气、电、磁等与被测件表面联系。

4. 按测量在工艺过程中所起作用分类

1）主动测量

主动测量是指在加工过程中进行的测量。其测量结果直接用来控制零件的加工过程。

2）被动测量

被动测量是指加工完成后进行的测量。其结果仅用于发现并剔除废品。

5. 按零件上同时被测参数的多少分类

1）单项测量

单项测量是指分别地彼此没有联系地测量零件的各个参数的方法，如分别测量螺纹的中径、螺距和半角等。一般来说，单项测量的测量效率较低。对于高精度零件或为了进行工艺分析时，宜采用单项测量法。

2）综合测量

综合测量是指测量被测零件上与几个参数有关联的综合参数，从而综合地判定零件合格性的测量，如用螺纹量规检验螺纹零件等。综合测量的优点是效率高，适用于大批量生产。

6. 按被测工件在测量时所处状态分类

1）静态测量

静态测量是指量值不随时间变化的测量。测量时，被测表面与测量头相对静止。

2）动态测量

动态测量是指为确定瞬时量值及其随时间的变化所进行的测量，被测表面与测量头有相对运动。用圆度仪测量圆度误差、用轮廓仪测量表面粗糙度等都属于动态测量。

2.5　计量器具的选择

2.5.1　计量器具的选择原则

机械制造中，计量器具的选择主要决定于计量器具的技术指标和经济指标。在综合考虑这些指标时，主要有以下两点要求。

（1）按被测工件的部位、外形及尺寸来选择计量器具，使所选择的计量器具的测量范围能满足工件的要求。

（2）按被测工件的公差来选择计量器具。考虑到计量器具的误差将会带入工件的测量结果中，因此选择的计量器具其允许的误差极限应当小。但计量器具的误差极限越小，其价格就越高，对使用时的环境条件和操作者的要求也越高。因此，在选择计量器具时，应将技术指标和经济指标综合进行考虑。

通常计量器具的选择可根据标准（如 GB/T 3177—2009《产品几何技术规范（GPS） 光滑工件尺寸的检验》）进行。对于没有标准的其他工件检测用的计量器具，应使所选用的计量器具的误差极限占被测工件公差的 1/10～1/3，其中对公差等级低的工件采用 1/10，对公差等级高的工件采用 1/3，甚至 1/2。由于工件公差等级越高，对计量器具的要求也越高，计量器具的制造也就越困难，所以使其误差极限占工件公差的比例增大是合理的。

表 2-3 列出了一些计量器具的允许误差极限。

表 2-3　计量器具的允许误差极限

计量器具名称	分度值/mm	所用量块		尺寸范围/mm							
		等别	级别	1～10	10～50	50～80	80～120	120～180	180～260	260～360	360～500
				测量极限误差 $\pm\phi$/μm							
立式、卧式光学计测外尺寸	0.001	4	1	0.4	0.6	0.8	1.0	1.2	1.8	2.5	3.0
		5	2	0.7	1.0	1.3	1.6	1.8	2.5	3.5	4.5
立式、卧式测长仪测外尺寸	0.001	绝对测量		1.1	1.5	1.9	2.0	2.3	2.3	3.0	3.5
卧式测长仪测内尺寸	0.001	绝对测量		2.5	3.0	3.3	3.5	3.8	4.2	4.8	—
测长机	0.001	绝对测量		1.0	1.3	1.6	2.0	2.5	4.0	5.0	6.0
万能工具显微镜	0.001	绝对测量		1.5	2	2.5	2.5	3	3.5	—	—
大型工具显微镜	0.001	绝对测量		5	5						
接触式干涉仪				$\Delta\leqslant0.1\mu m$							

2.5.2　光滑工件尺寸的检验

GB/T 3177—2009 规定了用普通计量器具进行光滑工件尺寸检验的相关标准，适用于车间用的计量器具（如游标卡尺、千分尺和比较仪等）。它主要包括两个内容：如何根据工件的公称尺寸和公差等级确定工件的验收极限；如何根据工件的公差等级选择计量器具。

该标准中规定了内缩方式和不内缩方式两种验收极限。

1）内缩方式

如图 2-7 所示，该方式规定验收极限分别从工件的最大实体尺寸和最小实体尺寸向公差带内缩一个安全裕度 A。这种验收方式用于单一要素包容要求和公差等级较高的场合。

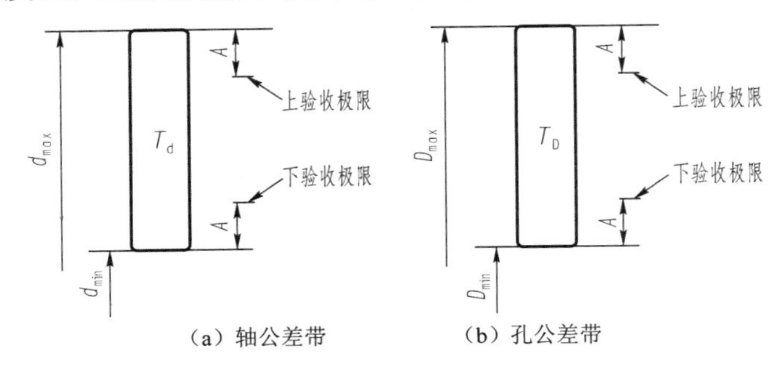

（a）轴公差带　　（b）孔公差带

图 2-7　内缩验收极限与安全裕度

2）不内缩方式

如图 2-8 所示，该方式规定验收极限等于工件的最大实体尺寸和最小实体尺寸，即安全裕度 A=0。这种验收方式常用于非配合和一般公差的尺寸。

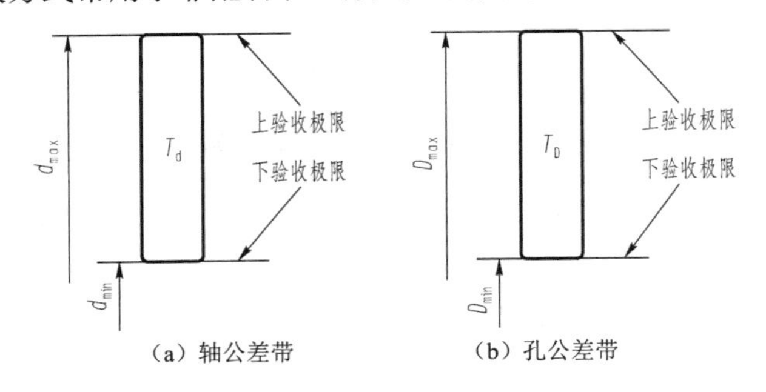

（a）轴公差带　　（b）孔公差带

图 2-8　不内缩验收极限

另外，当工艺能力指数 $C_P \geqslant 1$ 时（$C_P = T/6\sigma$），其验收极限可按不内缩方式确定，但当采用包容要求时，在最大实体尺寸一侧仍应按内缩方式确定验收极限（图 2-9）。当工件实际尺寸服从偏态分布时，可以只对尺寸偏向的一侧采用内缩方式确定验收极限（图 2-10）。安全裕度 A 的大小由工件公差值确定，如附录中表 H-1 所列。安全裕度 A 是为了避免在测量工件时，由于测量误差的存在，而将尺寸已超出公差带的零件误判为合格（误收）而设置的。

相关国家标准规定了计量器具的选择，应按测量不确定度的允许值 U 来进行，U 由计量器具的不确定度 u_1 和由测量时的温度、工件形状误差及测量力引起的误差 u_2 等所组成。u_1=0.9U，u_2=0.45U，测量不确定度的允许值 $U=\sqrt{u_1^2+u_2^2}$ 。选择计量器具时，应保证所选择的计量器具的不确定度不大于允许值 u_1。为便于理解和做习题，表 2-4～表 2-6 列出了有关计量器具不确定度的允许值以供使用。

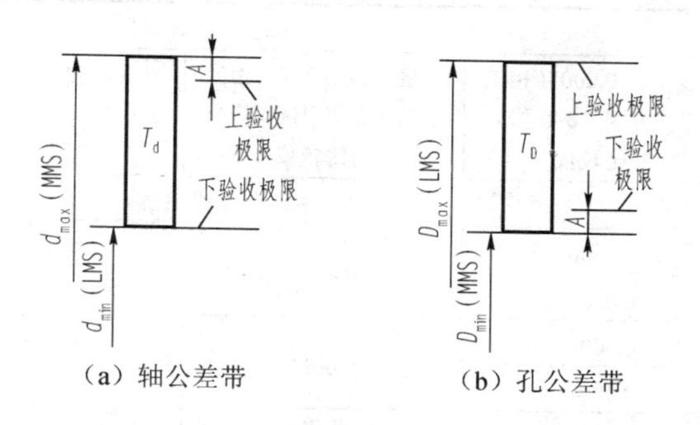

（a）轴公差带　　（b）孔公差带

图 2-9　最大实体尺寸一侧按内缩方式确定验收极限

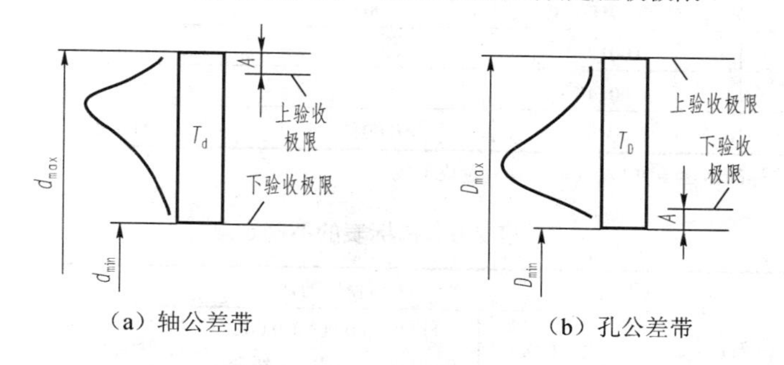

（a）轴公差带　　（b）孔公差带

图 2-10　尺寸偏向一侧采用内缩方式确定验收极限

表 2-4　千分尺和游标卡尺的不确定度　　单位：mm

<table>
<tr><th rowspan="3">尺寸范围</th><th colspan="4">计量器具类型</th></tr>
<tr><th>分度值为 0.01 的外径千分尺</th><th>分度值为 0.01 的内径千分尺</th><th>分度值为 0.02 的游标卡尺</th><th>分度值为 0.05 的游标卡尺</th></tr>
<tr><th colspan="4">不确定度</th></tr>
<tr><td>0～50</td><td>0.004</td><td rowspan="3">0.008</td><td rowspan="6">0.020</td><td rowspan="4">0.050</td></tr>
<tr><td>50～100</td><td>0.005</td></tr>
<tr><td>100～150</td><td>0.006</td></tr>
<tr><td>150～200</td><td>0.007</td><td rowspan="3">0.013</td></tr>
<tr><td>200～250</td><td>0.008</td><td rowspan="8">0.100</td></tr>
<tr><td>250～300</td><td>0.009</td></tr>
<tr><td>300～350</td><td>0.010</td><td rowspan="3">0.020</td><td rowspan="7"></td></tr>
<tr><td>350～400</td><td>0.011</td></tr>
<tr><td>400～450</td><td>0.012</td></tr>
<tr><td>450～500</td><td>0.013</td><td>0.025</td></tr>
<tr><td>500～600</td><td rowspan="3"></td><td rowspan="3">0.030</td></tr>
<tr><td>600～700</td></tr>
<tr><td>700～800</td><td>0.150</td></tr>
</table>

表 2-5　比较仪的不确定度

单位：mm

<table>
<tr><th colspan="2" rowspan="2">尺寸范围</th><th colspan="4">所使用的计量器具</th></tr>
<tr><th>分度值为 0.0005（相当于放大倍数 2000 倍）的比较仪</th><th>分度值为 0.001（相当于放大倍数 1000 倍）的比较仪</th><th>分度值为 0.002（相当于放大倍数 400 倍）的比较仪</th><th>分度值为 0.005（相当于放大倍数 250 倍）的比较仪</th></tr>
<tr><th>大于</th><th>至</th><th colspan="4">不确定度</th></tr>
<tr><td></td><td>25</td><td>0.0006</td><td rowspan="2">0.0010</td><td>0.0017</td><td rowspan="6">0.0030</td></tr>
<tr><td>25</td><td>40</td><td>0.0007</td><td rowspan="3">0.0018</td></tr>
<tr><td>40</td><td>65</td><td>0.0008</td><td rowspan="2">0.0011</td></tr>
<tr><td>65</td><td>90</td><td>0.0008</td></tr>
<tr><td>90</td><td>115</td><td>0.0009</td><td>0.0012</td><td rowspan="2">0.0019</td></tr>
<tr><td>115</td><td>165</td><td>0.0010</td><td>0.0013</td></tr>
<tr><td>165</td><td>215</td><td>0.0012</td><td>0.0014</td><td>0.0020</td><td rowspan="3">0.0035</td></tr>
<tr><td>215</td><td>265</td><td>0.0014</td><td>0.0016</td><td>0.0021</td></tr>
<tr><td>265</td><td>315</td><td>0.0016</td><td>0.0017</td><td>0.0022</td></tr>
</table>

注：测量时，使用的标准器由 4 块 1 级（或 4 等）量块组成。

表 2-6　指标表的不确定度

单位：mm

<table>
<tr><th colspan="2" rowspan="2">尺寸范围</th><th colspan="4">所使用的计量器具</th></tr>
<tr><th>分度值为 0.001 的千分表（0 级在全程范围内，1 级在 0.2mm 内），分度值为 0.002 的千分表（在 1 转范围内）</th><th>分度值为 0.001、0.002、0.005 的千分表（1 级在全程范围内），分度值为 0.01 的百分表（0 级在任意 1mm 内）</th><th>分度值为 0.01 的百分表（0 级在全程范围内，1 级在任意 1mm 内）</th><th>分度值为0.01 的百分表（1 级在全程范围内）</th></tr>
<tr><th>大于</th><th>至</th><th colspan="4">不确定度</th></tr>
<tr><td></td><td>25</td><td rowspan="5">0.005</td><td rowspan="9">0.010</td><td rowspan="9">0.018</td><td rowspan="9">0.030</td></tr>
<tr><td>25</td><td>40</td></tr>
<tr><td>40</td><td>65</td></tr>
<tr><td>65</td><td>90</td></tr>
<tr><td>90</td><td>115</td></tr>
<tr><td>115</td><td>165</td><td rowspan="4">0.006</td></tr>
<tr><td>165</td><td>215</td></tr>
<tr><td>215</td><td>265</td></tr>
<tr><td>265</td><td>315</td></tr>
</table>

注：测量时，使用的标准器由 4 块 1 级（或 4 等）量块组成。

下面用实例说明计量器具的选择和验收极限的确定。

【例 2-1】 工件的尺寸为ϕ250h11Ⓔ（即采用的是包容要求），试说明计量器具的选择。

解（1）首先根据表 2-4 查得 A=29μm，$\mu_1 = 26\mu m$。由于工件采用包容要求。故应按内缩方式确定验收极限，则

$$上验收极限=d_{max}-A=250-0.029=249.971(mm)$$

$$下验收极限=d_{min}+A=250-0.29+0.029=249.739(mm)$$

（2）因其不确定度为 0.02mm，小于 $\mu_1 = 0.026mm$。由表 2-5 找出分度值为 0.02mm 的游

标卡尺可以满足要求。

2.6　测量误差和数据处理

2.6.1　测量误差的基本概念

在进行测量的过程中，由于基准件（如相对测量中使用的量块、仪器中的刻线尺）有误差、测量方法不完善、测量仪器设计时有理论误差、仪器制造时的误差、安装和调整时有误差、测力引起的变形误差、操作时的对准误差及环境条件（如温度等）引起的误差等，使得测量不准确，从而存在测量误差。

测量误差是指测量结果减去被测量的真值，即

$$\delta=l-L \tag{2-5}$$

式中，δ 为测量误差；L 为被测量的真值；l 为测量结果。

若要对大小不同的同类量进行测量，要比较其准确度，就需要采用测量方法——相对误差法，即测量误差除以被测量的真值：

$$f=\frac{\delta}{L} \tag{2-6}$$

式中，f 为相对误差。

由于真值不能确定，实际上 L 用的是约定真值。为了和相对误差相区别，有时又将 δ 称为测量的绝对误差。

2.6.2　误差的分类

由前述得知，为了提高测量准确度，就必须减少测量误差。因而进一步了解误差的性质及其规律就成为测量技术的重要研究课题之一。

根据误差出现的规律，可以将误差分成两种基本类型：系统误差和随机误差。过去常将由于测量中出现的差错（如读数错了、记数错了或仪器出现不正常等主、客观原因产生的差错），而造成的测量结果的不正常称为粗大误差。显然，这种测量出现的差错在测量结果中应避免出现。

1. 随机误差

测量结果与在重复条件下，对同一被测量进行无限多次测量所得结果的平均值之差，称为随机误差。随机误差等于误差减去系统误差。因为测量只能进行有限次数，故可能确定的只是随机误差的估计值。随机误差导致重复观测中的分散性。

随机误差主要是由一些随机因素，如环境变化、仪器中油膜变化，以及对线、读数不一致等所引起的。在单次测量中，误差的出现是无规律可循的，即它的大小、正负是不可预知的。但当进行多次重复测量时，误差服从统计规律，因此常用概率论和统计原理对它进行处理。

2. 系统误差

在重复条件下，对同一被测量进行无限多次测量所得结果的平均值与被测量的真值之差，

称为系统误差。由于系统误差及其原因不能完全获知，因此通过修正值对系统误差只能进行有限程度的补偿。当测量结果以代数和方式与修正值相加之后，其系统误差之模会比修正前的要小，但不可能为零。

现以射击打靶为例，说明系统误差和随机误差的关系，如图 2-11 所示。图中小圆圈代表靶心，小黑点代表弹孔。图 2-11（a）表明系统误差小而随机误差大，因为这时弹孔很分散，但其平均值靠近靶心；图 2-11（b）表明系统误差大而随机误差小，因为这时弹孔比较集中，但其平均值距靶心远；图 2-11（c）表明系统误差和随机误差均小，因为弹孔较集中，且其平均值距靶心最近。所以，也可以说图 2-11（c）的准确度最高。

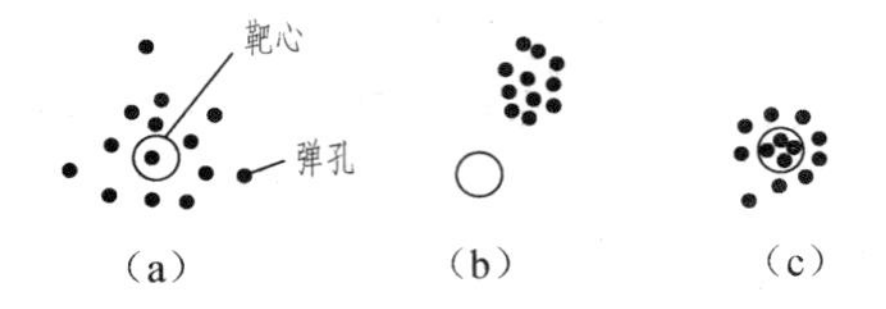

图 2-11　系统误差和随机误差的关系

2.6.3　随机误差

1. 随机误差的分布及其特征

如进行以下实验：对一个工件的某一部位用同一种方法进行 150 次重复测量，测得 150 个不同的读数（这一系列的测得值常称为测量列），然后将测得的尺寸进行分组，从 7.131mm 到 7.141mm 每隔 0.001mm 为一组，共分 11 组，其每组的尺寸范围如表 2-7 中第 1 列所示。每组出现的次数 n_i 列于该表第 3 列。若零件总的测量次数用 N 表示，则可算出各组的相对出现次数 n_i/N，列于该表第 4 列。将这些数据画成图，横坐标表示测得值 x_i，纵坐标表示相对出现的次数 n_i/N，则得图 2-12（a）所示的图形，称为频率直方图。连接每个小方图的上部中点，得一折线，称为实际分布曲线。由作图步骤可知，此图形的高矮将受分组间隔 Δx 的影响。当间隔 Δx 大时，图形变高；而当间隔 Δx 小时，图形变矮。为了使图形不受 Δx 的影响，可用纵坐标 $\dfrac{n_i}{N\Delta x}$ 代替纵坐标 n_i/N，此时图形高矮不再受 Δx 取值的影响。$\dfrac{n_i}{N\Delta x}$ 即为概率论中所知的概率密度。如果将上述实验的测量次数 N 无限增大（$N\to\infty$），而间隔 Δx 取得很小（$\Delta\to 0$），则得图 2-12（b）所示的光滑曲线，即随机误差的正态分布曲线。从这一分布曲线可以看出，此种随机误差有如下 4 个特点：

（1）绝对值相等的正误差和负误差出现的次数大致相等，即对称性。

（2）绝对值小的误差比绝对值大的误差出现的次数多，即单峰性。

（3）在一定条件下，误差的绝对值不会超过一定的限度，即有界性。

（4）对同一量在同一条件下进行重复测量，其随机误差的算术平均值随测量次数的增加而趋近于零，即抵偿性。

表 2-7　测量分段数据出现次数表

测量值范围	测得值 x_i	出现次数 n_i	相对出现次数 n_i/N
7.1305～7.1315	x_1=7.131	n_1=1	0.007

续表

测量值范围	测得值 x_i	出现次数 n_i	相对出现次数 n_i/N
7.1315～7.1325	x_2=7.132	n_2=3	0.020
7.1325～7.1335	x_3=7.133	n_3=8	0.054
7.1335～7.1345	x_4=7.134	n_4=18	0.120
7.1345～7.1355	x_5=7.135	n_5=28	0.187
7.1355～7.1365	x_6=7.136	n_6=34	0.227
7.1365～7.1375	x_7=7.137	n_7=29	0.193
7.1375～7.1385	x_8=7.138	n_8=17	0.113
7.1385～7.1395	x_9=7.139	n_9=9	0.060
7.1395～7.1405	x_{10}=7.140	n_{10}=2	0.013
7.1405～7.1415	x_{11}=7.141	n_{11}=1	0.007

根据概率论原理可知，正态分布曲线可用下列数学公式表示，即

$$y=\frac{1}{\sigma\sqrt{2\pi}}\mathrm{e}^{-\frac{\delta^2}{2\sigma^2}} \tag{2-7}$$

式中，y 为概率分布密度；σ为标准偏差（后文介绍）；e 为自然对数的底数，约等于 2.71828；δ为随机误差。

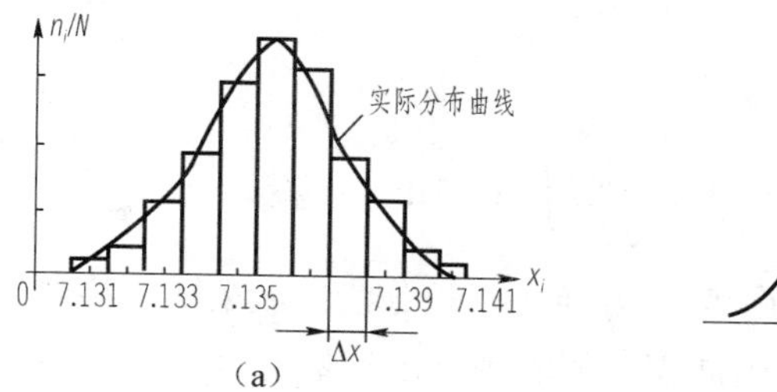

（a）

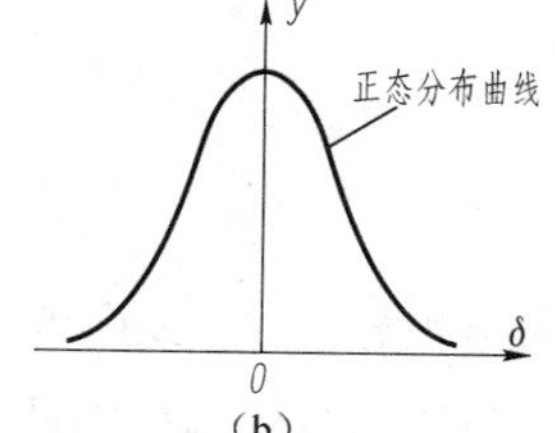

（b）

图 2-12　频率直方图和随机误差的正态分布曲线

2. 评定随机误差的尺度——标准偏差

由式（2-7）可知，该式与随机误差 δ 和标准偏差 σ 有关。随机误差即指在没有系统误差的条件下，测得值与真值之差，即

$$\delta=l-L$$

由式（2-7）可知，当 $\delta=0$ 时，正态分布的概率密度最大，即 $y_{\max}=\dfrac{1}{\sigma\sqrt{2\pi}}$。若 $\sigma_1<\sigma_2<\sigma_3$，则 $y_{1\max}>y_{2\max}>y_{3\max}$。另一方面，当 σ 减小时，e 的指数 $\left(-\dfrac{\delta^2}{2\sigma^2}\right)$ 的绝对值增大，曲线下降快，曲线越陡，说明随机误差分布越集中，测量方法的精密度越高；反之，σ 越大，说明随机误差分布越分散，测量方法的精密度越低。在图 2-13 所示的图中，表示 3 个不同标准偏差的正态分布曲线，即 $\sigma_1<\sigma_2<\sigma_3$。

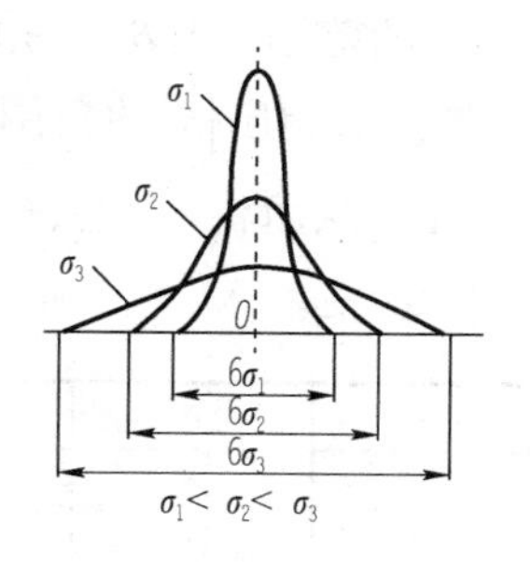

图 2-13　3 个不同标准偏差的正态分布曲线

由上述可知，不存在系统误差时，测量方法精密度的高低可用标准偏差 σ 的大小来表示，即

$$\sigma=\sqrt{\frac{\delta_1^2+\delta_2^2+\cdots+\delta_n^2}{n}}=\sqrt{\frac{\sum_{i=1}^{n}\delta_i^2}{n}} \tag{2-8}$$

式中，σ为测量列中单次测量的标准偏差；δ_i为测量列中相应各次测得值与真值之差。

式（2-8）说明在重复性条件下（测量条件不变）测量获得的测量列中单次测量的标准偏差σ，等于该系列测得值的随机误差的平方和除以被测量次数n所得商的平方根。

按照概率论原理，正态分布曲线所包含的面积等于其相应区间确定的概率，即

$$P=\int_{-\infty}^{+\infty}y\mathrm{d}\delta=\int_{-\infty}^{+\infty}\frac{1}{\sigma\sqrt{2\pi}}\mathrm{e}^{-\frac{\delta^2}{2\sigma^2}}\mathrm{d}\delta=1$$

若误差落在区间（$-\infty$，$+\infty$）之中，则其概率$P=1$。如果我们研究误差落在区间（$-\delta$, $+\delta$）中的概率，则上式可改写为

$$P=\int_{-\delta}^{+\delta}y\mathrm{d}\delta=\int_{-\delta}^{+\delta}\frac{1}{\sigma\sqrt{2\pi}}\mathrm{e}^{-\frac{\delta^2}{2\sigma^2}}\mathrm{d}\delta$$

将上式进行变量置换，设$t=\dfrac{\delta}{\sigma}$，则

$$\mathrm{d}t=\frac{\mathrm{d}\delta}{\sigma}$$

即

$$P=\frac{1}{\sqrt{2\pi}}\int_{-t}^{+t}\mathrm{e}^{-\frac{t^2}{2}}\mathrm{d}t \tag{2-9}$$

这样就可以求出积分值 P。为了应用方便，其积分值一般列成表格的形式，称为概率函数积分值表。由于函数是对称的，因此积分值表中列出的值是 0～t 的积分值$\phi(t)$，而整个面积的积分值 $P=2\phi(t)$。当 t 值一定时，$\phi(t)$值可从概率函数积分表中查出。

现已查出 t=1，2，3，4 等几个特殊值的积分值，并求出了不超出δ区间的概率及超出δ区间的概率，见表 2-8。表中第 1 列为 t 值，第 2 列为随机误差δ，第 3 列为根据 t 值在概率函数积分值表中查出的积分值$\phi(t)$，第 4 列为不超出δ的概率值 $P=2\phi(t)$，第 5 列为超出δ的概率值 $P'=1-P=1-2\phi(t)$。从表 2-8 中所列数据可以得到下列结果：若我们进行 100 次重复条件下的测量，当$\delta=\sigma$时，可能有 32 次测得值超出$|\delta|$的范围；当$\delta=2\sigma$时，可能有 4.5 次测得值超出$|\delta|$的范围；当$\delta=3\sigma$时，可能有 0.27 次测得值超出$|\delta|$的范围；当$\delta=4\sigma$时，可能有 0.064 次测得值超出$|\delta|$的范围。由于超出$\delta=3\sigma$的概率已很小，故在实践中常认为$\delta=3\sigma$的概率$P\approx1$，从而将$\delta=\pm3\sigma$习惯地称为随机误差的极限。

表 2-8　不同σ的概率表

t	δ	$\phi(t)$	不超出δ的概率 P	超出δ的概率 $P'=1-P$
1	σ	0.3413	0.6826	0.3174
2	2σ	0.4772	0.9544	0.0456
3	3σ	0.49865	0.9973	0.0027
4	4σ	0.499968	0.99936	0.00064

所以误差极限是单次测量标准偏差的 3 倍，或称为置信概率为 99.73%的扩展不确定度，即随机误差绝对值不会超过的限度，如图 2-14 所示。

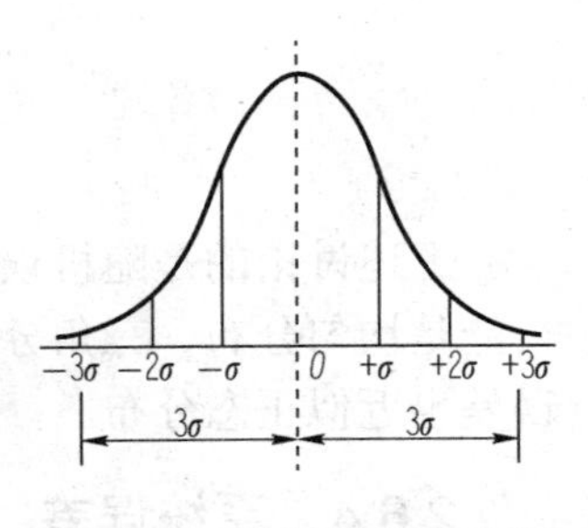

图 2-14　随机误差绝对值不会超过的限度

3. 算术平均值

对某一量进行一系列重复条件下的测量时，由于随机误差的存在，其测量值均不相同，此时应以算术平均值作为最后的测量结果，即

$$\overline{L}=\frac{1}{n}(l_1+l_2+\cdots+l_n)=\frac{1}{n}\sum_{i=1}^{n}l_i \tag{2-10}$$

式中，$\overline{L}$ 为算术平均值；l_i 为第 i 个测量值；n 为测量次数。

由正态分布的第 4 个基本性质可知，当测量次数 n 增大时，算术平均值愈趋近于真值。因此，用算术平均值作为最后测量结果比用其他任一测量值作为测量结果更可靠。

4. 由残余误差求标准偏差

由式（2-5）可知：

$$\delta_i=l_i-L$$

当等式右端加一个 $\overline{L}$，并减去一个 $\overline{L}$ 时，得

$$\delta_i=\left(l_i-\overline{L}\right)+\left(\overline{L}-L\right)=v_i+\Delta L \tag{2-11}$$

式中，v_i 为残余误差；ΔL 为算术平均值与真值之差；其他代号同前。

对式（2-11）的系列值求和，得

$$\Delta L=\frac{1}{n}\sum_{i=1}^{n}\delta_i \quad （因\frac{1}{n}\sum_{i=1}^{n}v_i=0） \tag{2-12}$$

对式（2-11）的系列值求平方和，得

$$\sum_{i=1}^{n}\delta_i^2=\sum_{i=1}^{n}v_i^2+n\Delta L^2 \quad （因 2\Delta L\sum_{i=1}^{n}v_i^2=0）$$

将式（2-12）平方后代入上式，经整理后得

$$\sigma=\sqrt{\frac{1}{(n-1)}\sum_{i=1}^{n}v_i^2} \tag{2-13}$$

即单次测量标准偏差 σ 等于系列测量结果的残余误差平方和除以测量次数减 1 的商的平方根，此式又称为贝塞尔公式。

在生产实践中，测量次数不可能无限多，因此用贝塞尔公式算出的标准偏差常用 s 表示，称为实验标准偏差，即

$$s=\sqrt{\frac{\sum_{i=1}^{n}(l_i-\overline{L})^2}{n-1}}$$

或

$$s=\sqrt{\frac{\sum_{i=1}^{n}v_i^2}{n-1}} \tag{2-14}$$

上述讨论的是随机误差服从正态分布的情况，有些情况下随机误差不服从正态分布，而可能是均匀分布、三角分布、反正弦分布等。但在误差合成中，相互独立分量较多时，合成误差也近似正态分布。

2.6.4　系统误差

系统误差的数值往往比较大，因而在测量结果中如何发现它和消除它是提高测量准确度的一个重要问题。发现系统误差的方法有多种，直观的方法是“残余误差观察法”，即根据系列测得值的残余误差，列表或作图进行观察。若残余误差大体正负相间，无显著变化规律，如表 2-9 中所列数据，则可认为不存在系统误差；若残余误差数值有规律地递增或递减，则存在线性系统误差；若残余误差有规律地逐渐由负变正或由正变负，则存在周期性系统误差。当然这 3 种方法不能发现定值系统误差。

表 2-9　数据处理表

序　号	l_i	$v_i=l_i-\overline{L}$	v_i^2
1	30.049	+0.001	0.000001
2	30.047	−0.001	0.000001
3	30.048	0	0
4	30.046	−0.002	0.000004
5	30.050	+0.002	0.000004
6	30.051	+0.003	0.000009
7	30.043	−0.005	0.000025
8	30.052	+0.004	0.000016
9	30.045	−0.003	0.000009
10	30.049	+0.001	0.000001
	$\sum l_i=300.48$ $\overline{L}=\sum l_i/n=30.048$	$\sum v_i=0$	$\sum v_i^2=0.00007$

若发现系统误差的存在，且知道其大小和正负号，则可采用误差修正法加以消除或减小。若知道系统误差存在，但不知道其大小和正负，则无法进行修正，这时可采用误差抵偿法或误差分离法来消除或减小它。

1. 误差修正法

如果知道测量结果（即未修正的结果）中包含有系统误差，且误差的大小、正负均已知道，则可将测量结果减去已知系统误差值，从而获得不含（或少含）系统误差的测量结果（已修正结果）。当然，也可将已知系统误差取相反的符号，变成修正值，并用代数法将此修正值与未修正测量结果相加，从而算出已修正的测量结果。

例如，用比较仪测量零件。测量开始时，比较仪的零位是用标准件（或量块）调整的，而测量零件的测量结果是由标准件尺寸加仪器的示值得到的。因此，标准件的误差就带入了测量结果。为了修正此系统误差，可用高等级的量块（作为约定真值）对标准件进行检定，获得标准件的误差，并将此误差反号作为修正值，加到零件的测量结果中，从而可得到修正了系统误差的测量结果。

2. 误差抵偿法

生产中，要得到系统误差的大小和正负号非常麻烦，有的情况下根本无法得到，但通过分析发现，在有的测量结果中包含的系统误差和另一个测量结果中包含的系统误差其大小相等，而符号则相反。因此，可将两测量结果相加取平均，即可抵消其系统误差。

例如，在螺纹的单项测量中，被测螺纹的轴心线与仪器的纵向导轨不平行，此时测得的螺纹中径、螺距及牙型半角等的测量结果中，都会含有系统误差，如果此时将螺纹单项测量的项目在另一边（如果原来测的是牙侧左边，则现在测牙侧右边）重测一次，将两次测量结果相加取平均，则可消除此系统误差（详见《互换性与技术测量实验指导书》第 2 版，重庆大学精密测试实验室编，中国质检出版社（原中国计量出版社），2011）。

3. 误差分离法

误差分离法常用在形状误差测量中，如直线度、平面度、圆度的测量，有时也用于齿轮周期误差的测量。因为这些项目的测量往往需要有高准确度的基准，如基准轴系（测圆度、齿轮周期误差等）、基准平面、基准直线等。由于基准存在误差，所以测得的结果中也包含系统误差。对这类系统误差可采用误差分离的方法将其分离，使测量结果中不包含系统误差。误差分离法就是采用反向测量、多步测量或多测头测量等测量方法，使之获得较多的测量信息（结果），然后通过某一种计算方法将其分离，从而获得准确的测量结果。

2.6.5　函数误差

2.4.2 节提到过的“弦长弓高法”间接测量就是根据测得的弦长 L 和弓高 H，按它们与轴直径 D 的函数关系算出被测轴的直径。从误差的角度来说，就是研究当弦长 L 和弓高 H 有误差时，如何估算函数 D 的误差。

二元函数的一般表达式为

$$y=f(x_1,x_2)$$

设直接测量的尺寸 x_1、x_2 有测量误差 δ_{x1}、δ_{x2} 时，函数有测量误差 δ_y，则

$$y+\delta_y=f\left(x_1+\delta_{x1},x_2+\delta_{x2}\right)$$

多元函数的增量可近似地用函数的全微分表示，即

$$\delta_y=\frac{\partial f}{\partial x_1}\delta_{x1}+\frac{\partial f}{\partial x_2}\delta_{x2} \tag{2-15}$$

即两个自变量的函数测量误差，等于该函数对各自变量在给定点上的偏导数（误差传递系数）与其相应直接测得值误差的乘积之和。式（2-15）表示各自变量直接测量的系统误差与函数系统误差的关系。

由于随机误差的数量指标是标准偏差，因此它不能由式（2-15）算得。

由于自变量在给定点上的偏导数 $\frac{\partial f}{\partial x_1}$、$\frac{\partial f}{\partial x_2}$ 是确定值，若以 K_1、K_2 代之，则式（2-15）

变为

$$\delta_y = K_1\delta_{x1} + K_2\delta_{x2}$$

当进行系列测量时，得一组方程式

$$\left.\begin{aligned} \delta_{y1} &= K_1\delta_{x11} + K_2\delta_{x21} \\ \delta_{y2} &= K_1\delta_{x12} + K_2\delta_{x22} \\ &\cdots \\ \delta_{yn} &= K_1\delta_{x1n} + K_2\delta_{x2n} \end{aligned}\right\} \tag{2-16}$$

将式（2-16）两边平方相加，并同除以 n，得

$$\frac{1}{n}\sum_{i=1}^{n}\delta_{yi}^2 = K_1^2\frac{1}{n}\sum_{i=1}^{n}\delta_{x1i}^2 + K_2^2\frac{1}{n}\sum_{i=1}^{n}\delta_{x2i}^2 + 2K_1K_2\frac{1}{n}\sum_{i=1}^{n}\delta_{x1i}\delta_{x2i}$$

由概率论知，$\frac{1}{n}\sum_{i=1}^{n}\delta_{x1i}\delta_{x2i}$ 叫做相关矩，若随机变量是独立的，其相关矩等于零，故

$$\frac{1}{n}\sum_{i=1}^{n}\delta_{yi}^2 = K_1^2\frac{1}{n}\sum_{i=1}^{n}\delta_{x1i}^2 + K_2^2\frac{1}{n}\sum_{i=1}^{n}\delta_{x2i}^2$$

$$\sigma_y = \sqrt{K_1^2\sigma_{x1}^2 + K_2^2\sigma_{x2}^2}$$

$$\sigma_y = \sqrt{\left(\frac{\partial f}{\partial x_1}\right)^2\sigma_{x1}^2 + \left(\frac{\partial f}{\partial x_2}\right)^2\sigma_{x2}^2} \tag{2-17}$$

即两个独立变量的函数标准偏差，等于该函数对各变量在给定点上的偏导数（误差传递系数）与其相应测得值标准偏差乘积之平方和的平方根。式（2-17）表示各独立自变量与其函数之间随机误差的关系。

对函数的实验标准偏差一般可表示如下：

$$s_y = \sqrt{\left(\frac{\partial f}{\partial x_1}\right)^2 s_{x1}^2 + \left(\frac{\partial f}{\partial x_2}\right)^2 s_{x2}^2 + \cdots + \left(\frac{\partial f}{\partial x_n}\right)^2 s_{xn}^2} \tag{2-18}$$

【例 2-2】用“弦长弓高法”测量工件的直径，已知测得值 L=100mm，H=20mm，其系统误差分别为 $\delta_{\mathrm{L}} = 5\mu\mathrm{m}$，$\delta_{\mathrm{H}} = 4\mu\mathrm{m}$；其实验标准偏差分别为 s_{L}=0.7μm，s_{H}=0.3μm，试算出其测量结果。

解 直径的测量结果为

$$D = \frac{L^2}{4H} + H = \frac{100^2}{4\times 20} + 20 = 145\ (\mathrm{mm})$$

函数的系统误差为

$$\frac{\partial f}{\partial L} = \frac{2L}{4H} = \frac{2\times 100}{4\times 20} = 2.5$$

$$\frac{\partial f}{\partial H} = -\frac{L^2}{4H^2} + 1 = \frac{-100^2}{4\times 20^2} + 1 = -5.25$$

$$\delta_{\mathrm{D}} = 2.5\times 5 + (-5.25)\times 4 = -8.5\ (\mu\mathrm{m})$$

修正值为

$$修正值 = -(\delta_{\mathrm{D}}) = 8.5\mu\mathrm{m} = 0.0085\mathrm{mm}$$

已修正值结果为

$$D=145+0.0085=145.0085(\text{mm})$$

函数的实验标准偏差为

$$s_{\text{D}}=\sqrt{\left(\frac{\partial f}{\partial L}\right)^2 s_{\text{L}}^2+\left(\frac{\partial f}{\partial h}\right)^2 s_{\text{H}}^2}=\sqrt{2.5^2\times 0.7^2+(-5.25)^2\times 0.3^2}\approx 2.35(\mu\text{m})$$

故测量结果为直径 D=145.0085mm，标准不确定度为 2.35μm。

【例 2-3】求算术平均值的标准偏差。

解　因为

$$\overline{L}=\frac{1}{n}(l_1+l_2+\cdots+l_n)=\frac{1}{n}l_1+\frac{1}{n}l_2+\cdots+\frac{1}{n}l_n$$

所以可将它视为各测得值的函数值，由式（2-18）得

$$s_{\overline{L}}=\sqrt{\left(\frac{1}{n}\right)^2 s_{l1}^2+\left(\frac{1}{n}\right)^2 s_{l2}^2+\cdots+\left(\frac{1}{n}\right)^2 s_{ln}^2}$$

由于是重复性条件下的测量，因此

$$s_{l1}=s_{l2}=\cdots=s_{ln}=s$$

所以

$$s_{\overline{L}}=\frac{s}{\sqrt{n}}$$

2.6.6　重复性条件下测量结果的处理

在重复性条件下，对某一量进行 n 次重复测量，获得测量列 l_1，l_2，…，l_n。在这些测得值中，可能同时包含有系统误差、随机误差，为了获得可靠的测量结果，应将测量数据按上述误差分析原理进行处理，现将其处理步骤通过例 2-4 加以说明。

【例 2-4】对某一工件的同一部位进行多次重复测量，测得值 l_i 列于表 2-9，试求其测量结果。

解（1）判断系统误差。

根据发现系统误差的有关方法判断，设测量列中已无系统误差。

（2）求算术平均值：

$$\overline{L}=\frac{\sum l_i}{n}=30.048(\text{mm})$$

（3）求残余误差 v_i：

$$v_i=l_i-\overline{L'}$$

（4）求标准偏差：

$$s=\sqrt{\frac{\sum v_i^2}{n-1}}=\sqrt{\frac{0.00007}{9}}\approx 0.0028\,(\text{mm})$$

（5）求算术平均值的标准偏差：

$$s_{\overline{L}}=\frac{s}{\sqrt{n}}=\frac{0.0028}{\sqrt{10}}\approx 0.00089\,(\text{mm})$$

（6）测量结果：该工件的测量结果为 30.048mm，实验标准偏差为 $s_{\overline{L}}=0.00089\text{mm}$。

习　题　2

1. 填空题

（1）一个完整的测量过程应包含 4 个要素，分别是________、________、________、和________。

（2）测量误差按其性质可分为 3 大类：________、________、________。

（3）随机误差通常服从正态分布规律，这时具有的特性是________、________、________和________。

（4）对系统误差的处理原则是________，对随机误差的处理原则是________，对粗大误差的处理原则是________。

（5）在等精度精密测量中，多次测量同一量是为了________。

（6）环境对测量的影响包括温度、湿度、气压和振动等，其中________影响最大。

2. 简答题

（1）为什么要建立尺寸的传递系统？

（2）量块主要有哪些用途？它的“级”和“等”是根据什么划分的？按“级”和按“等”使用量块有何不同？

（3）计量器具的基本度量指标有哪些？试以比较仪为例加以说明。

（4）测量方法有哪些分类？各有何特点？

（5）什么是测量误差？其主要来源有哪些？

（6）发现和消除测量列中的系统误差常用哪些方法？

（7）试从 83 块一套的量块中同时组合出下列尺寸：25.385mm，46.38mm，40.79mm。

（8）用标称长度为 10mm 的量块对千分表调零，用此千分表测量工件，读数为+15。若量块的实际尺寸为 10.0005mm，试求被测量零件的实际尺寸。

（9）用两种方法分别测量两个尺寸，它们的真值分别为 L_1=30.002mm，L_2=69.997mm，若测得值分别为 30.004mm 和 70.002mm，试评定哪一种测量方法精度较高。

（10）对某一尺寸进行等精度测量 150 次，测得最大值为 60.06mm，最小值为 60.00mm，假设测量误差符合正态分布，求测得值落在 60.01～60.02mm 的概率。

（11）对某轴径进行 15 次重复测量，测得值见表 2-10，设数据中无定值系统误差，试求测量结果。

表 2-10　测量数据记录及数据处理表

序号	测得值 x_i/mm	剔除粗大误差前		剔除粗大误差后	
		残余误差 v_i/μm	残余误差的平方 v_i^2/μm^2	残余误差 v_i/μm	残余误差的平方 v_i^2/μm^2
1	30.420	+16	256	+9	81
2	30.430	+26	676	+19	361

续表

序号	测得值 x_i/mm	剔除粗大误差前		剔除粗大误差后	
		残余误差 v_i/μm	残余误差的平方 v_i^2/μm²	残余误差 v_i/μm	残余误差的平方 v_i^2/μm²
3	30.400	−4	16	−11	121
4	30.430	+26	676	+19	361
5	30.420	+16	256	+9	81
6	30.430	+26	676	+19	361
7	30.390	−14	196	−21	441
8	30.300	−104	10816	—	—
9	30.400	−4	16	−11	121
10	30.430	+26	676	+19	361
11	30.420	+16	256	+9	81
12	30.410	+6	36	−1	1
13	30.390	−14	196	−21	441
14	30.390	−14	196	−21	441
15	30.400	−4	16	−11	121
剔除粗大误差前 $\bar{x}=30.404$ 剔除粗大误差后 $\bar{x}=30.411$			$\sum_{i=1}^{15} v_i^2 = 14906$		$\sum_{i=1}^{14} v_i^2 = 3374$

（12）如图 2-6 所示，用“弦长弓高法”测量工件的直径，已知测得值 L=100mm，H=20m，其系统误差分别为 $\delta_{\mathrm{L}} = +5\mu\mathrm{m}$，$\delta_{\mathrm{H}} = +4\mu\mathrm{m}$；其标准偏差分别为 $\delta_{\mathrm{L}} = +0.7\mu\mathrm{m}$，$\delta_{\mathrm{H}} = +0.3\mu\mathrm{m}$。试求直径 D 的测量结果。

（13）试从 83 块一套的量块中同时组合出下列尺寸：48.98mm，29.875mm，10.56mm。

（14）某仪器在示值为 20mm 处的示值误差为−0.002mm，当用它测量工件时，读数正好为 20mm，工件的实际尺寸是多少?

（15）某一测量范围为 0～25mm 的外径尺，当活动测杆与测砧可靠接触时，其读数为+0.02mm。若用此千分尺测量工件尺寸，读数是 19.95mm，试求其系统误差的值和修正后的测量结果。

（16）工件的尺寸为 ϕ200h9Ⓔ（即采用的是包容要求），试按照 GB/T 3177—2009 标准选择合理的计量器具，并确定检验极限。

第3章
极限与配合

3.1　极限与配合概述

现代化的机械工业要求机器零件要具有互换性，以便在装配时不经选择和维修就能达到预期的配合功能，从而有利于机械工业广泛地组织协作，进行高效的专业化生产。为使零件具有互换性，必须保证零件的尺寸、几何形状、相互位置及表面粗糙度等技术要求的一致性。就尺寸而言，互换性要求尺寸的一致性，但并不是要求散件都准确地制成一个指定的尺寸，而只是要求在某一合理的范围之内。对于相互结合的零件，这个范围既要保证相互结合的尺寸之间形成一定的关系，以满足不同的使用要求，在制造上又要是经济合理的，这样就形成了“极限与配合”的概念。图 3-1 规定了三级齿轮减速器中的一级齿轮中的内孔、键槽、齿顶圆尺寸设计尺寸的极限要求。

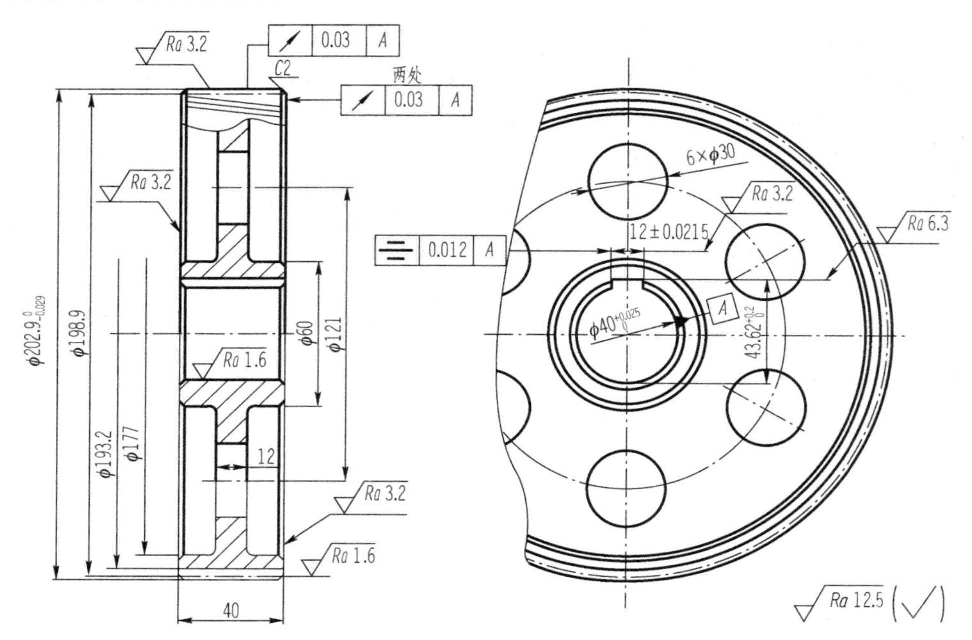

图 3-1　三级齿轮减速器一级齿轮

“极限”用于协调机器散件使用要求与制造经济性之间的矛盾，“配合”则反映散件组合时相互之间的关系。因此，极限与配合决定了机器散件相互配合的条件和状况，直接影响产品的精度、性能和使用寿命，它是评定产品质量的重要技术指标。

极限与配合的标准化是使机械工业能广泛组织专业化协作生产、实现互换性的一个基础条件，对我国机械工业的发展起着极为重要的作用。由于极限与配合标准应用广泛，影响深远，涉及各个工业部门，所以国际标准化组织（ISO）和世界各主要工业国家对它都给予了高度的重视，并认为它是特别重要的基础标准之一。

本章主要介绍尺寸极限与配合标准及其选用，涉及的标准有：

GB/T 1800.1—2009《产品几何技术规范（GPS） 极限与配合 第1部分：公差、偏差和配合的基础》；

GB/T 1800.2—2009《产品几何技术规范（GPS） 极限与配合 第2部分：标准公差等级和孔、轴极限偏差表》；

GB/T 1801—2009《产品几何技术规范（GPS） 极限与配合 公差带和配合的选择》；

GB/T 1803—2003《极限与配合 尺寸至18mm孔、轴公差带》；

GB/T 1804—2000《一般公差 未注公差的线性和角度尺寸的公差》；

GB/T 18780.1—2002《产品几何量技术规范（GPS）几何要素 第1部分：基本术语和定义》；

GB/T 18780.2—2003《产品几何量技术规范（GPS） 几何要素 第2部分：圆柱面和圆锥面的提取中心线、平行平面的提取中心面、提取要素的局部尺寸》；

GB/T 4458.5—2003《机械制图 尺寸公差与配合注法》。

3.2 极限与配合基本术语及定义

GB/T 1800.1—2009规定了极限与配合制的基本术语和定义，公差、偏差和配合的代号表示及标准公差值和基本偏差值，以及适用于具有圆柱形和两平行平面形的线性尺寸要素。另外，GB/T 1800.1—2009对于原标准的一些术语和定义进行了修改并增加了“尺寸要素”“实际（组成）要素”“提取组成要素”“拟合组成要素”“提取圆柱面的局部尺寸”“两平行提取表面的局部尺寸”的术语和定义的引用。

3.2.1 有关“要素”的术语及定义

1. 尺寸要素

尺寸要素是由一定大小的线性尺寸和角度尺寸确定的几何形状，参见GB/T 18780.1—2002中2.2中的说明。尺寸要素可以是圆柱形、球形、两平行对应面、圆锥形和楔形。

2. 实际（组成）要素

实际（组成）要素是由接近实际（组成）要素所限定的工件实际表面的组成要素部分，参见GB/T 18780.1—2002中2.4.1中的说明。具体含义如图3-2所示。

3. 提取组成要素

提取组成要素是按规定方法，由实际（组成）要素提取有限数目的点所形成的实际（组成）要素的近似替代，参见 GB/T 18780.1—2002 中 2.5 中的说明。具体含义如图 3-2 所示。

4. 拟合组成要素

拟合组成要素是按规定方法，由提取组成要素形成的并具有理想形状的组成要素，参见 GB/T 18780.1—2002 中 2.6 中的说明。具体含义如图 3-2 所示。

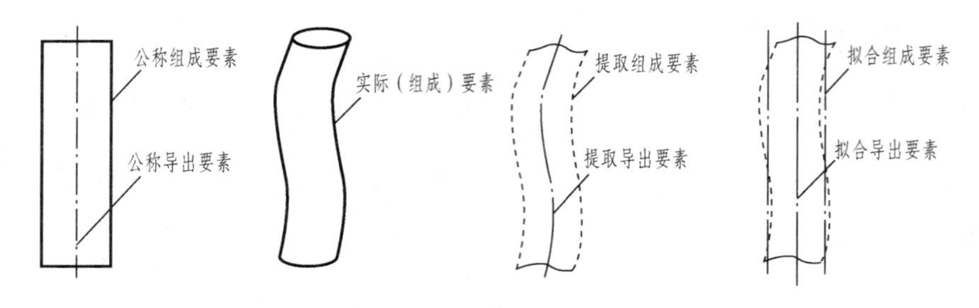

图 3-2　各要素的含义

3.2.2　有关“孔和轴”的术语及定义

孔：通常指工件的圆柱形内表面，也包括非圆柱形内表面（由两平行平面或切面形成的包容面）。

轴：通常指工件的圆柱形外表面，也包括非圆柱形外表面（由两平行平面或切面形成的被包容面）。

如图 3-3 所示的各表面中，图中由 D_1、D_2、D_3 和 D_4 各尺寸确定的包容面均称为孔，由 d_1、d_2、d_3 和 d_4 各尺寸确定的被包容面均称为轴，而由 L_1、L_2 和 L_3 各尺寸确定的表面则不是孔或轴。

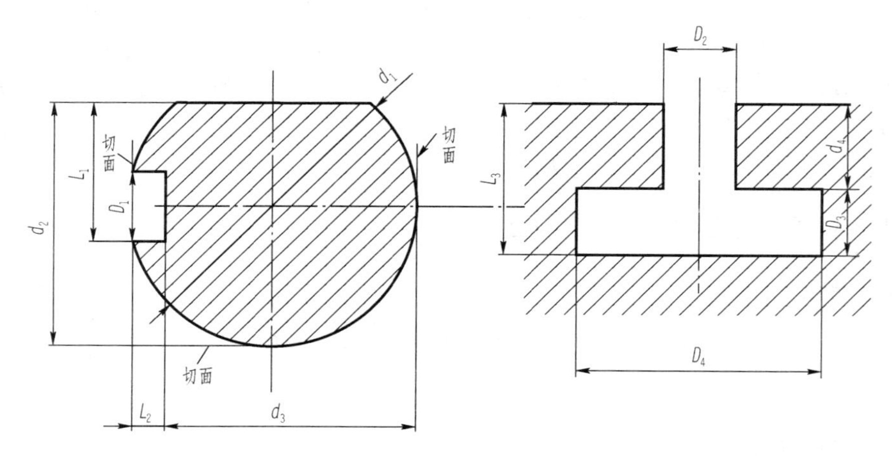

图 3-3　孔和轴

圆柱形的轴、孔结合，孔为包容面，轴为被包容面。非圆柱形的内、外表面，如键槽的槽宽是由两平行平面形成的内表面，键的宽度是由两平行平面形成的外表面等，均视为孔、轴；非圆柱形内、外表面结合亦视为包容面和被包容面的结合关系。广义地定义轴和孔，是便于对工件具有被包容面性质的尺寸采用轴公差带，对工件具有包容面性质的尺寸采用孔公差带，以确定工件的尺寸极限和相互的配合关系。

基准轴：在基轴制配合中作为基准的轴称为基准轴，在 GB/T 1800.1—2009 和 GB/T 1800.2—2009 极限与配合制中，轴的上极限尺寸与公称尺寸相等，轴的上极限偏差为零的一种配合为基轴制。

基准孔：在基孔制配合中作为基准的孔称为基准孔，在 GB/T 1800.1—2009 和 BG/T 1800.2—2009 极限与配合制中，孔的下极限尺寸与公称尺寸相等，孔的下极限偏差为零的一种配合为基孔制。

3.2.3 有关“尺寸”的术语和定义

1. 尺寸

尺寸是以特定单位表示线性尺寸值的数值。尺寸由数字和长度单位组成，在机械制图中，通常以 mm 为长度单位，在图样上标注尺寸时省略单位 mm，只写数字。

广义地说，尺寸也可以包括以角度单位表示角度尺寸的数值。

2. 公称尺寸

公称尺寸是由图样规范确定的理想形状要素的尺寸。通过它应用上、下极限偏差可计算出极限尺寸，也称为基本尺寸。

公称尺寸是决定偏差和极限尺寸的一个标准尺寸或起始尺寸，它是根据零件的功能要求，经过强度、刚度等设计计算及结构、工艺设计，并参照 GB/T 2822—2005《标准尺寸》中规定的数值选取的。公称尺寸可以是一个整数值或一个小数值，如 32、15、8.75、0.5 等。

3. 提取组成要素的局部尺寸

提取组成要素的局部尺寸是一切提取组成要素上两对应点之间距离的统称，以前的标准称为实际尺寸。

由于测量误差的存在，因此实际尺寸并非是被测尺寸的真值。同时，由于被测工件形状误差的影响和测量误差的随机性，因此零件同一表面不同部位的实际尺寸往往是不相同的。

4. 提取圆柱面的局部尺寸

提取圆柱面的局部尺寸（局部直径）即提取其局部直径要素上两对应点之间的距离。其中，两对应点之间的连线通过拟合圆圆心；横截面垂直于由提取表面得到的拟合圆柱面的轴线。具体参见 GB/T 18780.2—2003 中 3.5 中的说明。

5. 两平行提取表面的局部尺寸

两平行提取表面的局部尺寸是指两平行对应提取表面上两对应点之间的距离。其中，所有对应点的连线均垂直于拟合中心平面；拟合中心平面是由两平行提取表面得到的两拟合平行平面的中心平面（两拟合平行平面之间的距离可能与公称距离不同）。具体参见 GB/T 18780.2—2003 中 3.6 中的说明。

6. 极限尺寸

极限尺寸是尺寸要素允许的尺寸的两个极端。提取组成要素的局部尺寸应位于其中，也可达极限尺寸。其中，尺寸要素允许的最大尺寸称为上极限尺寸，在以前的版本中，上极限尺寸称为最大极限尺寸；尺寸要素允许的最小尺寸称为下极限尺寸，在以前的版本中，下极限尺寸称为最小极限尺寸。

3.2.4 有关“偏差与公差”的术语及定义

1. 偏差

偏差是指某一尺寸（实际尺寸、极限尺寸等）减其公称尺寸所得的代数差。偏差可以为正值、负值或零值。

实际偏差：实际尺寸减其公称尺寸所得的代数差称为实际偏差。

极限偏差：极限尺寸减其公称尺寸所得的代数差称为极限偏差。

上极限偏差：上极限尺寸减其公称尺寸所得的代数差称为上极限偏差，孔的上极限偏差用代号“ES”表示，轴的上极限偏差用代号“es”表示。

下极限偏差：下极限尺寸减其公称尺寸所得的代数差称为下极限偏差，孔的下极限偏差用代号“EI”表示，轴的下极限偏差用代号“ei”表示。

基本偏差：在极限与配合制中，确定公差带相对零线位置的那个极限偏差称为基本偏差，它可以是上极限偏差或下极限偏差，一般为靠近零线的那个偏差，如图 3-4 所示。

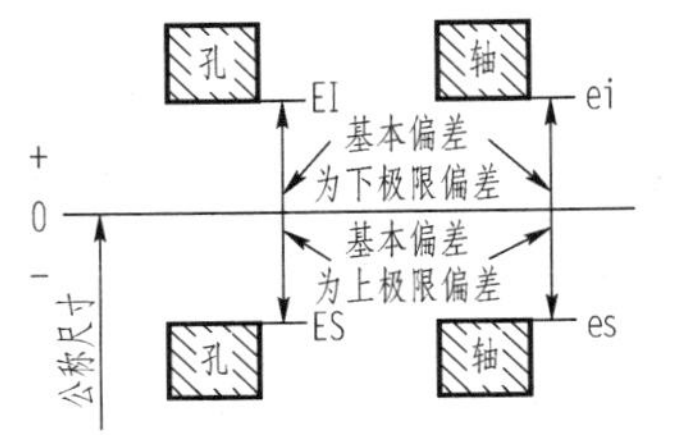

图 3-4　基本偏差示意图

2. 尺寸公差

尺寸公差是指上极限尺寸减下极限尺寸，或上极限偏差减下极限偏差所得的差值。它是允许尺寸的变动量，是一个没有符号的绝对值。

3. 标准公差

标准公差是指在极限与配合制中所规定的任一公差，用“IT”表示。

标准公差等级：在极限与配合制中，同一公差等级（如 IT7）对所有公称尺寸的一组公差被认为具有同等的精确程度。

标准公差因子：在极限与配合制中，用以确定标准公差的基本单位，该因子是公称尺寸的函数(标准公差因子 i 用于公称尺寸至 500mm,标准公差因子 I 用于公称尺寸大于 500mm)。

有关尺寸、偏差和公差的关系如图 3-5 所示。

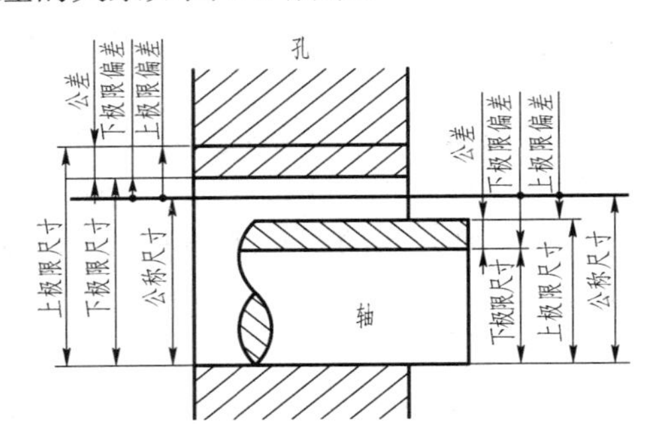

图 3-5　公差与配合示意图

4. 零线与公差带

图 3-5 是公差与配合的一个示意图，它表明了两个相互结合的孔与轴的公称尺寸、极限尺寸、极限偏差与公差的相互关系。在实用中，为简便起见，一般用公差带图来表示。

零线：在极限与配合图解中，表示公称尺寸的一条直线，以其为基准确定偏差和公差。通常，零线沿水平方向绘制，正偏差位于其上，负偏差位于其下。

公差带：在公差带图解中，由代表上极限偏差和下极限偏差或上极限尺寸和下极限尺寸的两条直线所限定的一个区域称为公差带（或尺寸公差带）。它是由公差大小和其相对零线的位置（如基本偏差）来确定的。

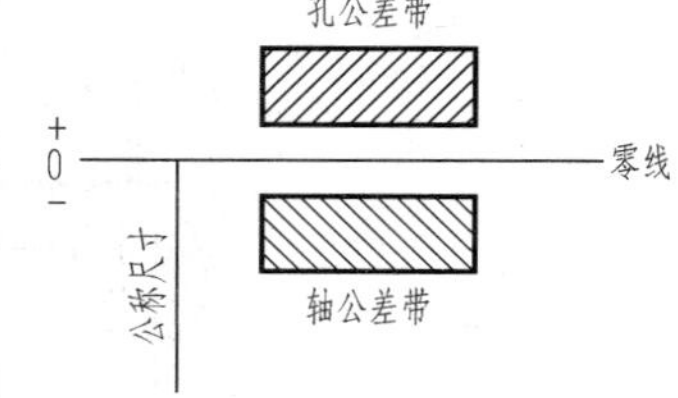

图 3-6　公差带图

公差带图：以公称尺寸为零线（即零偏差线），用适当的比例画出两极限偏差或两极限尺寸，以表示尺寸允许的变动界限及范围，称为公差带图（或尺寸公差带图），如图 3-6 所示。

在国家标准中，公差带包括了“公差带大小”（即宽度）和“公差带位置”（指相对于零线的位置）两个参数。前者由标准公差确定，后者由基本偏差确定。

3.2.5　有关“配合”的术语及定义

1. 间隙和过盈

孔的尺寸减去相配合的轴的尺寸，所得之差为正时，此差值称为间隙，用代号“*X*”表示。

孔的尺寸减去相配合的轴的尺寸，所得之差为负时，此差值称为过盈，用代号“*Y*”表示。

2. 配合

公称尺寸相同的相互结合的孔和轴公差带之间的关系，称为配合。

国家标准对配合规定有两种基准制，即基孔制配合与基轴制配合。

基孔制配合：基本偏差为一定的孔公差带与不同基本偏差的轴公差带形成各种配合的一种制度。

基孔制配合的孔称为基准孔，国家标准规定基准孔的基本偏差（下极限偏差）为零（即 EI=0），基准孔的代号为“H”。

基轴制配合：基本偏差为一定的轴公差带与不同基本偏差的孔公差带形成各种配合的一种制度。

基轴制配合的轴称为基准轴，国家标准规定基准轴的基本偏差（上极限偏差）为零（即 es=0），基准轴的代号为“h”。

按照相互结合的孔、轴公差带相对位置的不同，两种基准制都可形成间隙配合、过盈配合和过渡配合 3 类，如图 3-7 所示。

1）间隙配合

孔的公差带在轴的公差带之上，保证具有间隙的配合（包括最小间隙等于零的配合），称为间隙配合。

由于孔、轴是有公差的，所以，实际间隙的大小将随着孔和轴的实际尺寸而变化。孔的上极限尺寸减轴的下极限尺寸所得的代数差，称为最大间隙（X_{max}）。孔的下极限尺寸减轴的上极限尺寸所得的代数差，称为最小间隙（X_{min}）。

配合公差（或间隙公差）：允许间隙的变动量，它等于最大间隙（X_{max}）与最小间隙（X_{min}）之差，也等于相配合的孔公差与轴公差之和，用代号“T_f”表示。

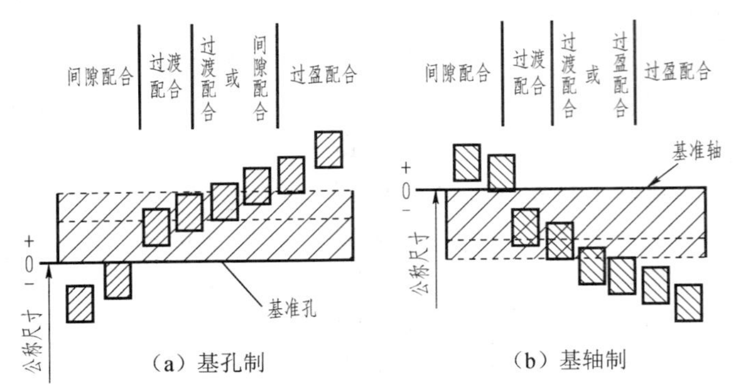

图 3-7　基孔制与基轴制配合

【例 3-1】 $\phi50^{+0.039}_{0}$mm 的孔与 $\phi50^{-0.025}_{-0.050}$mm 的轴相配合是基孔制间隙配合。

间隙配合孔、轴公差带图如图 3-8（a）所示，间隙配合公差带图如图 3-8（b）所示。各种计算见表 3-1。

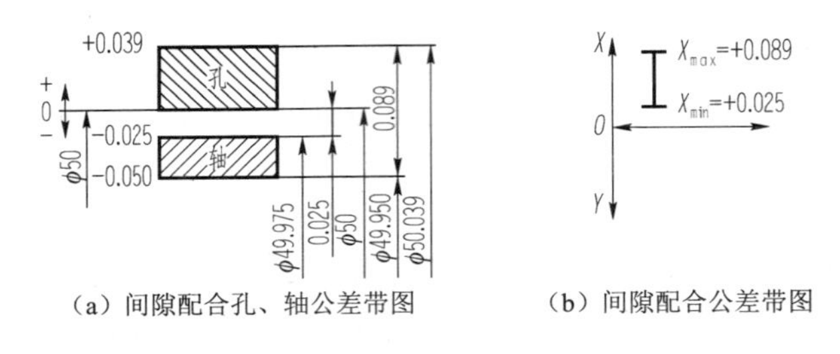

图 3-8　例 3-1 图

表 3-1　例 3-1 计算结果

项目	孔	轴
公称尺寸	50	50
上极限偏差	ES=+0.039	es=−0.025（基本偏差）
下极限偏差	EI=0（基本偏差）	ei=−0.050
标准公差	0.039	0.025
上极限尺寸	50.039	49.975
下极限尺寸	50.000	49.950
最大间隙	X_{max}=50.039−49.950=0.089	
最小间隙	X_{min}=50.000−49.975=0.025	
配合公差（间隙公差）	T_f=0.089−0.025=0.064 或 T_f=0.039+0.025=0.064	

2）过盈配合

孔的公差带在轴的公差带之下，保证具有过盈的配合（包括最小过盈等于零的配合），称为过盈配合。

由于孔、轴是有公差的，故实际过盈将随着孔和轴的实际尺寸而变化。孔的上极限尺寸减轴的下极限尺寸所得的代数差，称为最小过盈（Y_{min}）。孔的下极限尺寸减轴的上极限尺寸所得的代数差，称为最大过盈（Y_{max}）。

配合公差（或过盈公差）：允许过盈的变动量，它等于最小过盈（Y_{min}）与最大过盈（Y_{max}）之差，也等于相配合的孔公差与轴公差之和。

【例 3-2】 $\phi50^{+0.025}_{0}$ mm 的孔与 $\phi50^{+0.059}_{+0.043}$ mm 的轴相配合是基孔制过盈配合。

过盈配合孔、轴公差带图如图 3-9（a）所示，过盈配合公差带图如图 3-9（b）所示。各种计算见表 3-2。

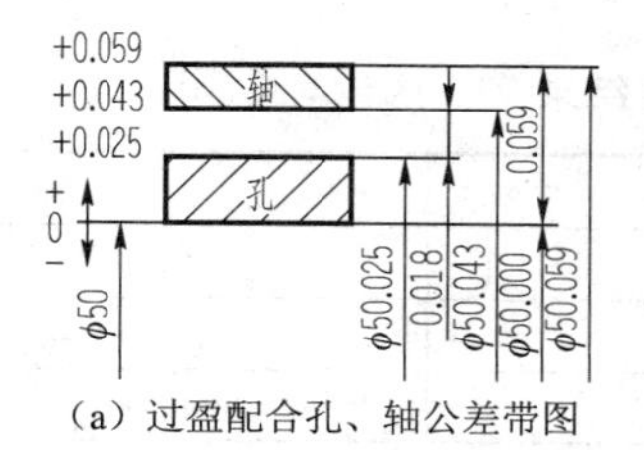

（a）过盈配合孔、轴公差带图

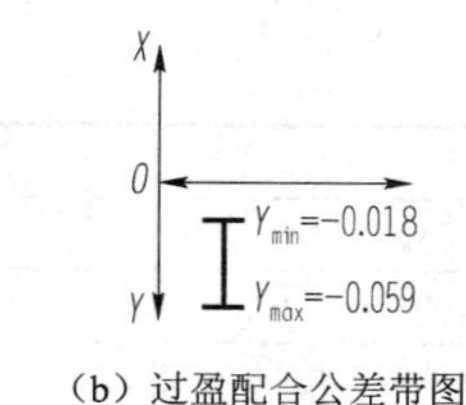

（b）过盈配合公差带图

图 3-9　例 3-2 图

表 3-2　例 3-2 计算结果

项目	孔	轴
公称尺寸	50	50
上极限偏差	ES=+0.025	es=+0.059
下极限偏差	EI=0（基本偏差）	ei=+0.043（基本偏差）
标准公差	0.025	0.016
上极限尺寸	50.025	50.059
下极限尺寸	50.000	50.043
最大过盈	Y_{max}=50.000−50.059=−0.059	
最小过盈	Y_{min}=50.025−50.043=−0.018	
配合公差（过盈公差）	T_f=−0.018−(−0.059)=0.041 或 T_f=0.025+0.016=0.041	

3）过渡配合

在孔与轴配合中，由于两者的公差带相互交叠，任取一对孔和轴相配，可能具有间隙，也可能具有过盈的配合，称为过渡配合。

在过渡配合中，表示配合松紧程度的特征值是最大间隙（X_{max}）和最大过盈（Y_{max}）。

配合公差：最大间隙（X_{max}）与最大过盈（Y_{max}）之差的绝对值，也等于相配合的孔公差与轴公差之和。

【例 3-3】 $\phi50^{+0.025}_{0}$ mm 的孔与 $\phi50^{+0.018}_{+0.002}$ mm 的轴相配合是基孔制过渡配合。

过渡配合孔、轴公差带图如图 3-10（a）所示，过渡配合公差带图如图 3-10（b）所示。各种计算见表 3-3。

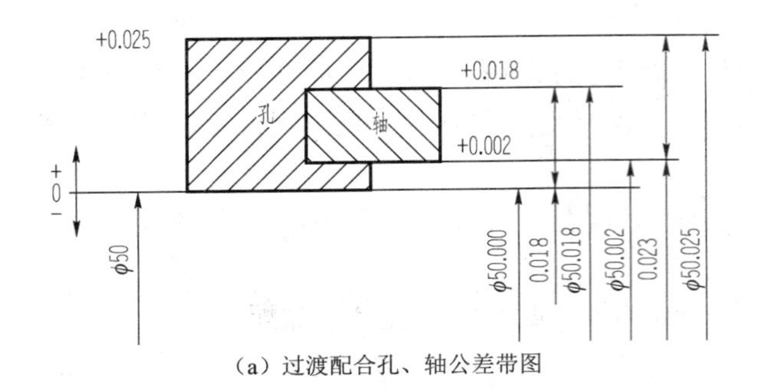

（a）过渡配合孔、轴公差带图

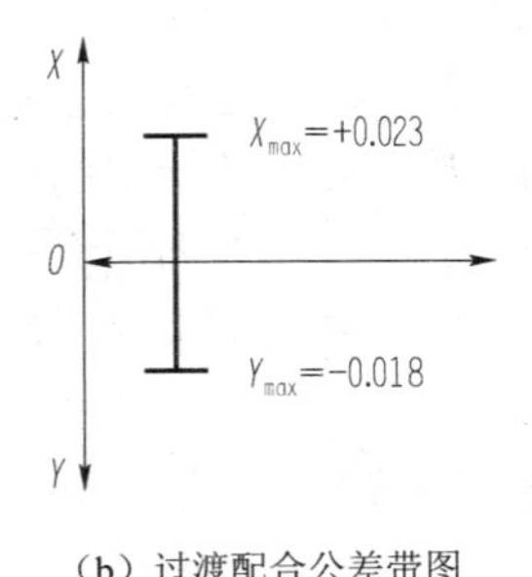

（b）过渡配合公差带图

图 3-10　例 3-3 图

表 3-3　例 3-3 计算结果

项目	孔	轴
公称尺寸	50	50
上极限偏差	ES=+0.025	es=+0.018
下极限偏差	EI=0（基本偏差）	ei=+0.002（基本偏差）
上极限尺寸	50.025	50.018
下极限尺寸	50.000	50.002
标准公差	0.025	0.016
最大间隙	$X_{max}(Y_{min})$=50.025−50.002=0.023	
最小间隙	$Y_{max}(X_{min})$=50.000−50.018=−0.018（即最大过盈）	
配合公差	T_f=0.023−(−0.018)=0.041 或 T_f=0.025+0.016=0.041	

3．配合公差带

与尺寸公差带相似，配合公差带也可用配合公差带图表示。

配合公差带就是以零间隙（或零过盈）为零线，用适当比例画出的代表两极限间隙（或极限过盈）的两条直线所限定的区域，如图 3-8（b）、图 3-9（b）和图 3-10（b）所示，它们分别表示了间隙配合、过盈配合与过渡配合的配合公差带图。

配合公差带的大小，取决于配合公差的大小；配合公差带相对于零线的位置，取决于极限间隙（或过盈）的大小。前者表示配合精度，后者表示配合的松紧。

3.3　极限与配合国家标准

极限与配合国家标准 GB/T 1800—2009、GB/T 1801—2009、GB/T 1803—2003 和 GB/T 1804—2000 是光滑圆柱体零件或长度单一尺寸的公差与配合的依据，也适用于其他光滑表面和相应结合尺寸的公差及由它们组成的配合。

根据前述可知，配合是孔、轴公差带的组合。而孔、轴公差带是由公差带的大小和位置两个基本要素组成的。前者决定公差值的大小（即配合精度），后者决定配合的性质（即配合松紧）。为了实现互换性和满足各种使用要求，国家标准对不同公称尺寸，按标准公差系列（公差带大小或公差数值）标准化和基本偏差系列（公差带位置）标准化的原则来制定。下面阐述极限与配合的构成规则和特征。

3.3.1　标准公差系列

标准公差是国家标准极限与配合制中所规定的任一公差，它用于确定尺寸公差带的大小。国家标准按照不同的公差等级制定了一系列的标准公差数值。

1. 标准公差因子

零件的制造误差不仅与加工方法有关，而且与公称尺寸的大小有关，为了便于评定零件尺寸公差等级的高低，规定了标准公差因子。

标准公差因子是计算标准公差的基本单位，是制定标准公差系列值的基础。

通过大量的生产实践和科学实验，经统计分析发现，零件的加工误差与公称尺寸成立方抛物线的关系。

当尺寸≤500mm时，国家标准的标准公差因子 i 按下式计算：

$$i = 0.45\sqrt[3]{D} + 0.001D \tag{3-1}$$

式中，i 为标准公差因子（μm）；D 为公称尺寸分段内首尾两个尺寸的几何平均值（mm）。

式（3-1）表明，标准公差因子是公称尺寸的函数，式中第一项表示标准公差与公称尺寸关系符合立方抛物线的规律；第二项是考虑补偿与直径成正比的误差，包括由于测量偏离标准温度时及量规的变形引起的测量误差。当直径很小时，第二项所占比例很少；当直径较大时，标准公差因子随直径增加而增大，即标准公差值相应增大。

当尺寸在500～3150mm范围时，国家标准的标准公差因子 I 按下式计算：

$$I=0.004D+2.1 \tag{3-2}$$

式中，I、D 含义及单位与式（3-1）相同。

对大尺寸而言，与直径成正比的误差因素，其影响增长很快，特别是温度变化影响大，而温度变化引起的误差随直径的增大成线性关系，所以国家标准规定大尺寸的标准公差因子采用线性关系。

实践证明，当尺寸＞3150mm时，以 $I=0.004D+2.1$ 为基础来计算标准公差，也不能完全反映实际出现的误差规律，但目前尚未确定出合理的计算公式，只能暂按直线关系式计算，列于国家标准附录供参考使用。

2. 标准公差等级

国家标准规定的标准公差等级是确定零件尺寸精度的等级。国家标准规定的标准公差是由公差等级系数和标准公差因子的乘积值来决定的。在公称尺寸一定的情况下，公差等级系数是决定标准公差大小的唯一参数。

国家标准将标准公差等级分为20级，用符号“IT”（即国际公差ISO tolerance的缩写）和阿拉伯数字组成的代号表示，即IT01，IT0，IT1，IT2，…，IT18。例如，IT7表示标准公差 7 级或 7 级标准公差。从 IT01～IT18 级，公差等级依次降低，而相应的标准公差数值则依次增大。

当尺寸≤500mm，IT5 以下各级标准公差按表 3-4 计算。

每一个公差等级都有一个确定的公差等级系数，如表 3-4 中的 7，10，16，…，2500 等数值，由该表可以看出，从 IT6～IT18 级，公差等级系数按 R5 优先数系增加，公比为 $\sqrt[5]{10} \approx 1.6$，即每隔 5 个等级公差值增加 10 倍。

表 3-4　尺寸≤500mm 的 IT5～IT18 级标准公差计算表　　单位：μm

公差等级	IT5	IT6	IT7	IT8	IT9	IT10	IT11	IT12	IT13	IT14	IT15	IT16	IT17	IT18
公差值	$7i$	$10i$	$16i$	$25i$	$40i$	$64i$	$100i$	$160i$	$250i$	$400i$	$640i$	$1000i$	$1600i$	$2500i$

对于尺寸≤500mm 的更高等级（如 IT01、IT0 和 IT1 等级），主要考虑测量误差，公差计算采用线性关系式，见表 3-5。

表 3-5　尺寸≤500mm 的 IT01～IT1 级标准公差计算表　　单位：μm

公差等级	IT01	IT0	IT1
公差值	$0.3+0.008D$	$0.5+0.012D$	$0.8+0.02D$

标准公差 IT2～IT4 的数值，在 IT1～IT5 级数值之间近似成几何级数，比值为 $\left(\frac{\text{IT5}}{\text{IT1}}\right)^{\frac{1}{4}}$，即 IT2，IT3，IT4 级的标准公差按下式计算：

$$\text{IT2}=\text{IT1}\times\left(\frac{\text{IT5}}{\text{IT1}}\right)^{\frac{1}{4}} \tag{3-3}$$

$$\text{IT3}=\text{IT2}\times\left(\frac{\text{IT5}}{\text{IT1}}\right)^{\frac{1}{4}}=\text{IT1}\times\left(\frac{\text{IT5}}{\text{IT1}}\right)^{\frac{1}{2}} \tag{3-4}$$

$$\text{IT4}=\text{IT3}\times\left(\frac{\text{IT5}}{\text{IT1}}\right)^{\frac{1}{4}}=\text{IT1}\times\left(\frac{\text{IT5}}{\text{IT1}}\right)^{\frac{3}{4}} \tag{3-5}$$

从上述情况可以看出，国家标准各级之间的公差分布规律性较强，便于向高、低等级延伸，例如，IT5 和 IT18 就是在 ISO 公差制基础上延伸的。若需更高精度的公差（例如，常用尺寸段需要 IT02），亦可延伸。因为 IT01～IT1 的公差计算式中的系数均采用了优先数系 R10/2，由此可推出 IT02 的公差计算式为

$$\text{IT02}=0.2+0.005D$$

当有需要时，还可插入中间等级，例如，IT6.5=1.25，IT6=12.5i，IT7.5=1.25，IT7=20i，IT8.5=1.25，IT8=31.5i 等，即按优先数系 R10 插入，以满足广泛和特殊的需要。

当尺寸＞500mm 时，IT5 以下各级标准公差同样以公差等级系数和标准公差因子的乘积来计算，见表 3-6。

表 3-6　尺寸>500mm 的 IT5～IT18 级标准公差计算表

单位：μm

公差等级	IT5	IT6	IT7	IT8	IT9	IT10	IT11	IT12	IT13	IT14	IT15	IT16	IT17	IT18
公差值	$7I$	$10I$	$16I$	$25I$	$40I$	$64I$	$100I$	$160I$	$250I$	$400I$	$640I$	$100I$	$160I$	$250I$

对尺寸＞500mm 的更高等级的标准公差 IT01，IT0，IT1，分别按 $1I$，$\sqrt{2}I$，$2I$ 来计算。标准公差 IT2～IT4 的数值，同样也在 IT1～IT5 级数值之间近似成几何级数，比值为$\left(\frac{IT5}{IT1}\right)^{\frac{1}{4}}$。

3. 尺寸分段

根据标准公差计算公式，每有一个公称尺寸就应该有一个相对应的公差值。但在生产实践中公称尺寸太多，就会形成一个庞大的公差数值表，给生产带来很多困难。为了减少公差数目，统一公差值，简化公差表格，特别考虑到便于应用，国家标准对公称尺寸进行了分段。尺寸分段后，对同一尺寸分段内的所有公称尺寸，在相同公差等级的情况下，规定了相同的标准公差。国家标准公称尺寸主段落和中间段落的分段如图 3-11 所示。

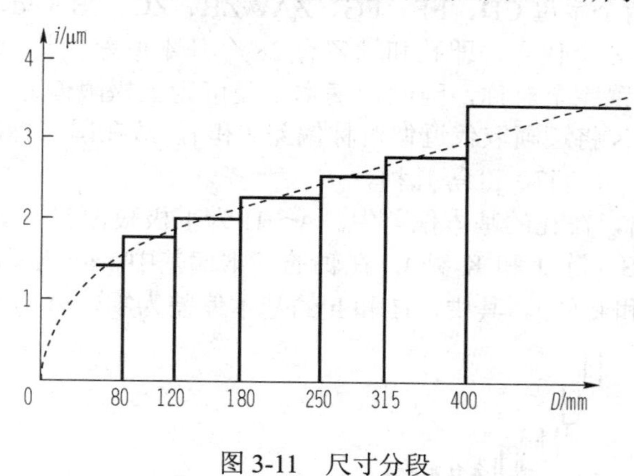

图 3-11　尺寸分段

在公差表格中，一般使用主段落。对过盈或间隙比较敏感的配合，使用分段较密的一些中间段落。

在标准公差和基本偏差的计算公式中，公称尺寸 D 一律以所属尺寸分段内首、尾两个尺寸的几何平均值来进行计算（在≤3mm 这一尺寸分段中，是用 1 和 3 的几何平均值计算的）。例如，80～120mm 公称尺寸分段的计算直径为$\sqrt{80\times120}\approx97.98(\text{mm})$，只要属于这一尺寸分段的公称尺寸，其标准公差和基本偏差一律以 97.98mm 进行计算。

在尺寸分段方法上，对≤180mm 尺寸分段，考虑到与国际公差（ISO）的一致，仍保留不均匀递增数系。对＞180mm 的尺寸分段，采用十进制几何数系——优先数系。主段落按优先数系 R10 分段，中间段落按优先数系 R20 分段。当尺寸在 500～10000mm 的范围内时，也采用优先数系分段。附录中表 I-1 中的标准公差数值是通过计算并将结果按特定的数值修约规则处理后得到的。

【例 3-4】公称尺寸为ϕ20mm，求 IT6 和 IT7。

解　公称尺寸为ϕ20mm，在 18～30mm 的尺寸段内，该尺寸段首、尾两个尺寸的几何平均值如下：

几何平均值：

$$D=\sqrt{80\times 30}\approx 48.99(\mathrm{mm})$$

标准公差因子：

$$i=0.45\sqrt[3]{D}+0.001D=0.45\sqrt[3]{D}+0.001D\approx 1.17(\mu\mathrm{m})$$

$$\mathrm{IT6}=10i=10\times 1.71=17.l(\mu\mathrm{m})\approx 17(\mu\mathrm{m})$$

$$\mathrm{IT7}=16i=16\times 1.71=27.36(\mu\mathrm{m})\approx 27(\mu\mathrm{m})$$

按上述方法即可得到标准公差数值表中 IT5～IT18 级的各个公差值。

3.3.2 基本偏差系列

基本偏差是上极限偏差或下极限偏差中的一个，被指定用于确定公差带相对于零线的位置，是公差带的位置要素。为了满足各种不同配合的需要，必须将轴和孔的公差带位置标准化。

基本偏差系列如图 3-12 所示，基本偏差的代号用拉丁字母表示，大写代表孔，小写代表轴。在 26 个字母中，除去易与其他混淆的 I、L、O、Q、W（i、l、o、q、w）5 个字母外，采用 21 个，再加上用两个字母 CD、EF、FG、ZA、ZB、ZC、JS（cd、ef、fg、za、zb、zc、js）表示的 7 个，共有 28 个代号，即孔和轴各有 28 个基本偏差。其中，JS 和 js 在各个公差等级中公差带对零线位置完全对称，因此，基本偏差可为上极限偏差（+IT/2），也可为下极限偏差（−IT/2）。JS 和 js 将逐渐取代近似对称偏差 J 和 j，故在国家标准中，孔仅保留了 J6、J7、J8，轴仅保留了 j5、j6、j7、j8 等几种。

由图 3-12 可以看出，在孔的基本偏差中，A～H 为下极限偏差 EI，其绝对值依次减小，J～ZC 为上极限偏差 ES（除 J 和 K 外）；在轴的基本偏差中，a～h 为上极限偏差 es，j～zc 为下极限偏差 ei（除 j 和 k 外）。其中，H 和 h 的基本偏差为零，分别表示基准孔和基准轴。

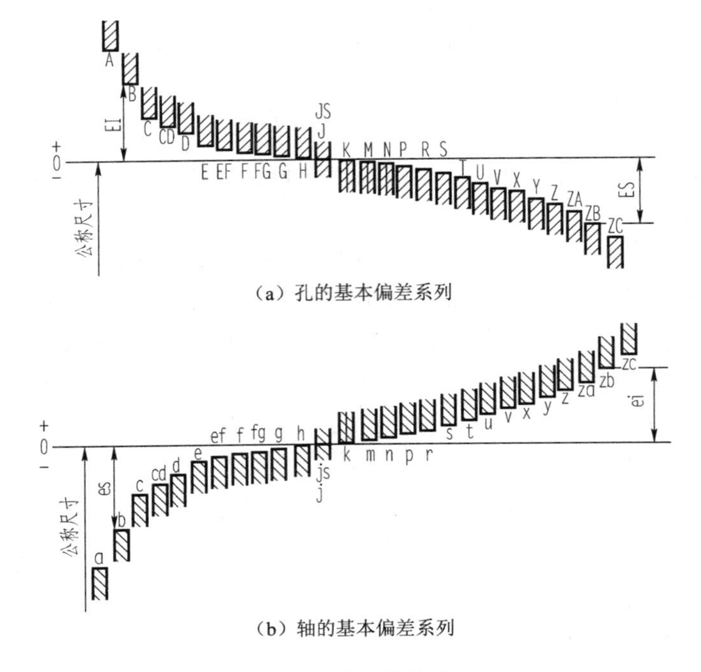

（a）孔的基本偏差系列

（b）轴的基本偏差系列

图 3-12 基本偏差系列

在基本偏差系列图中，仅绘出了公差带的一端，对公差带另一端未绘出，因为它取决于公差等级和这个基本偏差的组合。

1. 轴的基本偏差

轴的基本偏差是在基孔制配合的基础上制定的。通过试验与分析，总结出轴和孔的基本偏差计算的一系列经验公式，见表3-7。

表3-7 轴和孔的基本偏差公式

公称尺寸/mm		轴			公式	孔			公称尺寸/mm	
大于	至	基本偏差	符号(−/+)	代号		代号	符号(−/+)	基本偏差	大于	至
1	120	a	−	es	$265+1.3D$	EI	+	A	1	120
120	500				$3.5D$				120	500
1	160	b	−	es	$\approx 140+0.85D$	EI	+	B	1	160
160	500				$\approx 1.8D$				160	500
0	40	c	−	es	$52D^{0.2}$	EI	+	C	0	40
40	500				$95+0.8D$				40	500
0	10	cd	−	es	C、c和D、d值的几何平均值	EI	+	CD	0	10
0	3150	d	−	es	$16D^{0.44}$	EI	+	D	0	3150
0	3150	e	−	es	$11D^{0.41}$	EI	+	E	0	3150
0	10	ef	−	es	E、e和F、f值的几何平均值	EI	+	EF	0	10
0	3150	f	−	es	$5.5D^{0.41}$	EI	+	F	0	3150
0	10	fg	−	es	F、f和G、g值的几何平均值	EI	+	FG	0	10
0	3150	g	−	es	$2.5D^{0.34}$	EI	+	G	0	3150
0	3150	h	无符号	es	偏差=0	EI	无符号	H	0	3150
0	3150	js	+−	es ei	$0.5\mathrm{IT}m$	EI ES	+−	JS	0	3150
0	500	k	+	ei	$0.6\sqrt[3]{D}$	ES	−	K	0	500
500	3150		无符号		偏差=0		无符号		500	3150
0	500	m	+	ei	IT7−IT6	ES	−	M	0	500
500	3150				$0.024D+12.6$				500	3150
0	500	n	+	ei	$5D^{0.34}$	ES	−	N	0	500
500	3150				$0.04D+21$				500	3150
0	500	p	+	ei	IT7+0～5	ES	−	P	0	500
500	3150				$0.072D+37.8$				500	3150
0	3150	r	+	ei	P、p和S、s值的几何平均值	ES	−	R	0	3150
0	50	s	+	ei	IT8+1～4	ES	−	S	0	50
50	3150				$\mathrm{IT7}+0.4D$				50	3150

续表

公称尺寸/mm		轴			公式	孔			公称尺寸/mm	
大于	至	基本偏差	符号(−/+)	代号		代号	符号(−/+)	基本偏差	大于	至
24	3150	t	+	ei	IT7+0.63*D*	ES	−	T	24	3150
0	3150	u	+	ei	IT7+*D*	ES	−	U	0	3150
14	500	v	+	ei	IT7+1.25*D*	ES	−	V	14	500
0	500	x	+	ei	IT7+1.6*D*	ES	−	X	0	500
18	500	y	+	ei	IT7+2*D*	ES	−	Y	18	500
0	500	z	+	ei	IT7+2.5*D*	ES	−	Z	0	500
0	500	za	+	ei	IT8+3.15*D*	ES	−	ZA	0	500
0	500	zb	+	ei	IT9+4*D*	ES	−	ZB	0	500
0	500	zc	+	ei	IT10+5*D*	ES	−	ZC	0	500

注：式中，*D* 是公称尺寸的几何平均值，单位为 mm。

a～h 用于间隙配合，基本偏差的绝对值等于最小间隙。其中，a、b、c 用于大间隙和热动配合，考虑发热膨胀的影响，采用与直径成正比关系的公式计算（其中，c 适用于直径大于 40mm 的情况）；d、e、f 主要用于旋转运动，为了保证良好的液体摩擦，最小间隙应与直径成平方根关系，但考虑到表面粗糙度的影响，间隙应适当减小，故 d、e、f 的计算公式是按此要求确定的；g 主要用于滑动和半液体摩擦，或用于定位配合，间隙要小，所以直径的指数有所减小；基本偏差 cd、ef、fg 的绝对值，分别按 c 与 d、e 与 f、f 与 g 的绝对值的几何平均值确定，适用于尺寸较小的旋转运动。

js～n 主要用于过渡配合，由于所得间隙和过盈均不太大，可以保证孔、轴配合时，有较好的对中性。其中，js 主要用于与轴承相配的轴，它的基本偏差根据经验数据确定；对于 k，规定了 k4～k7 的基本偏差 $ei=+0.6\sqrt[3]{D}$，其值较小，对其余的公差等级，均取 ei=0；对于 m，是按 m6 的上极限偏差与 H7（最常用的基准孔）的上极限偏差相当来确定的，所以 m 的基本偏差 $ei=+(IT7-IT6)\approx+2.8\sqrt[3]{D}$；对于 n，按它与 H6 配合为过盈配合，而与 H7 配合为过渡配合来考虑的，所以 n 的数值大于 IT6 而小于 IT7，取 $ei=+5D^{0.34}$。

p～zc 按过盈配合来规定，从保证配合的主要特性——最小过盈来考虑，常按相配基准孔的标准公差（多数为 H7）和所需的最小过盈来确定其基本偏差数值。p 和 H7 配合时要求有几微米的最小过盈，所以 ei=IT7+(0～5μm)；基本偏差 r 按 p 与 s 的几何平均值确定；对于 s，当 $D\leqslant50$mm 时，要求与 H8 配合有几个微米的最小过盈，故 ei=IT8+(1～4μm)；从 $D>50$mm 的 s 起，包括 t，u，v，x，y，z 等，要求它们与 H7 相配时，最小过盈依次为 0.4*D*，0.63*D*，*D*，1.25*D*，1.6*D*，2*D*，2.5*D*，而 za，zb，zc 分别与 H8，H9，H10 配合时，最小过盈依次为 3.15*D*，4*D*，5*D*，以上最小过盈的系数符合优先数系，规律性较好，便于应用。

轴的另一个偏差（上极限偏差或下极限偏差），根据轴的基本偏差和标准公差，按下列关系式计算：

$$ei=es-IT \tag{3-6}$$

或

$$es=ei+IT \tag{3-7}$$

尺寸在 500～3150mm 范围时，轴的基本偏差仍按表 3-7 的公式计算，其数值见附表 A-1。

2. 孔的基本偏差

孔的基本偏差按表 3-7 中给出的公式计算，由该表中的公式可见，同一字母的孔的基本偏差与轴的基本偏差相对于零线是完全对称的，即孔、轴基本偏差的绝对值相等而符号相反，即

$$EI=-es$$
$$ES=-ei$$

这一规则适用于所有的基本偏差，但下列情况除外。

（1）公称尺寸范围在 3～500mm，标准公差等级为 IT9～IT16 的基本偏差 N，其数值 ES 等于零。

（2）公称尺寸范围在 3～500mm，标准公差等级≤IT8（IT8，IT7，IT6，…）的基本偏差 J、K、M、N 及标准公差等级≤IT7（IT7，IT6，IT5，…）的基本偏差 P～ZC，在计算孔的基本偏差时，应附加一个“$\varDelta$”值。

在较高公差等级中，孔比同级轴加工困难，在生产中常采用孔比轴低一级相配，并要求按基轴制和基孔制形成的配合（如 H7/p6 和 P7/h6）具有相同的极限间隙或过盈，由图 3-13 可知：

基孔制最小过盈：

$$Y_{min}=ES-ei=(+ITn)-ei$$

基轴制最小过盈：

$$Y_{max}=ES-ei=ES-[-IT(n-1)]$$

因为

$$ES+IT(n-1)=ITn-ei$$

由此，得出孔的基本偏差为

$$ES=-ei+[ITn-IT(n-1)]$$
$$ES=-ei+\varDelta \tag{3-8}$$

式中，ITn 为某一级孔的标准公差；IT(n−1)为比某一级孔高一级的轴的标准公差。

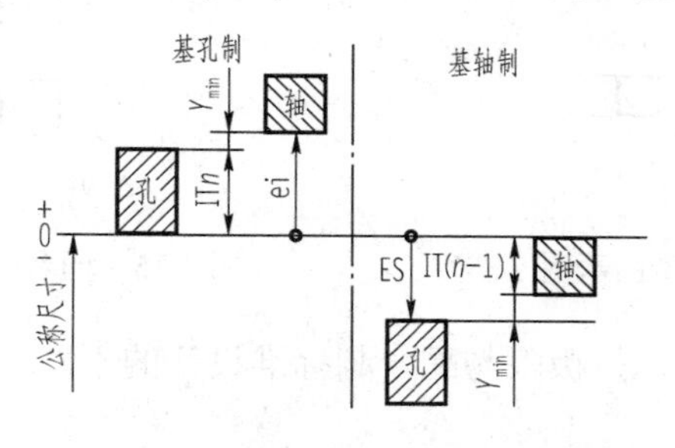

图 3-13　较高公差等级孔轴配合图

孔的另一个偏差（上极限偏差或下极限偏差）按下式计算：

$$EI=ES-IT \tag{3-9}$$

或

$$ES=EI+IT \tag{3-10}$$

轴的基本偏差数值见附表 A-1，孔的基本偏差数值见附表 A-2。

采用两种不同规则的原因如下：

（1）体现孔、轴的“工艺等价”，采用孔比轴低一公差等级相配的形式，即在常用尺寸段的孔与轴在加工时，采用同一加工方法。由于相同条件，孔的加工误差要大于轴的加工误差，因此，对标准公差≤IT8 的配合推荐用孔公差等级比轴的低一级形式；当标准公差≥IT9 时推荐用孔、轴同级形式，如 H8/s8、H9/s9。

（2）同名配合的需要。即组成配合时，需要用到不同基准制的配合，会出现如同 H8/h7、H8/s7 的配合代号。它们的基本偏差代号相对应而基准制不同，这样的两个配合叫做同名配合。国家标准考虑到推荐的配合其同名配合应满足配合性质相同，即在改换基准制时只需把基本偏差代号调换，孔、轴公差等级不变，便可得到相同性质的配合，即孔、轴配合的 X_{max}、X_{min} 或 Y_{max}、Y_{min} 值分别相等。为达此目的，对标准公差≤IT8 的孔的某些基本偏差值要加以修正，以保持孔、轴公差带大小及其相互关系（距离）不变，只是改变了坐标零线位置，使 EI=0 变成 es=0（或由 es=0 变成 EI=0），达到改变基准制的目的。下列配合示例便可证明。

【例 3-5】 比较ϕ25 H7/k6 和ϕ25 K7/h6 两配合。

解 查附表 A-1 和附表 A-2 可以确定孔、轴的极限偏差，得 $\phi25H7(^{+0.021}_{0})$、$\phi25k6(^{+0.015}_{+0.002})$ 和 $\phi25K7(^{+0.006}_{-0.015})$、$\phi25h6(^{0}_{-0.013})$。画出公差带如图 3-14 所示。由于两配合公差带的大小和相互关系没变，其极限间隙不变，即 $X_{max}=X'_{max}=+0.019$mm，$Y_{max}=Y'_{max}=-0.015$mm。其中，X_{max} 和 Y_{max} 表示ϕ25 H7/k6 的最大间隙和最大过盈，X'_{max} 和 Y'_{max} 表示ϕ25 K7/h6 最大间隙和最大过盈。

【例 3-6】 比较ϕ30 H8/f7 和ϕ30 F8/h7 两配合。

解 查附表 A-1 和附表 A-2 可以确定孔、轴的极限偏差，得 $\phi30H8(^{+0.033}_{0})$、$\phi30f7(^{-0.020}_{-0.041})$ 和 $\phi30F8(^{+0.053}_{+0.020})$、$\phi30h7(^{0}_{-0.021})$。画出公差带如图 3-15 所示。由于两配合公差带的大小和相互关系没变，其极限间隙不变，即 $X_{max}=X'_{max}=+0.074$mm，$X_{min}=X'_{min}=+0.020$mm。其中，X_{max} 和 X_{min} 表示ϕ30H8/f7 的最大间隙与最小间隙，X'_{max} 和 X'_{min} 表示ϕ30F8/h7 最大间隙与最小间隙。

图 3-14 同名配合公差带图示例（一） 图 3-15 同名配合公差带图示例（二）

由例 3-5 和例 3-6 可见，按极限与配合制标准设计的不同基准制的同名配合，其松紧程度相同，即配合性质相同。

3.4 国家标准规定的公差带与配合

根据 GB/T 1800.1—2009 规定的 20 个标准公差等级和孔、轴各 28 个基本偏差，孔、轴可以得到很多不同大小和位置的公差带（孔有 543 种，轴有 544 种）。由孔、轴公差带又能组成多种配合，具有广泛选用公差带与配合的可能性。但是，在生产实践中，公差带数量使用太多，势必使标准庞杂和烦琐，不利于生产。GB/T 1800.2—2009 虽然规定了标准公差带，对公差带的选择做了限制（对尺寸≤500mm 的，孔规定了 202 种公差带，轴规定了 204 种公差带；对尺寸＞500～3150mm 的，孔规定了 82 种公差带，轴规定了 79 种公差带），但范围仍然很广，从经济性出发，减少定值刀、量具及工艺装备的品种和规格，参考其他国家标准并结合我国实际，GB/T 1801—2009 对公差带与配合的选择做了进一步的限制。

公称尺寸≤500mm 的，国家标准规定了优先、常用和一般孔公差带 105 种、轴公差带 116 种（图 3-17）。

3.4.1　常用尺寸的孔、轴公差带与配合

1. 优先、常用和一般用途公差带

按我国生产的实际情况，考虑适应不同产品的设计需要，兼顾今后的发展，对孔、轴公差带规定如下。轴的一般用途公差带共 116 种，如图 3-16 所示。其中，大方框中的是常用公差带，共 59 种；小方框中的是优先公差带，共 13 种。孔的一般用途公差带共 105 种，如图 3-17 所示。其中，大方框中的是常用公差带，共 44 种；小方框中的是优先公差带，共 13 种。

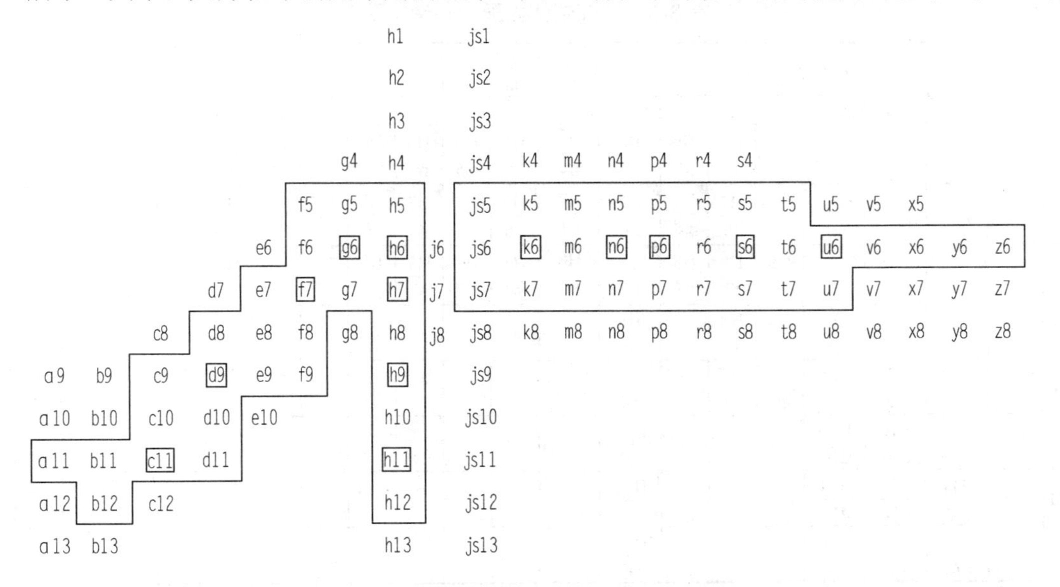

图 3-16　公称尺寸≤500mm 轴的优先、常用和一般用途公差带

在设计时，应首先考虑选用优先公差带，其次选用常用公差带，再次选用一般用途公差带，若仍未有合适的公差带，允许按 GB/T 1800.2—2009 中规定的标准公差与基本偏差组成所需的公差带。

2. 优先配合和常用配合

国家标准在推荐了孔、轴公差带的基础上，还推荐了常用尺寸段（≤500mm）的基孔制优先配合和常用配合（表 3-8），以及基轴制优先配合和常用配合（表 3-9）。

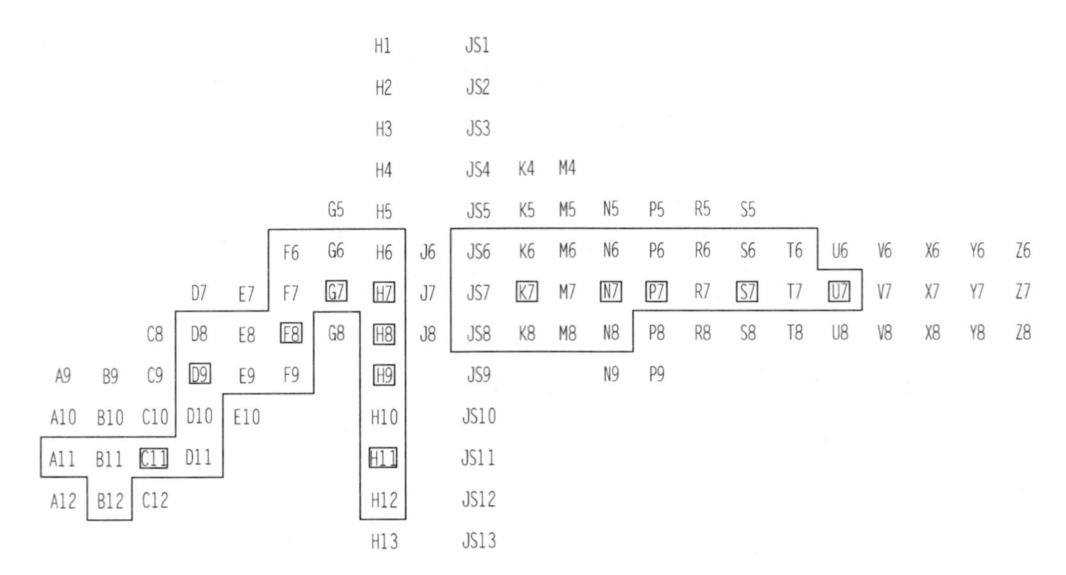

图 3-17　公称尺寸≤500mm 孔的优先、常用和一般用途公差带

表 3-8　基孔制优先配合和常用配合

基准孔	a	b	c	d	e	f	g	h	js	k	m	n	p	r	s	t	u	v	x	y	z
	间隙配合							过渡配合			过盈配合										
H6						H6/f5	H6/g5	H6/h5	H6/js5	H6/k5	H6/m5	H6/n5	H6/p5	H6/r5	H6/s5	H6/t5					
H7						H7/f6	◤H7/g6	◤H7/h6	H7/js6	◤H7/k6	H7/m6	◤H7/n6	◤H7/p6	H7/r6	◤H7/s6	H7/t6	◤H7/u6	H7/v6	H7/x6	H7/y6	H7/z6
H8					H8/e7	◤H8/f7	H8/g7	◤H8/h7	H8/js7	H8/k7	H8/m7	H8/n7	H8/p7	H8/r7	H8/s7	H8/t7	H8/u7				
				H8/d8	H8/e8	H8/f8		H8/h8													
H9			H9/c9	◤H9/d9	H9/e9	H9/f9		◤H9/h9													
H10			H10/c10	H10/d10				H10/h10													
H11	H11/a11	H11/b11	◤H11/c11	H11/d11				◤H11/h11													
H12		H12/b12						H12/h12													

注：1．H6/n5、H7/p6 在公称尺寸不大于 3mm，以及 H8/r7 在不大于 100mm 时，为过渡配合。

2．标注◤的配合为优先配合。

表 3-9　基轴制优先配合和常用配合

基准轴	A	B	C	D	E	F	G	H	JS	K	M	N	P	R	S	T	U	V	X	Y	Z
	间隙配合							过渡配合			过盈配合										
h5						F6/h5	G6/h5	H6/h5	JS6/h5	K6/h5	M6/h5	N6/h5	P6/h5	R6/h5	S6/h5	T6/h5					

续表

基准轴	孔																				
	A	B	C	D	E	F	G	H	JS	K	M	N	P	R	S	T	U	V	X	Y	Z
	间隙配合							过渡配合					过盈配合								
h6						F7/h6	◤G7/h6	◤H7/h6	JS7/h6	◤K7/h6	M7/h6	◤N7/h6	◤P7/h6	R7/h6	◤S7/h6	T7/h6	◤U7/h6				
h7					E8/h7	◤F8/h7		◤H8/h7	JS8/h7	K8/h7	M8/h7	N8/h7									
h8				D8/h8	E8/h8	F8/h8		H8/h8													
h9				◤D9/h9	E9/h9	F9/h9		◤H9/h9													
h10				D10/h10				H10/h10													
h11	A11/h11	B11/h11	◤C11/h11	D11/h11				◤H11/h11													
h12		B12/h12						H12/h12													

注：标注◤的配合为优先配合。

基孔制与基轴制优先配合公差带图分别如图 3-18 和图 3-19 所示。

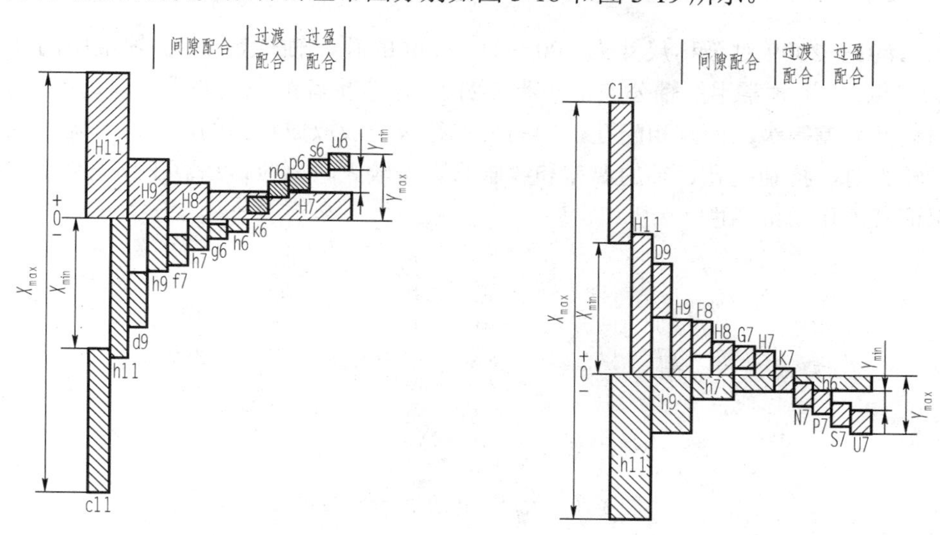

图 3-18　基孔制优先配合公差带图　　图 3-19　基轴制优先配合公差带图

必须注意，在表 3-8 中，当轴的标准公差不大于 IT7 级时，是与低一级的孔相配合；大于或等于 IT8 级时，是与同级的基准孔相配合。在表 3-9 中，当孔的标准公差小于 IT8 级或少数等于 IT8 级时，是与高一级的基准轴相配合，其余是与孔、轴同级相配合。

3.4.2　其他尺寸公差带规定

1. 大尺寸孔、轴公差的特点

在工程上，通常将公称尺寸大于 500mm 的孔、轴称为大尺寸零件。大尺寸零件主要用于重型机械，如大型汽轮机、重型电动机、大型水轮机、矿山机械等。相应地，大尺寸零件多为单件或小批量生产，并采用通用机床、刀具、量具及其他工装设备，而不用定尺寸的刀具、量具。大尺寸孔、轴与一般尺寸孔、轴的最主要差别如下：

（1）大尺寸孔、轴的加工难易程度相近。因为在一般尺寸范围内，由于刀具刚性、散热状况、排屑条件、测量误差等原因，使同样加工条件下孔的尺寸误差比轴大，而在大尺寸范围内，上述原因引起的加工误差对孔、轴的影响差别不大。有时，由于轴的测量器具的刚性不好，反而使轴的测量误差比孔的还大。

（2）由于尺寸的增大，工件（特别是孔）的形状误差也会相应增大，它将直接影响装配性。

（3）影响“大尺寸”加工误差的主要因素是测量误差。“大尺寸”的孔、轴测量比较困难，测量时很难找到真正的直径位置，测量结果值往往小于实际值；“大尺寸”外径的测量，受测量方法和测量器具的限制，比测量内径更困难、更难掌握，测量误差也更大；“大尺寸”测量时的温度变化对测量误差有很大的影响；“大尺寸”测量中，基准的准确性和工件与量具中心轴线的同轴误差对测量也有很大影响。在加工过程中，工件与测量器具的温差将增大测量误差，在工作状态下，相配孔、轴实际温度对标准温度的差异，将影响配合性质。

2. 大尺寸常用孔、轴公差带

GB/T 1801—2009 对公称尺寸为 500～3150mm 的孔、轴规定了 31 种常用的孔公差带（图 3-20），以及 41 种常用的轴公差带（图 3-21），没有推荐配合。通常，只选用不小于 IT6 的中等与较低公差等级，而且相配孔、轴的公差等级一般取成相同的。当工作温度对标准温度的差异较大时，特别是孔、轴的温差和线胀系数差较大时，应该估算工作条件的间隙或过盈，以保证其工作的可靠性。

			G6	H6	JS6	K6	M6	N6
		F7	G7	H7	JS7	K7	M7	N7
D8	E8	F8		H8	JS8			
D9	E7	F9		H9	JS9			
D10				H10	JS10			
D11				H11	JS11			
				H12	JS12			

图 3-20　大尺寸孔的常用公差带

			g6	h6	js6	k6	m6	n6	P6	r6	s6	t6	u6
		f7	g7	h7	js7	k7	m7	n7	P7	r7	s7	t7	u7
d8	e8	f8		h8	js8								
d9	e9	f9		h9	js9								
d10				h10	js10								
d11				h11	js11								
				h12	js12								

图 3-21　大尺寸轴的常用公差带

3. 小尺寸孔、轴公差带的特点

为了满足仪器仪表和钟表工业的特殊需要，GB/T 1800—2009 规定了公称尺寸≤18mm 的常用孔、轴公差带，目前仍可应用。通常，公称尺寸≤18mm 的孔、轴称为小尺寸零件。这个尺寸段与公称尺寸≤500mm（常用尺寸段）是重叠的，所以它们的标准公差的计算公式和基本偏差数值的确定方法也是完全相同的，只是增加了适应仪器仪表和钟表工业特殊需要的公差带。这些公差带的主要特点如下：

（1）基轴制配合采用较多，大体上与基孔制配合的数目相同。

（2）相配孔、轴公差带等级的关系比较复杂，不仅有相同等级相配，也有相差 1～3 级的孔、轴相配，且孔的等级高于轴的等级的相配也往往多于轴的等级高于孔的等级的相配。

（3）由于受结构尺寸的限制，不能采用附加连接件，因此直接采用过盈配合（特别是大过盈配合）连接孔、轴的较多见。

（4）仪器仪表与钟表工业的产品一般要求有较高的公差等级。

4. 小尺寸孔、轴公差带

公称尺寸≤18mm 的孔、轴，GB/T 1803—2003 规定了孔公差带 154 种（图 3-22），以及轴公差带 169 种（图 3-23）。它主要适用于精密机械和钟表工业。国家标准对这些公差带未指明优先、常用和一般的选用顺序，也未推荐配合。各行业、各工厂可根据实际情况自行选用公差带，并组成配合。

由图 3-22 和图 3-23 可见，该标准推荐的孔、轴公差带覆盖了 GB/T 1801—2009 中规定的除 T、Y 和 t、y 两种基本偏差以外的全部一般用途的孔、轴公差带；具有较宽的公差等级范围，特别是包含了较高的公差等级；推荐了只用小尺寸的、由基本偏差 CD、EF、FG 和 cd、ef、fg 与相应公差等级组成的公差带；为了满足大过盈配合的需要，列入了由 ZA、ZB、ZC 和 za、zb、zc 与相应公差等级组成的公差带；并且，相对于 GB/T 1803—1979、GB/T 1803—2003 增加了 12 个孔公差带和 6 个轴公差带。

										H1		JS1													
										H2		JS2													
						EF3	F3	FG3	G3	H3		JS3	K3	M3	N3	P3	R3								
						EF4	F4	FG4	G4	H4		JS4	K4	M4	N4	P4	R4								
					E5	EF5	F5	FG5	G5	H5	J6	JS5	K5	M5	N5	P5	R5	S5	U6	V6	X6	Z6			
			CD6	D6	E6	EF6	F6	FG6	G6	H6	J7	JS6	K6	M6	N6	P6	R6	S6	U7	V7	X7	Z7	ZA7	ZB7	ZC7
			CD7	D7	E7	EF7	F7	FG7	G7	H7	J8	JS7	K7	M7	N7	P7	R7	S7	U8	V8	X8	Z8	ZA8	ZB8	ZC8
	B8	C8	CD8	D8	E8	EF8	F8	FG8	G8	H8		JS8	K8	M8	N8	P8	R8	S8	U9		X9	Z9	ZA9	ZB9	ZC9
A9	B9	C9	CD9	D9	E9	EF9	F9	FG9	G9	H9		JS9	K9	M9	N9	P9	R9	S9							
A10	B10	C10	CD10	D10	E10	EF10				H10		JS10			N10										
A11	B11	C11		D11						H11		JS11													
A12	B12	C12								H12		JS12													
										H13		JS13													

图 3-22　公称尺寸≤18mm 时常用孔的公差带

										h1		js1													
										h2		js2													
						ef3	f3	fg3	g3	h3		js3	k3	m3	n3	p3	r3								
						ef4	f4	fg4	g4	h4		js4	k4	m4	n4	p4	r4	s4	u5	v5	x5	z5			
		c5	cd5	d5	e5	ef5	f5	fg5	g5	h5	j5	js5	k5	m5	n5	p5	r5	s5	u6	v6	x6	z6	za6		
		c6	cd6	d6	e6	ef6	f6	fg6	g6	h6	j6	js6	k6	m6	n6	p6	r6	s6	u7	v7	x7	z7	za7	zb7	zc7
		c7	cd7	d7	e7	ef7	f7	fg7	g7	h7	j7	js7	k7	m7	n7	p7	r7	s7	u8	v8	x8	z8	za8	zb8	zc8
	b8	c8	cd8	d8	e8	ef8	f8	fg8	g8	h8		js8	k8	m8	n8	p8	r8	s8	u9		x9	z9	za9	zb9	zc9
a9	b9	c9	cd9	d9	e9	ef9	f9	fg9	g9	h9		js9	k9	m9	n9	p9	r9	s9							
a10	b10	c10	cd10	d10	e10	ef10	f10			h10		js10	k10												
a11	b11	c11		d11						h11		js11													
a12	b12	c12								h12		js12													
a13	b13	c13								h13		js13													

图 3-23 公称尺寸≤18mm 时常用轴的公差带

5. 一般公差（线性尺寸的未注公差）

零件上各个要素的尺寸、形状和各要素间的位置都有一定的功能要求，在加工时，各要素的尺寸、形状和相互位置都会有一定的误差。因此，图样上所有要素都应受到一定公差的约束。这些要求不一定都要逐项单独予以标注，可以采用一般公差来处理。

一般公差，就是图样上不单独注出公差（极限偏差）或公差带代号，而是在图样上、技术文件或标准（企业标准或行业标准）中做出公差要求总的说明。它是在车间普通工艺条件下，机床设备一般加工能力可保证的公差，在正常维护和操作情况下，它代表经济加工精度。

零件上无特殊要求的尺寸、精度较低的非配合尺寸及由工艺方法保证的尺寸，可给予一般公差。这样，不仅有利于简化制图、节省设计时间和减少产品检验要求，而且突出了有公差要求的重要尺寸，以便在加工和检验时引起足够的重视。

国家标准 GB/T 1804—2000 规定了未注公差的线性尺寸和角度尺寸的一般公差的公差等级和极限偏差数值。

一般公差分为 4 个等级，即精密 f、中等 m、粗糙 c、最粗 v，按未注公差的线性尺寸和角度尺寸分别给出了各公差等级的极限偏差数值。

1）线性尺寸

表 3-10 给出了线性尺寸的极限偏差数值，表 3-11 给出了倒圆半径和倒角高度尺寸的极限偏差数值。

表 3-10 线性尺寸的极限偏差数值（GB/T 1804—2000） 单位：mm

公差等级	尺寸分段							
	0.5～3	>3～6	>6～30	>30～120	>120～400	>400～1000	>1000～2000	>2000～4000
精密 f	±0.05	±0.05	±0.1	±0.15	±0.2	±0.3	±0.5	—

续表

公差等级	尺寸分段							
	0.5～3	>3～6	>6～30	>30～120	>120～400	>400～1000	>1000～2000	>2000～4000
中等 m	±0.1	±0.1	±0.2	±0.5	±0.5	±0.8	±1.2	±4
粗糙 c	±0.2	±0.3	±0.5	±0.8	±1.2	±2	±3	±8
最粗 v	—	±0.5	±1	±1.5	±2.5	±4	±6	—

表 3-11　倒圆半径与倒角高度尺寸的极限偏差数值（GB/T 1804—2000）　单位：mm

公差等级	尺寸分段			
	0.5～3	>3～6	>6～30	>30
精密 f	±0.2	±0.5	±1	±2
中等 m				
粗糙 c	±0.4	±1	±2	±4
最粗 v				

注：倒圆半径与倒角高度尺寸的含义参见 GB/T 6403.4—2008《零件倒圆与倒角》。

2）角度尺寸

表 3-12 给出了角度尺寸的极限偏差数值，其值按角度短边长度确定，对圆锥角按圆锥素线长度确定。

表 3-12　角度尺寸的极限偏差数值

公差等级	长度分段/mm				
	～10	>10～50	>50～120	>120～400	>400
精密 f	±1°	±30′	±20′	±10′	±5′
中等 m					
粗糙 c	±1° 30′	±1°	±30′	±15′	±10′
最粗 v	±3°	±2°	±1°	±30′	±20′

对于相互垂直的两要素，应该在技术文件中明确规定是采用未注角度公差（未注 90° ），还是采用未注垂直度公差，因为控制的要求是不相同的。前者不控制形成该角度（90° ）的两要素的形状误差（直线度误差或平面度误差）；后者需指明基准（通常为长边），且以垂直度公差带控制被测要素的形状误差（直线度误差或平面度误差）。

采用 GB/T 1804—2000 规定的一般公差，在图样、技术文件或标准中，用该标准号和公差等级符号表示。例如，选取中等公差等级时，可表示为 GB/T 1804—2000-m。

国家标准规定的线性尺寸的未注公差，它适用于金属切削加工的尺寸，也适用于冲压加工的尺寸。非金属材料和其他工艺方法加工的尺寸可参照使用。

3.5　公差与配合的选用

公差制是伴随互换性生产而产生和发展的。“极限与配合”标准是实现互换性生产的重要基础。合理地选用公差与配合，不但可以更好地促进互换性生产，而且有利于提高产品质量，降低生产成本。

在设计工作中，公差与配合的选用主要包括基准制的选用、公差等级的选用和配合种类的选用，分别阐述如下。

3.5.1 基准制的选用

选择基准制时，应从结构、工艺、经济等几方面来综合考虑，权衡利弊。

（1）一般情况下，应优先选用基孔制。加工孔比加工轴要困难些，而且所用的刀具、量具尺寸规格也多些。采用基孔制，可大大缩减定值刀具、量具的规格和数量。只有在具有明显经济效果的情况下，如用冷拔钢作为轴，不必对轴加工，或在同一公称尺寸的轴上要装配几个不同配合的零件时，才采用基轴制。

（2）与标准件配合时，基准制的选择通常依标准件而定。例如，与滚动轴承内圈配合的轴应按基孔制，与滚动轴承外圈配合的孔应按基轴制。

（3）为了满足配合的特殊需要，允许采用任一孔、轴公差带组成配合。例如，C616 车床床头箱中齿轮轴筒和隔套的配合（图 3-24）。由于齿轮轴筒的外径已根据和滚动轴承配合的要求选定为ϕ60js6，而隔套的作用只是隔开两个滚动轴承，做轴向定位用，为了装拆方便，它只要松套在齿轮轴筒的外径上即可，公差等级也可选用更低，故其公差带选为ϕ60D10，它的公差与配合图解如图 3-25 所示。同样，另一个隔套与床头箱孔的配合用$\phi 95\frac{K7}{d11}$。这类配合就是用不同公差等级的非基准孔公差带和非基准轴公差带组成的。

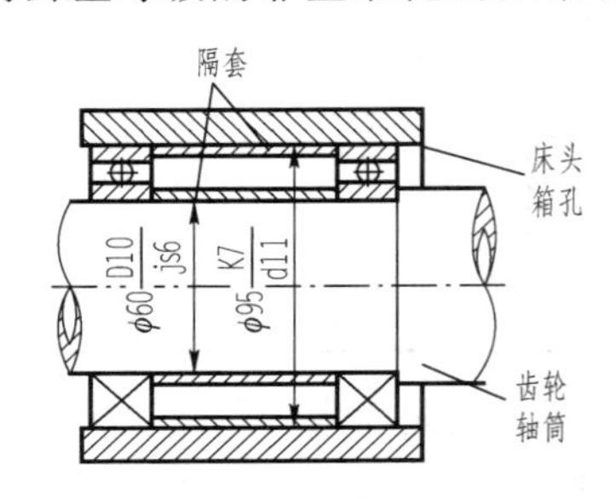

图 3-24　C616 车床床头箱中齿轮轴筒和隔套的配合

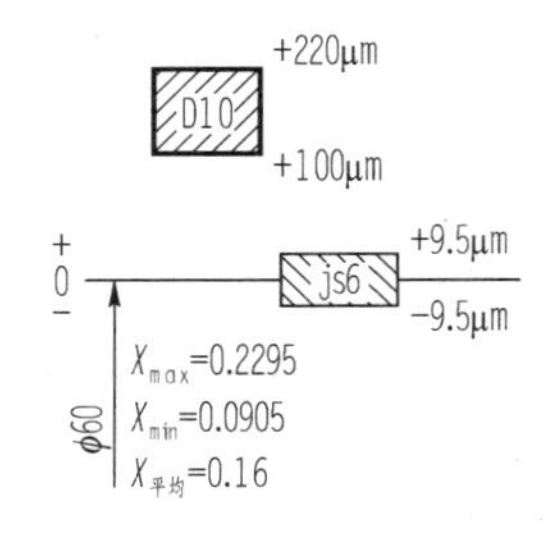

图 3-25　$\phi 60\frac{D10}{js6}$的公差与配合图解

3.5.2 公差等级的选用

合理地选择公差等级，对解决机器零件的使用要求与制造工艺及成本之间的矛盾，起着决定性的作用。一般选用的原则如下。

（1）对于公称尺寸≤500mm 的较高等级的配合，由于孔比同级轴加工困难，当标准公差≤IT8 时，国家标准推荐孔比轴低一级相配合，但对标准公差＞IT8 级或公称尺寸＞500mm 的配合，由于孔的测量精度比轴容易保证，推荐采用同级孔、轴配合。

（2）选择公差等级，既要满足设计要求，又要考虑工艺的可能性和经济性。也就是说，在满足使用要求的情况下，尽量扩大公差值，亦即选用较低的公差等级。

国家标准推荐的各公差等级的应用范围如下：

IT01，IT0，IT1 级一般用于高精度量块和其他精密尺寸标准块的公差。它们大致相当于量块的 1，2，3 级精度的公差。

IT2～IT5 级用于特别精密零件的配合及精密量规。

IT5～IT12 级用于配合尺寸公差。其中，IT5（孔到 IT6）级用于高精度和重要的配合处，如精密机床主轴的轴颈、主轴箱体孔与精密滚动轴承的配合，车床尾座孔和顶尖套筒的配合，内燃机中活塞销与活塞销孔的配合等。

IT6（孔到 IT7）级用于要求精密配合的情况，如机床中一般传动轴和轴承的配合，轮、带轮和轴的配合，内燃机中曲轴与轴套的配合等。这个公差等级在机械制造中应用较广，国家标准推荐的常用公差带也较多。

IT7～IT8 级用于一般精度要求的配合，如一般机械中速度不高的轴与轴承的配合、在重型机械中用于精度要求稍高的配合、在农业机械中用于较重要的配合等。

IT9～IT10 级常用于一般要求的地方，或精度要求较高的槽宽的配合。

IT11～IT12 级用于不重要的配合。

IT12～IT18 级用于未注尺寸公差的尺寸精度，包括冲压件、铸锻件的公差等。

国家标准各公差等级与加工方法的大致关系可参见表 3-13。

表 3-13　国家标准各公差等级与加工方法的大致关系

加工方法	公差等级（IT）																	
	01	0	1	2	3	4	5	6	7	8	9	10	11	12	13	14	15	16
研磨	—	—	—	—	—	—	—											
珩						—	—	—	—									
圆磨							—	—	—	—								
平磨							—	—	—	—								
金刚石车							—	—	—	—								
金刚石镗							—	—	—	—								
拉削							—	—	—	—								
铰孔								—	—	—	—	—						
车									—	—	—	—	—					
镗									—	—	—	—	—					
铣										—	—	—	—					
刨、插												—	—					
钻孔												—	—	—	—			
滚压、挤压												—	—					
冲压												—	—	—	—	—		
压铸													—	—	—	—		
粉末冶金成形								—	—	—								
粉末冶金烧结									—	—	—	—						
砂型铸造、气割																		—
锻造																	—	

3.5.3 配合种类的选用

在设计中，根据使用要求，应尽可能地选用优先配合和常用配合。当优先配合与常用配合不能满足要求时，可选标准推荐的一般用途的孔、轴公差带，按使用要求组成需要的配合。若仍不能满足使用要求，还可以从国家标准所提供的544种轴公差带和543种孔公差带中选取合适的公差带，组成所需要的配合。

确定了基准制以后，选择配合就是根据使用要求——配合公差（间隙或过盈）的大小，确定与基准件相配的孔、轴的基本偏差代号，同时确定基准件及配合件的公差等级。

对间隙配合，由于基本偏差的绝对值等于最小间隙，故可按最小间隙确定基本偏差代号；对过盈配合，在确定基准件的公差等级后，即可按最小过盈选定配合件的基本偏差代号，并根据配合公差的要求确定孔、轴公差等级。

机器的质量大多取决于对其零部件所规定的配合及其技术条件是否合理，许多零件的尺寸公差都是由配合的要求决定的，一般选用配合的方法有下列3种。

（1）计算法：就是根据一定的理论和公式，计算出所需的间隙或过盈。对间隙配合中的滑动轴承，可用流体润滑理论来计算保证滑动轴承处于液体摩擦状态所需的间隙，根据计算结果，选用合适的配合；对过盈配合，可按弹塑性变形理论，计算出必需的最小过盈，选用合适的过盈配合，并按此验算在最大过盈时是否会使工件材料损坏。由于影响配合间隙量和过盈量的因素很多，理论计算也是近似的，所以，在实际应用时还需经过试验来确定。

（2）试验法：对产品性能影响很大的一些配合，往往用试验法来确定机器工作性能的最佳间隙或过盈。例如，风镐锤体与镐筒配合的间隙量对风镐工作性能有很大影响，一般采用试验法较为可靠，但这种方法须进行大量试验，成本较高。

（3）类比法：就是按同类型机器或机构中，经过生产实践验证的已用配合的实用情况，再考虑所设计机器的使用要求，参照确定需要的配合。

在生产实际中，广泛应用的选择配合的方法是类比法。要掌握这种方法，首先必须分析机器或机构的功用、工作条件及技术要求，进而研究结合件的工作条件及使用要求，其次要了解各类配合的特性和应用。

1. 分析结合件的工作条件及使用要求

为了充分掌握结合件的具体工作条件和使用要求，必须考虑下列问题：工作时结合件的相对位置状态（如运动速度、运动方向、停歇时间、运动精度等）、承受负荷情况、润滑条件、温度变化、配合的重要性、装卸条件，以及材料的物理力学性能等。根据具体条件不同，结合件配合的间隙量或过盈量必须相应地改变，表3-14可供参考。

表3-14 工作情况对过盈或间隙的影响

具体情况	过盈应增大或减小	间隙应增大或减小
材料许用应力小	减小	—
经常拆卸	减小	—
工作时，孔温高于轴温	增大	减小
工作时，轴温高于孔温	减小	增大

续表

具体情况	过盈应增大或减小	间隙应增大或减小
有冲击载荷	增大	减小
配合长度较大	减小	增大
配合面几何误差较大	减小	增大
装配时可能歪斜	减小	增大
旋转速度高	增大	增大
有轴向运动	—	增大
润滑油黏度增大	—	增大
装配精度高	减小	减小
表面粗糙度量值大	增大	减小

2. 了解各类配合的特性和应用

间隙配合的特性是具有间隙。它主要用于结合件有相对运动的配合（包括旋转运动和轴向滑动），也可用于一般的定位配合。

过盈配合的特性是具有过盈。它主要用于结合件没有相对运动的配合。过盈不大时，用键联接传递转矩；过盈大时，靠孔轴结合力传递转矩。前者可以拆卸，后者是不能拆卸的。

过渡配合的特性是可能具有间隙，也可能具有过盈，但所得到的间隙和过盈量一般是比较小的。它主要用于定位精确并要求拆卸的相对静止的连接。

表 3-15 是轴的基本偏差的特性和应用，表 3-16 是优先配合的特性和应用，可供选择配合时参考。

表 3-15　轴的基本偏差的特性和应用

配合	基本偏差	特性及应用
间隙配合	a、b	可得到特别大的间隙，应用很少
	c	可得到很大的间隙，一般使用于缓慢、松弛的动配合。用于工作条件较差（如农业机械），受力易变形，或为了便于装配，而必须保证有较大的间隙时，推荐配合为 H11/c11，其较高等级的 H8/c7 配合适用于轴在高温工作的紧密动配合，如内燃机排气阀和导管
	d	一般用于 IT7～IT11 级，适用于较松的转动配合，如密封盖、滑轮、空转带轮等与轴的配合，也适用于大直径滑动轴承配合，如透平机、球磨机、轧滚成形和重型弯曲机，以及其他重型机械中的一些滑动轴承
	e	多用于 IT7～IT9 级，通常用于要求有明显间隙、易于转动的轴承配合，如大跨度轴承、多支点轴承等配合，高级的 e 轴适用于大的、高速、重载支承，如涡轮发电机、大型电动机及内燃机主要轴承、凸轮轴轴承等配合
	f	多用于 IT6～IT8 级的一般转动配合，当温度影响不大时，被广泛用于普通润滑油（或润滑脂）润滑的支承，如齿轮箱、小电动机、泵等的转轴与滑动轴承的配合
	g	配合间隙很小，制造成本高，除很轻负荷的精密装置外，不推荐用于转动配合。多用于 IT5～IT7 级，最适合不回转的精密滑动配合，也用于插销等定位配合，如精密连杆轴承、活塞及滑阀、连杆销等
	h	多用于 IT4～IT11 级，广泛用于无相对转动的零件，作为一般的定位配合。若没有温度、变形影响，也用于精密滑动配合
过渡配合	js	偏差完全对称（±IT/2），平均间隙较小的配合，多用于 IT4～IT7 级，要求间隙比 h 轴小，并允许略有过盈的定位配合，如联轴节、齿圈与钢制轮毂，可用木槌装配
	k	平均间隙接近于零的配合，适用于 IT4～IT7 级，推荐用于稍有过盈的定位配合，如为了消除振动用的定位配合，一般用木槌装配

续表

配合	基本偏差	特性及应用
过渡配合	m	平均过盈较小的配合，适用于 IT4～IT7 级，一般用木槌装配，但在最大过盈时，要求相当的压入力
	n	平均过盈比 m 轴稍大，很少得到间隙，适用于 IT4～IT7 级，用锤或压入机装配，通常推荐用于紧密的组件配合。H6/n5 配合时为过盈配合
过盈配合	p	与 H6 和 H7 配合时为过盈配合，与 H8 孔配合时则为过渡配合。对非铁类零件，为较轻的压入配合，当需要时易于拆卸；对钢、铸铁或铜、钢组件装配是标准压入配合
	r	对铁类零件，为中等打入配合；对非铁类零件，为轻打入的配合，当需要时可以拆卸。与 H8 孔配合，直径在 100mm 以上时为过盈配合，直径小时为过渡配合
	s	用于钢和铁制零件的永久性和半永久性装配，可产生相当大的结合力。当用弹性材料，如轻合金时，配合性质与铁类零件的 p 轴相当，如套环压装在轴上、阀座等的配合。尺寸较大时，为了避免损伤配合表面，需用热胀法或冷缩法装配
	t	过盈较大的配合，对钢和铸铁零件适于做永久性结合，不用键可传递力矩，需用热胀法或冷缩法装配，如联轴节与轴的配合
	u	这种配合过盈大，一般应验算在最大过盈时，工件材料是否损坏，要用热胀法或冷缩法装配，如火车轮毂和轴的配合
	v、x、y、z	这些基本偏差所组成配合的过盈量更大，目前使用的经验和资料还很少，须经试验后才能应用，一般不推荐

表 3-16　优先配合的特性和应用

优先配合		特性及应用
基孔制	基轴制	
$\frac{H11}{c11}$	$\frac{C11}{h11}$	间隙非常大，用于很松的、转动很慢的动配合；要求大公差与大间隙的外露组件；要求装配方便的很松的配合
$\frac{H9}{d9}$	$\frac{D9}{h9}$	间隙很大的自由转动配合，用于精度非主要要求时，或有大的温度变化、高转速或大的轴颈压力时的配合
$\frac{H8}{f7}$	$\frac{F8}{h7}$	间隙不大的转动配合，用于中等转速与中等轴颈压力的精确转动；也用于装配较易的中等定位配合
$\frac{H7}{g6}$	$\frac{G7}{h6}$	间隙很小的滑动配合，用于不希望自由转动，但可自由移动和滑动并精密定位的配合；也可用于要求明确的定位配合
$\frac{H7}{h6}$ $\frac{H8}{h7}$ $\frac{H9}{h9}$ $\frac{H11}{h11}$	$\frac{H7}{h6}$ $\frac{H8}{h7}$ $\frac{H9}{h9}$ $\frac{H11}{h11}$	均为间隙定位配合，零件可自由装拆，而工作时一般相对静止不动。在量大实体条件下的间隙为零，在量小实体条件下的间隙由公差等级决定
$\frac{H7}{k6}$	$\frac{K7}{h6}$	过渡配合，用于精密定位的配合
$\frac{H7}{n6}$	$\frac{N7}{h6}$	过渡配合，允许有较大过盈的更精密定位的配合
$\frac{H7}{p6}$	$\frac{P7}{h6}$	过盈定位配合，即小过盈配合，用于定位精度特别重要时，能以最好的定位精度达到部件的刚性及对中性要求，而对内孔承受压力无特殊要求，不依靠配合的紧固性传递摩擦负荷的配合
$\frac{H7}{s6}$	$\frac{S7}{h6}$	中等压入配合，适用于一般钢件，或用于薄壁件的冷缩配合，用于铸铁件可得到最紧的配合
$\frac{H7}{u6}$	$\frac{U7}{h6}$	压入配合，适用于可以承受高压入力的零件，或不宜承受大压入力的冷缩配合

3.6 配制配合

公称尺寸大于 500mm 的零件，除采用互换性生产外，根据制造特点可采用配制配合。“极限与配合”国家标准 GB/T 1801—2009 提出了有关配制配合的正确理解和使用。

配制配合是以一个零件的实际尺寸为基数，来配制另一个零件的一种工艺措施。一般用于公差等级较高、单件小批生产的配合零件。是否采用配制配合，由设计人员根据零件生产和使用情况来决定。

3.6.1　对配制配合零件的基本要求

（1）先按互换性生产选取配合，配制的结果应满足此配合公差。

（2）一般选择较难加工，但能得到较高测量精度的那个零件（多数情况下是孔）作为先加工件，给它一个比较容易达到的公差或按“线性尺寸的未注公差”加工。

（3）配制件（多数情况下是轴）的公差，可按所定的配合公差来选取。所以，配制件的公差比采用互换性生产时单个零件的公差要大些。配制件的偏差和极限尺寸以先加工件的实际尺寸为基数来确定。

（4）配制配合是关于尺寸极限方面的技术规定，不涉及其他技术要求，如零件的形状和位置公差、表面粗糙度等，不因采用配制配合而降低。

（5）测量对保证配合性质有很大关系。要注意各种误差对测量结果的影响，配制配合应采用尺寸相互比较的测量方法。在同样条件下测量，使用同基准装置或校对量具，由同一组计量人员进行测量，以提高测量精度。

3.6.2　图样上的标注方法

配制配合用代号“MF”（matched fit）表示，借用基准孔的代号“H”或基准轴的代号“h”表示先加工件，在装配图和零件图的相应部位均应标出。装配图上还要标明按互换性生产时的配合要求。

举例：公称尺寸为ϕ3000mm 的孔和轴，要求配合的最大间隙为 0.45mm，最小间距为 0.14mm，按互换性生产可选用ϕ3000H6/f6 或ϕ3000F6/h6，其 X_{max}=0.355mm，X_{min}=0.145mm。现确定采用配制配合。

（1）在装配图上标注为ϕ3000H6/f6 MF（先加工件为孔）或ϕ3000F6/h6 MF（先加工件为轴）。

（2）若先加工件为孔，给一个较容易达到的公差，如 H8，在零件图上标注为ϕ3000H8 MF。若按“线性尺寸未注公差”加工，则标注为ϕ3000 MF。

（3）配制件为轴，根据已确定的配合公差选取合适的公差带，如 f7，则其 X_{max}=0.355mm，X_{min}=0.145mm，轴上标注为ϕ3000f7 MF 或 $\phi 3000^{-0.145}_{-0.355}$ MF。

3.6.3　配制件极限尺寸的计算

根据上述举例，用尽可能准确的测量方法测出先加工件（孔）的实际尺寸，如ϕ3000.195mm，则配制件（轴）的极限尺寸计算如下：

上极限尺寸=3000.195−0.145=3000.05(mm)

下极限尺寸=3000.195−0.355=2999.84(mm)

3.7 尺寸公差与配合注法（GB/T 4458.5—2003）

国家标准 GB/T 4458.5—2003《机械制图 尺寸公差与配合注法》代替 GB 4458.5—1984，主要是按照 GB/T 1.1—2000《标准化工业导则 第 1 部分：标准的结构和编写规则》（已作废，被 GB/T 1.1—2009 替代）的要求，对 1984 年版国家标准的内容在形式上进行了编排，并按照相关国家标准的要求进行了调整。

本国家标准规定了在机械图样中标注尺寸公差与配合公差的标注方法，适用于机械图样中尺寸公差（线性尺寸公差和角度尺寸公差）与配合的标注方法。本国家标准等效采用了国际标准 ISO 406:1987《技术制图：线性和角度的公差》。

3.7.1 在零件图中的标注方法

1. 线性尺寸公差的标注

线性尺寸的公差应按下列 6 种形式之一标注：

（1）当采用公差代号标注线性尺寸的公差时，公差带的代号应标注在公称尺寸的右边，如图 3-26 和图 3-27 所示。

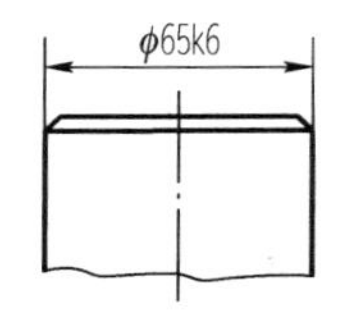

图 3-26 公差带代号的公差标注方法（一）

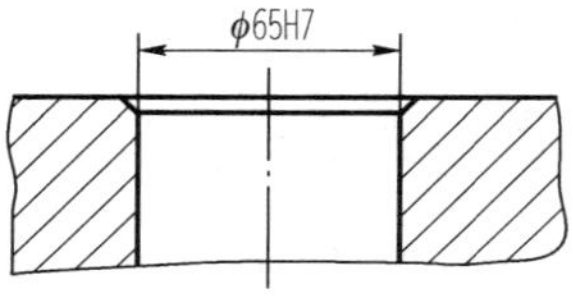

图 3-27 公差带代号的公差标注方法（二）

（2）当采用极限偏差标注线性尺寸的公差时，上极限偏差标注在公称尺寸的右上方；下极限偏差应与公称尺寸标注在同一底线上。上、下极限偏差的数字的字号应比公称尺寸的数字的字号小一号，如图 3-28 和图 3-29 所示。

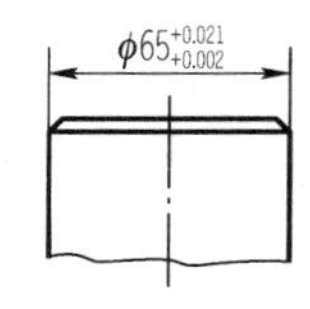

图 3-28 极限偏差的公差标注方法（一）

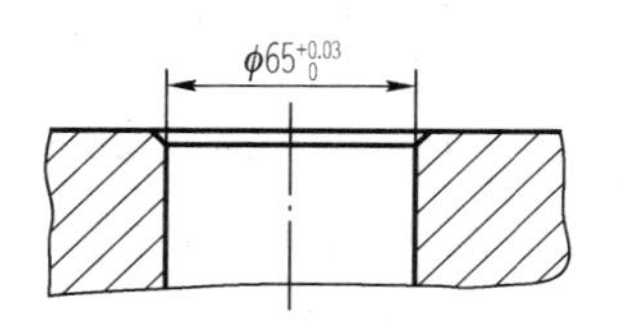

图 3-29 极限偏差的公差标注方法（二）

（3）当要求同时标注公差代号和相应的极限偏差时，后者应加上圆括号，如图 3-30 和图 3-31 所示。

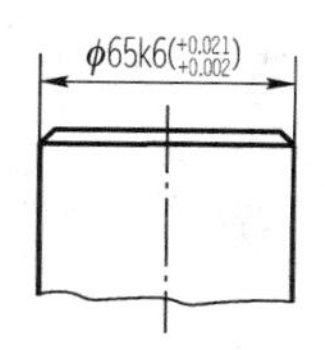

图 3-30　同时标注公差代号和极限偏差的公差标注方法（一）

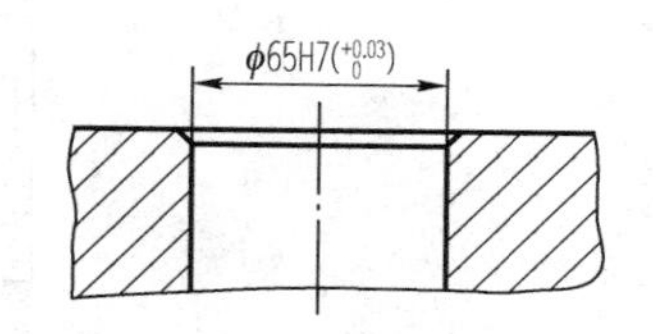

图 3-31　同时标注公差代号和极限偏差的公差标注方法（二）

（4）当标注极限偏差时，上、下极限偏差的小数点必须对齐，小数点后右端的“0”一般不予注出；如果为了使上、下极限偏差值的小数点后的位数相同，可以用“0”补齐，如图 3-32 所示。

（5）当上极限偏差或下极限偏差为“零”时，用数字“0”标出，并与上极限偏差或下极限偏差的小数点前的个位数对齐，如图 3-33 所示。

图 3-32　极限偏差的标注方法（一）

图 3-33　极限偏差的标注方法（二）

（6）当公差带相对于公称尺寸对称地配制，即两个偏差相同时，偏差只需注写一次，并应在偏差与公称尺寸之间注出符号“±”且两者数字高度相同，如图 3-34 所示。

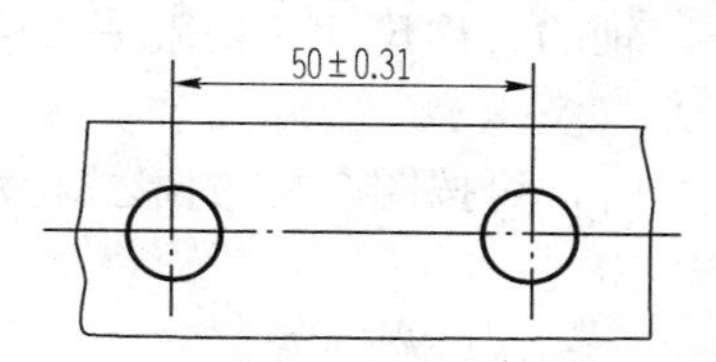

图 3-34　极限偏差的标注方法（三）

2. 线性尺寸公差的附加符号标注方法

（1）当尺寸仅需要限制单个方向的极限时，应在该极限尺寸的右边加注符号“max”或“min”，如图 3-35 和图 3-36 所示。

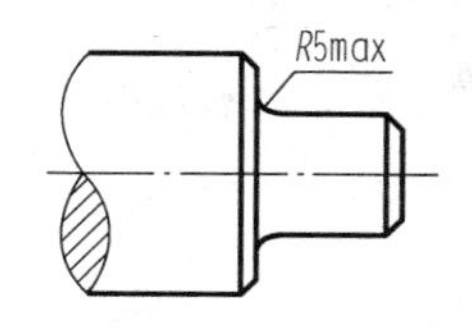

图 3-35　单向极限尺寸的标注方法（一）

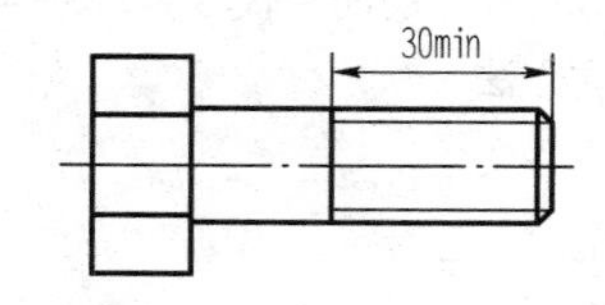

图 3-36　单向极限尺寸的标注方法（二）

（2）同一公称尺寸的表面，当具有不同的公差时，应用细实线分开，并按线性尺寸的公差标注形式分别标注其公差，如图 3-37 所示。

（3）当要素的尺寸公差和形状公差的关系遵循包容要求时，应在尺寸公差的右边加注符号“Ⓔ”，如图 3-38 和图 3-39 所示。

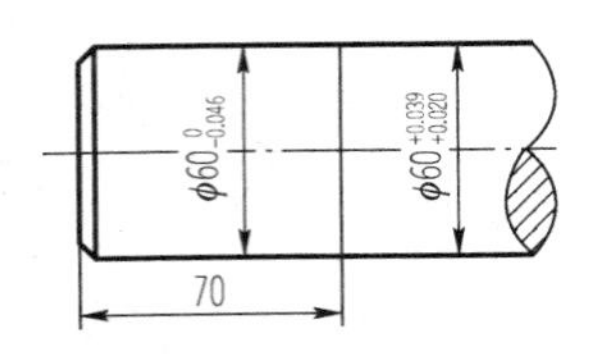

图 3-37　同一公称尺寸的表面具有不同公差要求的标注

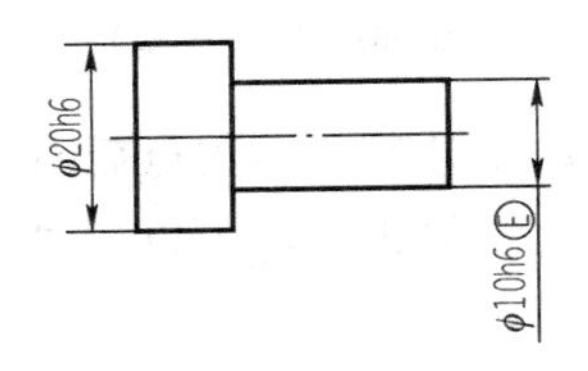

图 3-38　采用包容要求时的标注方法（轴）

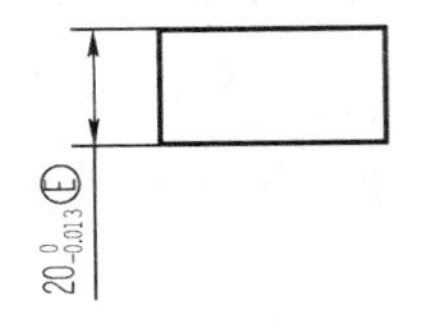

图 3-39　采用包容要求时的标注方法（孔）

3.7.2　在装配图中的标注方法

（1）在装配图中标注线性尺寸的配合代号时，必须在公称尺寸的右边用分数的形式注出，分子为孔的公差带代号，分母为轴的公差带代号（图 3-40）。必要时也允许按图 3-41 或图 3-42 的形式标注。

（2）在装配图中标注相配零件的极限偏差时，一般按图 3-43 的形式标注，孔的公称尺寸和极限偏差注写在尺寸线的上方，轴的公称尺寸和极限偏差注写在尺寸线的下方，也允许按图 3-44 的形式标注。

若需要明确指出装配件的代号时，可按图 3-45 的形式标注。

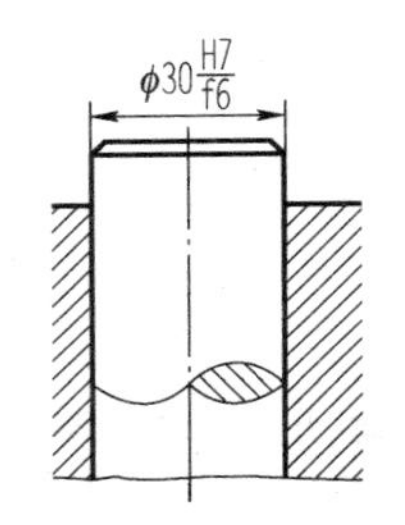

图 3-40　线性尺寸的配合代号标注方法（一）

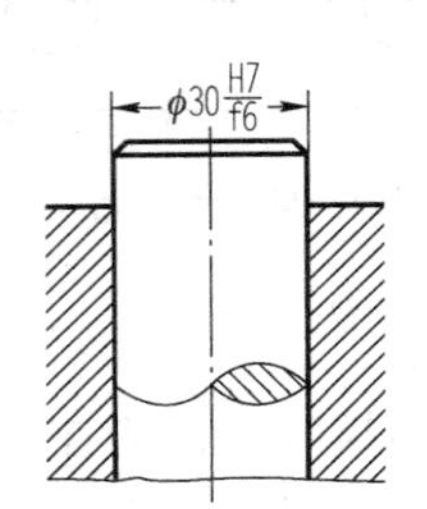

图 3-41　线性尺寸的配合代号标注方法（二）

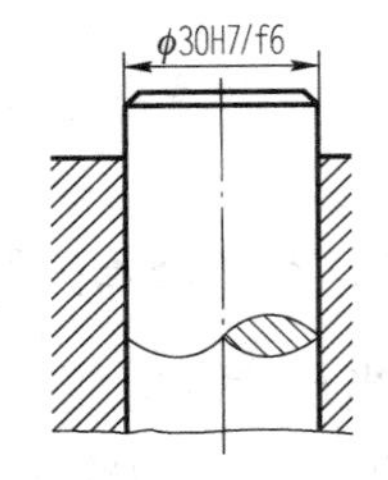

图 3-42　线性尺寸的配合代号标注方法（三）

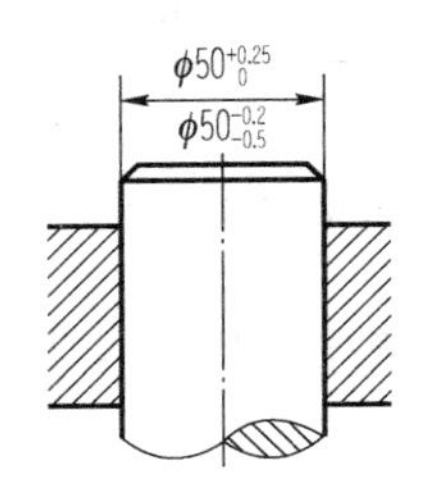

图 3-43　相配零件的极限偏差标注方法（一）

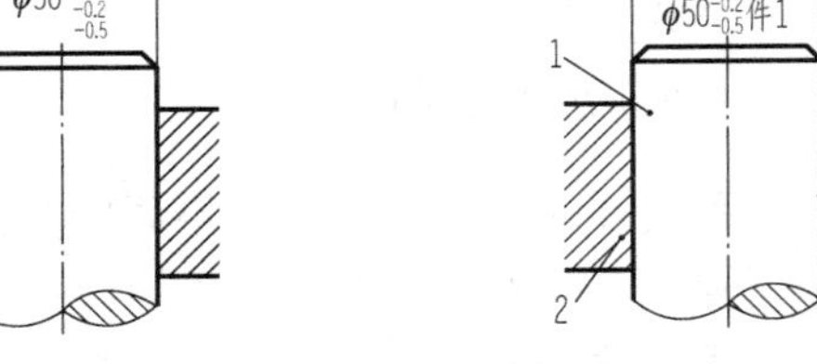
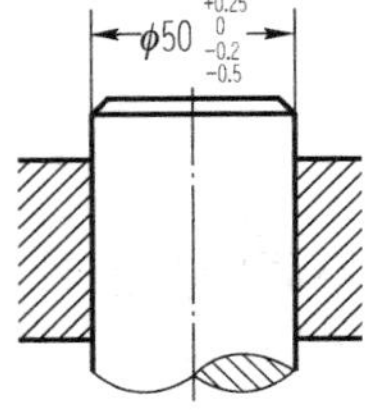

图 3-44　相配零件的极限偏差标注方法（二）

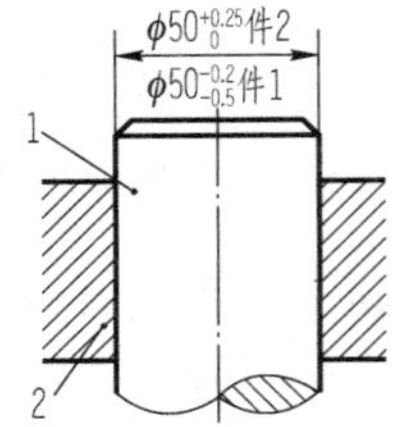

图 3-45　相配零件的极限偏差标注方法（三）

（3）标注标准件、外购件与零件（轴或孔）的配合代号时，可以仅标注相配零件的公差带代号，如图 3-46 所示。

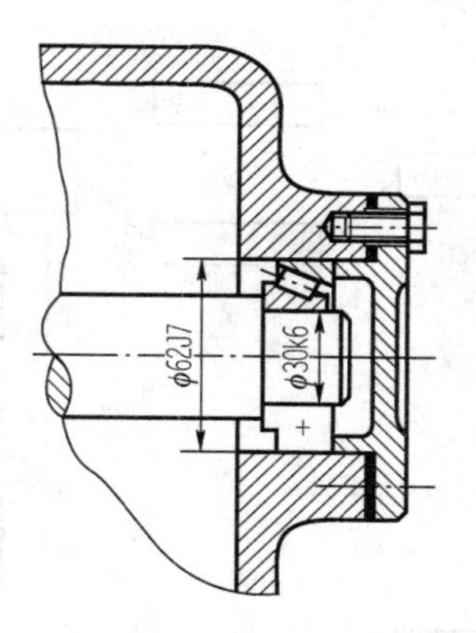

图 3-46 标准件、外购件的配合要求标注方法

3.7.3 角度公差的标注方法

角度公差的标注、基本原则与线性尺寸公差的标注方法相同，如图 3-47 所示。

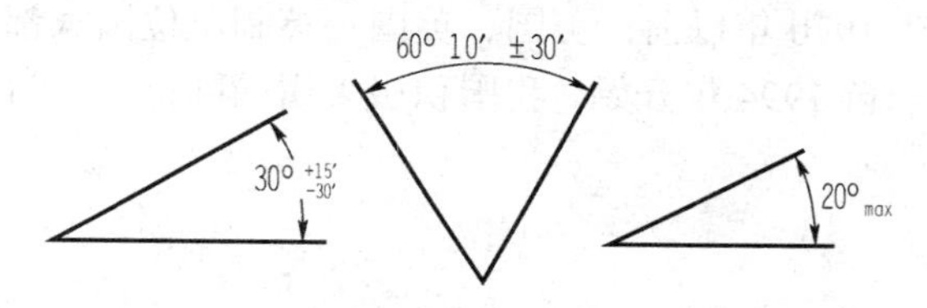

图 3-47 角度公差的标注方法

3.8 极限与配合的国际标准 ISO 简介

现在我们使用的极限与配合制是由国际标准化协会 ISA（1926 年 4 月成立）负责制定的。第二次世界大战后，国际标准化组织重建，改名为 ISO（成立于 1947 年 2 月），ISO 建立以后，在“极限与配合制”标准的制定、修订方面，做了大量有益的工作。这主要包括目前正在使用的标准，具体如下：

ISO 于 1988 年 6～9 月间先后发布了两项国际标准：

ISO 286-1:1988《ISO 极限与配合制 第一部分：公差、偏差和配合的基础》；

ISO 286-2:1988《ISO 极限与配合制 第二部分：标准公差等级和孔、轴极限偏差数值表》；

1971 年版的国际推荐标准：ISO R 1938-1:1971《ISO 极限与配合制 第 1 部分：光滑工件的检验》；

1991 年版的国际推荐标准：ISO R 1938-2:1991《ISO 极限与配合制 第 2 部分：平面工件的检验》；

1975 年版的国际标准：ISO 1829:1975《一般用途公差带的选择》；

1989 年版的国际标准：ISO 2768-1:1989《一般公差 第 1 部分：未注出公差的线性和角

度尺寸的公差》、ISO 2768-2:1989《一般公差 第 2 部分：未注出公差的要素的几何公差》。

国际标准极限与配合制的基本结构如图 3-48 所示。

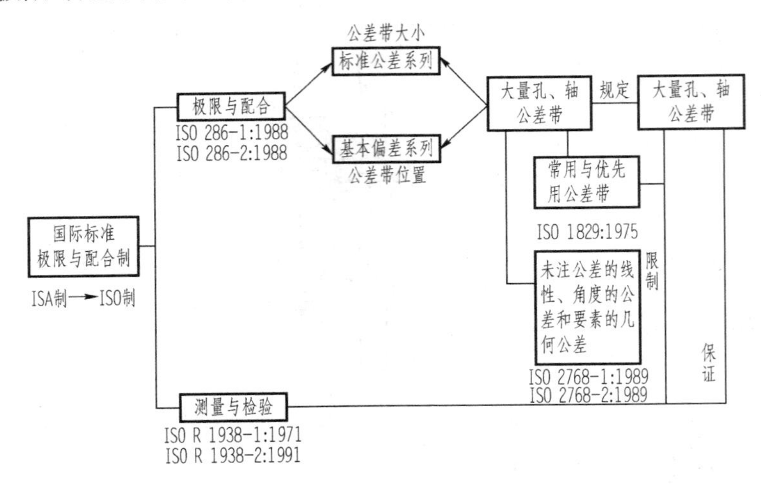

图 3-48 国际标准极限与配合制的基本结构

ISO 标准发布后，在 1970 年以前，美国、英国等英制单位国家都先后修订了本国标准，采用 ISO 极限与配合制。自 1994 年开始，我国积极采用国际标准，制定、修订了许多相关国家标准。

习 题 3

1．判断题

（1）公差可以认为是允许零件尺寸的最大偏差。 （ ）

（2）只要两零件的公差值相同，就可以认为它们的精度要求相同。 （ ）

（3）基本偏差用来决定公差带的位置。 （ ）

（4）孔的基本偏差为下极限偏差，轴的基本偏差为上极限偏差。 （ ）

（5）30f7 与 30F8 的基本偏差大小相等，符号相反。 （ ）

（6）30t7 与 30T7 的基本偏差大小相等，符号相反。 （ ）

（7）孔、轴公差带的相对位置反映配合精度的高低。 （ ）

（8）孔的实际尺寸大于轴的实际尺寸，装配时具有间隙，就属于间隙配合。 （ ）

（9）配合公差的数值越小，则相互配合的孔、轴的公差等级越高。 （ ）

（10）配合公差越大，配合就越松。 （ ）

（11）轴孔配合最大间隙为 13μm，孔公差为 28μm，则属于过渡配合。 （ ）

（12）基本偏差 a～h 与基准孔构成间隙配合，其中 a 配合最松。 （ ）

（13）基孔制的特点就是先加工孔，基轴制的特点就是先加工轴。 （ ）

（14）有相对运动的配合选用间隙配合，无相对运动的配合均选用过盈配合。 （ ）

（15）不合格的轴孔装配后，形成的实际间隙（或过盈）必然不合格。（ ）

（16）优先采用基孔制是因为孔比轴难以加工。（ ）

2. 单项选择题

（1）在间隙配合中，配合精度高低取决于（ ）。

A．最大间隙　B．最小间隙　C．平均间隙　D．配合公差

（2）不用查表可知配合 ϕ30H7/f6 和 ϕ30H8/f7 的（ ）相同。

A．最大间隙　B．最小间隙　C．平均间隙　D．配合精度

（3）不用查表可知下列配合中，间隙最大的是（ ）。

A．ϕ30F7/h6　B．ϕ30H8/p7　C．ϕ30H8/k7　D．ϕ60H7/d8

（4）不用查表可知下列配合中，配合公差数值最小的是（ ）。

A．ϕ30H7/g6　B．ϕ30H8/g7　C．ϕ60H7/u6　D．ϕ60H7/g6

（5）不用查表可知下列配合中，属于过渡配合的有（ ）。

A．ϕ60H7/s6　B．ϕ60H8/d7　C．ϕ60M7/h7　D．ϕ60H9/f9

（6）与 ϕ30H7/r6 的配合性质完全相同的配合是（ ）。

A．ϕ30H7/p6　B. ϕ30H7/s6　C. ϕ30R7/h6　D. ϕ30H8/r6

（7）比较 ϕ40H7 和 ϕ140S6 的精度高低，可知（ ）。

A．两者相同　B．前者精度高　C．后者精度高　D．无法比较

（8）下列配合零件应选用基孔制的有（ ）。

A．滚动轴承外圈与外壳孔

B．同一轴与多孔相配，且有不同的配合性质

C．滚动轴承内圈与轴

D．轴为冷拉圆钢，不需再加工

（9）轴孔配合具有较高的定心精度且便于拆卸时，应选择的配合是（ ）。

A．H7/d6　B．H7/s6　C．H7/k6　D．H7/u6

（10）下列配合零件，应选用过盈配合的有（ ）。

A．传动轴上的隔离套　B．传递较大转矩、一般不拆卸的结合件

C．能够轴向移动的齿轮　D．机床上要求定心且常拆卸的挂轮

3. 简答题

（1）简述尺寸要素、实际（组成）要素、提取组成要素、拟合组成要素的含义。

（2）简述孔与轴、实际尺寸与公称尺寸、偏差与公差、间隙与过盈的定义及区别。

（3）简述标准公差、基本偏差的定义，并说明它们与公差等级的联系。

（4）简述配合、基准制的含义。配合有哪几类？配合性质由什么决定？

（5）简述标准中基本偏差代号的规定及其规律。

（6）简述尺寸公差带的表示方法及其应用场合。

（7）公差与配合的设计主要是哪 3 个方面的内容?其基本原则是什么？

（8）间隙配合、过盈配合与过渡配合各适用于什么场合？每类配合在选定松紧程度时应考虑哪些因素？

（9）配合的选择应考虑哪些问题？

（10）试根据表3-17中已有的数值，计算并填写该表空格中的数值。

表3-17　尺寸极限表

单位：mm

基本尺寸	孔			轴			最大间隙	最小间隙	平均间隙	配合公差
	上极限偏差	下极限偏差	公差	上极限偏差	下极限偏差	公差				
ϕ50		0				0.039	+0.103			0.078
ϕ25			0.021	0				−0.048	−0.031	

（11）已知某过盈配合的孔、轴公称尺寸为45mm，孔的公差为0.025mm，轴的上极限偏差为0，最大过盈为−0.050mm，配合公差为0.041mm。试求：①孔的上、下极限偏差；②轴的下偏差和公差；③最小过盈；④平均过盈；⑤画出尺寸公差带图；⑥写出配合代号。

（12）有一基孔制配合，孔、轴的公称尺寸为50mm，最大间隙为+0.049mm，最大过盈为−0.015mm，轴公差T=0.025mm。试求：①孔、轴的极限尺寸与配合公差；②写出孔、轴的尺寸标注形式；③查表并写出配合代号；④画出孔、轴公差带图和配合公差带图。

（13）根据下列条件，采用基孔制（或基轴制）确定标准配合。要求确定孔、轴的尺寸公差带和配合代号，并画出孔、轴公差带图。

① 公称尺寸为ϕ100mm，最大间隙为110μm，最小间隙为70μm；

② 公称尺寸为ϕ40mm，最大过盈为85μm，最小过盈为20μm。

第4章

几何公差及检测

4.1 概　　述

在机械产品中，零件几何要素的几何误差对产品的性能存在诸多影响。例如，轴颈的圆度误差会降低轴的旋转精度，导轨的直线度误差会影响运动部件的运动精度，齿轮副轴线平行度误差会使齿轮工作齿面接触不均匀，等等。因此，在进行零件几何精度设计时，除了要规定适当的尺寸精度和表面精度要求外，还必须规定几何精度要求，即规定零件几何要素的几何公差，以限制几何要素的几何误差。零件在加工过程中，机床、刀具、夹具等加工工艺系统等因素的不完善会使被加工零件产生几何误差，如图4-1所示。

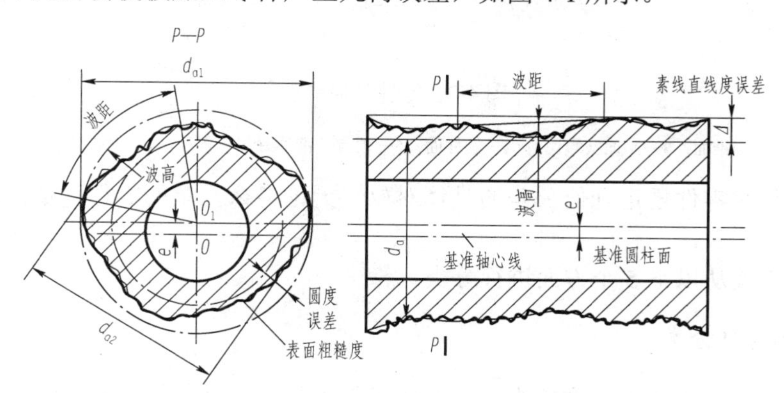

图4-1　零件的几何误差

d_a、d_{a1}、d_{a2}—实际尺寸；e—偏心

我国现行的几何公差标准具体如下：

通则符号：GB/T 1182—2008《产品几何技术规范（GPS）　几何公差　形状、方向、位置和跳动公差标注》。

公差标注原则：GB/T 4249—2009《产品几何技术规范（GPS）　公差原则》；

GB/T 16671—2009《产品几何技术规范（GPS）　几何公差　最大实体要求、最小实体要求和可逆要求》。

公差数值：GB/T 1184—1996《形状和位置公差　未注公差值》；

公差注法：GB/T 13319—2003《产品几何量技术规范（GPS） 几何公差 位置度公差注法》；

GB/T 16892—1997《形状和位置公差 非刚性零件注法》；

GB/T 17773—1999《形状和位置公差 延伸公差带及其表示法》；

GB/T 17851—2010《产品几何技术规范（GPS） 几何公差 基准和基准体系》；

GB/T 17852—1999《形状和位置公差 轮廓的尺寸和公差注法》。

误差检测：GB/T 1958—2004《产品几何量技术规范（GPS） 形状和位置公差 检测规定》；

GB/T 7235—2004《产品几何量技术规范（GPS） 评定圆度误差的方法 半径变化测量》；

GB/T 11336—2004《直线度误差检测》；

GB/T 11337—2004《平面度误差检测》；

JB/T 7557—1994《同轴度误差检测》。

4.1.1 几何要素及其分类

构成零件几何特征的点、线、面统称为几何要素（简称要素）。图 4-2 所示为零件几何要素。

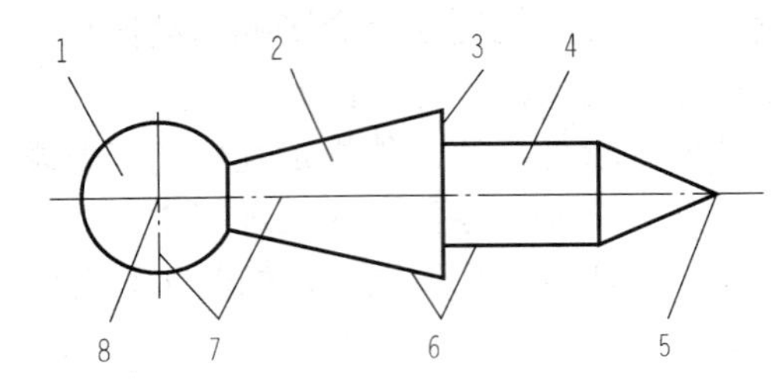

图 4-2 零件几何要素

1—球面；2—圆锥面；3—平面（端面）；4—圆柱面；5—顶点（锥顶）；6—素线；7—中心（轴）线；8—球心

几何要素是对零件规定几何公差的具体对象。无论多么复杂的零件，都是由若干要素构成的。

几何要素主要从以下 5 个方面进行分类：

1. 按结构特征分类

（1）组成要素：也称为轮廓要素，是构成零件外形的，并能被人们看到或触摸到的点、线、面。

（2）导出要素：也称为中心要素，是由一个或几个组成要素间接形成的要素。其特点是抽象、看不见。例如，理想轴的轴线、实际圆柱的中心线等都是由圆柱面得到的导出要素，球心是由球面得到的导出要素。

2. 按存在状态分类

（1）公称要素：按设计要求确定的理论正确要素。公称要素是几何意义上的，形状和位置绝对正确，没有误差。

（2）实际要素：零件上实际存在的要素，通常都以测得要素来代替，有误差。

3. 按对工件替代方式分类

（1）提取要素：由实际组成要素提取有限数目的点所形成的实际要素的近似替代，为检验测量所得。

（2）拟合要素：提取要素形成的并具有理想形状的要素。为了对工件进行评定，应对实际要素进行拟合。

4. 按检测关系分类

（1）被测要素：图样上给出了几何公差要求，需要研究和测量的要素。

（2）基准要素：图样上规定用来确定被测要素的方向或位置的要素。

5. 按功能要求分类

（1）单一要素：对要素本身提出形状公差要求的被测要素。

（2）关联要素：相对基准要素有方向或（和）位置功能要求而给出位置公差要求的被测要素。

4.1.2　几何公差项目及符号

几何公差分为形状公差、方向公差、位置公差和跳动公差 4 大类。

国家标准 GB/T 1182—2008 将几何公差分为 19 个项目，其中形状公差为 6 个项目，方向公差为 5 个项目，位置公差为 6 个项目，跳动公差为 2 个项目。几何公差的每一个项目都规定了专门的符号，表 4-1 列出了几何公差的特征符号。

表 4-1　几何公差的特征符号

公差类型	几何特征	符号	有无基准	公差类型	几何特征	符号	有无基准
形状公差	直线度	—	无	位置公差	位置度	⌖	有或无
	平面度	⏥	无		同心度	◎	有
	圆度	○	无		同轴度	◎	有
	圆柱度	⌭	无		对称度	⌯	有
	线轮廓度	⌒	无		线轮廓度	⌒	有
	面轮廓度	⌓	无		面轮廓度	⌓	有
方向公差	平行度	//	有	跳动公差	圆跳动	↗	有
	垂直度	⊥	有				
	倾斜度	∠	有		全跳动	⌰	有
	线轮廓度	⌒	有				
	面轮廓度	⌓	有				

4.1.3　常见几何公差带的主要形状

常见的几何公差带主要有 9 种形状，用来控制相应的几何要素。图 4-3 所示为常见几何公差带的形状。

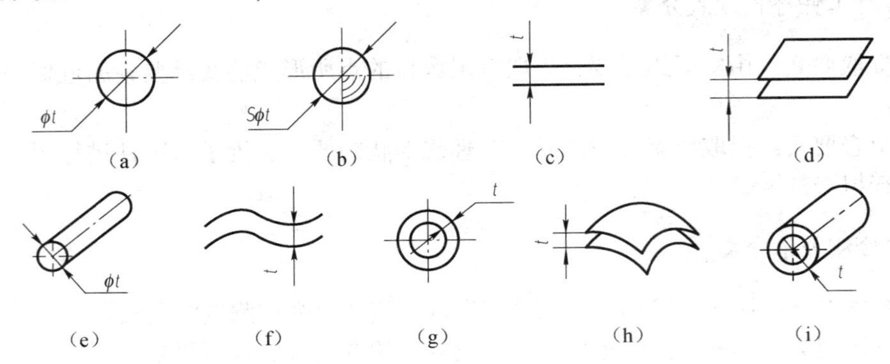

图 4-3　常见几何公差带的形状

4.2　几何公差的标注

在技术图样中，几何公差一般采用代号（公差框格）标注。当无法用代号标注时，也允许在技术要求中用文字说明。

4.2.1　几何公差代号

1. 公差框格

如图 4-4 所示，公差框格一般水平绘制，必要时，也允许垂直绘制。框格从左至右依次标注：公差特征符号、公差值和基准代号及相关符号。基准可多至 3 个，但先后有别，基准代号前后排列不同将有不同的含义。对于竖直放置的公差框格，应该由下往上填写相关内容。除形状公差外，其余公差需标注基准代号，以字母表示，标在第 3 格至第 5 格。公差框格的个数由需要填写的内容决定，一般为 2～5 格。

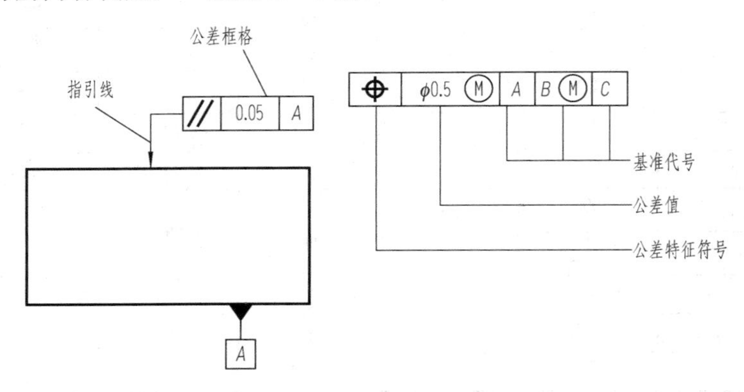

图 4-4　公差框格

2. 指引线

公差框格用指引线与被测要素联系起来，指引线由细实线和箭头构成，它从公差框格的一端引出，并保持与公差框格端线垂直，引向被测要素时允许弯折，但不得多于两次。指引线的箭头应指向公差带的宽度方向或径向。

3. 基准符号

与被测要素相关的基准用一个大写字母表示。字母标注在基准方格内，与一个涂黑的或空白的三角形相连以表示基准，如图 4-5（a）所示，与旧标准图 4-5（b）规定的基准符号不同。

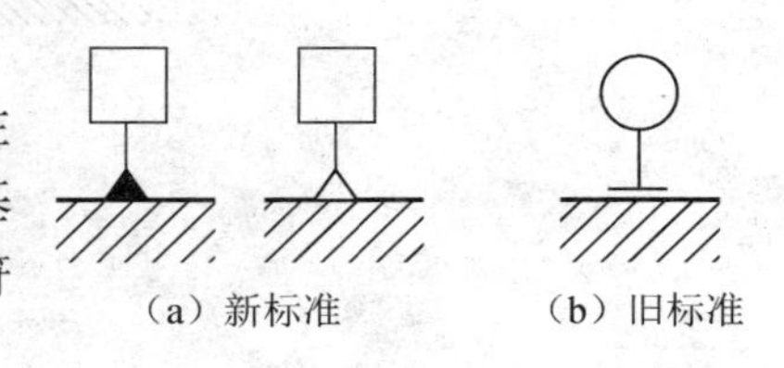

图 4-5　基准要素符号

4.2.2　几何公差的标注方法

1. 被测要素的标注

被测要素用带箭头的指引线与框格连接。指引线的箭头指向被测要素，箭头的方向为公差带的宽度方向。

1）当被测要素为轮廓要素时

当被测要素为轮廓要素时，指引线的箭头应指在该要素的轮廓线或其引出线上，并应明显地与尺寸线错开，如图 4-6 所示。

2）当被测要素为中心要素时

当被测要素为中心要素时，指引线的箭头应与被测要素的尺寸线对齐，如图 4-7（a）所示；当箭头与尺寸线的箭头重叠时，可代替尺寸线箭头，如图 4-7（b）所示；指引线的箭头不允许直接指向中心线，如图 4-7（c）所示。

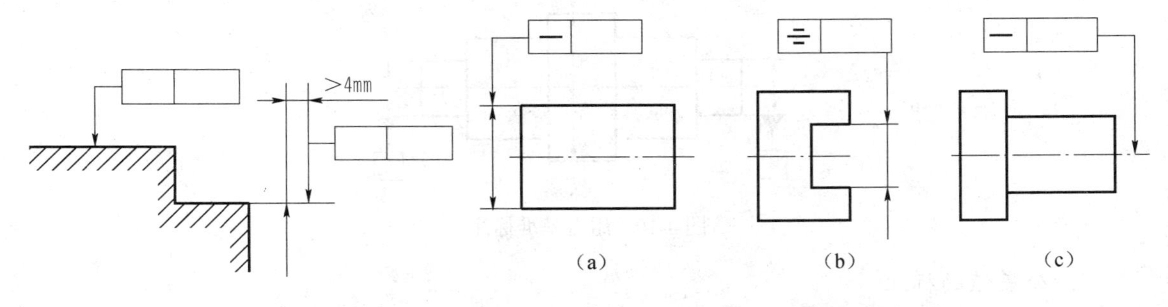

图 4-6　轮廓要素的标注

图 4-7　中心要素的标注

2. 基准要素的标注

1）当基准要素为轮廓要素时

当基准要素是边线、表面等轮廓要素时，基准三角形放置在靠近基准要素的轮廓线上，也可靠近轮廓的延长线，但要与尺寸线明显错开，如图 4-8 所示。

2）当基准要素为中心要素时

当基准要素是中心点、轴线、中心平面等中心要素时，基准三角形应放置在该要素的尺寸线的延长线上，如图 4-9（a）所示。如果没有足够的位置标注基准要素尺寸的两个尺寸箭头，则其中一个箭头可用基准三角形代替，基准三角形置于参考线上，如图 4-9（b）所示。

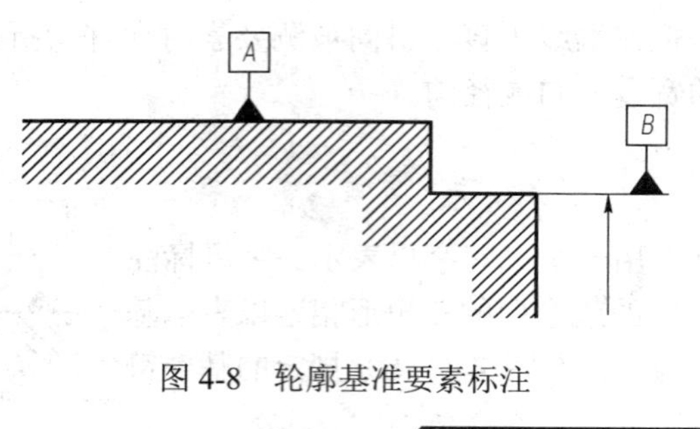

图 4-8　轮廓基准要素标注

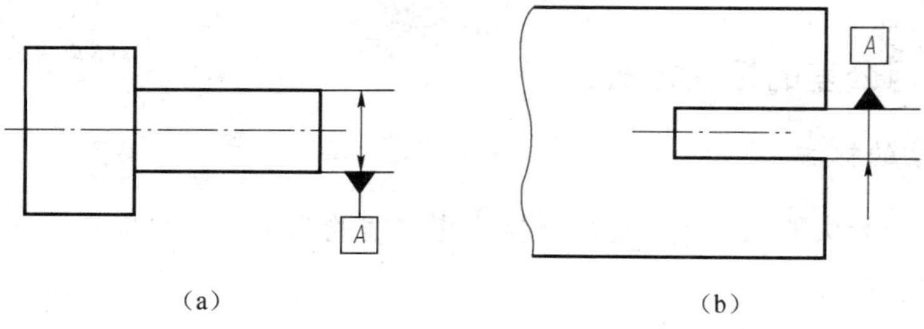

（a）　　（b）

图 4-9　中心基准要素标注

3）当采用组合基准时

所谓组合基准，就是两个或两个以上要素组合成为一个独立的基准，也称为公共基准，如公共轴线、公共中心平面等。组合基准标注如图 4-10 所示。

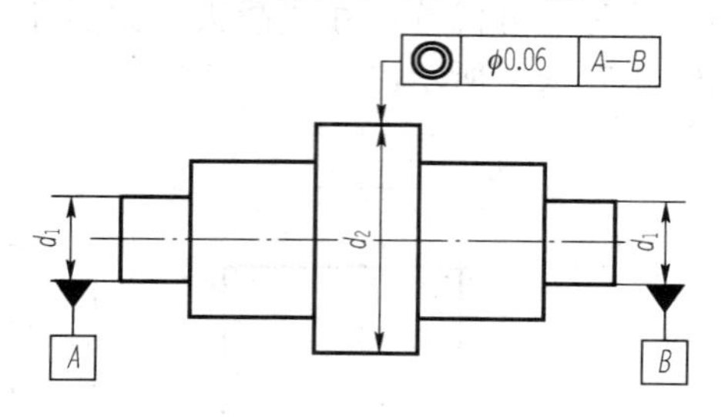

图 4-10　组合基准标注

3. 公差值的标注

（1）公差值表示公差带的宽度或直径，是控制误差量的指标。公差值的大小是几何公差精度高低的直接体现。

（2）公差值标注在公差框格的第 2 格中。若是公差带宽度，则只标注公差值 t；若是公差带直径，则应视要素特征和设计要求标注 ϕt 或 $S\phi t$ 。

4.3　几何公差及其功能要求

几何公差类型多，项目多，被测要素、基准要素的特征各不相同，使得各几何公差项目的要求也不相同。几何公差带与尺寸公差带相比，毫无疑问更加复杂，公差带的形状就有 9

种，方位各异，且其公差带有 4 个要素：形状、大小、方向和位置。生产中要通过几何公差各项要求的控制，以达到必要的几何精度，从而保证产品零件的工作性能。

4.3.1　形状公差

形状公差是指单一实际要素的形状所允许的变动全量，即允许实际线、实际面的变动量。形状公差带有两个要素：公差带的形状和大小。不涉及基准，方向和位置是浮动的。形状公差有 6 个项目，分别是直线度、平面度、圆度、圆柱度、线轮廓度和面轮廓度，见表 4-1。

1．直线度（—）

直线度是表示零件上的直线要素保持理想直线的状态，即通常所说的平直程度。直线度公差限制实际直线相对拟合直线的变动量，用于控制轮廓直线或轴线的形状误差。由于直线可分为平面直线和空间直线，所以直线度公差带可以有几种不同的形状，如图 4-3（c）～（e）所示。

1）给定平面内的直线度

给定平面内的直线度用于控制平面内的被测直线的形状精度，如图 4-11（a）所示，其直线度公差带是距离为公差值 t=0.1 的两平行直线之间的区域，如图 4-11（b）所示。

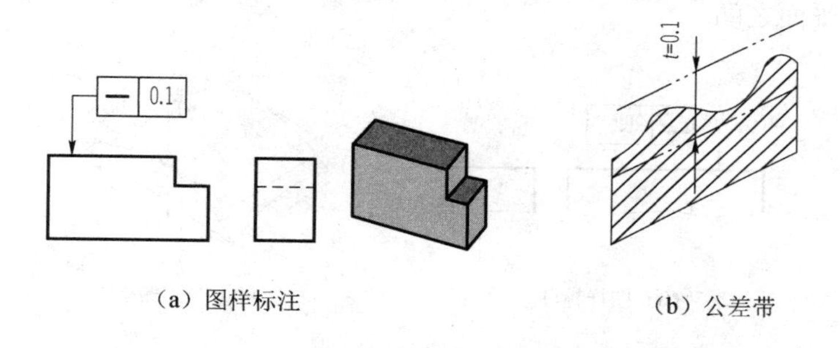

（a）图样标注　　（b）公差带

图 4-11　平面内的直线度公差

2）空间直线给定方向上的直线度

空间直线给定方向上的直线度用于控制空间直线在给定方向上形状精度，如图 4-12（a）所示，其直线度公差带是距离为公差值 t=0.02 的两平行平面之间的区域，如图 4-12（b）所示。

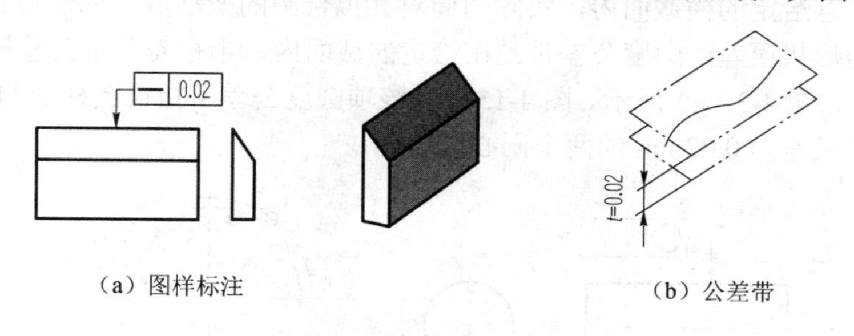

（a）图样标注　　（b）公差带

图 4-12　空间直线给定方向上的直线度公差

3）空间直线任意方向上的直线度

空间直线任意方向上的直线度指被测直线要求沿空间任意方向给出相同的直线度公差要求，其直线度公差带是直径为公差值 ϕt 的圆柱面内的区域。任意方向上的直线度在公差值前加注“ϕ”。

如图 4-13（a）所示，该直线度公差带是指圆柱面的实际中心线应限定在直径等于ϕ0.04mm的圆柱面内，如图 4-13（b）所示。

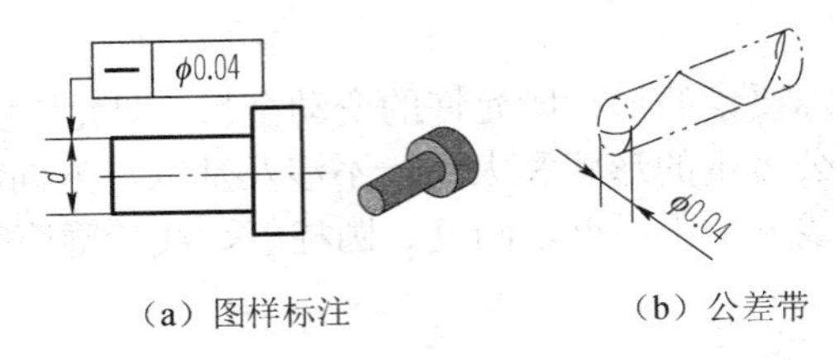

（a）图样标注　　（b）公差带

图 4-13　空间直线任意方向上直线度公差

2. 平面度（▱）

平面度是表示零件上的平面要素实际形状保持理想平面的状态，即通常所说的平面要素的平整程度。平面度用来控制平面的形状误差，是一项综合的形状公差项目，既可以控制平面度误差，又可以控制被测实际平面上任意方向的直线度误差。其公差带是距离为公差值 t 的两平行平面之间的区域，如图 4-3（d）所示。图 4-14 中要求实际平面应限定在间距等于 0.1mm 的两平行平面之间。

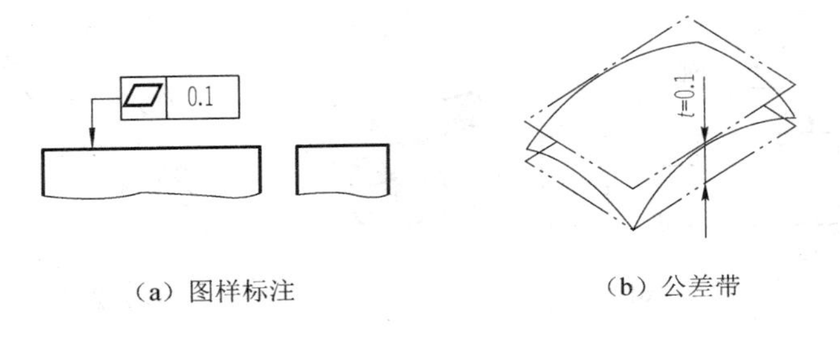

（a）图样标注　　（b）公差带

图 4-14　平面度公差

3. 圆度（○）

圆度是指零件上圆要素的实际形状与其中心保持等距的状态，即通常所说的圆整程度。圆度公差是在任意给定的横截面内，实际圆周对其拟合圆的变动量，用于控制实际圆在回转轴径向截面内的形状误差。圆度公差带是在给定的截面内，半径差等于公差值 t 的两同心圆所限定的区域，如图 4-3（g）所示。图 4-15 中，该项圆度公差带指在圆柱面的任一正截面内，实际圆周应在半径差为 0.02mm 的两个同心圆之间。

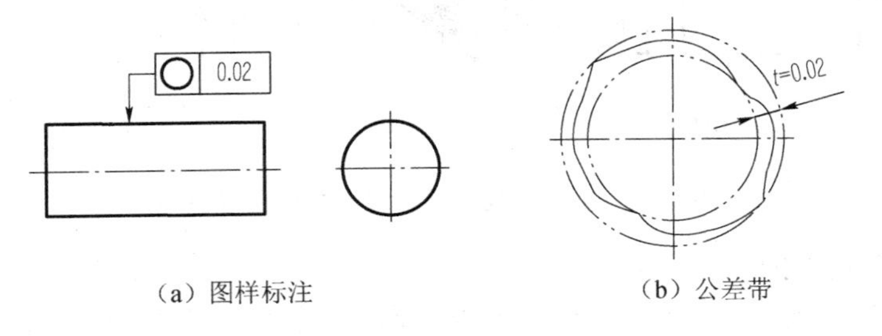

（a）图样标注　　（b）公差带

图 4-15　圆度公差

4. 圆柱度（⌭）

圆柱度是表示零件上圆柱面要素外形轮廓各点对其轴线保持等距的状态。圆柱度公差是限制实际圆柱面对其拟合圆柱面的变动量，用于控制实际圆柱表面的形状误差。圆柱度公差带是半径差等于公差值 t 的两同心圆柱面之间的区域，如图 4-3（i）所示。图 4-16 中，该项圆柱度公差指实际圆柱面应限定在半径差为 0.05mm 的两同轴圆柱面之间。

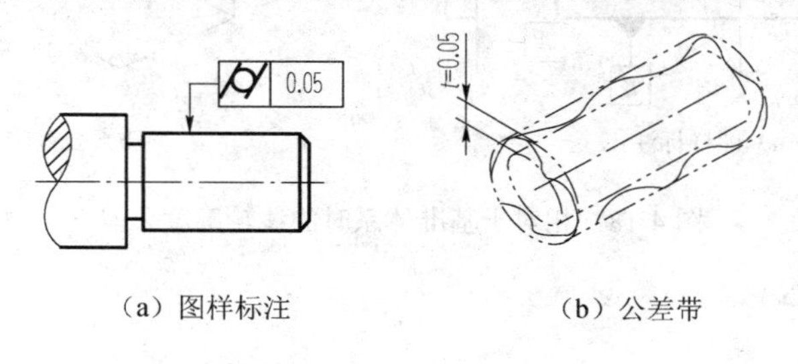

（a）图样标注　　（b）公差带

图 4-16　圆柱度公差

5. 线轮廓度（⌒）

线轮廓度和面轮廓度是比较特殊的几何公差，当图样标注的线轮廓度和面轮廓度没有基准时，属于形状公差，公差带的方向和位置是浮动的；当图样标注有基准时，属于方向公差或位置公差。当属于方向公差时，其公差带的方向是确定的，位置是浮动的；当属于位置公差时，其公差带的方向和位置都是确定的。

线轮廓度是表示在零件的给定平面上，任意形状的曲线保持理想形状的状况。线轮廓度公差是指实际轮廓线所允许的变动全量，线轮廓度公差用于控制平行曲线或曲面轮廓的形状，有基准时，还可以控制实际轮廓相对于基准的方向或位置误差。

1）无基准时的线轮廓度

无基准时的线轮廓度公差带是直径等于公差值 t，圆心位于具有理论正确几何形状上的一系列圆的两包络线所限定的区域，如图 4-17 所示。

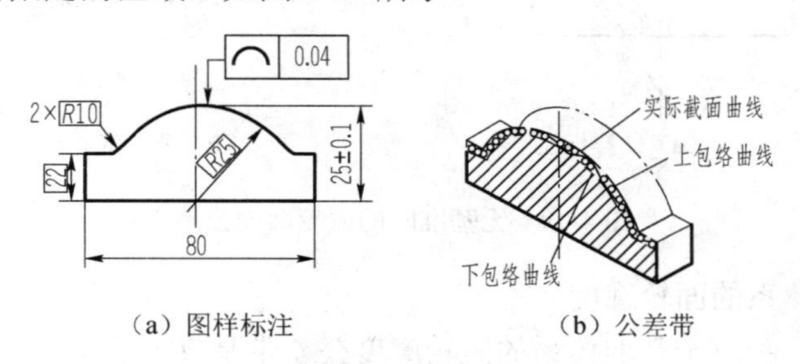

（a）图样标注　　（b）公差带

图 4-17　无基准时线轮廓度公差

2）相对于基准体系的线轮廓度

如图 4-18 所示，相对于基准体系的线轮廓度公差带是直径等于公差值 t，圆心位于由基准平面 A 和基准平面 B 确定的被测要素理论正确几何形状上的一系列圆的两包络线所限定的区域。

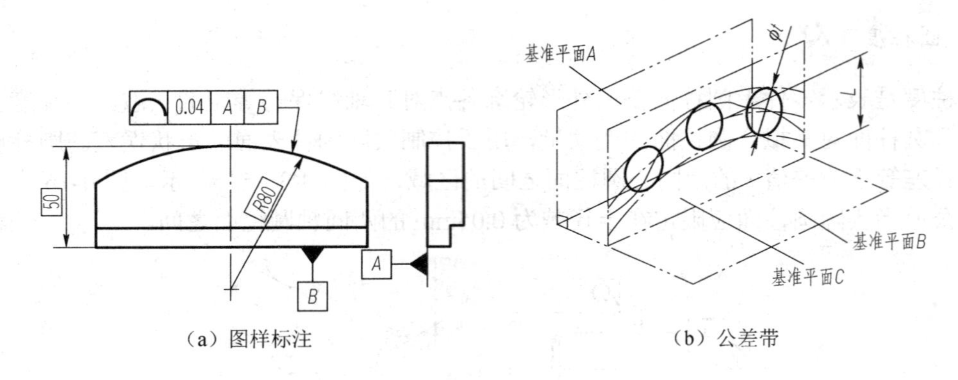

（a）图样标注　　（b）公差带

图 4-18　相对于基准体系时的线轮廓度公差

6. 面轮廓度（⌓）

面轮廓度是表示非圆柱曲面形状保持其理想形状的状况。面轮廓度公差是指实际轮廓面所允许的变动全量，面轮廓度公差用于控制曲面轮廓的形状，有基准时，还控制实际轮廓相对于基准的方向或位置误差。

1）无基准时的面轮廓度

面轮廓度公差带是直径等于公差值 *t*，球心位于被测要素理论正确几何形状上的一系列圆球的两包络面所限定的区域。如图 4-19 所示的面轮廓度，表示实际轮廓面应限定在直径等于公差值 0.02mm、球心位于被测要素理论正确几何形状上的一系列圆球的两等距包络面之间。无基准时，面轮廓度公差是形状公差。此时，面轮廓公差带的位置、方向是浮动的，评定面轮廓度误差时的包容区域同样是浮动的。

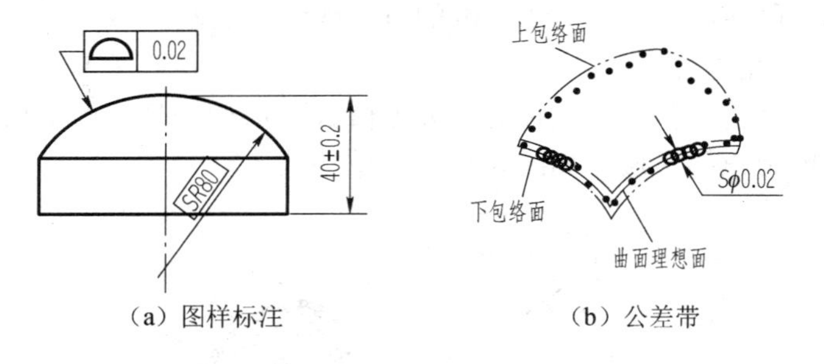

（a）图样标注　　（b）公差带

图 4-19　无基准时的面轮廓度公差

2）相对于基准体系的面轮廓度

如图 4-20 所示，相对于基准体系的面轮廓度公差带是直径等于公差值 *t*，球心位于由基准平面 *A* 确定的被测要素理论正确几何形状上的一系列圆球的两包络面所限定的区域。实际轮廓面应限定在直径等于公差值 0.1mm，球心位于由基准平面 *A* 确定的被测要素理论正确几何形状上的一系列圆球的两等距包络面之间。相对于基准体系时，面轮廓度公差是方向公差或位置公差，公差带的方向或位置由基准面 *A* 和理论正确尺寸确定，诸球球心在固定的理论正确位置上，公差带不能浮动。此时，评定面轮廓度误差的包容区域也是固定的。

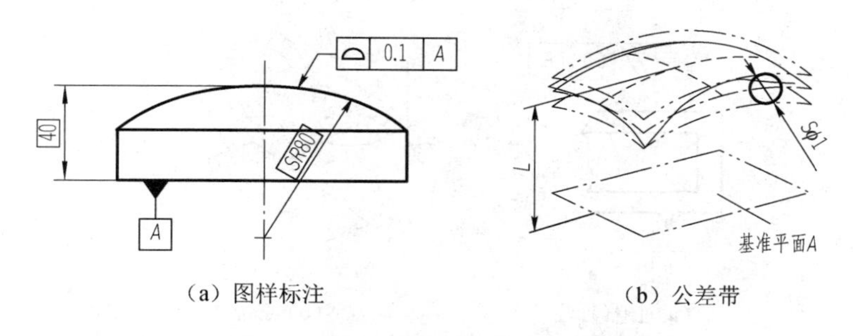

（a）图样标注　　（b）公差带

图 4-20　相对于基准体系的面轮廓度公差

4.3.2　方向公差

方向公差限制关联实际要素对基准的方向变动全量，用于控制被测要素对基准方向上的变动。方向公差带具有综合控制被测要素方向和形状误差的功能。

方向公差包括平行度、垂直度、倾斜度及相对于基准的线轮廓度、面轮廓度。

根据被测要素与基准要素的形状（线、面）可分为面对面、面对线、线对面、线对线的平行度。

1. 平行度（//）

平行度是表示零件上两平行要素间保持等距离的状况。平行度公差是指被测要素对具有确定方向的基准要素所允许的变动全量，用于控制被测要素对基准要素平行的误差。

根据不同要求，平行度公差带有 3 种形状，具体如下。

（1）公差带为间距等于公差值 t、平行于基准的两平行平面所限定的区域。

图 4-21 所示的是对孔ϕ12mm 的轴线提出平行度要求，该公差带表示实际中心线应位于间距为公差值 0.2mm，且沿箭头指向平行于孔ϕ15mm 的轴线 B 的两平行平面之间；图 4-22 所示的是对顶面提出平行度要求，表示实际表面应限定在间距等于公差值 0.01mm、平行于基准平面 B 的两平行平面之间。

（2）公差带为平行于基准轴线、间距分别等于公差值 t_1 和 t_2，且相互垂直的两组平行平面所限定的区域，如图 4-23 所示。

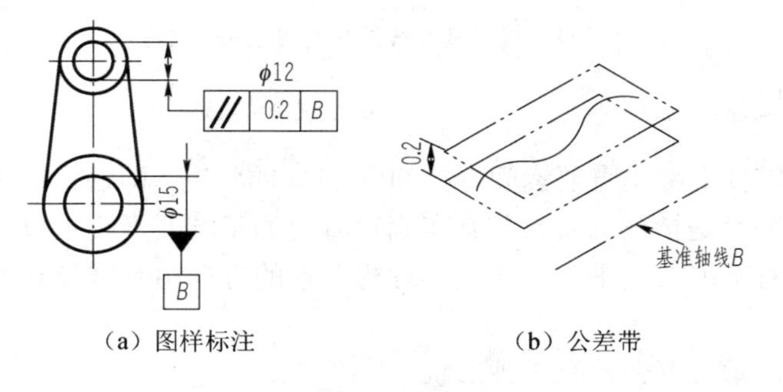

（a）图样标注　　（b）公差带

图 4-21　线对基准线的平行度公差

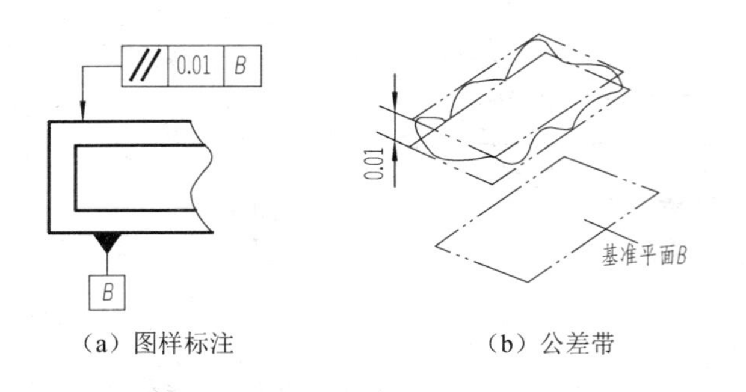

（a）图样标注　　（b）公差带

图 4-22　面对基准面的平行度公差

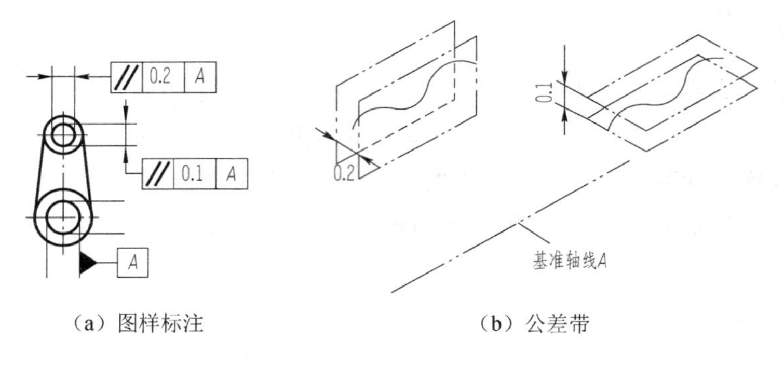

（a）图样标注　　（b）公差带

图 4-23　线对基准线的平行度公差（一）

（3）公差带为平行于基准轴线、直径为公差值 ϕt 的圆柱面所限定的区域，如图 4-24 所示。

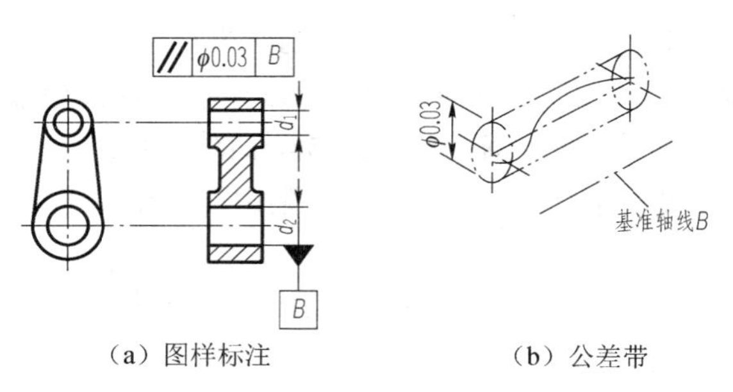

（a）图样标注　　（b）公差带

图 4-24　线对基准线的平行度公差（二）

2. 垂直度（⊥）

垂直度是表示零件上两垂直要素间保持 90° 方向的状况，即通常所说的两要素间保持正交的程度。垂直度公差是指被测要素与具有确定方向的基准要素相垂直所允许的变动全量，用于控制被测要素对基准要素垂直的误差。理想要素的方向由基准及理想正确尺寸（90° ）确定。

根据不同要求，垂直度公差有 3 种形状。

（1）公差带是距离为公差值 t 且垂直于基准要素的两平行平面之间的区域，如图 4-25 所示。

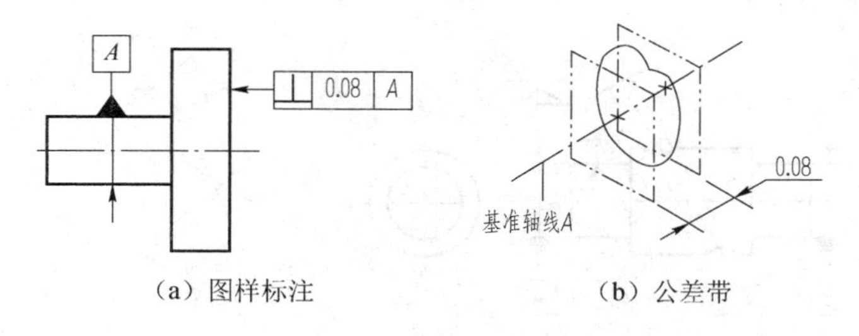

（a）图样标注　　（b）公差带

图 4-25　面对基准线的垂直度公差

（2）公差带为垂直于基准平面、间距分别等于公差值 t_1 和 t_2，且相互垂直的两组平行平面所限定的区域，如图 4-26 所示。

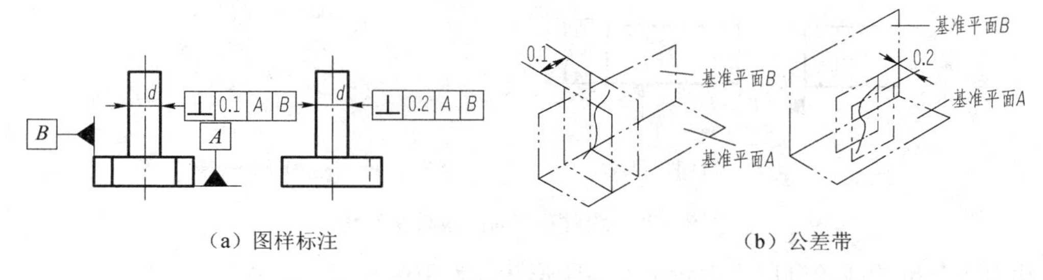

（a）图样标注　　（b）公差带

图 4-26　线对基准面的垂直度公差（一）

（3）公差带为垂直于基准平面、直径为公差值 ϕt 的圆柱面所限定的区域，如图 4-27 所示。

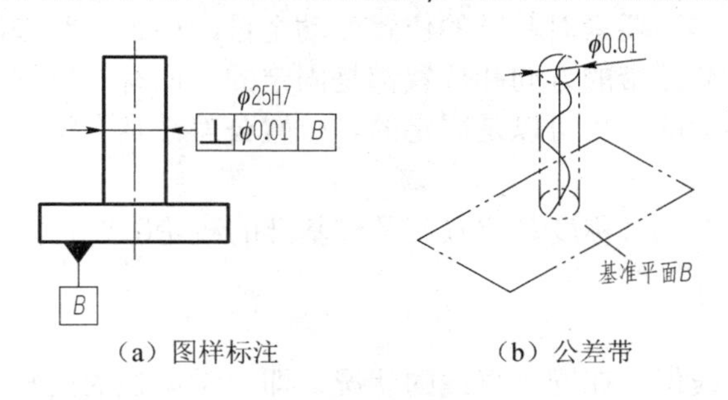

（a）图样标注　　（b）公差带

图 4-27　线对基准面的垂直度公差（二）

3. 倾斜度（∠）

0° 或 90° 时，即为平行度或垂直度，由此可知倾斜度为方向公差的一种普遍形式。倾斜度公差是指被测要素的实际方向对与基准成给定角度的理想方向之间所允许的变动全量，用于控制被测要素相对于基准要素在方向上的变动。理想要素的方向由基准及理想正确尺寸确定。

根据不同要求，倾斜度公差有两种形状。

（1）公差带是距离为公差值 t 且倾斜于基准要素的两平行平面之间的区域，如图 4-28 所示。

（2）公差带为倾斜于基准平面、直径为公差值 ϕt 的圆柱面所限定的区域，如图 4-29 所示。

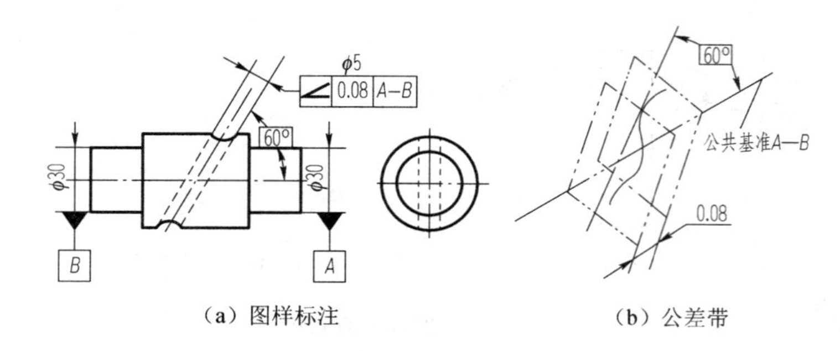

(a) 图样标注　　(b) 公差带

图 4-28　线对基准线的倾斜度公差

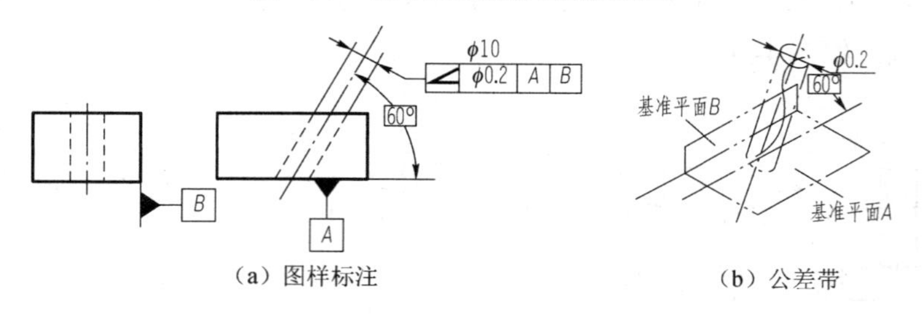

(a) 图样标注　　(b) 公差带

图 4-29　线对基准面的倾斜度公差

相对于基准的线轮廓度、面轮廓度参照形状公差中的介绍，此处不再赘述。

4.3.3　位置公差

位置公差限制关联实际要素对基准的位置变动全量，用于控制被测要素对基准位置上的变动。一般来说，位置公差带的方向和位置都是固定的，但有时依据具体图样标注要求，位置度的公差带可以是浮动的，也可以是固定的。位置公差带具有综合控制被测要素位置方向和形状误差的功能。

位置公差包括同轴度、对称度、位置度及有基准的线轮廓度、面轮廓度。

1. 同轴度（◎）

同轴度是表示两轴线保持在同一直线的状况，即通常所说的同轴状况。同轴度公差是指被测实际轴线相对于基准轴线所允许的变动全量。公差值前加注符号ϕ，公差带为直径等于公差值ϕt的圆柱面所限定的区域，轴线与基准轴线重合。如图 4-30 所示，大圆柱的实际中心线应限定在直径等于ϕ0.1mm、以公共基准 A—B 为轴线的圆柱面内。

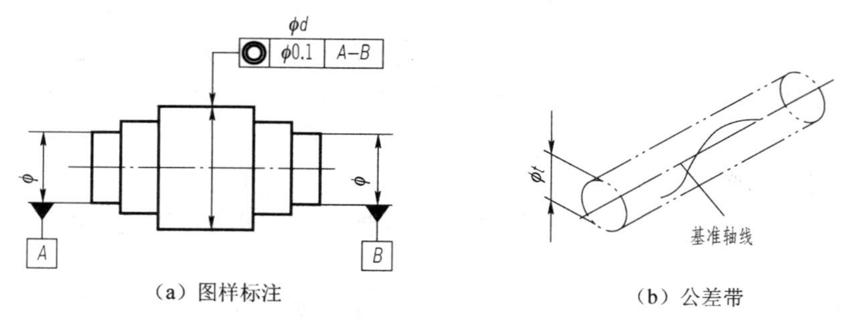

(a) 图样标注　　(b) 公差带

图 4-30　同轴度公差

2. 对称度（⌯）

对称度是表示零件上两对称导出要素保持在同一平面（或同一直线）内的状况。对称度公差是指被测提取导出要素相对于基准导出要素所允许的变动全量。如图 4-31 所示，其公差带是间距等于公差值 0.1mm、对称布置于基准平面 *A* 两侧的两平行平面所限定的区域，实际中心平面应限定在此两平行平面之间。

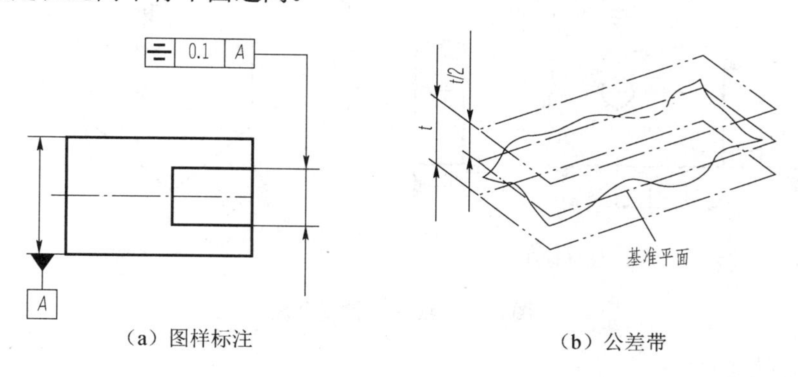

（a）图样标注　　（b）公差带

图 4-31　对称度公差

3. 位置度（⌖）

位置度是表示零件上点、线或面要素相对于其理想位置的准确程度。对称度公差是指被测要素的实际位置相对于基准位置所允许的变动全量。基准位置（一个或多个）由理论正确尺寸确定。位置度有点的位置度、线的位置度和面的位置度 3 种。

1）点的位置度

点的位置度分为给定平面内点的位置度和空间点的位置度两种。前者的位置度公差带是直径为公差值 ϕt 的圆所限定的区域，该圆的中心点位置由基准的理论正确尺寸确定；后者的位置度公差是直径为公差值 $S\phi t$ 的球面内的区域，该球中心点位置由相对于基准的理论正确尺寸确定。图 4-32 所示属于后者，表示对球心提出位置度要求，其公差带为实际球心应限定在直径 $S\phi$0.3mm 的圆球面内，该圆球面的中心在中心平面 *C* 上，距离基准平面 *A*、*B* 的理论正确尺寸为 30mm、25mm。

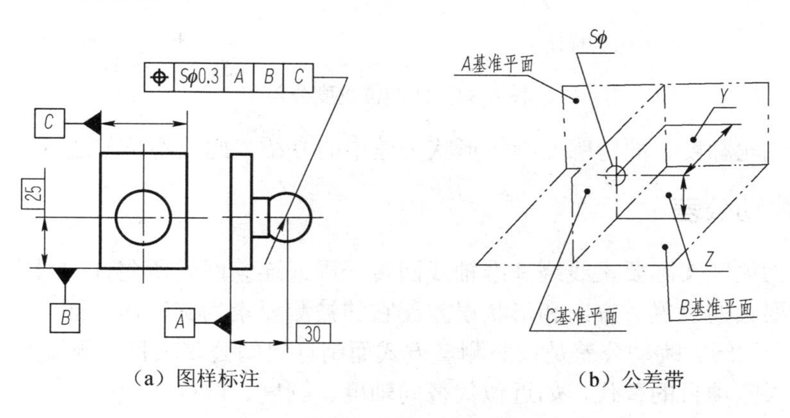

（a）图样标注　　（b）公差带

图 4-32　点的位置度公差

2）线的位置度

被测要素为一直线（中心线），如图 4-33 所示为给定任意方向的位置度，其公差带为直径等于公差值ϕ0.1mm 的圆柱面所限定的区域，该圆柱面的中心线与基准面 A 垂直，距基准面 B、C 为理论正确尺寸。

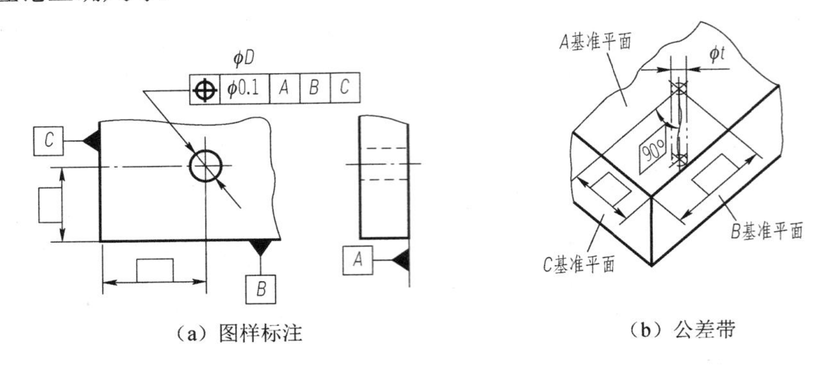

（a）图样标注　　（b）公差带

图 4-33　线的位置度公差

3）面的位置度

面的位置度公差带为间距等于公差值 t、对称于被测面的理论正确位置的两平行平面所限定的区域，平面的理论正确位置由基准和理论正确尺寸确定，如图 4-34 所示。

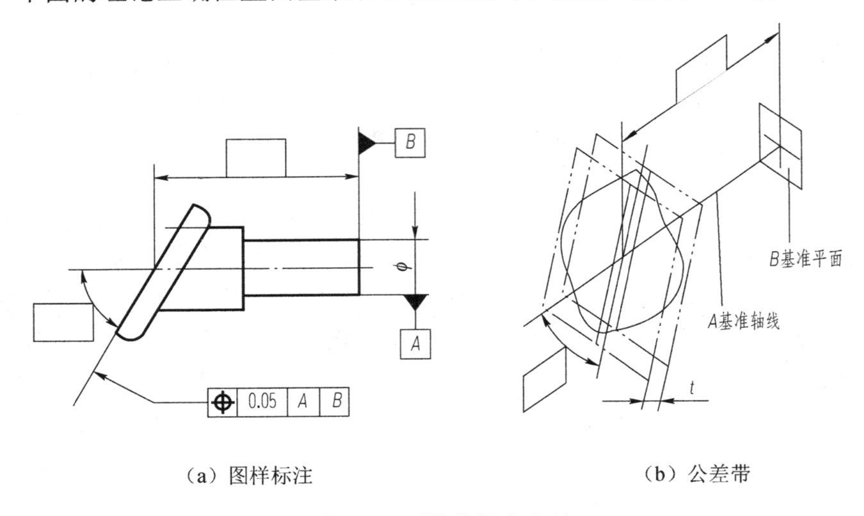

（a）图样标注　　（b）公差带

图 4-34　面的位置度公差

有基准的线轮廓度、面轮廓度参照形状公差中的介绍，此处不再赘述。

4.3.4　跳动公差

跳动公差为关联实际要素线绕基准轴线回转一周或连续回转所允许的最大变动量，用于综合限制被测要素的位置、方向和形状误差。它的被测要素为旋转体表面、端平面等组合要素，基准要素为轴线。跳动公差是按照测量方式而制订出的公差项目，测量方法简便、易行，通常作为其他误差项目的替代，如近似代替同轴度、圆度、圆柱度误差项目。测量时测头的方向始终垂直于被测要素，即除特殊规定外，其测量方向是被测要素的法线方向。跳动分为圆跳动和全跳动。

1. 圆跳动（↗）

圆跳动是表示零件上的回转表面在限定的测量面内，相对于基准轴线保持固定位置的状况。圆跳动公差限定被测提取要素绕基准轴线做无轴向移动回转一周，由位置固定的指示计在给定方向上测得的最大值与最小值之差。

圆跳动可能包括圆度、同轴度、垂直度或平面度，这些项目误差的总值不能超过给定的圆跳动公差。根据测量方向不同，圆跳动又可分为径向圆跳动、轴向（端面）圆跳动、斜向圆跳动。

1）径向圆跳动

径向圆跳动的测量平面垂直于基准轴线，即误差测量方向垂直于基准轴线。其公差带是在垂直于基准轴线的任一横截面内、半径差为公差值 t、圆心在基准轴线上的两个同心圆之间的区域。如图 4-35 所示，公差带为在任一垂直于基准轴线 A 的横截面内，实际圆应限定在半径差等于 0.05mm、圆心在基准轴线 A 上的两同心圆之间。

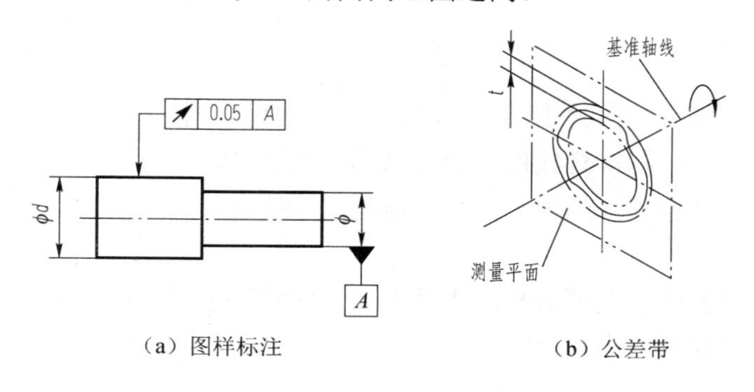

（a）图样标注　　（b）公差带

图 4-35　径向圆跳动公差

2）轴向（端面）圆跳动

轴向圆跳动的测量面为与基准轴线同轴的圆柱面，即误差测量方向平行于基准轴线。其公差带为与基准轴线同轴的任一半径的圆柱截面上，间距等于公差值 t 的两圆所限定的圆柱面区域。图 4-36 所示是对左端面提出的轴向圆跳动要求，即公差带为在与基准轴 A 的同轴的任一圆柱形截面上，实际圆应限定在轴向间距等于 0.05mm 的两个等圆之间。

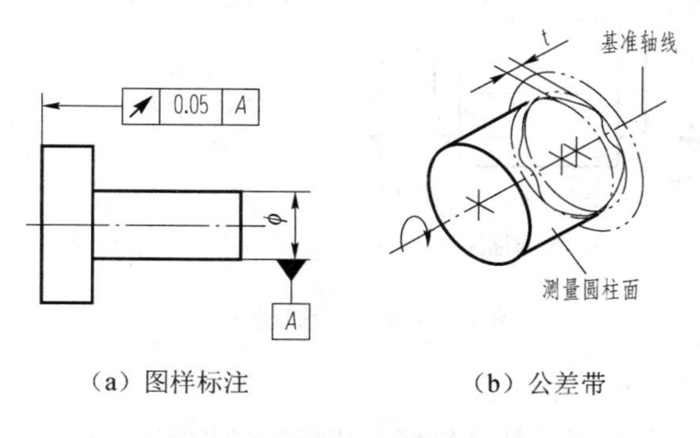

（a）图样标注　　（b）公差带

图 4-36　轴向圆跳动公差

3）斜向圆跳动

斜向圆跳动的测量面为与基准轴线同轴的圆锥面，即误差测量方向与基准轴线成一定的夹角。其公差带为与基准轴线同轴的某一圆锥截面上，间距等于公差值 t 的两圆所限定的圆锥面区域。如图 4-37 所示，公差带为在与基准轴线 A 同轴的任一圆锥截面上，实际圆应限定在素线方向间距等于 0.05mm 的两个圆之间。

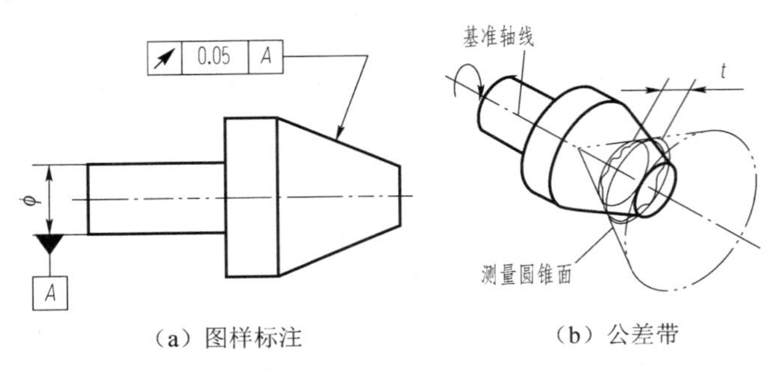

（a）图样标注　　（b）公差带

图 4-37　斜向圆跳动公差

2. 全跳动（⌰）

全跳动是表示零件上的回转表面绕基准轴线旋转时，沿整个被测表面的跳动量。全跳动公差要求被测提取要素绕基准轴线做无轴向移动连续回转，同时指示计沿给定方向的理想直线连续移动，指示计在给定方向测得的最大值与最小值之差即为全跳动误差。全跳动公差用于限定全跳动误差。

全跳动控制的是整个被测要素相对于基准要素的跳动总量。根据测量方向不同，全跳动分为径向全跳动、轴向（端面）全跳动。

1）径向全跳动

径向全跳动测量方向垂直于基准轴线。其公差带为半径差为公差值 t、与基准轴线同轴的两圆柱面所限定的区域。如图 4-38 所示，被测圆柱面应限定在半径差等于 0.2mm、与公共轴线 A—B 同轴的两圆柱面之间。径向全跳动可控制圆柱度误差和同轴度误差。

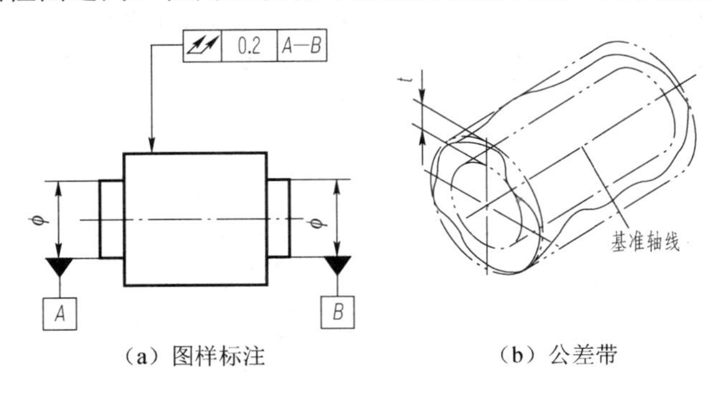

（a）图样标注　　（b）公差带

图 4-38　径向全跳动公差

2）轴向（端面）全跳动

轴向全跳动的测量方向平行于基准轴线。其公差带为间距等于公差值 t、垂直于基准轴线的两平行平面所限定的圆柱面区域。图 4-39 所示为对左端面提出轴向全跳动要求，实际表面应限定在间距等于 0.05mm、垂直于基准轴线 *A* 的两平行平面之间。图中的轴向全跳动可控制左端面的平面度误差和该端面对基准轴线 *A* 的垂直度误差。

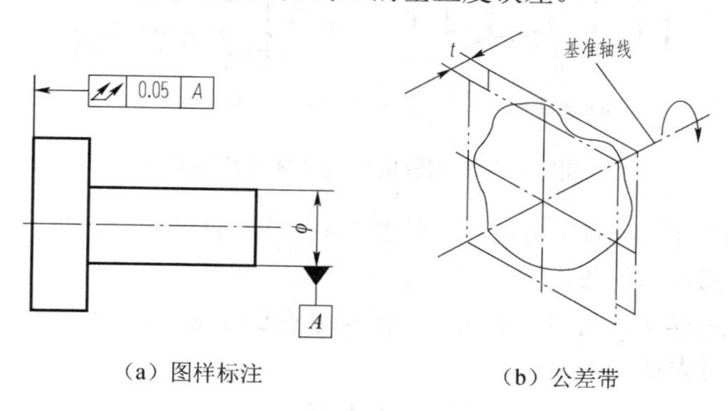

（a）图样标注　　（b）公差带

图 4-39　轴向全跳动公差

4.4 公差原则

尺寸公差用于控制零件的尺寸误差，保证零件的尺寸精度要求；几何公差用于控制零件的几何误差，保证零件的形状和位置精度要求。但零件使用性能是否合格，往往取决于尺寸误差和几何误差的综合影响，因此提出了尺寸公差与几何公差之间的关系问题。

公差原则就是处理尺寸公差与几何公差之间相互关系的原则。公差原则有独立原则和相关要求，相关要求又可分成包容要求、最大实体要求（及其可逆要求）和最小实体要求（及其可逆要求）。

4.4.1 有关术语及定义

1. 作用尺寸

作用尺寸是零件装配时起作用的尺寸，它是由提取要素的实际尺寸与其几何误差综合形成的。根据装配时两表面包容关系的不同，作用尺寸可分为体外作用尺寸和体内作用尺寸。

1）体外作用尺寸

在被测要素的给定长度上，与实际轴（外表面）体外相接的最小理想孔的直径或宽度称为轴的体外作用尺寸 d_{fe}；与实际孔（内表面）体外相接的最大理想轴的直径或宽度称为孔的体外作用尺寸 D_{fe}，如图 4-40 所示。

2）体内作用尺寸

在被测要素的给定长度上，与实际轴体内相接的最大理想孔的直径或宽度称为轴的体内作用尺寸 d_{fi}；与实际孔体内相接的最小理想轴的直径或宽度称为孔的体内作用尺寸 D_{fi}，如图 4-40 所示。

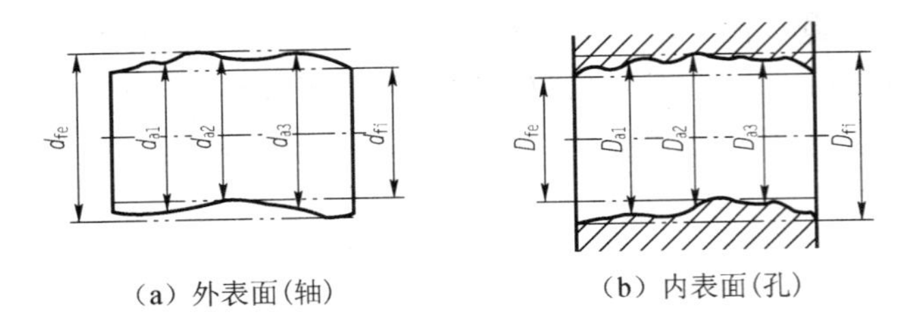

（a）外表面(轴)　　（b）内表面(孔)

图 4-40　孔和轴的体内和体外作用尺寸

一般情况下，我们所说的作用尺寸指的都是孔和轴的体外作用尺寸。下面提到作用尺寸，不做说明时，指的都是体外作用尺寸。

由于几何误差的存在，孔的作用尺寸一般小于孔的实际尺寸,轴的作用尺寸一般大于轴的实际尺寸。用公式可表达为

$$D_m = D_{fe} = D_a - f \tag{4-1}$$

$$d_m = d_{fe} = d_a + f \tag{4-2}$$

式中，D_a为孔的实际尺寸；d_a为轴的实际尺寸；f为孔和轴的中心要素的几何误差值。

对于关联实际要素，该体外相接的理想孔或轴的轴线（非圆形孔、轴则为中心平面）必须与基准保持图样给定的几何关系，如图 4-41 所示，d_{fe}为单一体外作用尺寸，d_{fe}'为关联体外作用尺寸。

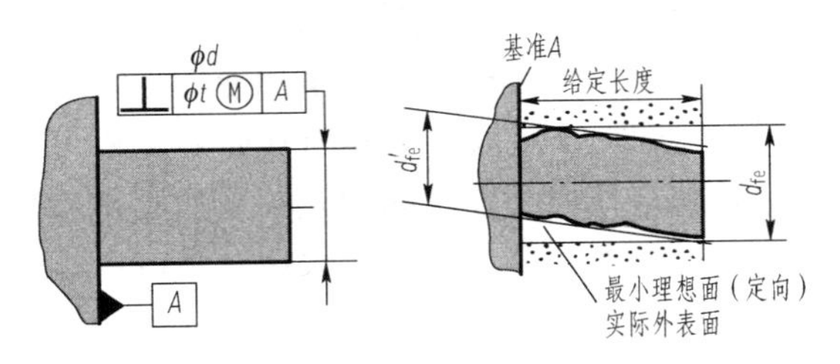

图 4-41　关联体外作用尺寸

2. 实体状态、实体尺寸和实体边界

当实际要素在尺寸公差范围内时，尺寸不同，零件所含有的材料量不同，装配时的松紧程度也不同。实际要素在给定长度上，处处位于极限尺寸之内的状态，称为实体状态，换言之，零件材料含量处于极限状态即为实体状态。它仅仅由极限尺寸控制，有最大实体状态和最小实体状态两种。边界是设计给定的具有理想形状的极限包容面。

1）最大实体状态、最大实体尺寸和最大实体边界

（1）最大实体状态（MMC）是假定提取组成要素的局部尺寸处处位于极限尺寸且使其具有实体最大（占有材料量最多）时的状态。

（2）最大实体尺寸（MMS）是确定要素最大实体状态的尺寸。对于外尺寸要素，$d_M = d_{max}$；对于内尺寸要素，$D_M = D_{min}$。

（3）最大实体边界（MMB）是最大实体状态的理想形状的极限包容面。

2）最小实体状态、最小实体尺寸和最小实体边界

（1）最小实体状态（LMC）是假定提取组成要素的局部尺寸处处位于极限尺寸且使其具

有实体最小（占有材料量最少）时的状态。

（2）最小实体尺寸（LMS）是确定要素最小实体状态的尺寸。对于外尺寸要素，$d_L = d_{min}$；对于内尺寸要素，$D_L = D_{max}$。

（3）最小实体边界（LMB）是最小实体状态的理想形状的极限包容面。

3. 实体实效状态、实体实效尺寸和实体实效边界

实效状态是指由被测要素实体尺寸和该要素的几何公差综合作用下的极限状态，有最大实体实效和最小实体实效两种状态。

1）最大实体实效状态、最大实体实效尺寸和最大实体实效边界

（1）最大实体实效状态（MMVC）是在给定长度上，实际被测尺寸要素（孔、轴）处于最大实体状态，且其中心要素的几何误差等于给出的几何公差值时的综合极限状态。

（2）最大实体实效尺寸（MMVS）是最大实体实效状态下的体外作用尺寸。孔的最大实体实效尺寸用 D_{MV} 表示，轴的最大实体实效尺寸用 d_{MV} 表示，如图 4-42 和图 4-43 所示。

孔和轴的最大实体实效尺寸计算式如下：

孔：$D_{MV} = D_M - t = D_{min} - t$。

轴：$d_{MV} = d_M + t = d_{max} + t$。

（3）最大实体实效边界（MMVB）是最大实体实效状态对应的包容面，如图 4-42 和图 4-43 所示。

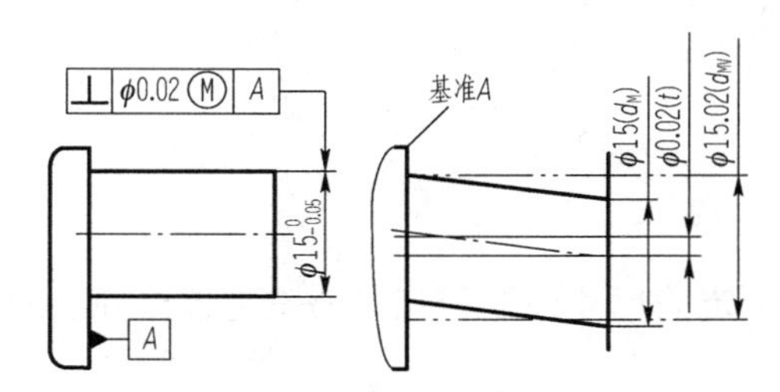

图 4-42　轴的最大实体实效尺寸和最大实体实效边界

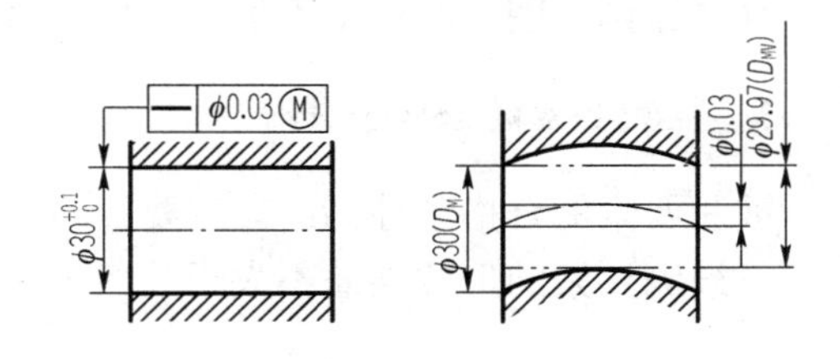

图 4-43　孔的最大实体实效尺寸和最大实体实效边界

2）最小实体实效状态、最小实体实效尺寸和最小实体实效边界

（1）最小实体实效状态（LMVC）是在给定长度上，实际被测尺寸要素（孔、轴）处于最小实体状态，且其中心要素的几何误差等于给出的几何公差值时的综合极限状态。

（2）最小实体实效尺寸（LMVS）是最小实体实效状态下的体内作用尺寸。孔的最小实体实效尺寸用 D_{LV} 表示，轴的最小实体实效尺寸用 d_{LV} 表示，如图 4-44 和图 4-45 所示。

孔：$D_{LV}=D_L+t=D_{max}+t$。

轴：$d_{LV}=d_L-t=d_{min}-t$。

（3）最小实体实效边界（LMVB）是最小实体实效状态对应的包容面，如图 4-44 和图 4-45 所示。

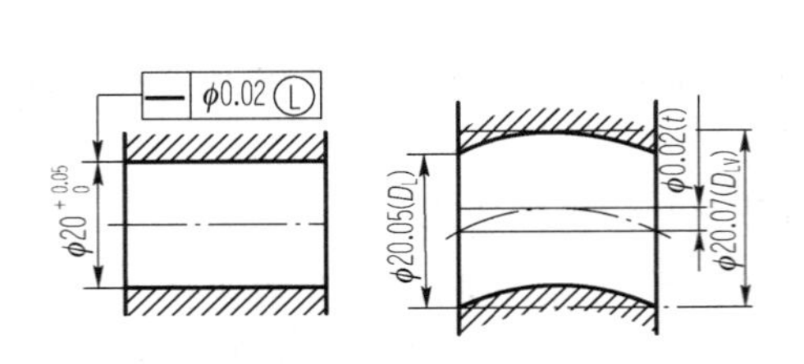

图 4-44　孔的最小实体实效尺寸和最小实体实效边界

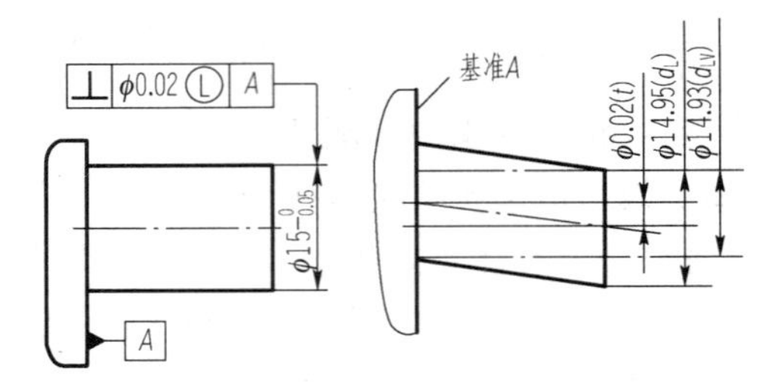

图 4-45　轴的最小实体实效尺寸和最小实体实效边界

4．作用尺寸与实效尺寸的区别

作用尺寸是由实际尺寸和几何误差综合形成的，一批零件各不相同，是一个变量，但就每个实际的轴或孔而言，作用尺寸是唯一的。

实效尺寸是由实体尺寸和几何公差综合形成的，对一批零件而言是一定量。实效尺寸可以视为作用尺寸的允许极限值。

4.4.2　独立原则

1．含义

独立原则是指图样上给定的尺寸公差和几何公差是各自独立的，应分别满足要求。

2．图样标注

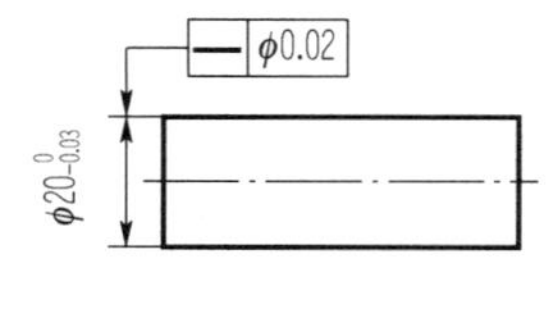

图 4-46　独立原则

独立原则在图样标注上不加注任何符号，如图 4-46 所示。

3．被测要素的合格条件

被测要素的合格条件为：被测要素的实际尺寸在其两个极限尺寸之间；被测要素的形位误差不大于几何公差。

4．应用场合

独立原则应用较多，可用于以下场合：①非配合的零件；②零件的形状公差或位置公差要求较高，而对尺寸公差要求又相对较低的场合；③二者无必然联系的情况下。

4.4.3　包容要求

1．含义

包容要求的含义是用最大实体边界控制实际要素的轮廓，即提取组成要素不得超越其最大实体边界，其局部实际尺寸不得超越其最小实体尺寸。

2. 图样标注

包容要求须在被测要素的相应尺寸极限偏差或公差带代号后面加注符号（参见后文图 4-48）。

3. 被测要素的合格条件

孔（内表面）：$D_{fe} = D_a - f \geqslant D_M = D_{min}$，$D_a \leqslant D_L = D_{max}$。

轴（外表面）：$d_{fe} = d_a + f \leqslant d_M = d_{max}$，$d_a \geqslant d_L = d_{min}$。

4. 实例分析

如图 4-47 所示，被测轴要求采用包容要求，遵守最大实体边界，其边界尺寸为 $d_M = \phi 20\text{mm}$，其实际轮廓表面不得超出该边界，且其局部实际尺寸不得小于其最小实体尺寸，即满足下列要求：

$$d_{fe} \leqslant d_M = d_{max} = \phi 20\text{mm}$$
$$d_a \geqslant d_L = d_{min} = \phi 19.97\text{mm}$$

当被测轴在最大实体状态下，即 $d_a = \phi 20\text{mm}$ 时，给定的几何公差（如轴线的直线度）为 0，实际要素只能是理想形状，不允许有任何几何误差，否则实际要素的轮廓将超过最大实体边界。当圆柱面偏离最大实体状态，实际尺寸偏离最大实体尺寸时，允许有一定的几何误差。允许误差的大小只要轮廓要素与中心要素几何误差的综合作用使被测要素的轮廓不超过最大实体边界即可。这样，几何公差可以从尺寸公差中获得适当的补偿，补偿量等于尺寸偏离最大实体尺寸的数值。显然，几何公差将获得最大的补偿量为尺寸公差。几何公差与实际尺寸之间的补偿关系见表 4-2。

表 4-2　轴包容要求的实际尺寸与几何公差　　单位：mm

实际尺寸 d_a	$\phi 20$	$\phi 19.99$	$\phi 19.98$	$\phi 19.97$
允许的直线度公差 t	$\phi 0$	$\phi 0.01$	$\phi 0.02$	$\phi 0.03$

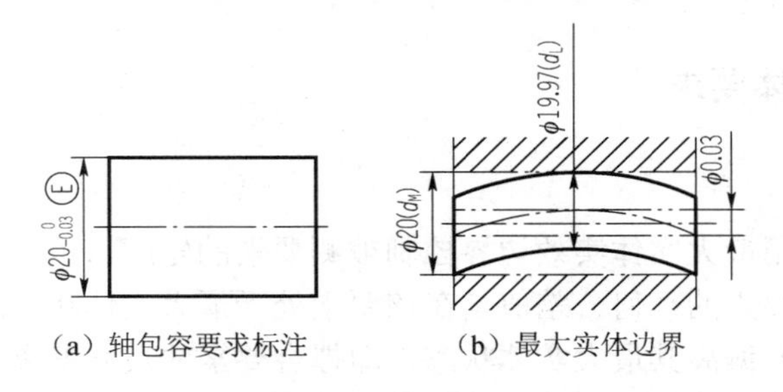

（a）轴包容要求标注　　（b）最大实体边界

图 4-47　轴包容要求标注及其最大实体边界

如图 4-48 所示，被测孔要求采用包容要求，其实际孔轮廓应不超过其最大实体边界，且其局部实际尺寸不得小于其最小实体尺寸，即满足下列要求：

$$D_{fe} \geqslant D_M = D_{min} = \phi 30\text{mm}$$

$$D_a \leqslant D_L = D_{max} = \phi 30.021\text{mm}$$

当该孔处于最大实体状态时，其轴线直线度公差为ϕ0mm。若孔的实际尺寸由最大实体尺寸向最小实体尺寸方向偏离，即大于最大实体尺寸ϕ30mm，则其轴线直线度误差可以大于ϕ0mm，但必须保证其体外作用尺寸不超出（不小于）孔的最大实体尺寸 $D_M = D_{min} = 30\text{mm}$ 。所以，当孔的实际尺寸处处相等时，它对最大实体尺寸的偏离量就等于轴线直线度公差值。当孔的实际尺寸处处为最小实体尺寸ϕ30.021mm，即处于最小实体状态时，其轴线直线度公差可达最大值，且等于其尺寸公差ϕ0.021mm。其形状公差与实际尺寸之间的补偿关系可见表 4-3。

表 4-3　孔包容要求的实际尺寸与形状公差　　单位：mm

实际尺寸 D_a	ϕ30	ϕ30.01	ϕ30.02	ϕ30.021
允许的直线度公差 t	ϕ0	ϕ0.01	ϕ0.02	ϕ0.021

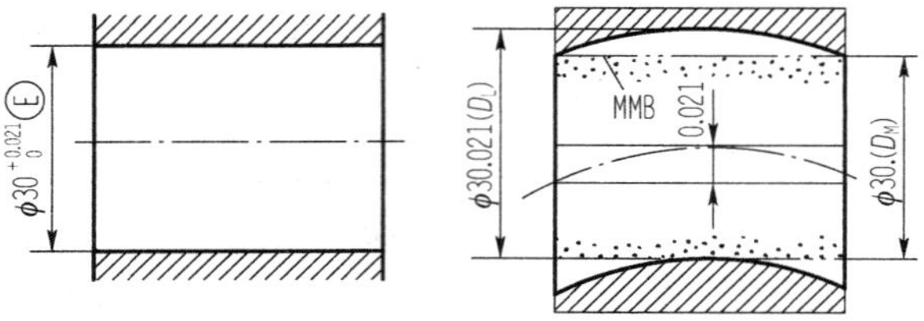

（a）孔包容要求标注　　（b）最大实体边界

图 4-48　孔包容要求标注及其最大实体边界

5. *应用场合*

包容要求仅适用于单一尺寸要素，即圆柱面或两平行平面，用于保证零件的配合性质和公差配置要求的场合。对于精度或配合有严格要求的孔轴系统应采用包容要求，如齿轮孔和轴、回转轴颈和滚动轴承内圈的内径等。

当相互配合的轴、孔应用包容要求时，合格的轴与合格的孔一一结合，其产生的实际间隙或过盈满足配合性质的要求。即实际间隙或过盈均在两个极限间隙或过盈之间，能保证既不过紧，也不过松。

4.4.4　最大实体要求

1. *含义*

最大实体要求是用最大实体实效边界控制被测要素的轮廓，该要求既可用于被测要素，也可用于基准要素。要素的几何公差值是在该要素处于最大实体状态时给出的，当提取组成要素（实际轮廓要素）偏离其最大实体状态，即拟合要素的尺寸偏离最大实体尺寸时，允许几何误差值超出在最大实体状态下给出的几何公差值。实质上相当于几何公差值可以得到补偿。这里只介绍最大实体要求用于被测要素。

2. *图样标注*

当最大实体要求用于被测要素时，应在几何公差框格中用符号Ⓜ标注在导出要素的几何公差值之后。当应用于基准要素时，符号Ⓜ标注在基准字母之后。

3. 被测要素的合格条件

被测实际轮廓应处处不得超越最大实体实效边界，且局部实际尺寸不得超出最大、最小极限尺寸，即满足下列要求：

孔（内表面）：$D_{fe} \geqslant D_{MV} = D_{min} - t$，$D_{min} = D_M \leqslant D_a \leqslant D_L = D_{max}$。

轴（外表面）：$d_{fe} \leqslant d_{MV} = d_{max} + t$，$d_{max} = d_M \geqslant d_a \geqslant d_L = d_{min}$。

4. 实例分析

如图 4-49 所示，被测轴要求应用最大实体要求，其实际外轮廓不得超越最大实体实效边界，且局部实际尺寸不得超出上、下极限尺寸，即满足下列要求：

$$d_{fe} \leqslant d_{MV} = \phi 20.1\text{mm}$$

$$\phi 19.7\text{mm} \leqslant d_a \leqslant \phi 20\text{mm}$$

当被测轴在最大实体状态下，即 $d_a = \phi 20$mm，轴线的直线度公差为 $t = \phi 0.1$mm；当圆柱面偏离最大实体状态时，即实际尺寸偏离最大实体尺寸时，轴线的直线度公差允许得到一定的补偿。显然当圆柱面处于最小实体状态时，即实际尺寸为最小实体尺寸 $\phi 19.7$mm 时，轴线的直线度公差得到最大的补偿量 0.3mm。其直线度公差与实际尺寸之间的补偿关系可见表 4-4。

表 4-4　轴最大实体要求的实际尺寸与直线度公差　　单位：mm

实际尺寸 d_a	$\phi 20$	$\phi 19.9$	$\phi 19.8$	$\phi 19.7$
允许的直线度公差 t	$\phi 0.1$	$\phi 0.2$	$\phi 0.3$	$\phi 0.4$

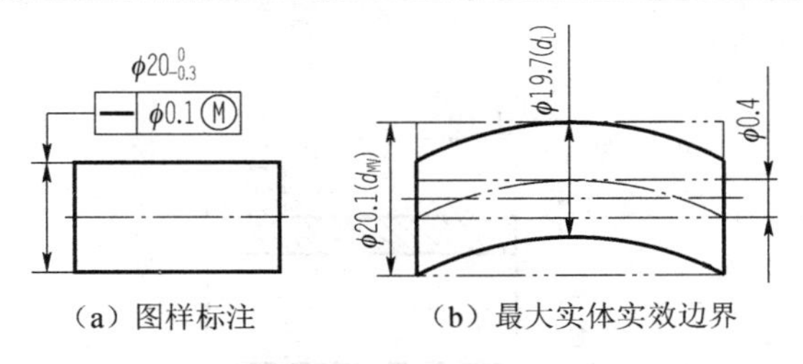

（a）图样标注　　（b）最大实体实效边界

图 4-49　轴最大实体要求标注及最大实体实效边界

如图 4-50 所示，被测孔要求采用最大实体要求，其实际轮廓不得超越最大实体实效边界，且局部实际尺寸不得超出上、下极限尺寸，即满足下列要求：

$$D_{fe} \geqslant D_{MV} = \phi 19.95\text{mm}$$

$$\phi 20\text{mm} \leqslant D_a \leqslant \phi 20.033\text{mm}$$

当被测孔在最大实体状态下，即 $D_a = \phi 20$mm 时，孔轴线与基准面垂直度公差为给定值 $t = \phi 0.05$mm；当孔偏离最大实体状态时，即实际尺寸偏离最大实体尺寸时，孔轴线与基准面垂直度公差允许得到一定的补偿。当孔处于最小实体状态时，即实际尺寸为最小实体尺寸 $\phi 20.033$mm 时，孔轴线与基准面垂直度公差得到最大的补偿量 0.033mm，此时孔轴线与基准面垂直度公差达到最大值 $\phi 0.033 + \phi 0.05 = \phi 0.083$(mm)。孔轴线与基准面垂直度公差与实际尺寸之间的补偿关系可见表 4-5。

表 4-5　孔采用最大实体要求的实际尺寸与垂直度公差　　单位：mm

实际尺寸 D_a	ϕ20	ϕ20.01	ϕ20.02	…	ϕ20.033
允许的垂直度公差 t	ϕ0.05	ϕ0.06	ϕ0.07	…	ϕ0.083

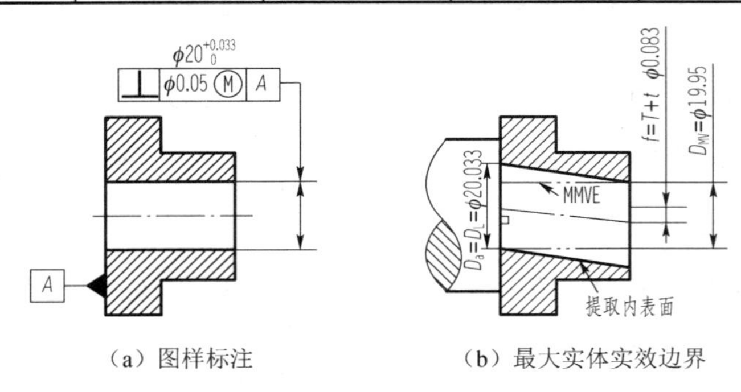

（a）图样标注　　（b）最大实体实效边界

图 4-50　孔最大实体要求标注及最大实体实效边界

5. 零几何公差

关联要素采用相关要求，且给出的公差值为零时的要求称为零几何公差。

关联要求采用相关要求的零几何公差标注时，要求其实际轮廓处处不超越应遵守的边界，该边界应与基准保持给定的几何关系，且要素实际轮廓的局部尺寸不得超越相应的实体尺寸。

零几何公差可应用于最大实体要求和最小实体要求。

如图 4-51 所示的情况，属于最大实体要求的特殊情况，即被测孔采用最大实体要求的零几何公差，此时最大实体实效边界等于最大实体边界。孔轴线与基准面垂直度公差与实际尺寸之间的补偿关系可见表 4-6。

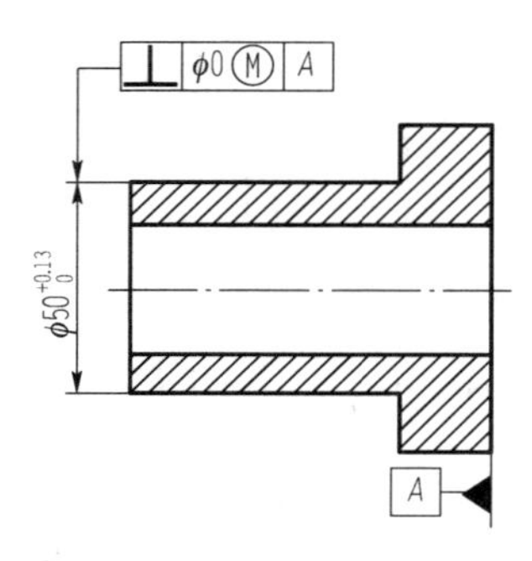

图 4-51　孔最大实体要求的零几何公差

表 4-6　孔采用最大实体要求的零几何公差实际尺寸与垂直度公差　　单位：mm

实际尺寸 D_a	ϕ50	ϕ50.01	ϕ50.1	…	ϕ50.13
允许的垂直度公差 t	ϕ0	ϕ0.01	ϕ0.1	…	ϕ0.13

6. 应用场合

最大实体要求适用于导出要素（中心要素），是从材料外对非理想要素进行限制，使用的目的主要是保证可装配性。使用最大实体要求的场合往往对机械零件配合性质要求不高，但要求顺利装配，即用于保证零件可装配性的场合。如减速器输入轴和输出轴的两轴轴端端盖的螺栓孔部位，这些孔轴线的位置度公差可应用最大实体要求，这样能保证 4 个螺栓顺利装配。

这里只介绍了最大实体要求用于被测要素的情况，当最大实体要求用于基准要素时，基准要素应遵守相应的边界。若基准要素的实际轮廓偏离其相应的边界，即其体外作用尺寸偏离其相应的边界尺寸，则允许基准要素在一定范围内浮动，其浮动范围等于基准要素的体外作用尺寸与其相应的边界尺寸之差。

最小实体要求本书不做介绍，请参考有关教材自学。

4.4.5　可逆要求

1. 含义

可逆要求是一种反补偿要求。上述的最大实体要求与最小实体要求均是实际尺寸偏离最大实体尺寸或最小实体尺寸时，允许其几何公差值增大，即可获得一定的补偿量，而实际尺寸受其极限尺寸控制，不得超出。而可逆要求则表示，当几何误差值小于其给定公差值时，允许其实际尺寸超出极限尺寸。但两者综合所形成实际轮廓，仍然不允许超出其相应控制边界。

可逆要求可用于最大实体要求，也可用于最小实体要求。用可逆要求可以充分地利用最大实体实效状态和最小实体实效状态的尺寸。在制造可能的基础上，可逆要求允许尺寸和几何公差之间相互补偿。

2. 图样标注

可逆要求本身不能单独使用，也没有自己的边界，必须与最大实体要求或最小实体要求一起使用。当它与最大实体要求合用时，应将符号 R 标注在几何公差第二格的最大实体符号 M 的后面，即在公差值后面加注 M、R；与最小实体要求合用时，应将符号 R 标注在几何公差第二格的最小实体符号 L 的后面，即在公差值后面加注 L、R。

3. 可逆要求用于最大实体要求

可逆要求应用于最大实体要求，表示被测要素同时采用最大实体要求与可逆要求，其被测要素的实际轮廓受最大实体实效边界控制，即实际轮廓尺寸可在最小实体尺寸与最大实体实效尺寸之间变动，不仅允许尺寸公差补偿给几何公差，也允许几何公差补偿给尺寸公差，即满足下列要求：

孔（内表面）：$D_{fe} \geqslant D_{MV} = D_{min} - t$，$D_{MV} \leqslant D_a \leqslant D_L = D_{max}$。

轴（外表面）：$d_{fe} \leqslant d_{MV} = d_{max} + t$，$d_{MV} \geqslant d_a \geqslant d_L = d_{min}$。

4. 实例分析

如图 4-52（a）所示，被测轴应用最大实体要求和可逆要求，轴的轴线对基准 D 有垂直度公差要求，该被测要素轴应满足下列要求：

$$d_{fe} \leqslant d_{MV} = \phi 20.2\text{mm}$$

$$d_{MV} = \phi 20.2\text{mm} \geqslant d_a \geqslant d_L = d_{min} = \phi 19.9\text{mm}$$

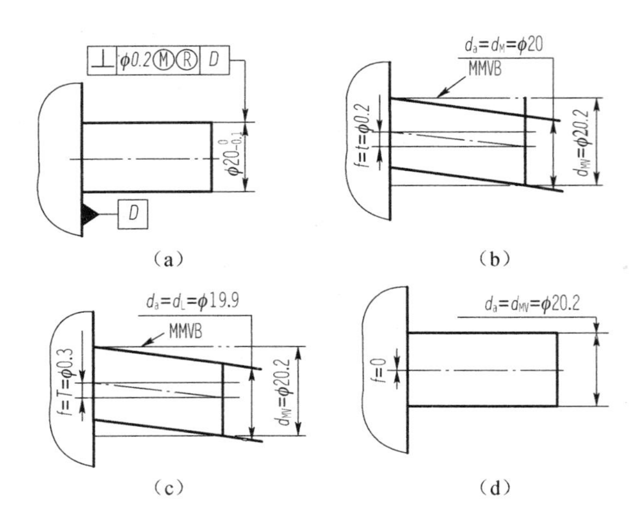

图 4-52　可逆要求应用于最大实体要求

当被测轴处于最大实体状态，即 $d_a = \phi 20$mm 时，轴的轴线对基准 D 的垂直度公差为 $t=\phi 0.2$mm，如图 4-52（b）所示；当被测轴偏离最大实体尺寸时，垂直度公差得到补偿。当被测轴处于最小实体尺寸，即 $d_a = \phi 19.9$mm 时，垂直度公差得到最大补偿 0.1mm，此时垂直度公差达到最大值 $t_{max} = \phi 0.3$mm，如图 4-52（c）所示；当垂直度误差为 $\phi 0$mm 时，按照可逆要求，其实际尺寸可得到垂直度公差最大反补偿值 0.2mm，此时被测轴实际尺寸达到最大值 $d_a = d_{MV} = \phi 20.2$mm，如图 4-52（d）所示。

垂直度误差和实际尺寸无论怎样变化，其实际轮廓均不能超出其控制边界，它们之间的变化见表 4-7。

表 4-7　可逆要求应用于最大实体要求的实际尺寸与垂直度误差　　单位：mm

实际尺寸 d_a	ϕ20	ϕ19.95	ϕ19.9	ϕ20.1	ϕ20.2
允许的垂直度公差 t	ϕ0.2	ϕ0.25	ϕ0.3	ϕ0.1	ϕ0

可逆要求很少应用于最小实体要求，此处不做介绍。

5. *应用场合*

可逆要求仅适用于导出要素，且只应用于被测要素，不能用于基准要素。可逆要求应用于最大实体要求时，主要用于对尺寸公差及配合无严格要求，仅要求保证装配互换的场合。

4.5　几何公差的选择

零、部件的几何误差对机器或仪器的正常工作有很大的影响，因此，合理、正确地选用几何公差，对保证机器与仪器的功能要求和提高经济效益是十分重要的。

几何公差的选用主要包括几何公差项目的选择、基准的选择和几何公差值的选择。

4.5.1　几何公差项目的选择

几何公差项目应根据零件的具体结构和使用要求来选择。选择原则是在保证零件使用要求的前提下，控制几何误差的方法简便，尽量减少图样上注出几何公差项目。

选择几何公差项目主要考虑的因素：

（1）根据零件的几何结构特征，轴类零件常用几何公差项目有：↗ ○ ⌭ ⌯；箱体零件常用几何公差项目有：▱ // ⊥ ◎ ⌖；盘套类零件常用几何公差项目有：↗ // ◎ ⌖ ⌯。

（2）根据零件的功能要求，与轴承配合时常用几何公差项目有：圆柱度、全跳动；箱体的轴承孔常用几何公差项目有：平行度、同轴度；连接螺孔常用几何公差项目有：位置度。

（3）考虑经济性，应使几何公差项目尽量少；检测要方便，例如，跳动公差较圆柱度、同轴度、垂直度等公差检测方便。

（4）公差项目的代替应用

有些公差项目控制要素已经包含有其他公差项目的控制要素，可以考虑在选用的时候，用综合公差项目代替使用。例如：

① 圆柱度公差包含：圆度、直线度、平行度。

② 径向跳动包含：圆度、同轴度。

③ 端面全跳动（垂直度）包含：平面度、角度偏差。

综合以上考虑：当端面的平面度误差较小时，可以用角度偏差代替端面全跳动；当角度偏差较小时，可以用端面全跳动代替平面度等，如图 4-53 所示。

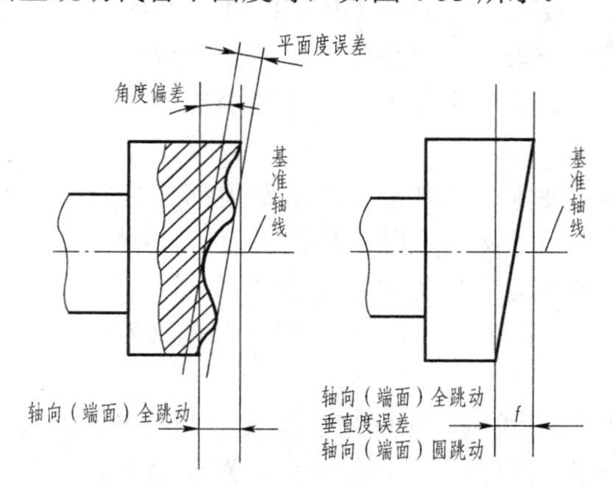

图 4-53　轴端面平面度与角度偏差

4.5.2　基准的选择

选择基准时应考虑以下因素：

（1）遵守基准统一原则，即设计基准、定位（加工时的）基准、检测基准和装配基准应尽量统一。

（2）应选择尺寸精度和几何精度高、尺寸较大、刚度较大的要素作为基准。

（3）选用的基准应正确标明，注出代号。

4.5.3 几何公差值的选择

1. 几何公差等级的确定

正确合理地选择几何公差，对于保证产品的功能，提高产品质量，获得较佳的综合经济效益是非常重要的。几何公差的选用，包括正确选择几何公差项目、确定公差数值、确定公差原则及选择基准等方面的内容。

根据零件要素的几何特征和结构特点，充分考虑和满足各要素的功能要求，尽可能考虑便于检测和经济性，结合对比各几何公差项目的特点，正确合理地选择几何公差项目。例如，零件的要素为圆柱时，适宜选用圆柱度综合控制圆柱的形状误差；如果考虑圆柱度在某些情况下检测不便，则可选用圆度、直线度和素线平行度等项目来控制圆柱的形状误差，也可选择径向全跳动，既控制圆柱度误差，又可控制同轴度误差。如果圆柱径向截面轮廓为形状误差的主要项目，则可只单独标出圆度公差，其他按未注形状公差即可满足要求。位置公差项目的选择考虑的因素较多，既要分析位置公差项目所能控制的误差，又要考虑检测的方便。例如，加工后的回转体同时存在形状误差和位置误差，要确定其轴线很不方便，即不太宜于选用同轴度；当不要求区分出轴线及要素的形状误差和位置误差时，采用跳动公差检测方便，并在一定条件下还可限制有关项目的误差要求。例如，径向圆跳动反映了测量部位的圆表面形状误差和该圆柱面轴线对基准轴线的同轴度误差，端面圆跳动反映了该端面部分的平面度误差和垂直度误差（被测要素轮廓形状与基准对称者除外）。

当零件的几何公差要求采用一般工艺条件在机床设备上加工即可保证时，图样中可不予标注，但不是对几何公差无要求，而应按 GB/T 1184—1996 几何公差未注公差的规定。若零件的几何公差要求高于或低于未注几何公差规定的公差数值，则应在图样中标注几何公差。

几何公差数值的选用，在实际中目前一般采用类比法。采用类比法选择公差数值时应考虑如下问题：

（1）选取的公差数值应使零件的性能和经济费用都具有最佳效果。

（2）几何公差项目各公差等级与实际应用情况有关。

（3）几何公差项目各公差等级与各种加工方法有关。

（4）形状公差（$T_{形}$）、位置公差（$T_{位}$）和尺寸公差（$T_{尺寸}$）三者的协调关系，其原则为 $T_{形}<T_{位}<T_{尺寸}$。

形状公差（$T_{形}$）就是指直线度、平面度、圆度、圆柱度、没有基准的线（面）轮廓度。

位置公差（$T_{位}$）就是指定向公差、定位公差及跳动公差，其中平行度、倾斜度、垂直度为定向公差；同轴度、对称度、位置度、有基准的线（面）轮廓度为定位公差；圆跳动、全跳动为跳动公差。

对于采用最大实体要求或包容要求的具有中心的要素，其几何公差可大于或小于尺寸公差，但一般仍选取尺寸公差大于几何公差。

对于圆柱表面的形状公差和尺寸公差，经实测表明，圆度误差、圆柱度误差与尺寸误差之间存在一定的关系；大多数经机构加工的零件，其圆度、圆柱度误差约占尺寸误差的 50%以下。根据实测分析，圆度、圆柱度误差在一般加工条件下所占尺寸公差的平均百分比为 30%以下，极少数情况达到 50%以上。因此，采用一般工艺方法在保证尺寸公差的同时，也必然能保证相应的圆度和圆柱度的精度，只有要求圆度和圆柱度公差在尺寸公差 50%以下时，才有必要给出公差值。

同轴度、对称度、圆跳动和全跳动公差等级与尺寸公差等级也存在一定的对应关系。

（5）在一定的加工条件下，表面的形状误差与表面粗糙度有一定的关系。通常表面粗糙度 *Ra* 值占平面度误差的 20%～25%。为保证几何公差的要求，表面粗糙度选取应当考虑：中等尺寸段和中等精度，*Ra* 值占形状公差的 25%～20%；高精度的形状公差数值和高等级表面粗糙度参数值数量级相近时，*Ra* 数值与形状公差的比例，圆柱面一般取 0.5，平面取 1；对于小尺寸零件，由于常采用成形刀具、高效率的加工方法而导致表面粗糙，对于长度与直径比较大的细长零件，由于加工时的振动使表面粗糙，*Ra* 与形状公差均取较大比例。

形状公差的公差等级与表面粗糙度 *Ra* 数值之间有一定的对应关系，其中直线度和平面度公差等级与表面粗糙度 *Ra* 数值之间的关系见表 4-8，圆度和圆柱度公差等级与表面粗糙度 *Ra* 数值之间的关系见表 4-9。

表 4-8 直线度和平面度公差等级与对应的表面粗糙度 *Ra* 数值之间的关系

主参数/mm	公差等级											
	1	2	3	4	5	6	7	8	9	10	11	12
	表面粗糙度 *Ra*≤1μm											
≤25	0.025	0.050	0.10	0.10	0.20	0.20	0.40	0.80	1.60	1.60	3.2	6.3
>25～160	0.050	0.10	0.10	0.20	0.20	0.40	0.80	0.80	1.60	3.2	6.3	12.5
>160～1000	0.10	0.20	0.40	0.40	0.80	1.60	1.60	3.2	3.2	6.3	12.5	12.5
>1000～10000	0.20	0.40	0.80	1.60	1.60	3.2	6.3	6.3	12.5	12.5	12.5	12.5

注：6、7、8、9 级为常用的几何公差等级，6 级为基本级。

表 4-9 圆度和圆柱度公差等级与对应的表面粗糙度 *Ra* 数值之间的关系

主参数/mm	公差等级												
	0	1	2	3	4	5	6	7	8	9	10	11	12
	表面粗糙度 *Ra*≤1μm												
≤3	0.00625	0.0125	0.0125	0.025	0.05	0.1	0.2	0.2	0.4	0.8	1.6	3.2	3.2
>3～18	0.00625	0.0125	0.025	0.05	0.1	0.2	0.4	0.4	0.8	1.6	3.2	6.3	12.5
>18～120	0.0125	0.025	0.05	0.1	0.2	0.2	0.4	0.8	1.6	3.2	6.3	12.5	12.5
>120～500	0.025	0.05	0.1	0.2	0.4	0.8	0.8	1.6	3.2	6.3	12.5	12.5	12.5

注：7、8、9 级为常用的几何公差等级，7 级为基本级。

（6）考虑加工的难易程度和除主参数外其他参数的影响，在满足零件功能的要求下，对于下列情况，可适当降低 1～2 级选用：

① 孔相对于轴。

② 长度与直径比例较大的轴或孔。

③ 距离较大的一组轴或孔。

④ 宽度较大（一般大于 1/2 长度）的零件表面。

⑤ 线对线、线对面相对于面对面的平行度。

⑥ 线对线、线对面相对于面对面的垂直度。

2. 几何公差数值的确定

几何公差数值分别按下面几个方面来进行选择：

（1）直线度、平面度公差等级为 1，2，…，12 级，共 12 个等级，具体数值根据主参数查表 4-10。

（2）圆度、圆柱度公差等级为 0，1，2，…，12 级，共 13 个等级，具体数值根据主参数查表 4-11。

（3）平行度、垂直度和倾斜度公差等级为 1，2，3，…，12 级，共 12 个等级，具体数值根据主参数查表 4-12。

（4）同轴度、对称度、圆跳动和全跳动公差等级为 1，2，3，…，12 级，共 12 个等级，具体数值根据主参数查表 4-13。

（5）线轮廓度、面轮廓度公差在 GB/T 1184—1996 中未做规定，均应由各要素的注出或未注线性尺寸公差或角度公差确定。

（6）位置公差常用于控制螺栓或螺钉连接中孔距的位置精度要求，其公差值取决于螺栓与光孔之间的间隙。设螺栓（或螺钉）的最大直径为 d_{max}，光孔最小直径为 D_{min}，则位置度公差值（T）按式（4-3）、式（4-4）计算：

螺栓连接：

$$T \leqslant K(D_{min} - d_{max}) \tag{4-3}$$

螺钉连接：

$$T \leqslant 0.5K(D_{min} - d_{max}) \tag{4-4}$$

式中，K 为间隙利用系数。考虑到装配调整对间隙的需要，一般取 K 为 0.6～0.8，若不需要调整，则取 K 为 1。

表 4-10 直线度和平面度公差值

主参数 L/mm	公差等级											
	1	2	3	4	5	6	7	8	9	10	11	12
	公差值/μm											
≤10	0.2	0.4	0.8	1.2	2	3	5	8	12	20	30	60
＞10～16	0.25	0.5	1	1.5	2.5	4	6	10	15	25	40	80
＞16～25	0.3	0.6	1.2	2	3	5	8	12	20	30	50	100
＞25～40	0.4	0.8	1.5	2.5	4	6	10	15	25	40	60	120
＞40～63	0.5	1	2	3	5	8	12	20	30	50	80	125
＞63～100	o.6	1.2	2.6	4	6	10	15	25	40	60	100	200
＞100～160	0.8	1.5	3	5	8	12	20	30	50	80	120	250
＞160～250	1	2	4	6	10	15	25	40	60	100	150	300
＞250～400	1.2	2.5	5	8	12	20	30	50	80	120	200	400
＞400～630	1.5	3	6	10	15	25	40	60	100	150	250	500

主参数 L 图例：

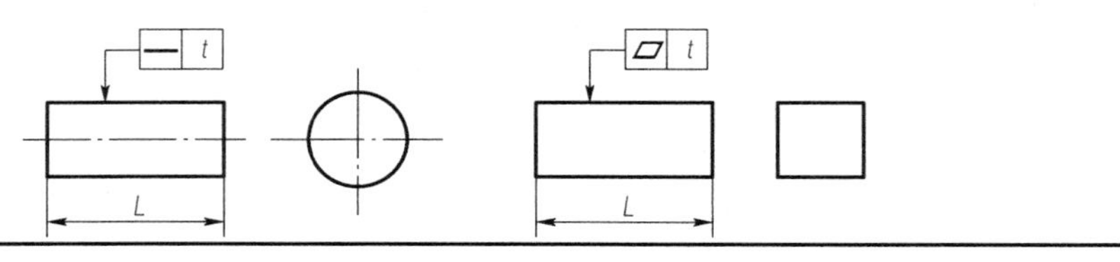

表 4-11　圆度和圆柱度公差值

主参数 d（或 D）/mm	公差等级												
	0	1	2	3	4	5	6	7	8	9	10	11	12
	公差值/μm												
≤3	0.1	0.2	0.3	0.5	0.8	1.2	2	3	4	6	10	14	25
>3～6	0.1	0.2	0.4	0.6	1	1.5	2.5	4	5	8	12	18	30
>6～10	0.12	0.25	0.4	0.6	1	1.5	2.5	4	6	9	15	22	36
>10～18	0.15	0.25	0.5	0.8	1.2	2	3	5	8	11	15	27	43
>18～30	0.2	0.3	0.6	1	1.5	2.5	4	6	9	13	21	33	52
>30～50	0.25	0.4	0.6	1	1.5	2.5	4	7	11	16	25	39	62
>50～80	0.30	0.5	0.8	1.2	2	3	5	8		19	30	46	74
>80～120	0.4	0.6	1	1.5	2.5	4	6	10	13	22	35	54	87
>120～180	0.6	1	1.2	2	3.5	5	8	12	15	25	40	63	100
>180～250	0.8	1.2	2	3	4.5	7	10	14	18	29	46	72	115
>250～315	1	1.6	2.5	4	6	8	12	16	20	32	52	81	130
>315～400	1.2	2	3	5	7	9	13	18	23	36	57	89	140
>400～500	1. 5	2.5	4	6	8	10	15	20	25	40	63	97	155

主参数 *d*（或 *D*）图例：

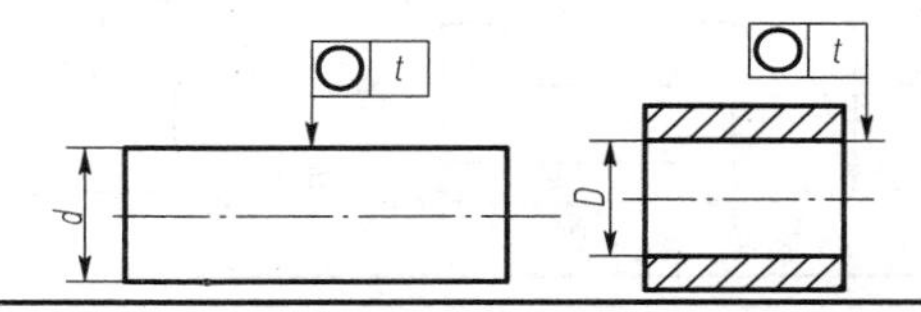

表 4-12　平行度、垂直度和倾斜度公差值

主参数 L/mm	公差等级											
	1	2	3	4	5	6	7	8	9	10	11	12
	公差值/μm											
≤10	0.4	0.8	1.5	3	5	8	12	20	30	50	80	120
>10～16	0.5	1	2	4	6	10	15	25	40	60	100	150
>16～25	0.6	1.2	2.5	5	8	12	20	30	50	80	120	200
>25～40	0.8	1.5	3	6	10	15	25	40	60	100	150	250
>40～63	1	2	4	8	12	20	30	50	80	120	200	300
>63～100	1.2	2.5	5	10	15	25	40	60	100	150	250	400
>100～160	1.5	3	6	12	20	30	50	80	120	200	300	500
>160～250	2	4	8	15	25	40	60	100	150	250	400	600
>250～400	2.5	5	10	20	30	50	80	120	200	300	500	800
>400～630	3	6	12	25	40	60	100	150	250	400	600	1000

主参数 *L*、*d*（或 *D*）图例：

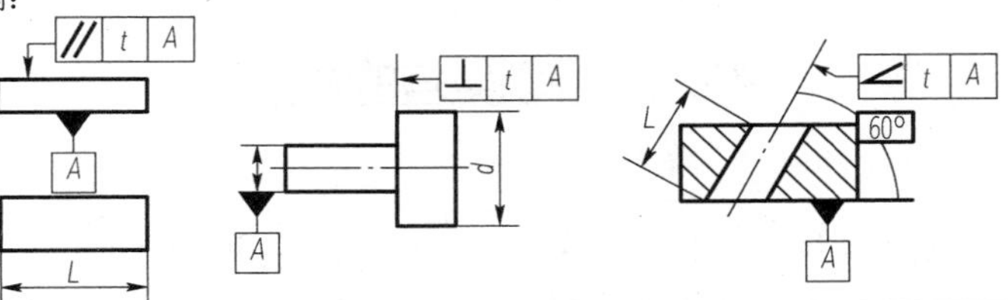

表 4-13　同轴度、对称度、圆跳动和全跳动公差值

主参数 L、d（或 D）/mm	公差等级											
	1	2	3	4	5	6	7	8	9	10	11	12
	公差值/μm											
≤1	0.4	0.6	1	1.5	2.5	4	6	10	15	25	40	60
＞1～3	0.4	0.6	1	1.5	2.5	4	6	10	20	40	60	120
＞3～6	0.5	0.8	1.2	2	3	5	8	12	25	50	80	150
＞6～10	0.6	1	1.5	2.5	4	6	10	15	30	60	100	200
＞10～18	0.8	1.2	2	3	5	8	12	20	40	80	120	250
＞18～30	1	1.5	2.5	4	6	10	15	25	50	100	150	300
＞30～50	1.2	2	3	5	8	12	20	30	60	120	200	400
＞50～120	1.5	2.5	4	6	10	15	25	40	80	150	250	500
＞120～250	2	3	5	8	12	20	30	50	100	200	300	600
＞250～500	2.5	4	6	10	15	25	40	60	120	250	400	800
＞500～800	3	5	8	12	20	30	50	80	150	300	500	1000

主参数 L、d（或 D）图例：

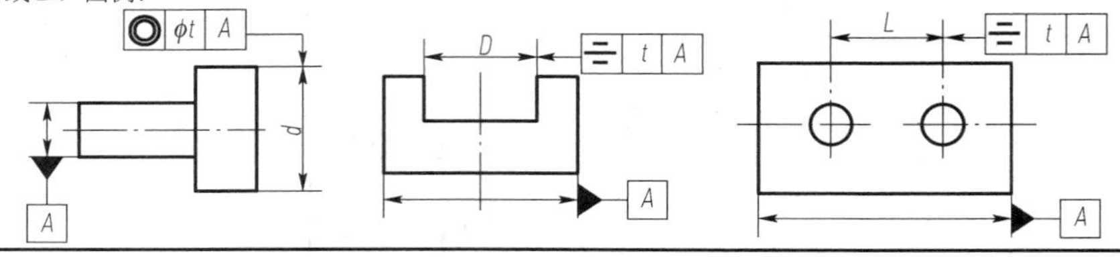

4.5.4　几何未注公差值的规定

图样上没有具体注明几何公差值的要素，根据国家标准规定，其几何精度由未注几何公差来控制，按以下规定执行：

（1）GB/T 1184—1996 对未注直线度、平面度、垂直度、对称度和圆跳动各规定了 H、K、L 三个公差等级。

（2）圆度的未注公差值等于直径公差值，但不能大于表 4-11 中的径向圆跳动值。

（3）圆柱度的未注公差值不做规定，但圆柱度误差由圆度误差、直线度误差和素线平行度误差三部分组成，而其中每一项误差均由它们的注出公差或未注公差控制。

（4）平行度的未注公差值等于尺寸公差值或直线度和平面度未注公差值中的较大者。

（5）同轴度的未注公差值可以和圆跳动的未注公差值相等。

（6）线轮廓度、面轮廓度、倾斜度、位置度和全跳动的未注公差值均由各要素的注出或未注线性尺寸公差或角度公差控制。

4.6　几何误差的检测

几何误差是指被测提取要素对其拟合要素的变动量。几何误差的检测就是利用各种量仪，通过适当的检测方法，测得实际要素适当数量的点，从而得到被测提取要素，以此作为被测

要素，并按照国家标准规定的误差评定原则与其相应的理想要素相比较，求得其最大变动量，即为该被测实际要素的几何误差。

4.6.1　几何误差及其评定

1. 形状误差的评定

评定形状误差的基本原则是“最小条件”。最小条件即以被测提取要素对拟合要素的最大变动量为最小，符合最小条件的拟合要素只有一个。形状误差值用最小包容区域的宽度或直径表示。

评定关键是拟合要素和包容区域的确定。包容区域和形状公差带的形状一样，包容区域的宽度或直径就是形状误差。最小区域为包容被测提取要素时，具有最小宽度或直径的包容区域。拟合要素所处位置不同，得到的最大变动量也不同。如图 4-54 所示，显然 4-54（c）的 I_3-I_3 符合最小条件位置，f_{max3} 为该实际线的直线度误差。

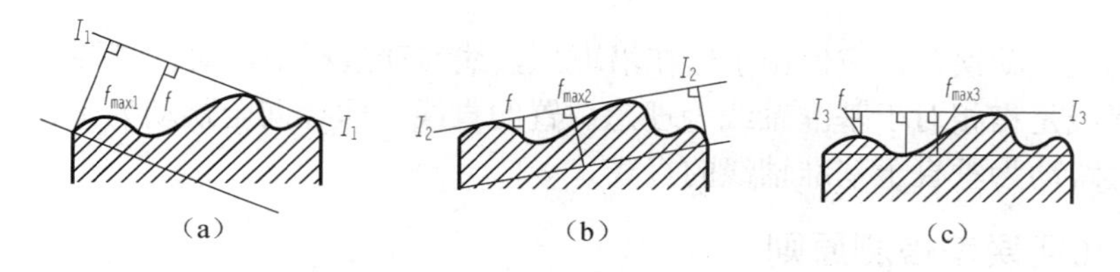

图 4-54　提取组成要素的拟合要素

按最小条件法确定拟合要素的位置分以下两种情况：

（1）对于提取组成要素（线轮廓度、面轮廓度除外），符合最小条件的拟合要素位于工件实际表面之外且与被测提取组成要素相接触，并使被测提取组成要素对拟合要素的最大变动量为最小。如上所述的 I_3-I_3 与平行于它的另一条与它距离 f_{max3} 的直线所夹的两平行直线间的区域即是被测提取组成要素的最小包容区域，f_{max3} 就是该被测要素的形状误差。

（2）对提取导出要素（中心线、中心面），符合最小条件的拟合要素位于被测提取导出要素之内，并使被测提取导出要素对拟合要素的最大变动量为最小。如图 4-55 所示 L_1 就是符合最小条件的拟合要素，轴线为 L_1、直径为 d_1 的圆柱面内区域即是被测提取要素的最小包容区域，d_1 就是该被测提取要素的形状误差。

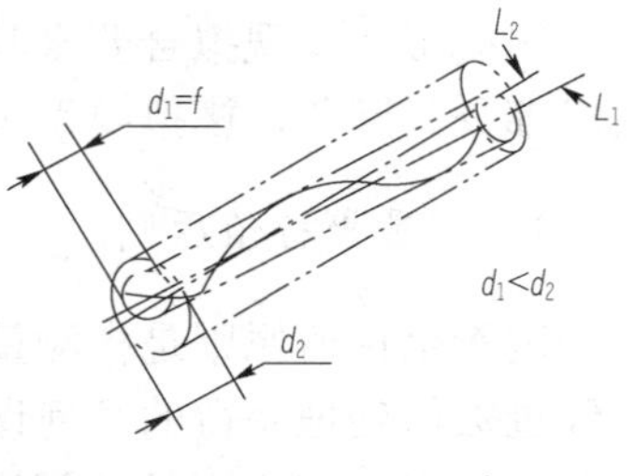

图 4-55　提取导出要素的拟合要素

2. 方向误差的评定

方向误差是指被测提取要素对一具有确定方向的拟合要素的变动量，拟合要素的方向由基准确定。评定方向误差的基本原则是定向最小包容区域，简称定向最小区域，即方向误差值用定向最小区域的宽度或直径表示。定向最小区域是指按拟合要素的方向包容被测提取要素时，具有最小宽度 f 或直径 d_f 的包容区域。定向最小区域的形状与方向公差带的形状相同。

3. 位置误差的评定

位置误差是被测提取要素对一具有确定位置的拟合要素的变动量，拟合要素的位置由基准和理论正确尺寸确定。评定位置误差的基本原则是定位最小包容区域，简称定位最小区域，即位置误差值用定位最小区域的宽度或直径表示。定位最小区域是指以基准和理论正确尺寸所确定的理想位置为中心，包容被测提取要素时，具有最小宽度 f 或直径 d_f 的包容区域。定位最小区域的形状与位置公差带的形状相同。

4. 跳动误差的评定

跳动误差是被测提取要素绕基准轴线做无轴向移动时，指示器在给定方向上测得的最大与最小示值之差。跳动误差这一项目本身就是根据测量跳动原则定义的，因此，其测量方法与误差定义一致，给生产中误差检测带来极大方便，不需要再用最小区域的概念进行评定。为保证检测结果的准确，检测时应遵守以下原则：

（1）测量时被测要素必须绕基准轴线回转。

（2）检测圆跳动误差，应在给定测量面内对被测要素进行测量，被测要素不得产生轴向移动。

（3）检测全跳动误差，应使指示器在沿理想素线移动过程中，对被测要素进行测量。

该理想素线是指相对于基准轴线为理想位置的直线，即径向全跳动为平行于基准轴线的直线，端面全跳动为垂直于基准轴线的直线。

4.6.2 几何误差检测原则

1. 与拟合要素比较原则

与拟合要素比较原则是指测量时将被测提取要素与其拟合要素相比较，误差值由直接测量或间接测量获得。

拟合要素用模拟法获取。例如，刀口尺的刃口、平尺的轮廓线、一条拉紧的弦线及一束光线都可模拟理想直线；平台和平板的工作面、水平面、样板的轮廓面等可作为理想平面，用自准仪和水平仪测量直线度和平面度误差时就是应用这样的要素。拟合要素也可以用运动的轨迹来体现。例如，纵向、横向导轨的移动构成了一个平面；一个点绕一轴线做等距回转运动构成了一个理想圆，由此形成了圆度误差的测量方案。

用模拟法体现拟合要素时模拟实物的误差将直接反映到测得值中，是测量总误差的重要组成部分。因此，模拟要素必须具有足够的精度。

2. 测量坐标值原则

测量坐标值原则是指测量提取要素的坐标值（如直角坐标值、极坐标值、圆柱面坐标值），并经过数值处理获得的几何误差值。

测量坐标值原则是几何误差中的重要检测原则，尤其在轮廓度和位置度误差测量中的应用更为广泛。

3. 测量特征参数原则

测量特征参数原则是指测量被测提取要素上具有代表性的参数（即特征参数）来表示几何误差值。例如，圆度误差一般反映在直径的变动上，因此，常以直径作为圆度的特征参数，即用千分尺在实际表面同一正截面内的几个方向上测量直径的变动量，取最大的直径差值的 1/2，作为该截面内的圆度误差值。显然，应用测量特征参数原则测得的几何误差，与按定义确定的几何误差相比，只是一个近似值，因为特征参数的变动量与几何误差值之间一般没有确定的函数关系，但测量特征参数原则在生产中易于实现，是一种应用较为普遍的检测原则。

4. 测量跳动原则

测量跳动原则是指被测提取要素在绕基准轴线回转过程中，沿给定方向测量其对某参考点或线的变动量。变动量是指指示计最大与最小示值之差。

图 4-56（a）为测量圆跳动示意图，被测工件绕基准轴线做无轴线移动回转一周时，由位置固定的指示计在给定方向上测得的最大与最小示值之差即为圆跳动。根据测量方向不同，圆跳动分为径向圆跳动和轴向圆跳动。径向圆跳动测量方向垂直于基准轴线，端面圆跳动测量方向平行于基准轴线。

图 4-56（b）为测量全跳动示意图，与测量圆跳动不同，在测量全跳动时，被测提取要素绕基准轴线做无轴向移动回转，同时指示计沿给定方向移动（或者被测提取要素每回转一周，指示计沿给定方向做间断移动一次），由指示计在给定方向上测得的最大与最小示值之差即为全跳动。相对圆跳动量，全跳动量更能反映被测提取要素整个轮廓上的几何误差。

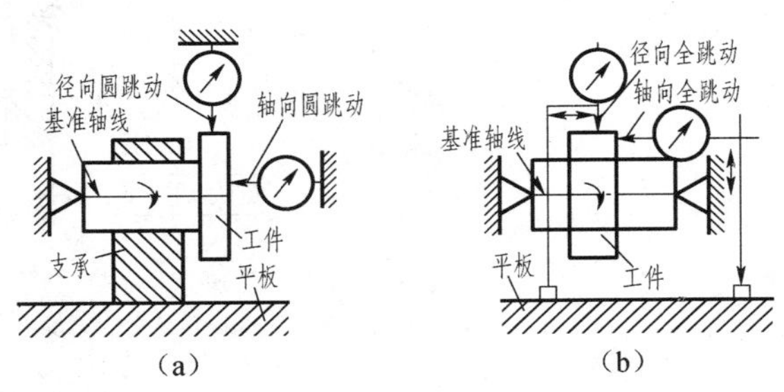

图 4-56　测量跳动原则

5. 控制实效边界原则

实效边界原则是指检测被测提取要素是否超过实效边界，以判断合格与否。

这个原则适用于采用最大实体要求的场合，按最大实体要求给出几何公差时，要求被测提取要素不得超越图样上给定的实效边界。判断被测提取要素是否超越实效边界的有效方法是综合量规检验法，亦即采用光滑极限量规或位置量规的工作表面来模拟体现图样上给定的的边界，来检测实际被测要素。若被测要素的实际轮廓能被量规通过，则表示合格，否则不合格。图 4-57（a）表示被测要素小端轴线对基准轴线（大端轴线）有同轴度要求，并且圆柱轮廓不能超出其最大实体实效边界（边界尺寸为 12.08mm）。图 4-57（b）所示为测量该轴的综合量规，如果工件能通过综合量规则表示合格，否则为不合格。

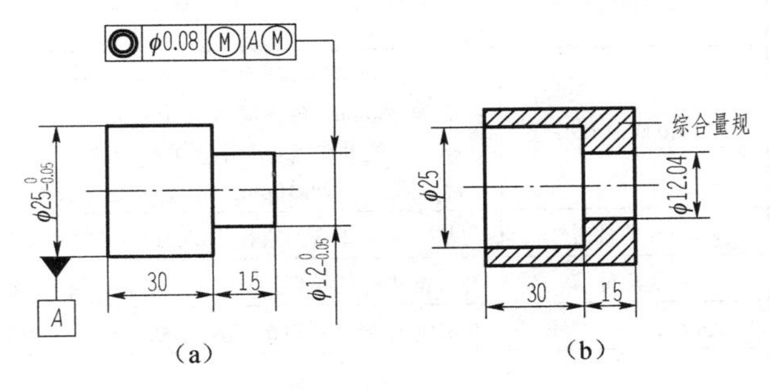

图 4-57　控制实效边界原则

4.7 典型例题

【**例 4-1**】解释图 4-58 注出的各项几何公差的含义。

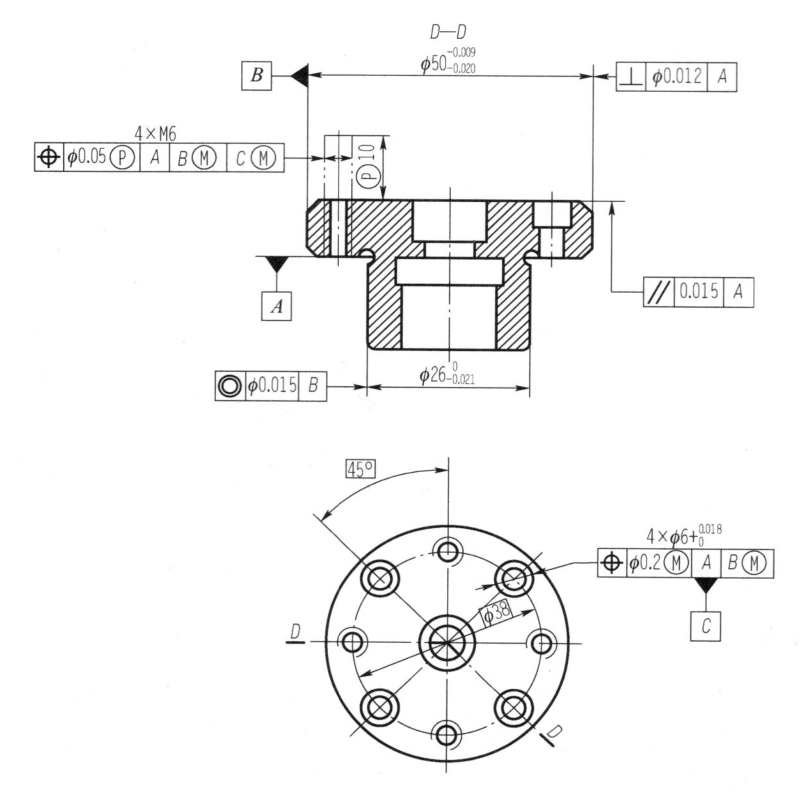

图 4-58　例 4-1 图

解　答案见表 4-14。

表 4-14　例 4-1 答案

序号	符号	名 称	被测要素	公差带	遵守的公差原则（要求）
1	⌖	位置度	4 个 M6 螺纹孔心线	4 个直径为ϕ0.05mm 的圆柱面内，圆柱面的中心分布在与ϕ50mm 轴线同轴的ϕ38mm 的圆周上，与ϕ6mm 孔的轴线呈 45° 且垂直于 *A* 面，公差带在实际被测要素延伸ϕ10mm 的位置（延伸公差）	最大实体要求用于基准要素
2	⊥	垂直度	ϕ50mm 的轴心线	与基准面 *A* 垂直的直径为ϕ0.012mm 的圆柱面内	独立原则
3	//	平行度	上表面	与 *A* 面平行的距离为 0.015mm 的两平行平面之间	独立原则
4	◎	同轴度	ϕ26mm 的轴心线	与ϕ50mm 轴线同轴的直径为ϕ0.015mm 的圆柱面内	独立原则

续表

序号	符号	名 称	被测要素	公差带	遵守的公差原则（要求）
5	⌖	位置度	4 个ϕ6mm 孔心线	4 个直径为ϕ0.2mm 的圆柱面内，圆柱面的中心均匀分布在与ϕ50mm 轴线同轴的ϕ38mm 的圆周上，且垂直于 A 面	最大实体要求同时用于被测要素和基准要素

【例 4-2】把下列几何公差要求标注在图 4-59 上：

（1）法兰盘端面 A 的平面度公差为 0.008mm；

（2）A 面对ϕ18H8 孔的轴线的垂直度公差为 0.015mm；

（3）ϕ35mm 圆周上均匀分布的 4×ϕ8H8 孔的中心线对 A 面和ϕ18H8 的孔轴线的位置度公差为ϕ0.05mm，且遵守最大实体要求；

（4）4×ϕ8H8 孔中最上边一个孔的中心线与ϕ4H8 孔的轴线应在同一平面内，其偏离量不超过±10μm。

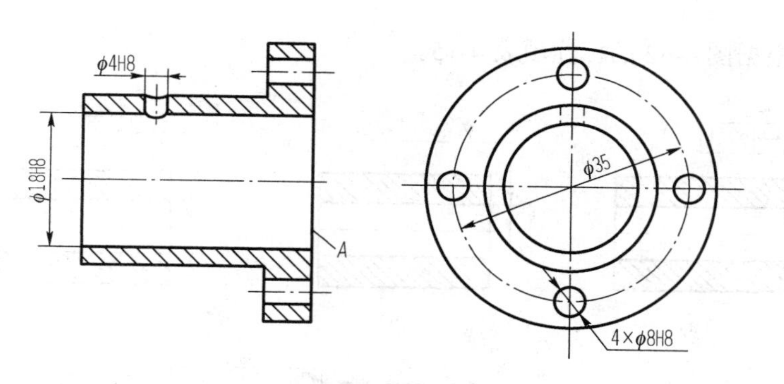

图 4-59　例 4-2 图

解　正确标注如图 4-60 所示。

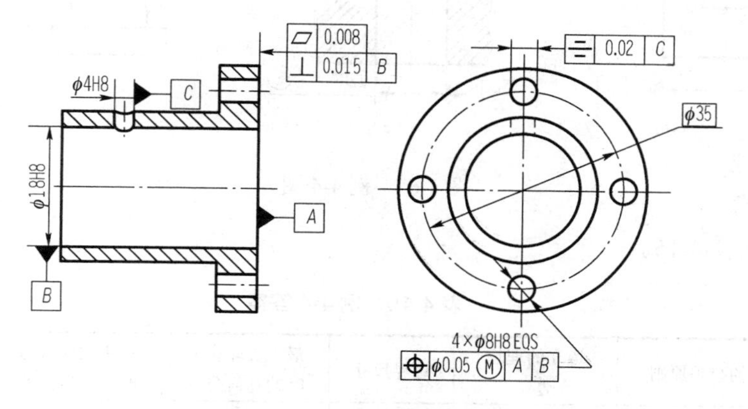

图 4-60　例 4-2 答案图

【例 4-3】指出图 4-61（a）中几何公差标注的错误，并加以改正（不改变几何公差特征符号）。

解　改正后如图 4-61（b）所示。

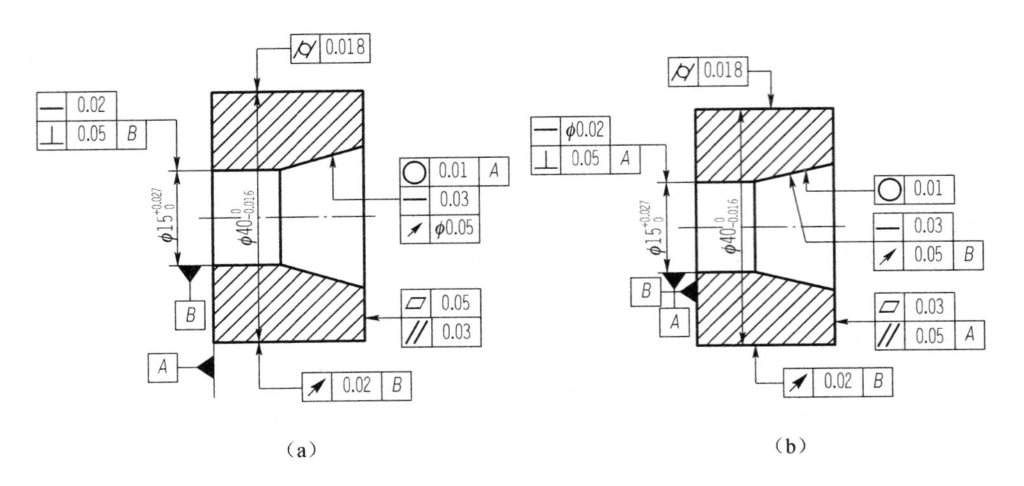

图 4-61　例 4-3 图

【**例 4-4**】根据图 4-62 的标注填表 4-15。

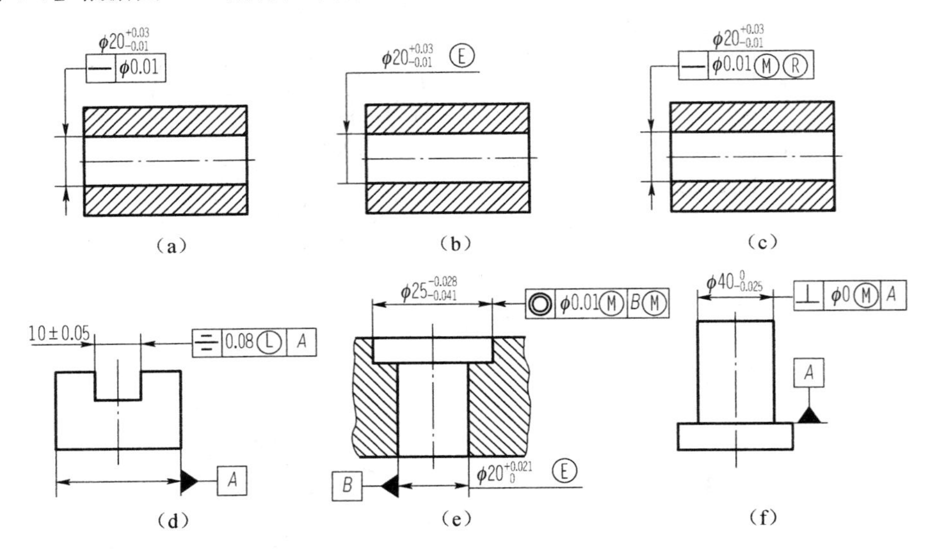

图 4-62　例 4-4 图

解　答案见表 4-15。

表 4-15　例 4-4 答案　　单位：mm

图号	采用的公差原则	遵守的理想边界	边界尺寸	最大实体状态时的几何公差	最小实体状态时的几何公差	d_a（或 D_a）允许变动范围
4-62（a）	独立原则	—	—	0.01	0.01	19.99～20.03
4-62（b）	包容要求	最大实体边界	19.99	0	0.04	19.99～20.03
4-62（c）	最大实体要求与可逆要求联合使用	最大实体实效边界	19.98	0.01	0.05	19.98～20.03
4-62（d）	最小实体要求	最小实体实效边界	10.13	0.18	0.08	9.95～10.05

续表

图号	采用的公差原则	遵守的理想边界	边界尺寸	最大实体状态时的几何公差	最小实体状态时的几何公差	d_a（或 D_a）允许变动范围
4-62（e）	最大实体要求	最大实体实效边界	24.949	0.01	0.023	24.959～24.972
4-62（f）	最大实体要求的零几何公差	最大实体边界	40	0	0.025	39.975～40

习　题　4

1．改正图 4-63 中几何公差标注的错误（不允许改变几何特征项目）。

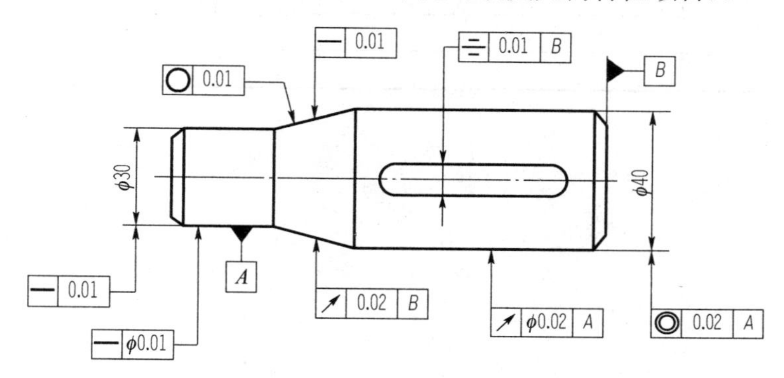

图 4-63　习题 4-1 图

2．将下列几何公差要求标注在如图 4-64 所示的零件图上。

（1）A 面的平面度公差为 0.01mm。

（2）ϕ50mm 孔的形状公差遵守包容要求，且圆柱度误差不超过 0.011mm。

（3）ϕ65mm 孔的形状公差遵守包容要求，且圆柱度误差不超过 0.013mm。

（4）ϕ50mm 和ϕ65mm 两孔中心线分别对它们的公共轴线的同轴度公差为ϕ0.02mm。

（5）ϕ50mm 和ϕ65mm 两孔中心线分别对 A 面的平行度公差为ϕ0.015mm。

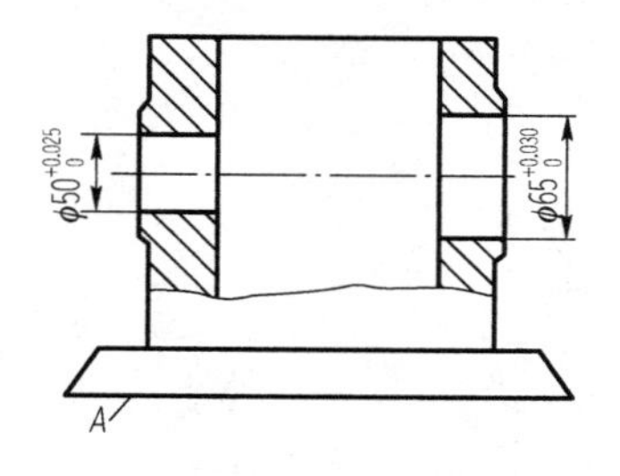

图 4-64　习题 4-2 图

3．根据图 4-65 的标注填表 4-16。

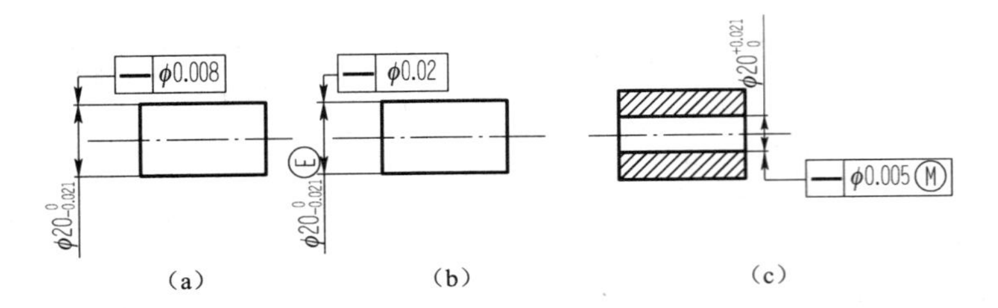

图 4-65　习题 4-3 图

表 4-16　习题 4-3 表

单位：mm

图例	采用公差原则	遵守的边界	边界尺寸	给定的几何公差值	可能允许的最大几何误差值
(a)		无	无	φ0.008	φ0.008
(b)				φ0.02	
(c)					

第 5 章

表面结构参数及检测

5.1　表面结构的概念及标准体系

5.1.1　表面结构的概念

机械零件的表面是指零件与周围介质隔离的边界，机械零件几何实体由几何表面封闭构成。经过机械加工过程得到的零件表面，由于加工系统等一系列不均匀性，其形成的几何特性一定为非理想几何状态。

零件的表面结构（surface texture）反映出了零件表面的形状特征，是由实际表面的重复或偶然的偏差所形成的表面三维形貌，主要包括宏观尺度上的形状误差、微观尺度上的表面粗糙度、介于宏观微观之间的表面波纹度和表面缺陷。其中，表面缺陷是指偶然性表面结构，是在加工、储存和使用过程中，非故意或偶然生成的实际表面的单元体、不规则体或成组的单元体、不规则体。

形状误差、表面粗糙度与表面波纹度，通常由在表面轮廓截面上采用 3 种不同的波长（频率）范围的定义来划定（图 5-1）。一般而言，波长小于 1mm，大体呈周期变化的属于表面粗糙度范围；波长在 1～10mm 并呈周期性变化的属于表面波纹度范围；波长在 10mm 以上而无明显周期变化的属于表面形状误差的范围。

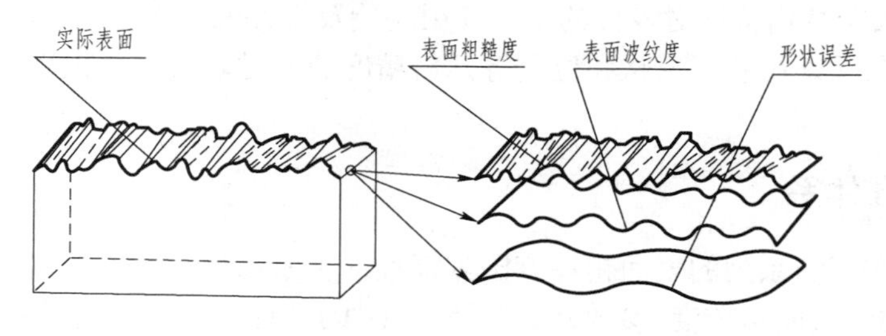

图 5-1　表面结构

实际零件的生产与制造，其表面形状误差、表面粗糙度及表面波纹度之间并没有确定的界限，它们通常与生成表面的加工工艺和工件的使用功能有关。

从机械加工工艺系统的角度来看，形状误差产生的原因主要包括工艺系统本身所存在的几何误差及受力与受热等作用所产生的误差。

表面波纹度主要是由在加工过程中加工系统的振动、发热，以及回转过程中的质量不均衡及刀具进给的不规则等原因形成的，具有较强的周期性，属于微观和宏观之间的几何误差。

表面粗糙度主要是由加工过程中刀刃或磨粒在工件表面留下的痕迹、加工残留物、刀具和零件表面之间的摩擦、切屑分离时的塑性变形及工艺系统中存在的高频振动等原因所形成的，属于微观几何误差。表面粗糙度对零件的使用性能有着重要的影响，尤其对在高温、高速、高压条件下的机器（仪器）零件影响更大。它主要影响零件的摩擦与磨损、配合质量、抗疲劳强度、表面耐蚀性和密封性能等。具体体现在以下几点：

1. 摩擦与磨损的影响

表面越粗糙，表面之间的波峰接触越多，相当于是高副接触，当零件相对运动时，表面磨损剧烈。总体来说，表面越粗糙，零件的磨损越迅速。

2. 配合质量的影响

配合主要分为间隙配合、过盈配合和过渡配合。无论是哪种配合形式，表面越粗糙，都会导致零件的配合变松。这是由于在配合后，粗糙度越大，其凸峰磨平得越快，因此配合变松，降低了零件间的连接强度。

3. 零件抗疲劳强度的影响

零件表面粗糙度越大，在谷底产生的应力集中越明显。有研究表明，作用在粗糙表面的平均应力比作用在光滑表面的平均应力要大 0.5～1.5 倍。

4. 对表面耐蚀性的影响

金属材料的腐蚀主要是由于化学过程和电化学过程形成的，表面越粗糙，零件表面的腐蚀性物质累积越多，导致腐蚀程度越大，腐蚀速度也越快。

此外，表面粗糙度还对零部件的结合密封性、机器的接触刚度、机械振动、光学性能及测量精度产生显著的影响。综上可知，零件的表面结构对于机器及零件使用功能的影响是多方面的，不同的表面结构特征对零件的不同使用功能及零件的配合都具有不同的影响。因此，零件设计过程中在保证尺寸、形状和位置等几何精度的同时，对表面粗糙度做出规范性的要求是十分必要的。

5.1.2 标准体系

我国陆续颁布了一系列的表面粗糙度国家标准并不断修订，其中一些旧标准主要包括：GB/T 1031—1995《表面粗糙度 参数及其数值》、GB/T 131—1993《机械制图 表面粗糙度符号、代号及注法》、GB/T 3505—2000《产品几何技术规范 表面结构 轮廓法 表面结构的术语、定义及参数》、GB/T 7220—1987《表面粗糙度 术语 参数测量》。截至目前的现行国家标准主要包括：GB/T 1031—2009《产品几何技术规范（GPS） 表面结构 轮廓法 表面粗糙度参数及其数值》、GB/T 131—2006《产品几何技术规范（GPS） 技术产品文件中表面结构的表示法》、GB/T 3505—2009《产品几何技术规范（GPS） 表面结构 轮廓法 术语、定义及表面结构参数》、GB/T 7220—2004《产品几何技术规范（GPS） 表面结构 轮廓法 表面粗糙度 术

语 参数测量》。

5.2　表面结构参数及其数值的选择

5.2.1　术语及定义

国家标准 GB/T 3505—2009《产品几何技术规范（GPS） 表面结构 轮廓法 术语、定义及表面结构参数》规定了用轮廓法评定表面结构的术语及定义，本节依据该标准阐述表面轮廓结构及部分术语和定义。

1. 一般术语

1）轮廓滤波器

表面结构按照轮廓的波长可以划分为原始轮廓、粗糙度轮廓、波纹度轮廓 3 种轮廓。划分 3 种轮廓的基础是波长，每种轮廓定义在一定的波长范围内，这个波长范围称为该轮廓的传输带；传输带用截止短波波长值和截止长波波长值表示，如 0.0025～0.8（单位为 mm）。

在实际表面上测得粗糙度、波纹度和原始轮廓度参数数值时用的仪器为轮廓滤波器（profile filter）。轮廓滤波器把轮廓分成长波成分和短波成分的滤波器。在测量粗糙度、波纹度和原始轮廓度的仪器中，通常使用 3 种滤波器，主要为λs轮廓滤波器、λc轮廓滤波器和λf轮廓滤波器，如图 5-2 所示。它们都具有规定的相同的传输特性，但截止波长不同。其中，λs轮廓滤波器是确定存在于表面上的粗糙度与比它更短的波的成分之间相交界限的滤波器；λc轮廓滤波器是确定粗糙度与波纹度成分之间相交界限的滤波器；而λf轮廓滤波器是确定存在于表面上的波纹度与比它更长的波的成分之间相交界限的滤波器。

原始轮廓：是对实际轮廓应用短波长滤波器λs之后的总的轮廓。

粗糙度轮廓：是对原始轮廓应用λc轮廓滤波器抑制长波成分以后形成的轮廓。

波纹度轮廓：是对原始轮廓应用λf和λc以后形成的轮廓，λf轮廓滤波器抑制长波成分，λc轮廓滤波器抑制短波成分。

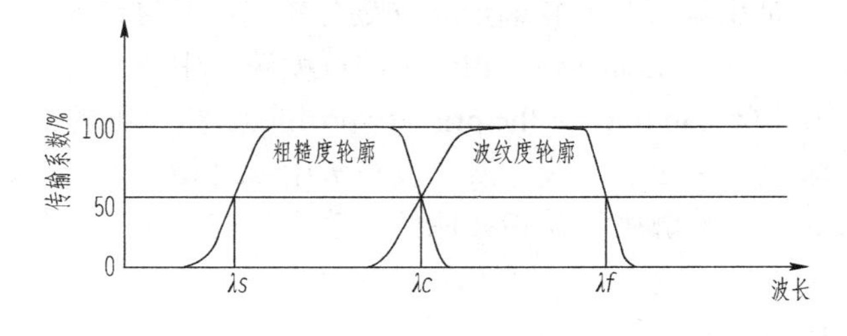

图 5-2　粗糙度与波纹度轮廓的传输特性

2）坐标系

坐标系（coordinate system）是定义表面结构参数的坐标系。通常采用一个直角坐标系，其轴线形成一个笛卡儿坐标系，X 轴与中线方向一致，Y 轴也处于实际表面中，而 Z 轴则在从材料到周围介质的外延方向上。

3）实际表面

实际表面（real surface）是指物体与周围介质分离的表面。

4）表面轮廓

表面轮廓（surface profile）是指一个指定平面与实际表面相交所得的轮廓（图 5-3）。注：实际上，通常采用一条名义上与实际表面平行，并在一个适当方向上的法线来选择一个平面。

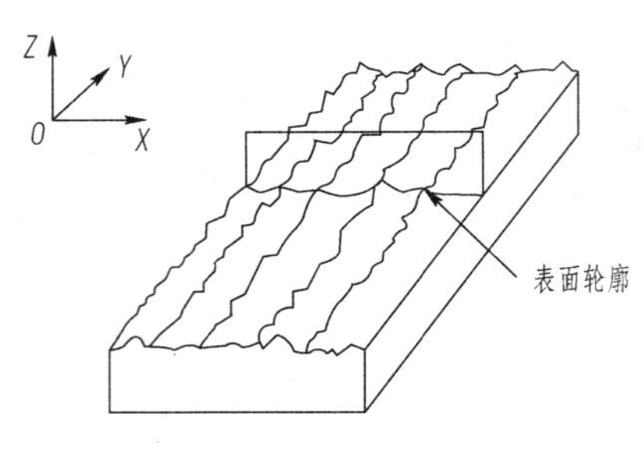

图 5-3　表面轮廓

5）原始轮廓

原始轮廓（primary profile）是指通过λs轮廓滤波器后的总轮廓。原始轮廓是评定原始轮廓参数的基础。

6）粗糙度轮廓

粗糙度轮廓（roughness profile）是对原始轮廓采用λc轮廓滤波器抑制长波成分以后形成的轮廓，是经过人为修正的轮廓（图 5-2）。粗糙度轮廓的传输频带是由λs和λc轮廓滤波器来限定的。此外，粗糙度轮廓是评定粗糙度轮廓参数的基础。

7）波纹度轮廓

波纹度轮廓（waviness profile）是对原始轮廓应用λf和λc两个轮廓滤波器以后形成的轮廓，采用λf轮廓滤波器抑制长波成分，而采用λc轮廓滤波器抑制短波成分，这是经过人为修正的轮廓。值得注意的是，在用λf轮廓滤波器以前，应首先用最小二乘法的最佳拟合从总轮廓中提取标称的形状，并将形状从总轮廓中去除。

8）中线

中线（mean line）是指具有几何轮廓形状并划分轮廓的基准线型。中线主要分为粗糙度轮廓中线（mean line for the roughness profile）、波纹度轮廓中线（mean line for the waviness profile）和原始轮廓中线（mean line for the primary profile）。粗糙度轮廓中线是指用λc轮廓滤波器所抑制的长波轮廓成分对应的中线。波纹度轮廓中线是指用λ_f轮廓滤波器所抑制的长波轮廓成分对应的中线。原始轮廓中线是指在原始轮廓上按照标称形状使用最小二乘法拟合确定的中线。

9）取样长度（lp、lx、lw）

取样长度（sampling length）是指在X轴方向判别被评定不规则特征的长度。评定粗糙度和波纹度轮廓的取样长度lr和lw在数值上分别与λf和λc轮廓滤波器截止波长相等。原始轮廓的取样长度lp等于评定长度。

10）评定长度

评定长度（evaluation length）是指用于评定被评定轮廓X轴方向上的长度。注：评定长度包含一个或几个取样长度。

2. 几何参数术语

1）P 参数

P 参数（P-parameter）是指在原始轮廓上计算所得的参数。

2）R 参数

R 参数（R-parameter）是指在粗糙度轮廓上计算所得的参数。

3）W 参数

W 参数（W-parameter）是指在波纹度轮廓上计算所得的参数。

4）轮廓峰

轮廓峰（profile peak）是指被评定轮廓上连接轮廓与 X 轴两相邻交点的向外（从材料到周围介质）的轮廓部分。

5）轮廓谷

轮廓谷（profile valley）是指被评定轮廓上连接轮廓与 X 轴两相邻交点的向内（从周围介质到材料）的轮廓部分。

6）高度和/或间距分辨力

高度和/或间距分辨力（height and/or spacing discrimination）是指应计入被评定轮廓的轮廓峰和轮廓谷的最小高度和最小间距。轮廓峰和轮廓谷的最小高度通常用 Pz、Rz、Wz 或任一幅度参数的百分率来表示，最小间距则以取样长度的百分率来表示。

7）轮廓单元

轮廓单元（profile element）是指轮廓峰和相邻轮廓谷的组合（图 5-4）。在取样长度的始端或末端的被评定轮廓的向外部分应看作一个轮廓峰或一个轮廓谷，当在若干个连续的取样长度上确定若干个轮廓单元时，在每一个取样长度的始端或末端评定的峰和谷仅在每个取样长度的始端计入一次。

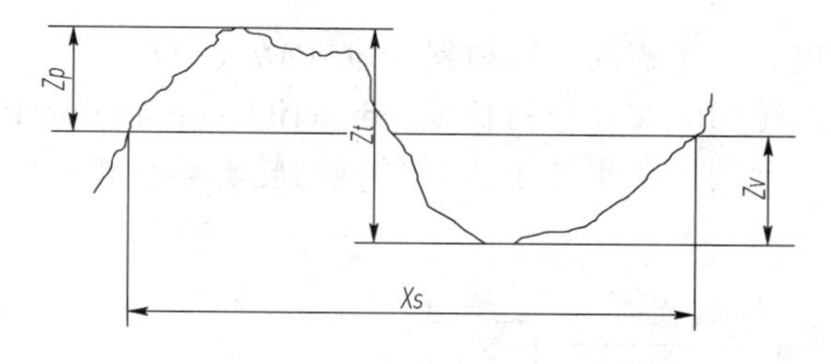

图 5-4　轮廓单元

8）纵坐标值（$Z(x)$）

纵坐标值（ordinate value）是指被评定轮廓在任一位置距 X 轴的高度。若纵坐标值位于 X 轴下方，该高度被视为负值；反之则为正值。

9）局部斜率 $\left(\dfrac{\mathrm{d}Z}{\mathrm{d}X}\right)$

局部斜率（local slope）是指评定轮廓在某一位置 x_i 的斜率（图 5-5）。局部斜率和参数 $P\Delta q$、$R\Delta q$、$W\Delta q$ 的数值主要视坐标间距ΔX而定。计算局部斜率的公式之一为

$$\frac{\mathrm{d}Z_i}{\mathrm{d}X}=\frac{1}{60\Delta X}(Z_{i+3}-9Z_{i+2}+45Z_{i+1}-45Z_{i-1}+9Z_{i-2}-Z_{i-3}) \qquad (5\text{-}1)$$

式中，Z_i 为第 i 个轮廓点的高度；ΔX 为相邻两轮廓点间的水平间距。

计算局部斜率时，应使用 GB/T 6062—2009《产品几何技术规范（GPS） 表面结构 轮廓法 接触（触针）式仪器的标称特性》中规定的采样间距和滤波器。

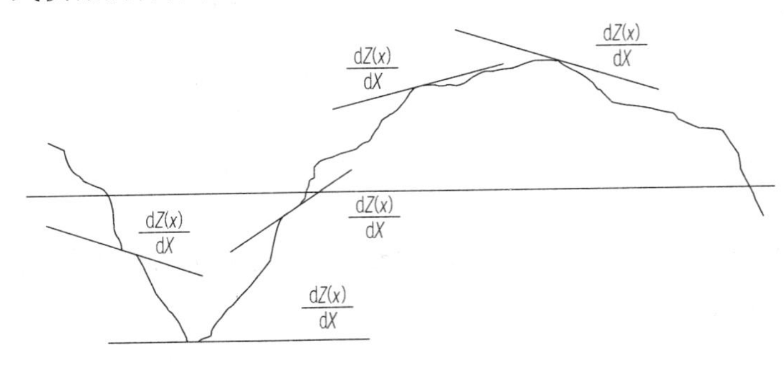

图 5-5 局部轮廓

10）轮廓峰高（Zp）

轮廓峰高（profile peak height）是指轮廓峰的最高点距 X 轴的距离，如图 5-4 所示。

11）轮廓谷深（Zv）

轮廓谷深（profile valley depth）是指轮廓谷的最低点距 X 轴的距离，如图 5-4 所示。

12）轮廓单元高度（Zt）

轮廓单元高度（profile element height）是指一个轮廓单元的轮廓峰高与轮廓谷深之和，如图 5-4 所示。

13）轮廓单元宽度（Xs）

轮廓单元宽度（profile element width）是指一个轮廓单元与 X 轴相交线段的长度，如图 5-4 所示。

14）在水平截面高度 c 上轮廓的实体材料长度（$Ml(c)$）

在水平截面高度 c 上轮廓的实体材料长度（material length of profile at the level c）是指在一个给定水平截面高度 c 上用一条平行于 X 轴的线与轮廓单元相截所获得的各段截线长度之和（图 5-6）。

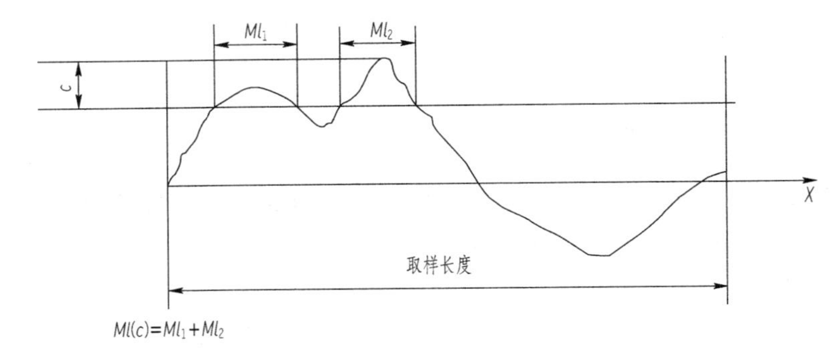

图 5-6 实体材料长度

5.2.2　表面轮廓参数定义

1．幅度参数（峰和谷）

1）最大轮廓峰高（*Pp*、*Rp*、*Wp*）

最大轮廓峰高（maximum profile peak height）是指在一个取样长度内，最大的轮廓峰高 *Zp*（图 5-7）。

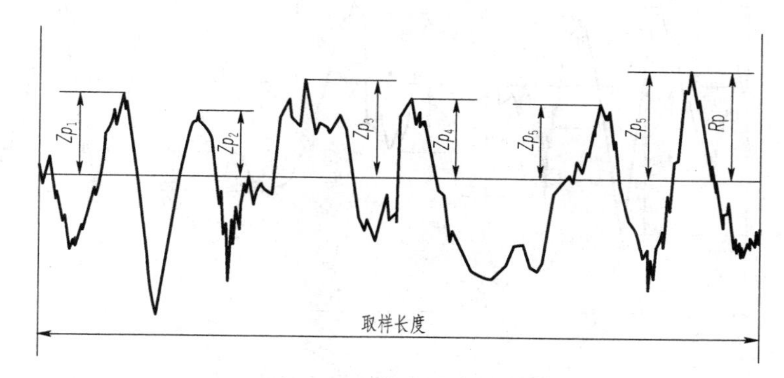

图 5-7　最大轮廓峰高（以粗糙度轮廓为例）

2）最大轮廓谷深（*Pv*、*Rv*、*Wv*）

最大轮廓谷深（maximum profile valley depth）是指在一个取样长度内，最大的轮廓谷深 *Zv*（图 5-8）。

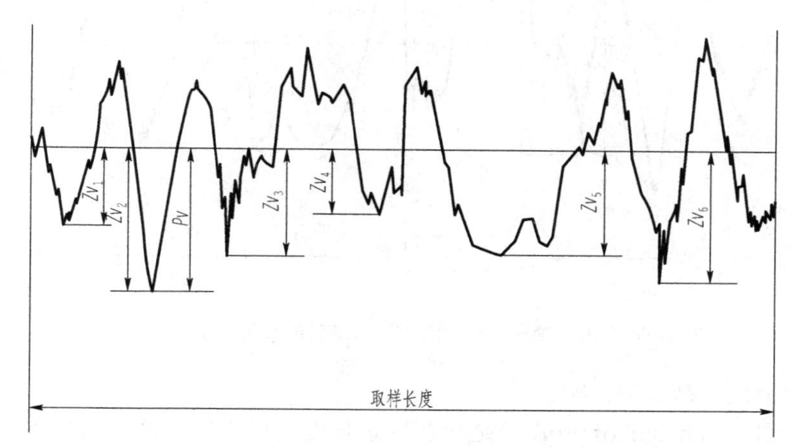

图 5-8　最大轮廓谷深（以粗糙度轮廓为例）

3）轮廓最大高度（*Pz*、*Rz*、*Wz*）

轮廓最大高度（maximum height of profile）是指在一个取样长度内，最大轮廓峰高与最大轮廓谷深之和（图 5-9）。

4）轮廓单元的平均高度（*Pc*、*Rc*、*Wc*）

轮廓单元的平均高度（mean height of profile elements）是指在一个取样长度内轮廓单元高度 *Zt* 的平均值，如图 5-10 所示。在计算参数 *Pc*、*Rc*、*Wc* 时，需要判断轮廓单元的高度和间距。若无特殊规定，默认的高度分辨力应分别按 Pz、Rz、Wz 的 10%选取。默认的间距分辨力应按取样长度的 1%选取。上述两个条件都应满足。轮廓单元平均高度的计算式为

$$Rc = \frac{1}{m}\sum_{i=1}^{m} Zt_i$$

Pc、Wc 可采用和 Rc 同样的方法定义。

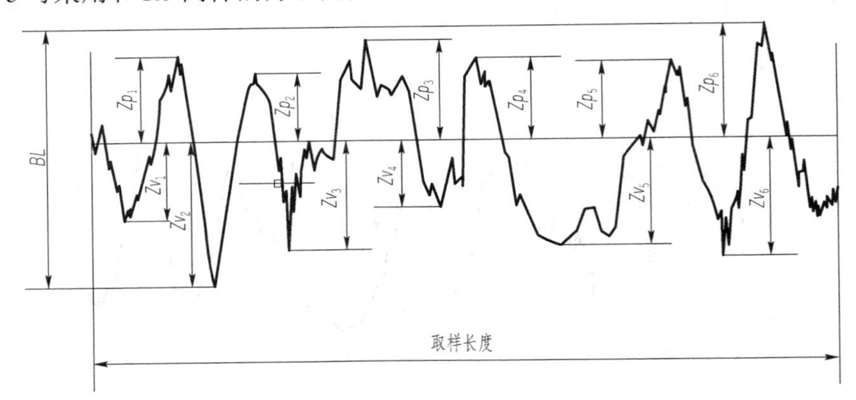

图 5-9　轮廓最大高度（以粗糙度轮廓为例）

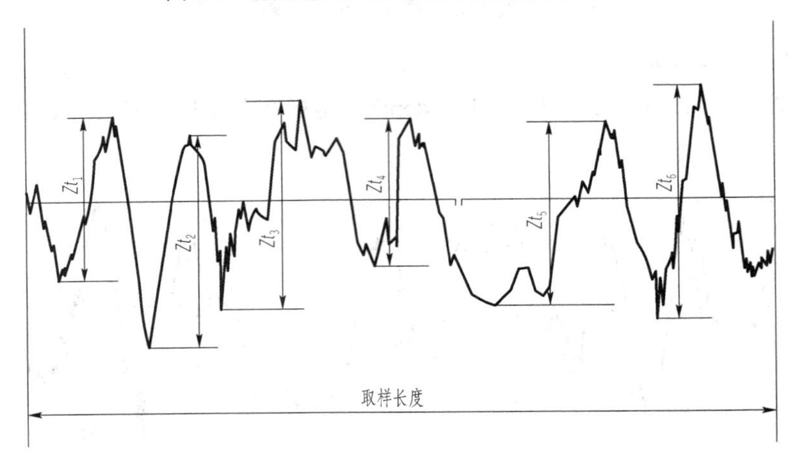

图 5-10　轮廓单元的高度（以粗糙度轮廓为例）

5）轮廓总高度（Pt、Rt、Wt）

轮廓总高度（total height of profile）是指在评定长度内最大轮廓峰高与最大轮廓谷深之和。由于 Pt、Rt、Wt 是在评定长度上而不是在取样长度上定义的，因此以下关系对任何轮廓都成立：

$$Pt \geqslant Pz;\quad Rt \geqslant Rz;\quad Wt \geqslant Wz$$

在未规定的情况下，Pz 和 Pt 是相等的，此时建议采用 Pt 幅值参数（纵坐标平均值）。

2. 幅度参数（纵坐标平均值）

1）评定轮廓的算术平均偏差（Pq、Rq、Wq）

评定轮廓的算术平均偏差（arithmetical mean deviation of the assessed profile）是指在一个取样长度内纵坐标值 $Z(x)$绝对值的算术平均值，即

$$Ra=\frac{1}{l}\int_0^l\left|Z(x)\right|\mathrm{d}x \tag{5-2}$$

Pa、*Wa* 可采用和 *Ra* 同样的方法定义。

2）评定轮廓的均方根偏差（*Pq*、*Rq*、*Wq*）

评定轮廓的均方根偏差（root mean square slope of the assessed profile）是指在一个取样长度内纵坐标值 *Z*(*x*)绝对值的均方根值，即

$$Rq=\sqrt{\frac{1}{l}\int_0^l Z^2(x)\mathrm{d}x} \tag{5-3}$$

Pq、*Wq* 可采用和 *Rq* 同样的方法定义。

3）评定轮廓的偏斜度（*Psk*、*Rsk*、*Wsk*）

评定轮廓的偏斜度（skewness of assessed profile）是指在一个取样长度内纵坐标值 *Z*(*x*)三次方的平均值分别与 *Pq*、*Rq* 和 *Wq* 的三次方的比值，即

$$Rsk=\frac{1}{Rq^3}\left[\frac{1}{lr}\int_0^{lr}Z^3(x)\mathrm{d}x\right] \tag{5-4}$$

Psk 和 *Wsk* 可采用和 *Rsk* 同样的方法定义。*Psk*、*Rsk*、*Wsk* 是纵坐标值概率密度函数的不对称性的测定，这些参数受独立的谷的影响很大。

4）评定轮廓的陡度（*Pku*、*Rku*、*Wku*）

评定轮廓的陡度（kurtosis of the assessed profile）是指在取样长度内纵坐标 *Z*(*x*)四次方的平均值分别与 *Pq*、*Rq* 和 *Wq* 的四次方的比值，即

$$Rku=\frac{1}{Rq^4}\left[\frac{1}{lr}\int_0^{lr}Z^4(x)\mathrm{d}x\right] \tag{5-5}$$

Pku 与 *Wku* 可采用和 *Rku* 同样的方法定义，*Pku*、*Rku* 和 *Wku* 是纵坐标值概率密度函数锐度的测定。

3. 间距参数

1）轮廓单元的平均宽度（*Psm*、*Rsm*、*Wsm*）

轮廓单元的平均宽度（mean width of the profile elements）是指在一个取样长度内轮廓单元宽度 *Xs* 的平均值（图 5-11），即

$$Rsm=\frac{1}{m}\sum_{i=1}^{m}Xs_i \tag{5-6}$$

Psm、*Wsm* 可采用和 *Rsm* 同样的方法定义。

4. 混合参数

评定轮廓的均方根斜率（$P\Delta q$、$R\Delta q$、$W\Delta q$）。评定轮廓的均方根斜率（root mean square slope of the assessed profile）是指在取样长度内纵坐标斜率 d*Z*/d*X* 的均方根值。

5. 曲线和相关参数

1）轮廓支承长度率（*Pmr*(*c*)、*Rmr*(*c*)、*Wmr*(*c*)）

轮廓支承长度率（material ratio of the profile）是指在给定水平截面高度 *c* 上轮廓的实体材料长度 *Ml*(*c*)与评定长度的比率，即

$$Rmr(c)=\frac{Ml(c)}{ln} \tag{5-7}$$

$Pmr(c)$、$Wmr(c)$可采用和 $Rmr(c)$同样的方法定义。

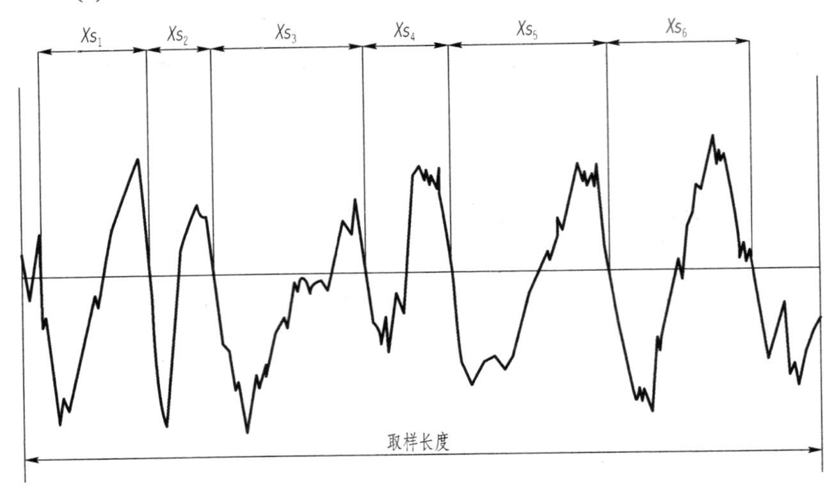

图 5-11　轮廓单元的宽度

2）轮廓支承长度率曲线

轮廓支承长度率曲线（material ratio curve of the profile（abbott firestone curve））是用来表示轮廓支承率随水平截面高度 c 变化关系的曲线（图 5-12）。这个曲线可理解为在一个评定长度内，各个坐标值 $Z(x)$采集累积的分布概率函数。

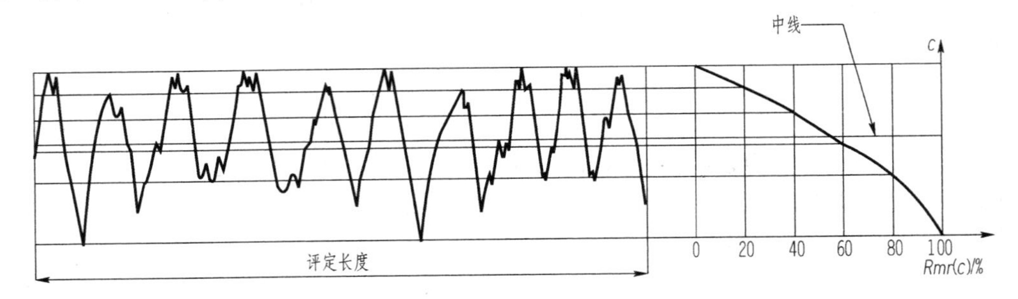

图 5-12　轮廓支承长度率曲线

3）轮廓水平截面高度差（$P\delta c$、$R\delta c$、$W\delta c$）

轮廓水平截面高度差（profile section height difference）是指给定支承率的两个水平截面之间的垂直距离，即

$$R\delta c=c(Rmr_1)-c(Rmr_2)(Rmr_1<Rmr_2) \tag{5-8}$$

$P\delta c$、$W\delta c$ 可采用和 $R\delta c$ 同样的方法定义。

4）相对支承长度率（Pmr、Rmr、Wmr）

相对支承长度率（relative material ratio）是指在一个轮廓水平截面 $R\delta c$ 确定的，与起始零位 c_0 相关的支承长度率（图 5-13）。

$$Rmr=Rmr(c_1) \tag{5-9}$$

式中，$c_1 = c_0 - R\delta c$；$c_0 = c(Rmr_0)$。

Pmr、*Wmr* 可采用和 *Rmr* 同样的方法定义。

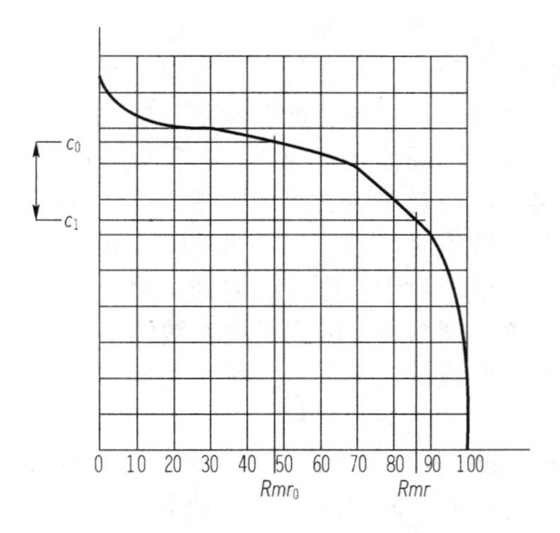

图 5-13　轮廓水平截面高度差

5）轮廓幅度分布曲线

轮廓幅度分布曲线（profile height amplitude curve）是指在评定长度内纵坐标 $Z(x)$采样的概率密度函数（图 5-14）。

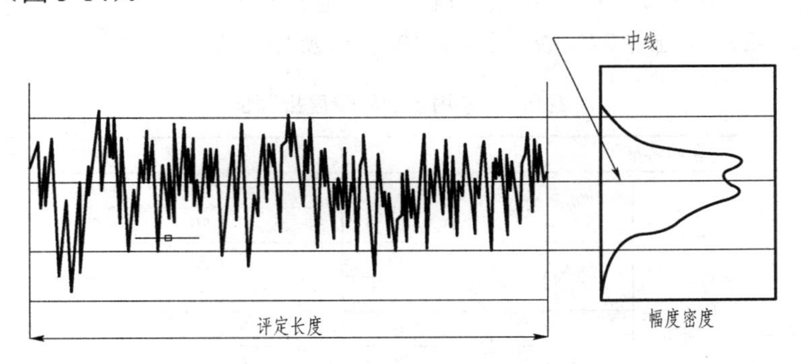

图 5-14　轮廓幅度分布曲线

5.3　表面结构参数的测定

国家标准 GB/T 1031—2009《产品几何技术规范（GPS）　表面结构　轮廓法　表面粗糙度参数及其数值》已经取代了 GB/T 1031—1995，在原标准的基础上增加了标准前言，标准名称增加了引导要素“产品几何技术规范（GPS）”。根据 GB/T 3505—2009 中对表面粗糙度参数和定义的规定，将原标准中的“轮廓最大高度”参数代号“*Ry*”改为“*Rz*”；将原标准中的“轮廓单元的平均宽度”参数代号“*Sm*”改为“*Rsm*”。根据 GB/T 3505—2009 中对取样长度代号的规定，将原标准中的取样长度代号“*l*”改为“*lr*”。合理选取表面粗糙度参数值，对合理化零件的工作性能和加工成本具有重要的意义。

5.3.1 表面粗糙度的选择

零件的表面粗糙度不仅仅对其使用性能的影响是多方面的，也关系到产品质量和生产成本。因此，在选择表面粗糙度参数值时，首先需要考虑满足零件使用功能的要求，其次要考虑工艺条件和经济条件。具体说来，需要遵循在满足功能要求的前提下，尽可能选用较大的表面粗糙度参数值，以便于加工和降低生产成本，获得最大的经济效益。在确定零件表面粗糙度参数值时，除特殊规定外，一般采用类比法选择。具体可以参照以下原则进行选用：

（1）在设计表面粗糙度参数值时，同一零件上的工作表面、配合表面的参数值要小于非工作表面和非配合表面的参数值。对于有摩擦的表面，摩擦表面应比非摩擦表面的粗糙度参数值小，滚动摩擦表面应比滑动摩擦表面的粗糙度参数值小。

（2）表面承受重载荷及交变载荷的零件、容易引起应力集中的表面，其粗糙度参数值应选小些。

（3）精度要求较高的结合面、尺寸公差和几何公差精度要求高的表面，其粗糙度参数值应选小些。对于配合性质要求稳定的小间隙配合和承受重载荷的过盈配合，相关的孔与轴的表面粗糙度参数值应较小。

（4）要求耐腐蚀的表面、密封性要求高的表面、外观要求美观的表面等，其表面粗糙度参数值应选小些。

（5）凡是标准已经对表面粗糙度参数值要求做出规定的，如量规、齿轮、与滚动轴承相配合的轴颈等表面，应该按照相应的标准确定表面粗糙度参数值。

表 5-1 和表 5-2 中给出了常用表面粗糙度推荐值及加工方法与应用举例，可以参考选用。

表 5-1 常用表面粗糙度推荐值

表面特征			*Ra*（不大于）/μm		
	公差等级	表面	公称尺寸/mm		
			～50	>50～500	
经常拆卸零件的配合表面（如挂轮、滚刀等）	IT5	轴	0.2	0.4	
		孔	0.4	0.8	
	IT6	轴	0.4	0.8	
		孔	0.4～0.8	0.8～1.6	
	IT7	轴	0.4～0.8	0.8～1.6	
		孔	0.8	1.6	
	IT8	轴	0.8	1.6	
		孔	0.8～1.6	1.6～3.2	
过盈配合的配合表面装配 （1）按机械压入法； （2）按热处理法	公差等级	表面	公称尺寸/mm		
			～50	>50～120	>120～500
	IT5	轴	0.1～0.2	0.4	0.4
		孔	0.2～0.4	0.8	0.8
	IT6～IT7	轴	0.4	0.8	1.6
		孔	0.8	1.6	1.6
	IT8	轴	0.8	0.8～1.6	1.6～3.2
		孔	1.6	1.6～3.2	1.6～3.2
	—	轴	1.6		
		孔	1.6～3.2		

续表

<table>
<tr><td colspan="2">表面特征</td><td colspan="6">Ra（不大于）/μm</td></tr>
<tr><td rowspan="4">精密定心用配合的零件表面</td><td rowspan="2">表面</td><td colspan="6">径向跳动公差/mm</td></tr>
<tr><td>2.5</td><td>4</td><td>6</td><td>10</td><td>16</td><td>25</td></tr>
<tr><td>轴</td><td>0.05</td><td>0.1</td><td>0.1</td><td>0.2</td><td>0.4</td><td>0.8</td></tr>
<tr><td>孔</td><td>0.1</td><td>0.2</td><td>0.2</td><td>0.4</td><td>0.8</td><td>1.6</td></tr>
<tr><td rowspan="4">滑动轴承的配合表面</td><td rowspan="2">表面</td><td colspan="4">公差等级</td><td colspan="2" rowspan="2">液体湿摩擦条件</td></tr>
<tr><td colspan="2">IT6～9</td><td colspan="2">IT10～12</td></tr>
<tr><td>轴</td><td colspan="2">0.4～0.8</td><td colspan="2">0.8～3.2</td><td colspan="2">0.1～0.4</td></tr>
<tr><td>孔</td><td colspan="2">0.8～1.6</td><td colspan="2">1.6～3.2</td><td colspan="2">0.2～0.8</td></tr>
</table>

表 5-2　表面粗糙度参数、加工方法和应用举例

Ra/μm	加工方法	应用举例
12.5～25	粗车、粗铣、粗刨、钻、毛锉、锯断等	粗加工非配合表面，如轴端面、倒角、钻孔、齿轮和带轮侧面、键槽底面、垫圈接触面及不重要的安装支承面
6.3～12.5	车、铣、刨、镗、钻、粗绞等	半精加工表面，如轴上不安装轴承、齿轮等处的非配合表面，轴和孔的退刀槽、支架、衬套、端盖、螺栓、螺母、齿顶圆、花键非定心表面等
3.2～6.3	车、铣、刨、镗、磨、拉、粗刮、铣齿等	半精加工表面，如箱体、支架、套筒、非传动用梯形螺纹等及与其他零件结合而无配合要求的表面
1.6～3.2	车、铣、刨、镗、磨、拉、刮等	接近精加工表面，如箱体上安装轴承的孔和定位销的压入孔表面，以及齿轮齿条、传动螺纹、键槽、带轮槽的工作面及花键结合面等
0.8～1.6	车、镗、磨、拉、刮、精绞、磨齿、滚压等	要求有定心及配合的表面，如圆柱销、圆锥销的表面，卧式车床导轨面，与 P0、P6 级滚动轴承配合的表面等
0.4～0.8	精绞、精镗、磨、刮、滚压等	要求配合性质稳定的配合表面及活动表面支承面，如高精度车床导轨面、高精度活动球状接头表面等
-0.4～+0.2	精磨、珩磨、研磨、超精加工等	精密机床主轴锥孔、顶尖圆锥面、发动机曲轴和凸轮轴工作表面、高精度齿轮齿面、与 P5 级滚动轴承配合面等
-0.2～+0.1	精磨、研磨、普通抛光等	精密机床主轴轴颈表面、一般量规工作表面、气缸内表面、阀的工作表面、活塞销表面等
-0.1～+0.025	超精磨、精抛光、镜面磨削等	精密机床主轴轴颈表面、滚动轴承套圈滚道、滚珠及滚柱表面、工作量规的测量表面、高压液压泵中的柱塞表面等
0.012～0.025	镜面磨削等	仪器的测量面、高精度量仪等
≤0.012	镜面磨削、超精研等	量块的工作面、光学仪器中的金属镜面等

5.3.2　表面粗糙度的标注

1. 表面粗糙度符号和代号

表面粗糙度的符号和意义见表 5-3（参考 GB/T 131—2006）：

表 5-3　表面粗糙度符号及其意义（摘自 GB/T 131—2006）

符号	意义
	基本符号，表示表面用任何方法获得。当不加注表面粗糙度参数值或有关说明（如表面处理、局部热处理状况等）时，仅适用于简化代号标注
	基本符号加一短横，表示表面是用去除材料的方法获得的，如车、铣、刨、磨、钻、剪切、抛光、腐蚀、电火花加工、气割等
	基本符号加一小圆，表示表面是用不去除材料的方法获得的，如铸、锻、冲压变形、热轧、粉末冶金等；或者是用于保持原供应状况的表面（包括保持上道工序的状况）
	在上述 3 个符号的长边上加一横线，用于标注有关参数和说明
	在上述 3 个符号的长边上加一小圆，表示所有表面具有相同的表面粗糙度要求

2. 表面粗糙度的标注

表面粗糙度数值及其规定符号在书写中的规定位置如图 5-15 所示。

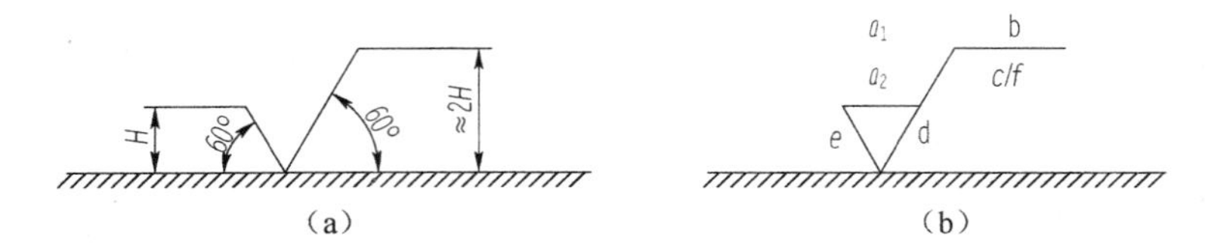

图 5-15　表面粗糙度基本符号

其中，a_1、a_2——表面粗糙度高度参数的代号及其数值（μm），一般只给出表面粗糙度的上限值。对于参数 *Ra* 直接标注数值，无须标注代号（代号 *Ra* 可省略）；对于参数 *Rz*，应在参数前标注代号“*Rz*”。

b——加工方法、镀涂、涂覆、表面处理及其他说明等。

c——取样长度（mm，若按表选用的取样长度，可省略不标注）。

d——加工纹理方向符号。

e——加工余量（mm）。

f——表面粗糙度宽度参数值（mm）或轮廓的支承长度率。

表 5-4 介绍了一些表面粗糙度参数的标注实例。

表 5-4　表面粗糙度参数标注示例

示例	含义	示例	含义
3.2	用去除材料的方法获得的表面粗糙度，*Ra* 的上限值为 3.2μm	3.2max 1.6min	用去除材料的方法获得的表面粗糙度，*Ra* 的上限值为 3.2μm，*Ra* 的下限值为 1.6μm
3.2	用不去除材料的方法获得的表面粗糙度，*Ra* 的上限值为 3.2μm	*Rz*=200max	用不去除材料的方法获得的表面粗糙度，*Rz* 的上限值为 200μm

续表

示例	含义	示例	含义
3.2	用任何方法获得的表面粗糙度，*Ra* 的上限值为 3.2μm	Rz=3.2max Rz=1.6min	用去除材料的方法获得的表面粗糙度，*Rz* 的上限值为 3.2μm，*Rz* 的下限值为 1.6μm
3.2 1.6	用去除材料的方法获得的表面粗糙度，*Ra* 的上限值为 3.2μm，*Ra* 的下限值为 1.6μm（按默认规则，16%原则）	3.2max	用任何方法获得的表面粗糙度，*Ra* 的上限值为 3.2μm
Rz=3.2 Rz=1.6	用去除材料的方法获得的表面粗糙度，*Rz* 的上限值为 3.2μm，*Rz* 的下限值为 1.6μm（按默认规则，16%原则）	Rsm 0.05	用去除材料的方法获得的表面粗糙度，*Rsm* 的上限值为 0.05μm
Rz=200	用不去除材料的方法获得的表面粗糙度，*Rz* 的上限值为 200μm	Rsm 0.05max	用去除材料的方法获得的表面粗糙度，*Rsm* 的上限值为 0.05μm
3.2max	用去除材料的方法获得的表面粗糙度，*Ra* 的上限值为 3.2μm	Rmr(c)70%,c50%	用去除材料的方法获得的表面粗糙度，*Rmr*(*c*)的下限值为 70%，水平位置 *c* 在 *Rz* 的 50%的位置
3.2max	用不去除材料的方法获得的表面粗糙度，*Ra* 的最大值为 3.2μm		

3. 表面粗糙度轮廓技术在完整图形符号上的标注

根据 GB/T 4458.3—2013《机械制图 轴测图》尺寸标注的规定，使表面结构的注写和读取方向与尺寸的注写和读取方向一致，见表 5-5。

表 5-5　表面结构代（符）号在图样上的标注

序号	注法	示例
1	用带字母的完整符号对有相同表面结构要求的表面采用简化注法	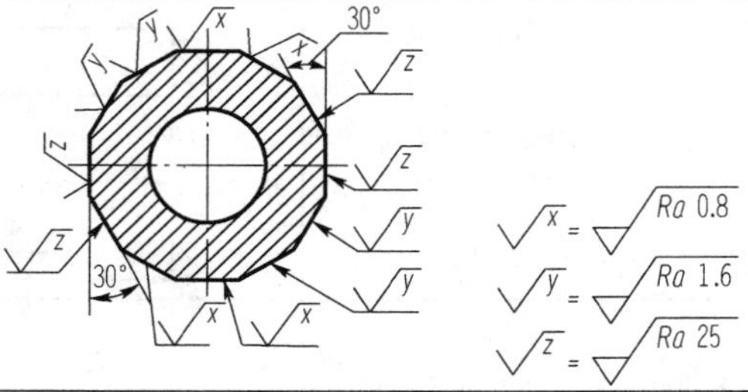 x = Ra 0.8；y = Ra 1.6；z = Ra 25
2	只用基本图形符号和扩展图形符号的简化画法	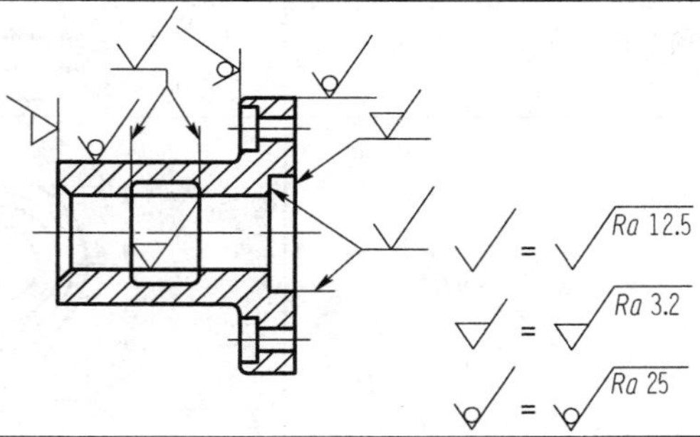 = Ra 12.5；= Ra 3.2；= Ra 25

续表

<table>
<tr><th>序号</th><th>注法</th><th>示例</th></tr>
<tr><td>3</td><td>表面结构要求的注写方向</td><td>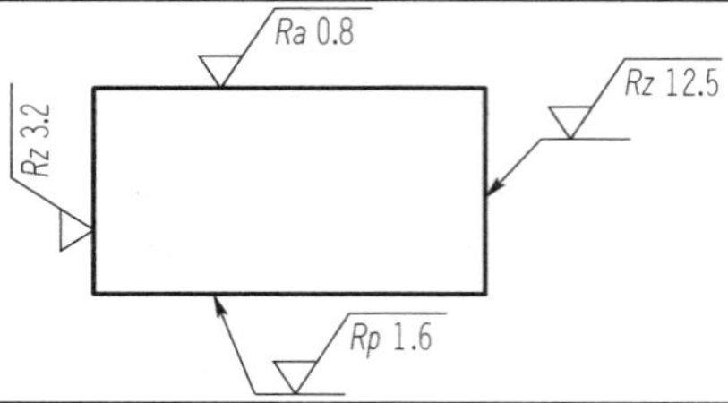
Ra 0.8
Rz 12.5
Rz 3.2
Rp 1.6</td></tr>
<tr><td>4</td><td>表面结构要求在轮廓上的标注</td><td>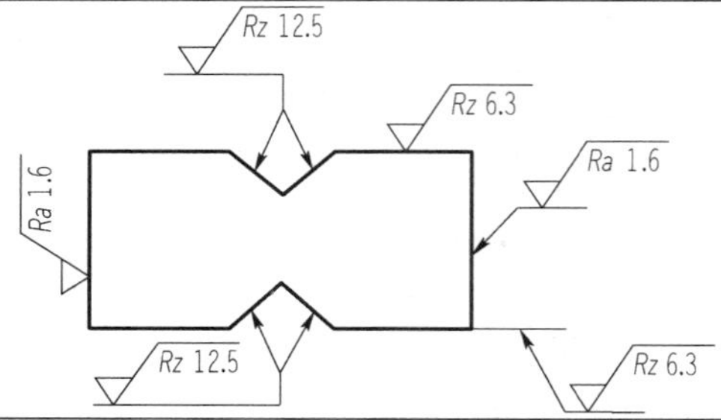
Rz 12.5
Rz 6.3
Ra 1.6
Ra 1.6
Rz 12.5
Rz 6.3</td></tr>
<tr><td>5</td><td>用指引线引出标注</td><td>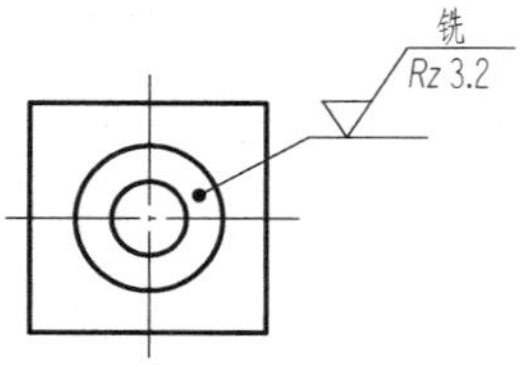
铣
Rz 3.2
（a）用带黑点的
指引线引出标注
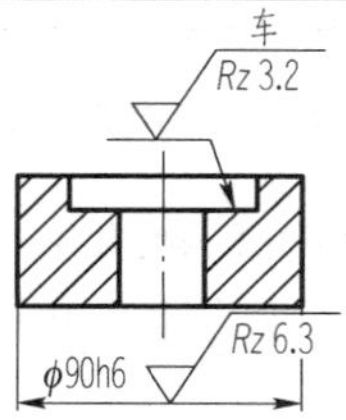
车
Rz 3.2
Rz 6.3
ϕ90h6
（b）用带箭头的
指引线引出标注</td></tr>
<tr><td>6</td><td>表面结构要求标注在尺寸线上</td><td>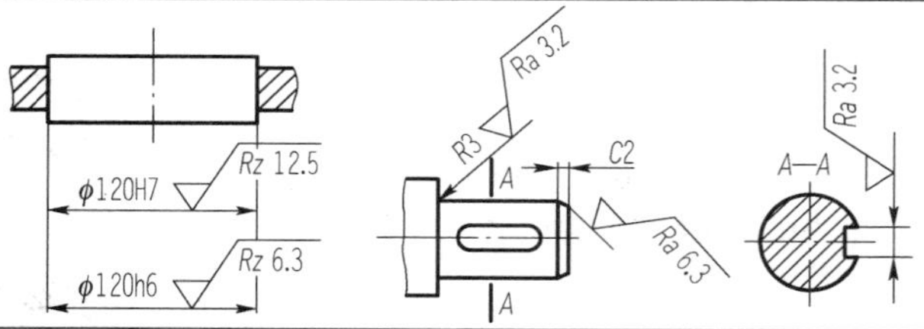
Rz 12.5
ϕ120H7
Rz 6.3
ϕ120h6
Ra 3.2
R3
C2
A
A
Ra 6.3
Ra 3.2
A—A</td></tr>
<tr><td>7</td><td>表面结构要求在几何公差框格的上方</td><td>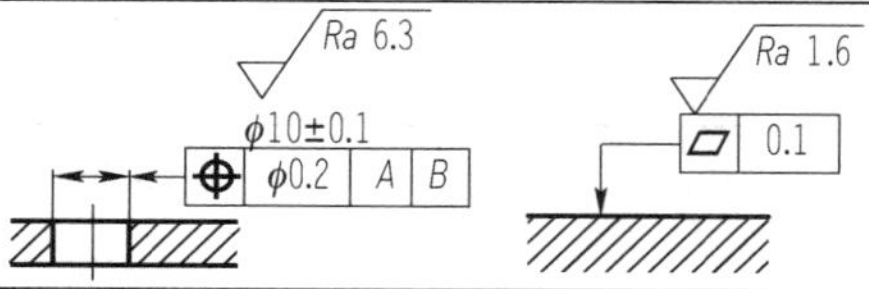
Ra 6.3
ϕ10±0.1
ϕ0.2
A
B
Ra 1.6
0.1</td></tr>
<tr><td>8</td><td>圆柱表面结构要求的注法</td><td>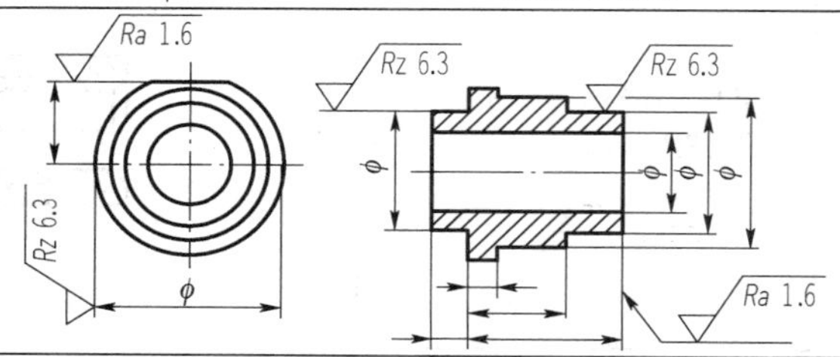
Ra 1.6
Rz 6.3
ϕ
Rz 6.3
Rz 6.3
ϕ
ϕ
ϕ
ϕ
Ra 1.6</td></tr>
</table>

续表

序号	注法	示例
9	棱柱表面结构要求的注法	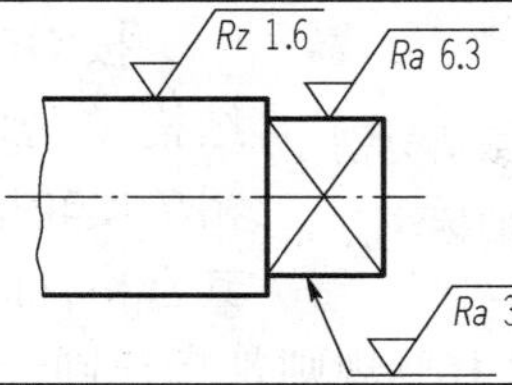 Rz 1.6　Ra 6.3　Ra 3.2
10	大多数表面有相同表面结构要求的简化画法（一）	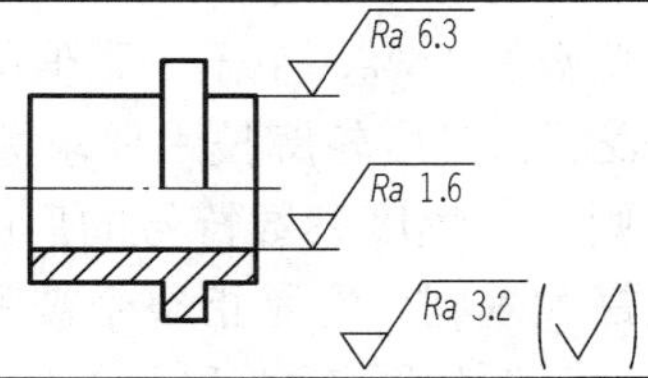 Ra 6.3　Ra 1.6　Ra 3.2（√）
11	大多数表面有相同表面结构要求的简化画法（二）	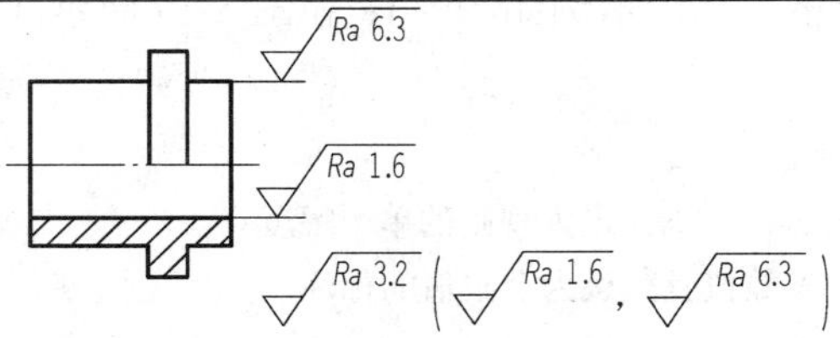 Ra 6.3　Ra 1.6　Ra 3.2（Ra 1.6，Ra 6.3）
12	同时给出镀覆前后的表面结构要求的注法	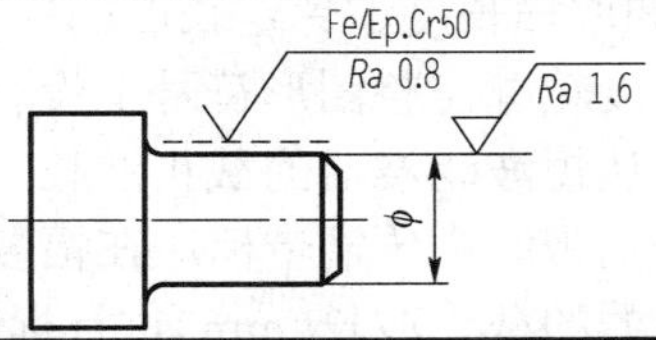 Fe/Ep.Cr50　Ra 0.8　Ra 1.6　φ

1）表面粗糙度轮廓各技术要求在完整图形符号上的标注

在完整图形符号的周围标注评定参数的符号及极限值和其他技术要求。表面粗糙度数值及其规定符号在书写中的规定位置如图 5-15 所示（默认传输带，默认评定长度 $ln=5\times lr$，极限值判断规则默认 16%）。

2）表面粗糙度轮廓极限值的标注

按 GB/T 131—2006 的规定，在完整图形符号上标注幅度参数极限值，其给定数值分为下列两种情况：

（1）标注极限值中的一个数值且默认为上限值。在完整图形符号上，幅度参数的符号及极限值应一起标注。但只单向标注一个数值时，则默认为它是幅度参数的上限值。标注示例如图 5-16（a）、（b）所示（默认传输带，默认评定长度 $ln=5\times lr$，极限值判断规则默认 16%）。

（2）同时标注上、下限值。需要在完整图形符号上同时标注幅度参数的上、下限值时，应分成两行标注幅度参数符号和上、下限值。上限值标注在上方，并在传输带的前面加注符号“U”；下限值标注在下方，并在传输带的前面加注符号“L”。当传输带采用默认的标准化值而省略标注时，则在上方和下方幅度参数符号的前面分别加注符号“U”和“L”，标注示例如图 5-17 所示（默认传输带，默认评定长度 $ln=5\times lr$，极限值判断规则默认 16%）。

Ra 1.6　　Rz 3.2

（a）　　（b）

图 5-16　幅度参数值默认为上限值的标注

当对某一表面标注幅度参数的上、下限值时，在不引起歧义的情况下，可以不加注符号

“U”和“L”。

URa 3.2
LRa 1.6

URz 6.3
LRz 3.2

图 5-17　两个幅度参数值分别确认为上、下限值的标注

3）极限值判断规则的标注

按 GB/T 10610—2009《产品几何技术规范（GPS） 表面结构 轮廓法 评定表面结构的规则和方法》的规定，根据表面粗糙度轮廓代号上给定的极限值，对实际表面进行检测后判断其合格性时，可以采用下列两种判断规则。

（1）16%规则。16%规则是指在同一评定长度范围内幅度参数所有的实测值中，大于上限值的个数少于总数的 16%，小于下限值的个数少于总数的 16%，则为合格。

16%规则是表面粗糙度轮廓技术要求标注中的默认规则，如图 5-16 和图 5-17 所示。

（2）最大规则。在幅度参数符号的后面增加标注一个“max”的标记，则表示检测时合格性的判断采用最大规则。它是指整个被测表面上幅度参数所有的实测值皆不大于上限值，才认为合格。标注示例如图 5-18 和图 5-19 所示（去除材料，默认传输带，默认 $ln=5\times lr$）。

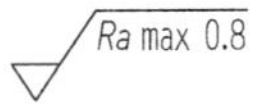

图 5-18　确认最大规则的单个幅度参数值且默认为上限值的标注

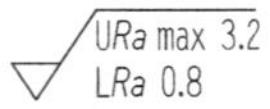

图 5-19　确认最大规则的上限值和默认 16%规则的下限值的标注

4）传输带和取样长度、评定长度的标注

若表面粗糙度轮廓完整图形符号上没有标注传输带（图 5-16～图 5-19），则表示采用默认传输带，即默认短波滤波器的截止波长（λs 和 λc）皆为标准化值。

需要指定传输带时，传输带标注在幅度参数符号的前面，并用斜线“/”隔开。传输带用短波和长波滤波器的截止波长(mm)进行标注，短波滤波器 s 在前，长波滤波器 c 在后($\lambda c=lr$)，它们之间用半字线“-”隔开，标注示例如图 5-20（a）～（c）所示（去除材料，默认传输带，默认 16%规则）。

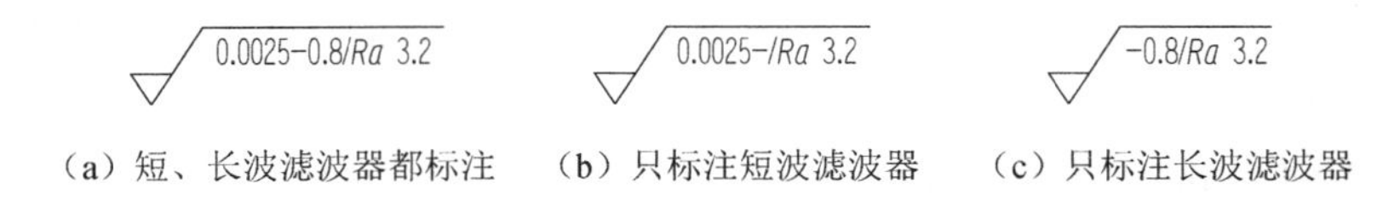

（a）短、长波滤波器都标注　（b）只标注短波滤波器　（c）只标注长波滤波器

图 5-20　确认传输带的标注

图 5-20（a）的标注中传输带λs=0.0025mm，$\lambda c=lr$=0.8mm。在某些情况下，对传输带只标注两个滤波器中的一个，另一个滤波器则采用默认的截止波长标准化值，只标注一个滤波器时，应保留半字线“-”来区分是短波滤波器还是长波滤波器。例如，图 5-20（b）的标注中，传输带λs=0.0025mm，λc 默认为标准化值；图 5-20（c）的标注中，传输带λc=0.8mm，λs 默认为标准化值。

设计时若采用标准评定长度，则评定长度值采用默认的标准化值 5 而省略标注（图 5-20）。需要指定评定长度时（在评定长度范围内的取样长度个数不等于 5），应在幅度参数符号的后面注写取样长度的个数，如图 5-21（a）、（b）所示（去除材料，评定长度 $ln\neq 5\times lr$，幅度参数默认为上限值）。图 5-21（a）的标注中，$ln=3\times lr$，λc=1mm，λs 默认为标准化值 0.0025mm，判断规则默认为 16%规则；图 5-21（b）的标注中，$ln=6\times lr$，传输带为 0.008～1mm，判断规则采用最大规则。

（a）要求$ln=3\times lr$　　（b）要求$ln=6\times lr$

图 5-21　评定长度的标注

5）表面纹理的标注

各种典型的表面纹理及其方向用图 5-22 中规定的符号标注。它们的解释分别见各个分图题及图 5-22 各个分图中对应的图形。如果这些符号不能清楚地表示表面纹理要求，可以在零件图上加注说明。

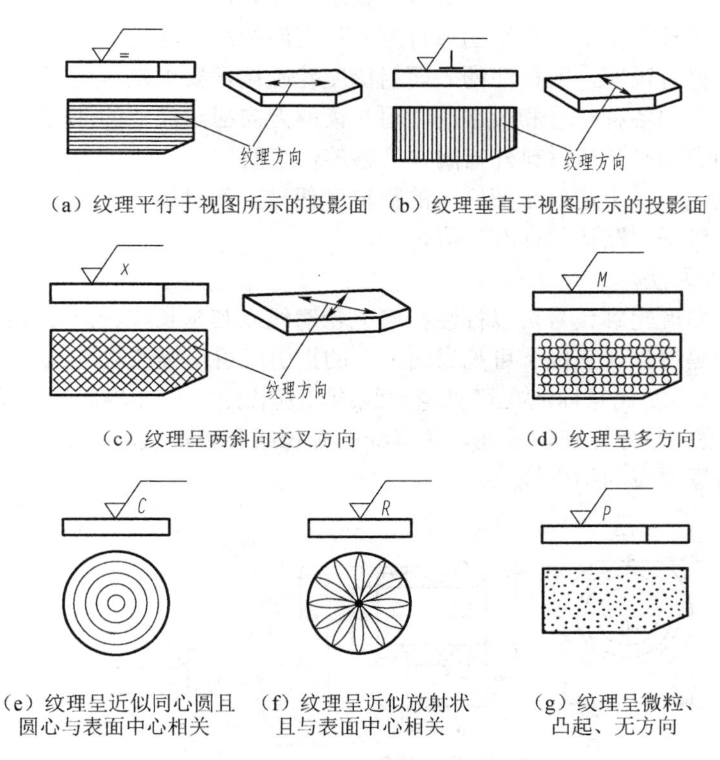

（a）纹理平行于视图所示的投影面　（b）纹理垂直于视图所示的投影面

（c）纹理呈两斜向交叉方向　（d）纹理呈多方向

（e）纹理呈近似同心圆且圆心与表面中心相关　（f）纹理呈近似放射状且与表面中心相关　（g）纹理呈微粒、凸起、无方向

图 5-22　加工纹理方向的符号及其标注图例

6）附加评定参数和加工方法的标注

附加评定参数和加工方法的标注示例如图 5-23 所示。该图亦为上述各项技术要求在完整图形符号上标注的示例：用磨削的方法获得的表面幅度参数 *Ra* 上限值为 1.6μm；采用最大规则限值为 0.2μm（默认 16%规则）；传输带皆采用λs=0.008mm，λc=lr=1mm；评定长度值采用默认的标准化值 5；附加了间距参数 *Rsm*0.05mm；加工纹理垂直于视图所在的投影面。

7）加工余量的标注

在零件图上标注的表面粗糙度轮廓技术要求都是针对完工零件表面的要求，因此不需要标注加工余量。对于有多个加工工序的表面可以标注加工余量，例如，图 5-24 所示车削工序的直径方向加工余量为 0.4mm。

图 5-23　表面粗糙度轮廓各项技术要求标注的示例

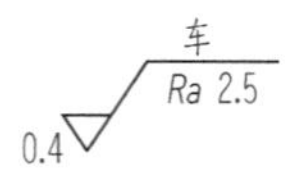

图 5-24　加工余量的标注（其余技术要求皆采用默认）

4. 表面粗糙度轮廓代号在零件图上标注的规定和方法

1）一般规定

对零件任何一个表面的粗糙度轮廓技术要求一般只标注一次，并且用表面粗糙度轮廓代号（在周围注写了技术要求的完整图形符号）尽可能标注在注写了相应尺寸及极限偏差的同一视图上。除非另有说明，所标注的表面粗糙度轮廓技术要求是对完工零件表面的要求。此外，粗糙度代号上的各种符号和数字的注写和读取方向应与尺寸的注写和读取方向一致，并且粗糙度代号的尖端必须从材料外指向并接触零件表面。

为了使图例简单，下述各个图例中的粗糙度代号上都只标注了幅度参数符号及上限值，其余的技术要求皆采用默认的标准化值。

2）常规标注方法

（1）表面粗糙度轮廓代号可以标注在可见轮廓线或其延长线、尺寸界线上，可以用带箭头的指引线或带黑端点（它位于可见表面上）的指引线引出标注。

图 5-25 为粗糙度代号标注在可见轮廓线或其延长线、尺寸界线和带箭头的指引线上。图 5-26 为粗糙度代号标注在轮廓线、轮廓线的延长线和带箭头的指引线上。图 5-27 为粗糙度代号标注在带黑端点的指引线上。

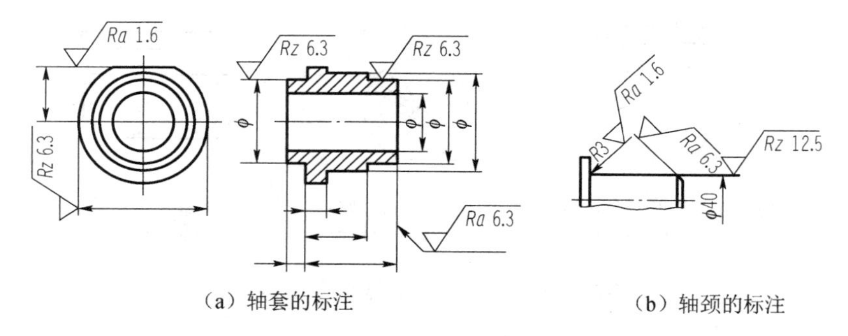

图 5-25　粗糙度代号上标注在可见轮廓线或其延长线、尺寸界线和带箭头的指引线上

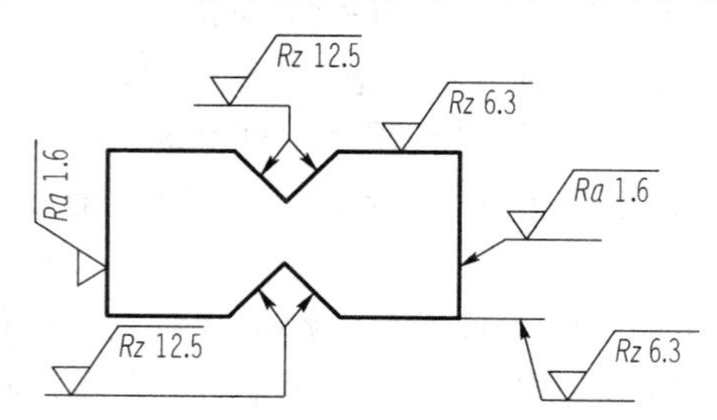

图 5-26　粗糙度代号标注在轮廓线、轮廓线的延长线和带箭头的指引线上

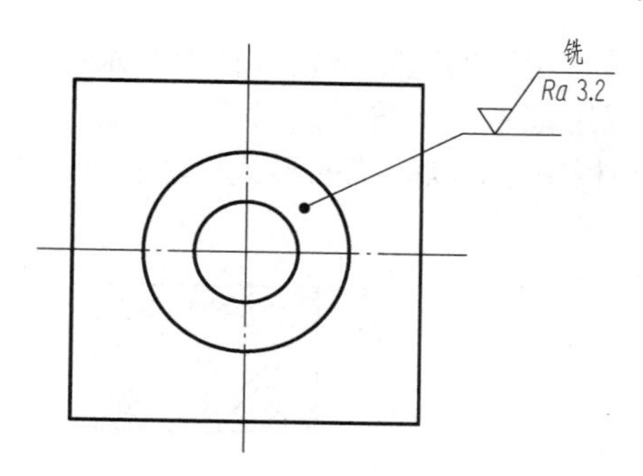

图 5-27　粗糙度代号标注在带黑端点的指引线上

（2）在不引起误解的前提下，表面粗糙度轮廓代号可以标注在特征尺寸的尺寸线上。例如，图 5-28 所示粗糙度代号标注在孔、轴的直径定形尺寸的尺寸线上和键槽的宽度定形尺寸的尺寸线上。

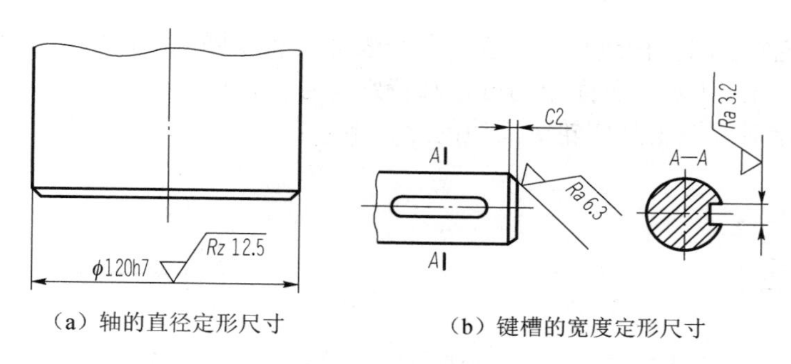

（a）轴的直径定形尺寸　　（b）键槽的宽度定形尺寸

图 5-28　粗糙度代号标注在特征尺寸的尺寸线上

（3）粗糙度符号可以标注在几何公差框架的上方，如图 5-29 所示。

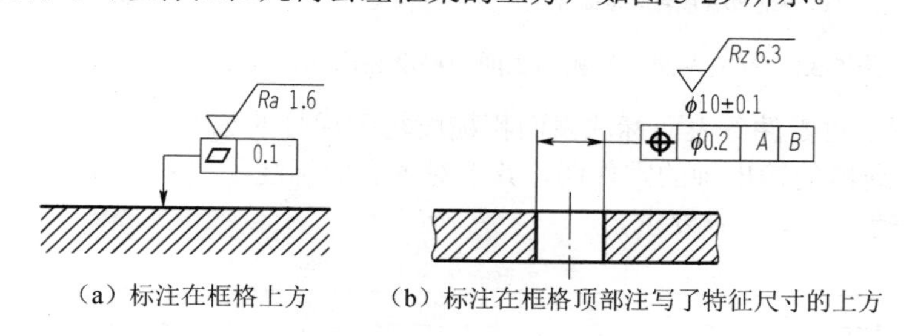

（a）标注在框格上方　　（b）标注在框格顶部注写了特征尺寸的上方

图 5-29　粗糙度代号标注在几何公差框架的上方

3）简化标注的规定方法

（1）当零件的某些表面（或多数表面）具有相同的表面粗糙度轮廓技术要求时，对这些表面的技术要求可以统一标注在零件图的标题栏附近，省略对这些表面进行分别标注。

采用这种简化标注法时，除了需要标注相关表面统一技术要求的表面粗糙度代号以外，还需要在其右侧画一个圆括号，在此括号内标出一个图 5-30 所示的基本图形符号。标注示例见图 5-30 的右下角标注（它表示除了两个已标注粗糙度的表面以外的其余表面的粗糙度要求）和图 5-33 的标注。

（2）当零件的几个表面具有相同的粗糙度轮廓技术要求或粗糙度代号直接标注在零件某表面上受到空间限制时，可以用基本图形符号或只带一个字母的完整图形符号标注在零件的这些表面上，而在图形或标题栏附近，以等式的形式标注相应的粗糙度代号，如图 5-31 所示。

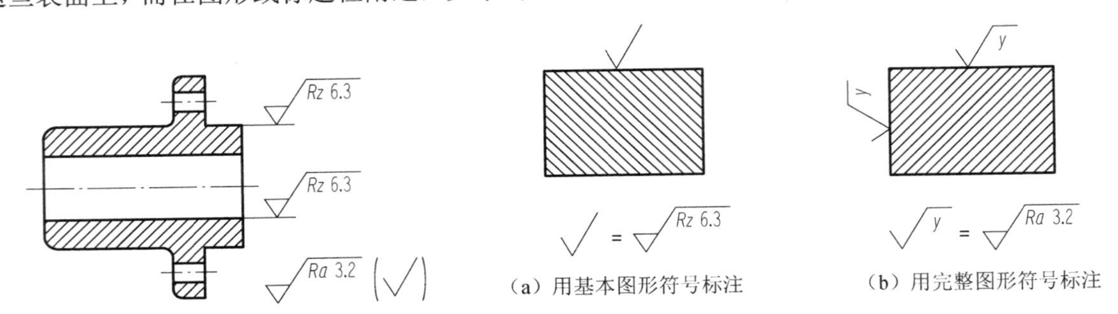

（a）用基本图形符号标注　（b）用完整图形符号标注

图 5-30　零件某些表面具有相同的表面粗糙度轮廓技术要求的简化标注

图 5-31　用等式形式简化标注的示例

（3）当图样某个视图上构成封闭轮廓的各个表面具有相同的表面粗糙度轮廓技术要求时，可以采用图 5-32（a）所示的表面粗糙度轮廓特殊符号进行标注。标注示例如图 5-32（b）所示，特殊符号表示对视图上封闭轮廓周边的上、下、左、右 4 个表面的共同要求，不包括前表面和后表面。

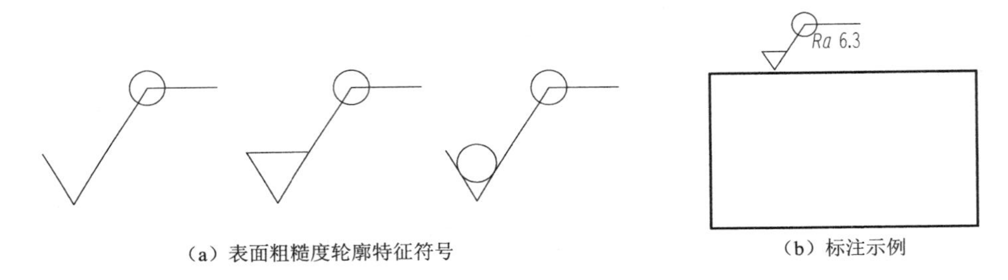

（a）表面粗糙度轮廓特征符号　（b）标注示例

图 5-32　有关表面具有相同表面粗糙度轮廓技术要求时的简化注法

4）在零件图上对零件各表面标注表面粗糙度轮廓代号的示例

图 5-33 为减速器的输出轴的零件图，其上对各表面标注了尺寸及其公差带代号，以及几何公差和表面粗糙度轮廓技术要求。

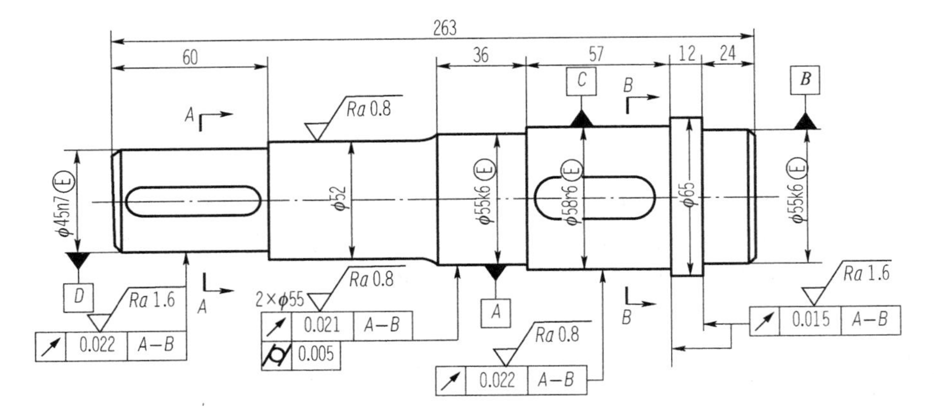

图 5-33　输出轴

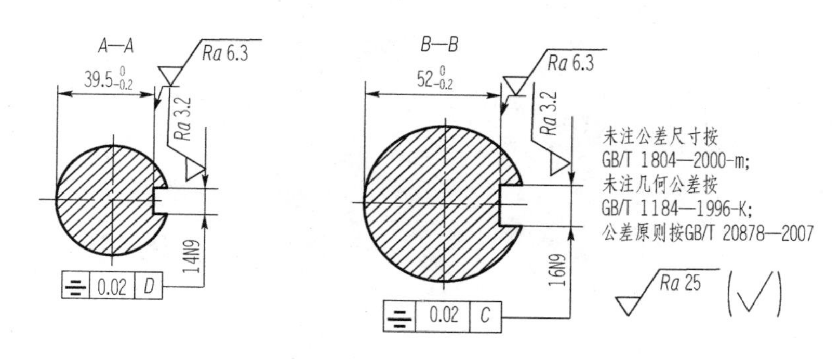

图 5-33　输出轴（续）

习　题　5

简答题

（1）试述表面粗糙度、表面波纹度与形状误差之间的区别。

（2）表面粗糙度对零件表面的影响主要有哪些？

（3）表面粗糙度的选择原则有哪些？

（4）一般情况下，下列每组中两孔表面粗糙度参数值的允许值是否应该有差异？如果有差异，那么哪个孔的允许值小？为什么？

① ϕ40H8 与ϕ20H8 孔。

② ϕ60H7/h6 与ϕ60H7/p6 中的 H7 孔。

③ 圆柱度公差分别为 0.01mm 和 0.02mm 的ϕ50H7 孔。

（5）表面粗糙度的图样标注中，什么情况下要标注出评定参数的上限值、下限值？什么情况下要标注出最大值、最小值？上限值和下限值与最大值和最小值如何标注？

第6章 光滑极限量规

6.1 基本概念

6.1.1 光滑极限量规的作用

为了保证零件的尺寸精度，除了必须根据经济地满足使用要求的原则在公差设计中确定尺寸的极限偏差以外，还应有相应的检验方法与标准，作为工件制造过程中的技术保证。经检验合格的工件，才能满足设计要求。

光滑工件的尺寸有两种检验方法：通用计量器具检验和光滑极限量规检验。在机器制造中，工件的尺寸一般使用通用计量器具来测量，但在成批或大量生产中，多采用光滑极限量规来检验。光滑极限量规是一种无刻度（不可读数）的定值专用检验工具，用它来检验零件时，只能判断零件是否在规定的极限范围内，而不能得出零件的实际尺寸和几何误差的具体数值。其中，检验工件孔径的量规称为塞规，检验工件轴径的量规称为卡规。光滑极限量规具有结构简单、使用方便、可靠和检验效率高等特点。

1. 塞规

图 6-1 所示为塞规直径与孔径的关系。一个塞规按被测孔的最大实体尺寸（即孔的下极限尺寸）制造，另一个塞规按被测孔的最小实体尺寸（即孔的上极限尺寸）制造。前者叫做塞规的“通规”（或“通端”），后者叫做塞规的“止规”（或“止端”），“通规”和“止规”应成对使用。塞规的通规用于检验孔的体外作用尺寸是否超出最大实体尺寸，塞规的止规用于检验孔的实际尺寸是否超出最小实体尺寸。使用时，塞规的通规通过被检验孔，表示被测孔径大于下极限尺寸；塞规的止规不能通过被检验孔，表示被测孔径小于上极限尺寸。即说明孔的实际尺寸在规定的极限尺寸范围内，被检验孔是合格的。

2. 卡规

同样，检验轴径的光滑极限量规叫做卡规或环规。图 6-2 所示为卡规尺寸与轴径的关系。一个卡规按被测轴的最大实体尺寸（即轴的上极限尺寸）制造；另一个卡规按被测轴的最小实体尺寸（即轴的下极限尺寸）制造，前者叫做卡规的“通规”，后者叫做卡规的“止规”，“通规”和“止规”应成对使用。卡规的通规用于检验轴的体外作用尺寸是否超出最大实体尺寸，卡规的止规用于检验轴的实际尺寸是否小于最小实体尺寸。使用时，卡规的通规能顺利地滑过轴径，表示被测轴径比上极限尺寸小；卡规的止规滑不过去，表示轴径比下极限尺寸大。即说明被测轴的实际尺寸在规定的极限尺寸范围内，被检验轴是合格的。

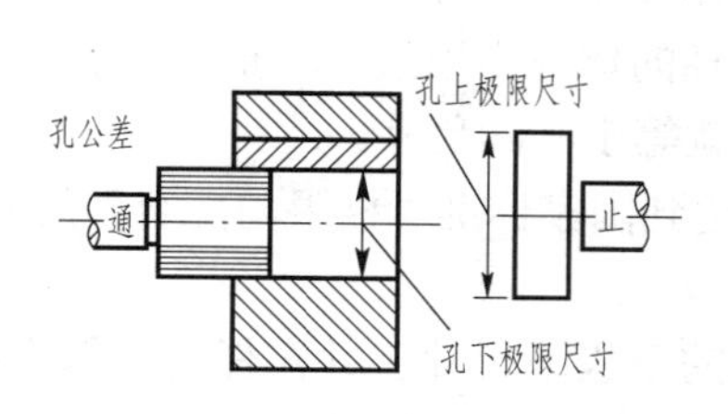

图 6-1　塞规直径与孔径的关系

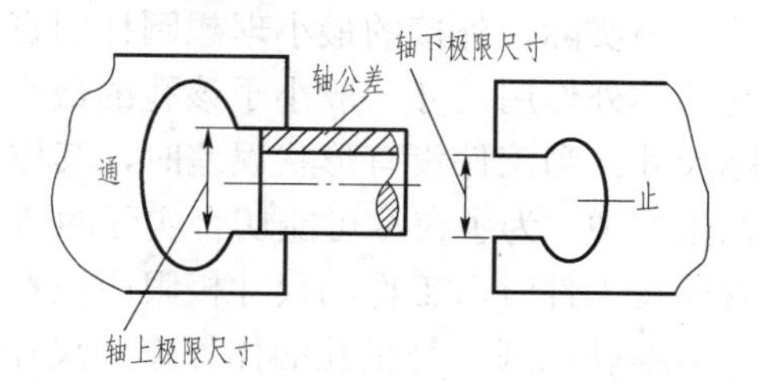

图 6-2　卡规尺寸与直径的关系

6.1.2　光滑极限量规的种类

国家标准 GB/T 1957—2006《光滑极限量规 技术条件》将光滑极限量规按用途分为以下几种。

1. 工作量规

工作量规是工人在制造过程中，用来检验工件时使用的量规。工作量规的“通规”用代号“T”表示，“止规”用代号“Z”表示。

2. 验收量规

验收量规是检验部门和用户代表验收产品时使用的量规。

3. 校对量规

校对量规是检验轴用工作量规的量规。实际上，轴用工作量规就是孔，测量起来比较困难，使用过程中这种量规又易于磨损和变形，所以必须用校对量规对其进行检验和校对。孔用工作量规是轴，为便于用通用测量仪器进行检验，国家标准未规定校对量规。

校对量规有 3 种，其名称、代号、功能见表 6-1。

表 6-1　校对量规

量规形状	检验对象		量规名称	量规代号	功能	判断合格的标志
塞规	轴用工作量规	通规	校通—通	TT	防止通规制造时尺寸过小	通过
		止规	校止—通	ZT	防止止规制造时尺寸过小	通过
		通规	校通—损	TS	防止通规使用中磨损过大	通不过

6.2　泰勒原则

由于形状误差的存在，工件尺寸即使位于极限尺寸范围内，也有可能装配困难，何况工件上各处的实际尺寸往往不相等，故用量规检验时，为了正确地评定被测工件是否合格，是否能装配，光滑极限量规应遵循泰勒原则来设计。

如图 6-3 所示，在配合面的全长上与实际孔内接的最大理想圆柱面直径称为孔的体外作用尺寸；与实际轴外接的最小理想圆柱面直径称为轴的体外作用尺寸。当工件存在形状误差时，孔的体外作用尺寸一般小于该孔的最小实际尺寸，轴的体外作用尺寸一般大于该轴的最大实际尺寸；当工件没有形状误差时，其体外作用尺寸就等于实际尺寸。

在生产中，为了在尽可能切合实际的情况下，保证达到国家标准“极限与配合”的要求，用量规检验工件时，工件的尺寸极限应按泰勒原则来判断。

所谓泰勒原则，是指孔的体外作用尺寸应不小于孔的下极限尺寸，并在任何位置上孔的最大实际尺寸应不大于孔的上极限尺寸；轴的体外作用尺寸应不大于轴的上极限尺寸，并在任何位置上轴的最小实际尺寸应不小于轴的下极限尺寸。

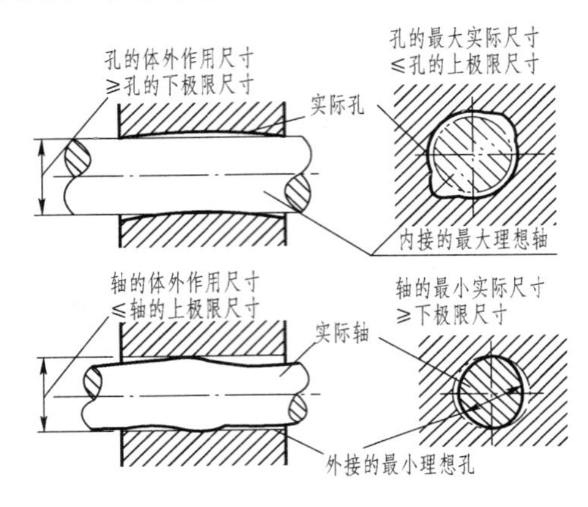

图 6-3　极限尺寸的判断原则

用光滑极限量规检验工件时，设计的量规要符合泰勒原则，必须符合两个要求：尺寸要求和形状要求。

6.2.1　量规的尺寸要求

通规的设计尺寸应等于工件的最大实体尺寸 MMS（孔 MMS= D_{min} ，轴 MMS= d_{max} ）；止规的设计尺寸应等于工件的最小实体尺寸 LMS（孔 MMS= D_{max} ，轴 MMS= d_{min} ）。

6.2.2　量规的形状要求

1. 符合量规设计原则的量规形状

通规用于控制工件的体外作用尺寸，它的测量面理论上应具有与孔或轴相应的完整表面（即全形量规），其尺寸等于孔或轴的最大实体尺寸，且量规长度等于配合长度。

止规用于控制工件的实际尺寸，它的测量面理论上应为点状的（即不全形量规），其尺寸等于孔或轴的最小实体尺寸。

符合泰勒原则的量规形状是：通规是全形，止规为不全形。这样量规检验工件时，工件合格的条件是通规能通过、止规通不过，否则为不合格。如果量规尺寸和形状背离了泰勒原则，将造成误判。如图 6-4（c）所示，该孔的实际轮廓已超过尺寸公差带，应判为不合格。如果使用两点状不全形通规［图 6-4（b）］、全形止规［图 6-4（e）］来检验该孔，得到的是“通规能通过、止规通不过”的结论，结果误判该孔合格，这就是量规的测量面形状不符合泰勒原则而导致的。

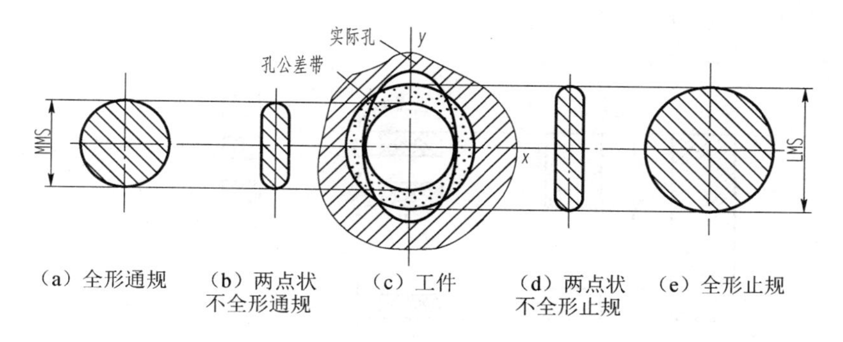

图 6-4　量规形状对检验结果的影响

2. 实际生产中量规的形状

在实际应用中，由于量规的制造和使用方便等原因，极限量规常偏离上述原则。在光滑极限量规的有关国家标准中，对某些偏离做了一些规定，提出了一些要求。例如，为了使用已标准化的量规，允许通规的长度小于结合长度；对于大孔，用全形塞规通规，既笨重又不便使用，故允许用不全形塞规或球端杆规；环规通规不便于检验曲轴，故允许用卡规代替。又如，止规也不一定是两点接触式，由于点接触容易磨损，一般常用小平面、圆柱或球面代替点。检验小孔的塞规止规，常用便于制造的全形塞规。刚性差的工件，由于考虑到受力变形，常用全形的塞规与环规。

国家标准 GB/T 1957—2006 规定，使用偏离泰勒原则的量规时，应保证被检验工件的形状误差不致影响配合的性质。

泰勒原则是设计极限量规的依据，用这种极限量规检验工件，基本上可保证工件极限与配合的要求，达到互换的目的。

6.3　量规公差带

虽然量规是一种精密的检验工具，量规的制造精度比被检验工件的精度要求要高，但在制造时也不可避免地会产生误差，不可能将量规的工作尺寸正好加工到某一规定值，因此对量规也必须规定制造误差。

为了保证验收质量，防止误收，量规的公差带采用了内缩的方式，如图 6-5 所示。由于通规在使用过程中经常通过工件，因而会逐渐磨损。为了使通规具有一定的使用寿命，应当留出适当的磨损储备量，因此对通规应规定磨损极限，即将通规公差带从最大实体尺寸 MMS（轴是 d_{max}，孔是 D_{min}）向工件公差带内缩一个距离；而止规通常不通过工件，所以不需要留磨损储备量，故将止规公差带放在工件公差带内紧靠最小实体尺寸 LMS 处（轴是 d_{min}，孔是 D_{max}）。校对量规也不需要留磨损储备量。

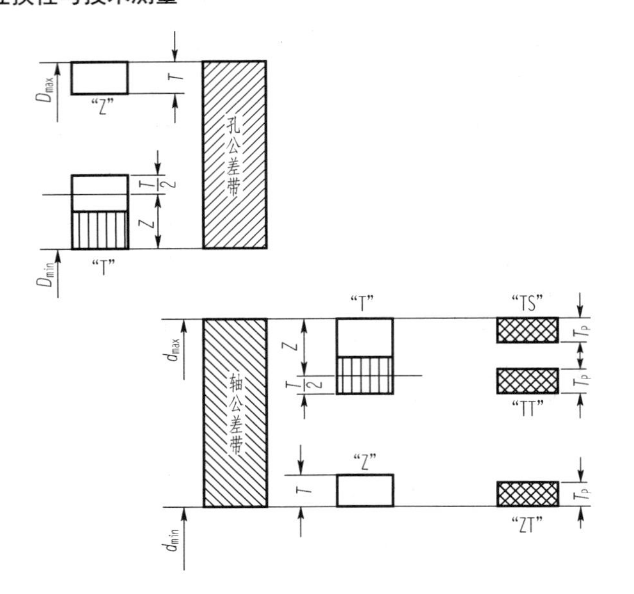

图 6-5　量规公差带图

国家标准规定了各级工件用的工作量规的制造公差 T 和通规位置要素 Z 值，列于表 6-2。

表 6-2 中的数值 T 和 Z 是考虑了量规的制造工艺水平和一定的使用寿命，按表 6-2 的关系式计算确定的。

根据上述可以看出，工作量规公差带位于工件极限尺寸范围内，校对量规公差带位于被校对量规的公差带内，从而保证了工件符合国家标准"极限与配合"的要求。同时，国家标准规定的量规公差和位置要素值的规律性较强，便于发展。但是，相应地缩小了工件的制造公差，给生产带来了一些困难。

表 6-2　工作量规制造公差与位置要素计算公式

公差等级	IT6	IT7	IT8	IT9	IT10	IT11	IT12	IT13	IT14	IT15
T	公比 1.25						公比 1.5			
	T_0=15%IT6	$1.25T_0$	$1.6T_0$	$2T_0$	$2.5T_0$	$3.15T_0$	$4T_0$	$6T_0$	$9T_0$	$13.5T_0$
Z	公比 1.4						公比 1.5			
	Z_0=17.5%IT6	$1.4Z_0$	$2Z_0$	$2.8Z_0$	$4Z_0$	$5.6Z_0$	$8Z_0$	$12Z_0$	$18Z_0$	$27Z_0$

6.4　量 规 设 计

6.4.1　工作量规的设计步骤

工作量规的设计步骤具体如下：

（1）根据被检工件的尺寸大小和结构特点等因素选择量规的结构形式。

（2）根据被检工件的公称尺寸和公差等级，查出量规的制造公差 T 和位置要素 Z 的值，画出量规公差带图，计算量规工作尺寸的上、下极限偏差。

（3）确定量规结构尺寸，计算量规工作尺寸，绘制量规工作图，标注尺寸及技术要求。

6.4.2　量规形式的选择

检验圆柱形工件的光滑极限量规的形式很多，合理地选择和使用，对能否正确判断测量结果影响很大。国家标准中推荐测孔时，可按图 6-6（a）选用塞规；测轴时，可按图 6-6（b）选用卡规。

图中各种形式的量规及尺寸应用范围，仅供选用时参考，它们的具体结构参看国家标准 GB/T 10920—2008《螺纹量规和光滑极限量规 型式与尺寸》。

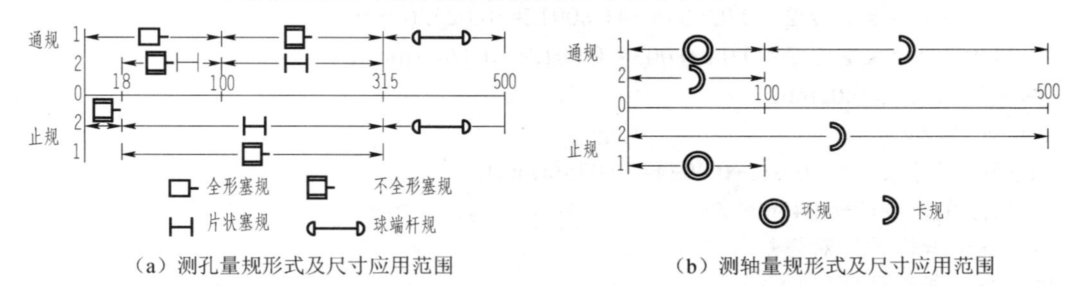

（a）测孔量规形式及尺寸应用范围　　（b）测轴量规形式及尺寸应用范围

图 6-6　国家标准推荐的量规形式及尺寸应用范围

6.4.3　量规工作尺寸的计算

光滑极限量规工作尺寸计算的一般步骤如下：

（1）由国家标准 GB/T 1800.1—2009 查出孔与轴的上、下极限偏差。

（2）由表 6-3 查出工作量规制造公差 T 和位置要素 Z 的值。按工作量规制造公差 T，确定工作量规的形状公差和校对量规的制造公差。

（3）计算各种量规的极限偏差或工作尺寸。

【例 6-1】 计算 ϕ20H8/f7 孔与轴用量规的极限偏差，并画出量规的公差带图。

解　由国家标准 GB/T 1800.1—2009 查出孔与轴的上、下极限偏差如下：

孔：ES=+0.033mm，EI=0；

轴：es=−0.02mm，ei=−0.041mm。

由表 6-3 查出工作量规的制造公差 T 和位置要素 Z 的值，并确定量规的形状公差和校对量规的制造公差如下：

塞规制造公差 T=0.0034mm；

塞规位置要素 Z=0.005mm；

塞规形状公差 T/2=0.0017mm；

卡规制造公差 T=0.0024mm；

卡规位置要素 Z=0.0034mm；

卡规形状公差 T/2=0.0012mm；

校对量规制造公差 $T_p=T/2$=0.0012mm。

参照量规公差带图计算各种量规的极限偏差。

1）ϕ20H8 孔用塞规

“通规”（T）：

上极限偏差=EI+Z+T/2=0+0.005+0.0017=+0.0067(mm)；

下极限偏差=EI+Z−T/2=0+0.005−0.0017=+0.0033(mm)；

磨损极限=EI=0。

“止规”（Z）：

上极限偏差=ES=+0.033mm；

下极限偏差=ES−T=0.033−0.0034=+0.0296(mm)。

2）ϕ20f7 轴用卡规

“通规”（T）：

上极限偏差=es−Z+T/2=−0.02−0.0034+0.0012=−0.0222(mm)；

下极限偏差=es−Z−T/2=−0.02−0.0034−0.0012=−0.0246(mm)；

磨损极限=es=−0.02mm。

“止规”（Z）：

上极限偏差=ei+T=−0.041+0.0024=−0.0386(mm)；

下极限偏差=ei=−0.041mm。

3）轴用卡规的校对量规

“校通—通”量规（TT）：

上极限偏差=es−Z−T/2+T_p=−0.02−0.0034−0.0012+0.0012=−0.0234(mm)；

下极限偏差=es−Z−T/2=−0.02−0.0034−0.0012=−0.0246(mm)。

“校通—损”量规（TS）：

上极限偏差=es=−0.02mm；

下极限偏差=es−T_p=−0.02−0.0012=−0.0212(mm)。

“校止—通”量规（ZT）：

上极限偏差=ei+T_p=−0.041+0.0012=−0.0398(mm)；

下极限偏差=ei=−0.041mm。

4）ϕ20mm 孔与轴用量规公差带图如图 6-7 所示。

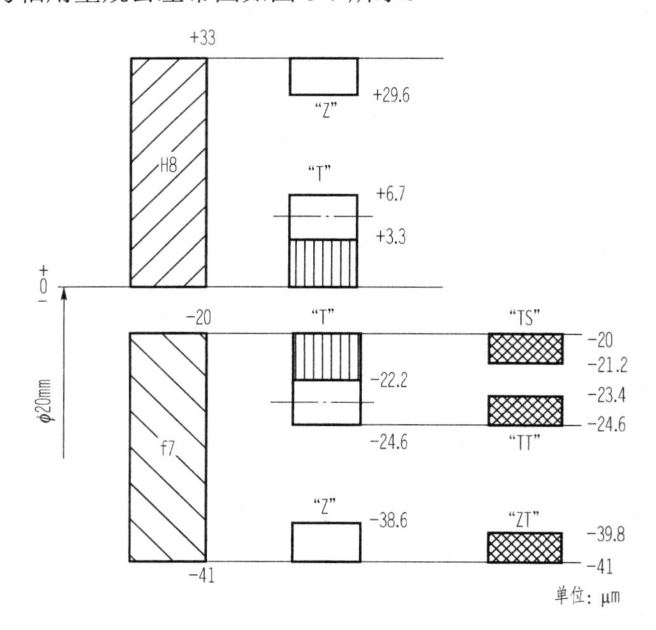

图 6-7　例 6-1 量规公差带图

6.4.4　量规的技术要求

量规测量面的材料一般用淬硬钢（合金工具钢、碳素工具钢、渗碳钢）和硬质合金等材料制造，也可在测量面上镀以厚度大于磨损量的镀铬层、氯化层等耐磨材料。

量规的测量面不应有锈迹、飞边、黑斑、划痕等缺陷，其他表面不应有锈蚀和裂纹。

量规的测头和手柄连接应牢固可靠，在使用过程中不应松动。

量规测量面的硬度对量规使用寿命有一定影响，通常用淬硬钢制造量规，其测量面的硬度应为 58～65HRC，以保证其耐磨性。

国家标准规定工作量规的几何误差应在工作量规的制造公差范围内，其公差为量规制造公差的 50%，当量规制造公差不大于 0.002mm 时，其几何公差为 0.001mm。

校对量规的制造公差，为被校对的轴用量规制造公差的 50%，其形状公差应在校对量规的制造公差范围内。

量规测量面的表面粗糙度取决于被检验工件的公称尺寸、公差等级、表面粗糙度及量规的制造工艺水平。量规表面粗糙度的大小，随上述因素和量规结构形式的变化而异，一般不大于国家标准推荐的光滑极限量规的表面粗糙度数值，见表 6-3。

工作量规工作尺寸的标注如图 6-8 所示。

表 6-3　光滑极限量规的表面粗糙度数值

工作量具	工件公称尺寸/mm		
	至 120	＞120～315	＞315～500
	表面粗糙度 *Ra*（不大于）/μm		
IT6 级孔用量规	0.025	0.05	0.1
IT6～IT9 级轴用量规 IT6～IT9 级孔用量规	0.05（0.025）	0.1（0.05）	0.2（0.1）
IT10～IT12 级孔、轴用量规	0.1（0.05）	0.2（0.1）	0.4（0.2）
IT13～IT16 级孔、轴用量规	0.2（0.1）	0.4（0.2）	0.4（0.2）

注：括号内的 *Ra* 值适用于校对量规。

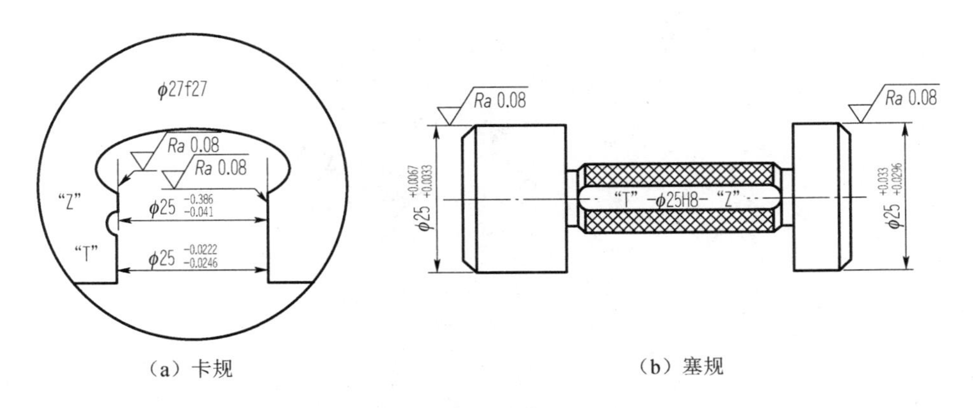

（a）卡规　　（b）塞规

图 6-8　工作量规工作尺寸的标注

习　题　6

简答题

（1）有一配合 $\phi 50\dfrac{\text{H8}\left(^{+0.039}_{\ 0}\right)}{\text{f7}\left(^{-0.025}_{-0.050}\right)}$，试按泰勒原则分别写出孔、轴尺寸合格的条件。在实际测量中如何体现这一合格条件？

（2）计算检验 $\phi 50$ $\phi 50\dfrac{\text{H7}}{\text{f6}}$ 用工作量规及轴用校对量规的工作尺寸，并画出量规公差带图。

（3）计算检验 $\phi 50\dfrac{\text{G7}}{\text{h6}}$ 孔、轴用工作量规的工作尺寸，并画出量规公差带图。

第7章 尺寸链

根据产品的技术要求，经济合理地决定各有关零件的尺寸公差与几何公差，使产品获得最佳的技术经济效益，对于保证产品质量与提高产品的设计水平都有重要意义。

尺寸链用于研究机械产品中零件的相互关系，分析影响装配精度与技术要求的因素，决定各有关零部件尺寸和位置的适宜公差，从而求得保证产品达到设计精度要求的经济合理的方法。

机械产品由零部件组成，只有各零部件间保持正确的尺寸关系，才能实现正确的运动关系及其他功能要求。但是，零件的尺寸、形状与位置在制造过程中又必然存在误差，因此需要从零部件尺寸与位置的变动中去分析各零部件之间的相互关系与相互影响。从产品的技术与装配条件出发，适当限定各零部件有关尺寸与位置容许的变动范围，如在结构设计上或在装配工艺上，为了达到精度要求采取相应措施。这些问题正是尺寸链的研究对象及其主要内容。

7.1 尺寸链的基本概念

7.1.1 尺寸链的定义及特点

在机器装配或零件加工过程中，由相互连接的尺寸形成的封闭尺寸组，称为尺寸链。如图 7-1（a）所示，车床尾座顶尖轴线和主轴轴线的高度差 A_0 是车床的主要指标之一，影响这项准确度的尺寸有尾座顶尖轴线高度 A_2、尾座底板厚度 A_1 和主轴轴线高度 A_3。这几个尺寸相互联系，构成了一条尺寸链，如图 7-1（b）所示。

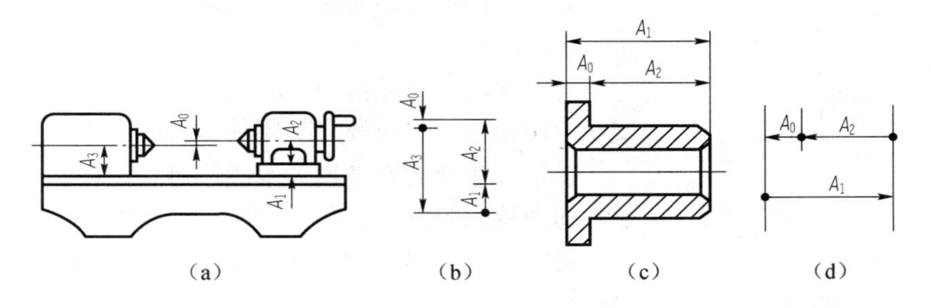

图 7-1 长度尺寸链

一个零件在加工过程中，某些尺寸的形成也是相互联系的。如图 7-1（c）所示的轴套，依次加工尺寸 A_1 和 A_2，则尺寸 A_0 就随之而定。因此，这 3 个相互联系的尺寸也构成一条尺寸链，如图 7-1（d）所示。

尺寸链具有两个特征：封闭性和相关性（制约性）。

封闭性是指组成尺寸链的各个尺寸应按一定顺序构成一个封闭系统；相关性（制约性）是指其中一个尺寸变动将影响其他尺寸变动，这些尺寸之间相互关联和制约。

不论何种尺寸链，都是由首尾相接的尺寸所组成的。把这些尺寸链中的每一个尺寸称为尺寸链的环，如图 7-1（a）中的 A_1，A_2，A_3，A_0。按环的不同性质可分为封闭环和组成环。

1. 封闭环

封闭环是尺寸链中的一个特殊环，常用下标 0 表示，如 A_0。它是在零件加工过程中或机器装配完毕后自然形成的，在图样上封闭环通常不标注，在装配图上有时可用技术要求的形式提出。图 7-1（a）、（c）中的 A_0 即为封闭环。

2. 组成环

在尺寸链中对封闭环有影响的全部环称为组成环，也就是尺寸链中除一个封闭环以外的其他各环。在同一尺寸链中，组成环常用同一字母表示，如 A_1，A_2，A_3，…，下角标阿拉伯数字表示环的编号。

按组成环的变化对封闭环的影响，组成环又分为增环和减环。

1）增环

增环是指尺寸链中的组成环，该环的变动引起封闭环的同向变动。同向变动是指在其他组成环尺寸不变的条件下，该环尺寸增大（减小），封闭环的尺寸也随之增大（减小），如图 7-1（a）中的 A_1 和 A_2。

2）减环

减环是指尺寸链中的组成环，该环的变动引起封闭环的反向变动。反向变动是指在其他组成环尺寸不变的条件下，该环尺寸增大（减小），封闭环的尺寸随之减小（增大），如图 7-1（a）中的 A_3。

按箭头方向法可判别增、减环的方向：在封闭环 A_0 上面按任意指向画一箭头，沿已定箭头方向，在每个组成环符号 A_1，A_2，A_3，…（或 B_1，B_2，B_3，…）上各画一箭头，使所画各箭头依次彼此头尾相连，组成环中箭头与封闭环箭头方向相同者为减环，相反者为增环。

尺寸链中可以预先选定某一组成环，通过改变其尺寸大小或位置使封闭环达到规定的要求，该环称为补偿环，亦称为协调环。

在同一尺寸链中，各组成环对封闭环的影响程度不一定相同。组成环对封闭环影响的大小可用传递系数 ξ_i 表示。传递系数是指各组成环对封闭环影响大小和方向的系数。如图 7-2 所示，图中尺寸链由组成环 L_1、L_2 和封闭环 L_0 组成，由图 7-2 有 $L_0 = L_1 + L_2\cos\alpha$，则其中的系数 $\xi_1 = 1$、$\xi_2 = \cos\alpha$ 即为传递系数。

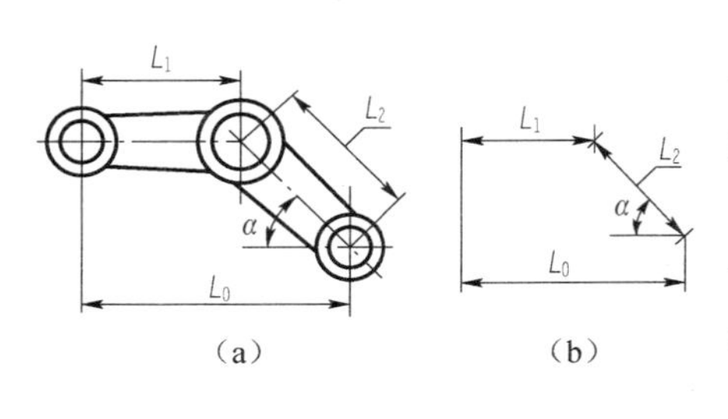

图 7-2 平面尺寸链

7.1.2 尺寸链的分类

为了便于分析与计算尺寸链，通常从不同角度对尺寸链加以分类。

（1）按各环尺寸的几何特性，尺寸链分为长度尺寸链和角度尺寸链。

长度尺寸链：全部环为长度尺寸的尺寸链。

角度尺寸链：全部环为角度尺寸的尺寸链。角度尺寸链常用于分析和计算机械结构中有关零件要素的位置精度，如平行度、垂直度和同轴度等。

长度尺寸链用大写英文字母表示；角度尺寸链用小写希腊字母表示。

（2）按应用场合，尺寸链分为装配尺寸链、零件尺寸链和工艺尺寸链。

装配尺寸链：全部组成环为不同零件设计尺寸所形成的尺寸链，如图 7-3（a）所示。

零件尺寸链：全部组成环为同一零件设计尺寸所形成的尺寸链，如图 7-3（b）所示。

工艺尺寸链：全部组成环为同一零件工艺尺寸所形成的尺寸链，如图 7-3（c）所示。

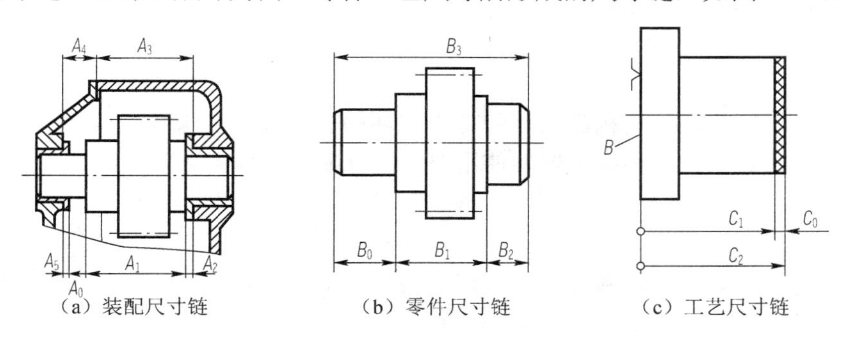

（a）装配尺寸链　（b）零件尺寸链　（c）工艺尺寸链

图 7-3　设计尺寸链与工艺尺寸链

装配尺寸链与零件尺寸链统称为设计尺寸链。这里，设计尺寸是指零件图上标注的尺寸；工艺尺寸是指工序尺寸、定位尺寸、基准尺寸与测量尺寸等。

（3）按各环所在的空间位置，尺寸链分为直线尺寸链、平面尺寸链和空间尺寸链。

直线尺寸链：全部组成环平行于封闭环的尺寸链（图 7-1）。

平面尺寸链：全部组成环位于一个或几个平行平面内，但某些组成环不平行于封闭环的尺寸链（图 7-2）。

空间尺寸链：组成环位于几个不平行平面内的尺寸链（图 7-4）。

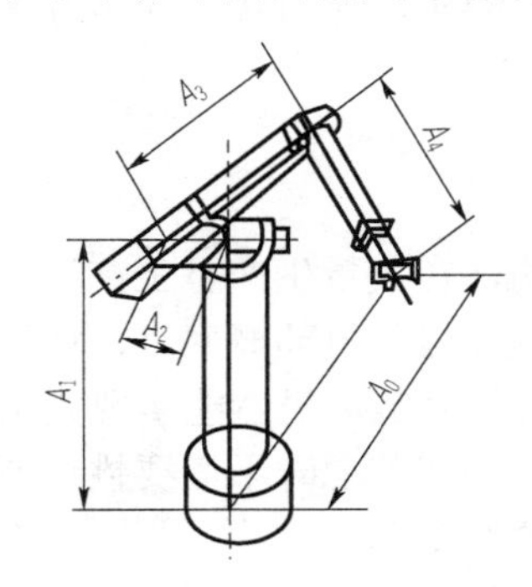

图 7-4　空间尺寸链

尺寸链中最常见的是直线尺寸链，平面尺寸链和空间尺寸链通常用坐标投影法转换为直线尺寸链，然后用解直线尺寸链的方法求解。

7.2 尺寸链的计算

7.2.1 尺寸链计算的类型

1. 正计算

正计算是指已知各组成环的极限尺寸，求封闭环的极限尺寸。这类计算主要用来验算设计的正确性，故又称为校核计算。

2. 反计算

反计算是指已知封闭环的极限尺寸和各组成环的公称尺寸，求各组成环的极限偏差。这类计算主要用在设计上，即根据机器的使用要求来分配各零件的公差。

3. 中间计算

中间计算是指已知封闭环和部分组成环的极限尺寸，求某一组成环的极限尺寸。这类计算常用在工艺上。

通常正计算又称为校核计算，反计算和中间计算又称为设计计算。

7.2.2 尺寸链计算方法

根据产品互换程度有不同的要求，尺寸链的计算方法有以下几种。

1. 完全互换法（极值法）

完全互换法是指从尺寸链各环的上、下极限尺寸出发进行尺寸链计算，不考虑各环实际尺寸的分布情况。按此法计算出来的尺寸加工各组成环，装配时各组成环不需挑选或辅助加工，装配后就能满足封闭环的公差要求，即可实现完全互换。完全互换法是尺寸链计算中最基本的方法。

2. 不完全互换法（概率法）

生产实践和大量统计资料表明，在大量生产且工艺过程稳定的情况下，各组成环的实际尺寸趋近公差带中的概率大，出现在极限值的概率小，增环与减环以相反极限值形成封闭环的概率就更小。所以，用极值法解尺寸链，虽然能实现完全互换，但往往是不经济的。

不完全互换法是指绝大多数产品在装配时不需要挑选或修配，就能满足封闭环的公差要求，即保证大多数产品达到互换性的要求。

按不完全互换法装配，在相同封闭环公差条件下，可使组成环的公差等级降低，这样可降低生产成本，从而获得良好的技术经济效益。不完全互换法常用在大批大量生产的情况下。

3. 其他方法

在某些场合，为了获得更高的装配精度，而生产条件又不允许提高组成环的制造精度时，可采用分组法、修配法和调整法等来完成这一任务。

分组法是指先按完全互换法计算各组成环的公差和极限偏差，再将各组成环的公差扩大若干倍，达到经济可行的公差后再加工，然后按完工零件的实际尺寸分组，根据大配大、小配小的原则进行装配，达到封闭环的公差要求。这样，同组内零件可互换，而不同组的零件不具备互换性。

修配法是指装配时修去指定零件上的预留修配量，使封闭环达到其公差或极限偏差要求的方法。要进行修配的组成环俗称修配环，它属于补偿环的一种。采用修配法装配时，首先应正确选定补偿环。

调整法是指装配时用改变产品中可调整零件的相对位置或选用合适的调整件，使封闭环达到其公差或极限偏差要求的方法。要调整的组成环也为补偿环的一种。

7.2.3 尺寸链的建立

1. 确定封闭环

建立尺寸链，首先要正确地确定封闭环。一个尺寸链只有一个封闭环。

（1）装配尺寸链的封闭环是在装配之后形成的，往往是机器上有装配精度要求的尺寸、保证机器可靠工作的相对位置尺寸或保证零件相对运动的间隙等。在着手建立尺寸链之前，必须查明机器装配和验收的技术要求中规定的所有几何精度要求项目，这些项目往往就是某些尺寸链的封闭环。

（2）零件尺寸链的封闭环应为公差等级要求最低的环，一般在零件图上不进行标注，以免引起加工中的混乱。

（3）工艺尺寸链的封闭环是在加工中最后自然形成的环，一般为被加工零件达到要求的设计尺寸或工艺过程中需要的余量尺寸。加工顺序不同，封闭环也不同，所以，工艺尺寸链的封闭环必须在加工顺序确定之后才能判断。

2. 查找组成环

组成环是对封闭环有直接影响的那些尺寸，与此无关的尺寸要排除在外。一个尺寸链的环数要尽量少。

查找装配尺寸链的组成环时，先从封闭环的任意一端开始，找相邻零件的尺寸，然后找到与第一个零件相邻的第二个零件的尺寸，这样一环接一环，直至封闭环的另一端为止，从而形成封闭的尺寸组。

图 7-1（a）所示的车床主轴轴线与尾架轴线高度的允许值 A_0 是装配技术要求的封闭环。组成环可从尾架顶尖开始查找：尾架顶尖轴线到底面的高度 A_2、与床面相连的底板的厚度 A_1、床面到主轴轴线的距离 A_3，最后回到封闭环，A_1、A_2 和 A_3 均为组成环。

一个尺寸链最少要有两个组成环。组成环中，可能只有增环没有减环，但不可能只有减环没有增环。

若封闭环有较高的加工精度要求，建立尺寸链时，还要考虑位置公差对封闭环的影响。

3. 画尺寸链图

为了清楚地表达尺寸链的组成，通常不需要画出零件的具体结构，也不必按照严格的比例，只需将链中各尺寸依次画出，形成封闭的图形即可，这样的图形称为尺寸链图，如图 7-1（b）、（d）所示。

在尺寸链图中，常用单向箭头法判断增环和减环，方法是：用单向箭头从封闭环一端出发，绕尺寸链图一圈，回到封闭环另一端，箭头仅表示查找尺寸链组成环的方向，与封闭环箭头方向相同的环为减环，与封闭环箭头方向相反的环为增环。如图 7-1（d）中，A_2为减环，A_1为增环。

7.2.4 完全互换法

完全互换法适用于在成批生产、大量生产中装配那些组成环数较少或组成环数虽多但装配精度要求不高的机器结构。

1. 基本公式

直线尺寸链的基本公式介绍如下。

（1）封闭环的公称尺寸：

$$A_0=\sum_{z=1}^{n}A_z-\sum_{j=n+1}^{m}A_j \tag{7-1}$$

式中，A_z为增环的公称尺寸；A_j为减环的公称尺寸；n为增环的环数；m为尺寸链总环数（包括封闭环）。式（7-1）说明封闭环的公称尺寸等于所有增环的公称尺寸之和减去所有减环的公称尺寸之和。

（2）封闭环的极限尺寸：

$$\begin{aligned}A_{0\max}&=\sum_{z=1}^{n}A_{z\max}-\sum_{j=n+1}^{m}A_{j\min}\\A_{0\min}&=\sum_{z=1}^{n}A_{z\min}-\sum_{j=n+1}^{m}A_{j\max}\end{aligned} \tag{7-2}$$

式（7-2）说明封闭环的上极限尺寸等于所有增环的上极限尺寸之和减去所有减环的下极限尺寸之和；封闭环的下极限尺寸等于所有增环的下极限尺寸之和减去所有减环的上极限尺寸之和。

（3）封闭环的极限偏差：

$$\begin{aligned}\mathrm{ES}_0&=\sum_{z=1}^{n}\mathrm{ES}_z-\sum_{j=n+1}^{m}\mathrm{EI}_j\\\mathrm{EI}_0&=\sum_{z=1}^{n}\mathrm{EI}_z-\sum_{j=n+1}^{m}\mathrm{ES}_j\end{aligned} \tag{7-3}$$

式（7-3）说明封闭环的上极限偏差等于所有增环上极限偏差之和减去所有减环下极限偏差之和；封闭环的下极限偏差等于所有增环下极限偏差之和减去所有减环上极限偏差之和。

（4）封闭环的公差：

$$T_0=\sum_{i=1}^{m}T_i \tag{7-4}$$

式（7-4）说明封闭环的公差等于所有组成环公差之和。

2. 例题分析

1）解工艺尺寸链

【例 7-1】 一带有键槽的内孔要淬火及磨削，其设计尺寸如图 7-5 所示，内孔及键槽的加工顺序如下：

（1）镗内孔至 $\phi 39.6^{+0.10}_{0}$ mm；

（2）插键槽至尺寸 A；

（3）淬火；

（4）磨内孔，同时保证内孔直径 $\phi 40^{+0.05}_{0}$ mm 和键槽深度 $43.6^{+0.34}_{0}$ mm 两个设计尺寸的要求。

要求确定工序尺寸 A 及其公差（假定淬火后内孔没有胀缩）。

解 根据加工过程，可知尺寸 $43.6^{+0.34}_{0}$ mm 是封闭环，其余尺寸是组成环。从封闭环开始画尺寸链图，如图 7-5（b）所示，根据箭头方向法可判断：尺寸 A、$20^{+0.025}_{0}$ mm 是增环，尺寸 $19.8^{+0.05}_{0}$ mm 是减环，由式（7-1）和式（7-3）可得

$$A = 43.6 - 20 + 19.8 = 43.4\,(\text{mm})$$
$$ES_A = 0.34 - 0.025 + 0 = 0.315\,(\text{mm})$$
$$EI_A = 0 - 0 + 0.05 = 0.05\,(\text{mm})$$

所以

$$A = 43.4^{+0.315}_{+0.050}\,\text{mm}$$

按“偏差入体标注”原则标注尺寸，可得工序尺寸为

$$A = 43.45^{+0.265}_{0}\,\text{mm}$$

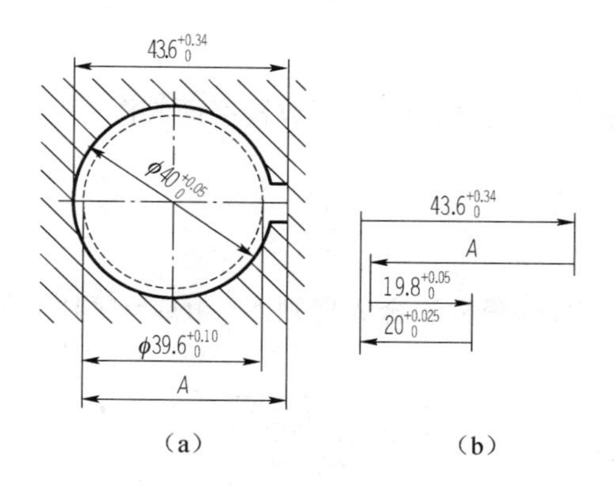

图 7-5　例 7-1 图

2）解装配尺寸链

【例 7-2】 如图 7-6 所示的结构，已知各零件的尺寸：$A_1 = 30^{\;0}_{-0.13}$ mm，$A_2 = A_5 = 5^{\;0}_{-0.075}$ mm，$A_3 = 43^{+0.18}_{+0.02}$ mm，$A_4 = 3^{\;0}_{-0.04}$ mm，设计要求间隙 A_0 为 0.1～0.45mm，试做校核计算。

解 （1）确定封闭环为要求的间隙 A_0；寻找组成环并画尺寸链图，如图 7-6（b）所示；判断 A_3 为增环，A_1、A_2、A_4 和 A_5 为减环。

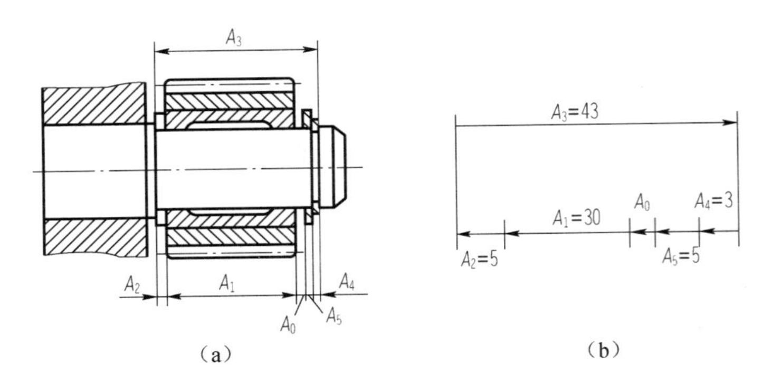

图 7-6　齿轮部件尺寸链

（2）按式（7-1）计算封闭环的公称尺寸：

$$A_0 = A_3 - (A_1 + A_2 + A_4 + A_5) = 43 - (30 + 5 + 3 + 5) = 0\,(\text{mm})$$

即要求封闭环的尺寸为 $0_{+0.10}^{+0.45}$ mm 。

（3）按式（7-3）计算封闭环的极限偏差：

$$\text{ES}_0 = \text{ES}_3 - (\text{EI}_1 + \text{EI}_2 + \text{EI}_4 + \text{EI}_5) = +0.18-(-0.13-0.075-0.04-0.075)=+0.50(\text{mm})>0.45\text{mm}$$

$$\text{EI}_0 = \text{EI}_3 - (\text{ES}_1 + \text{ES}_2 + \text{ES}_4 + \text{ES}_5) = +0.02-(0+0+0+0)=+0.02(\text{mm})<0.1\text{mm}$$

（4）按式（7-4）计算封闭环的公差：

$$T_0 = T_1 + T_2 + T_3 + T_4 + T_5 = 0.13+0.075+0.16+0.04+0.075=0.48(\text{mm})>0.35\text{mm}$$

校核结果表明，封闭环的上、下极限偏差及公差均已超过规定范围，必须调整组成环的极限偏差。

7.2.5　大数互换法

大数互换法应用于大批大量生产、组成环数较多而装配精度要求又高的场合。

1. 基本公式

1）封闭环的公差

根据概率论中关于独立随机变量的合成规则，各组成环（独立随机变量）的标准偏差 σ_i 与封闭环的标准偏差 σ_0 的关系为

$$\sigma_0 = \sqrt{\sum_{i=1}^{m} \sigma_i^2} \tag{7-5}$$

如果组成环的实际尺寸都按正态分布，且分布范围与公差带宽度一致，分布中心与公差带中心重合，如图 7-7 所示，则封闭环的尺寸也按正态分布，各组成环公差 $T_i = 6\sigma_i$ ，将封闭环公差 $T_0 = 6\sigma_0$ 代入式（7-5），得

$$T_0 = \sqrt{\sum_{i=1}^{m} T_i^2} \tag{7-6}$$

即封闭环的公差等于所有组成环公差的平方和再开方。

当各组成环为不同于正态分布的其他分布时，应引入一个相对分布系数 K，即

$$T_0 = \sqrt{\sum_{i=1}^{m} K_i^2 T_i^2} \tag{7-7}$$

不同形式的分布，K 值也不同。例如，正态分布时，K=1；偏态分布时，K=1.17；等等。

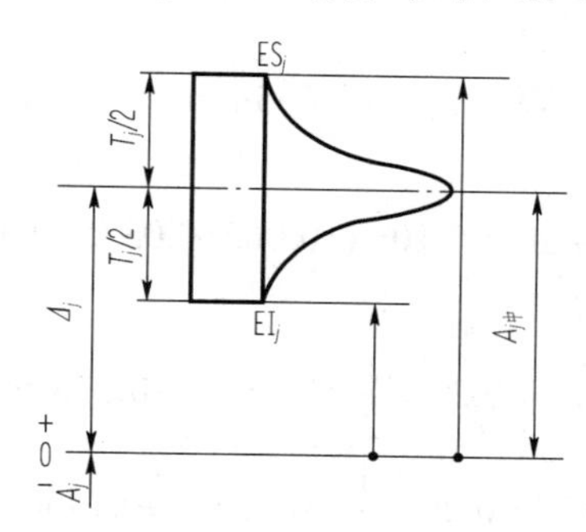

图 7-7 正态分布

2）封闭环的中间偏差和极限偏差

由图 7-7 可见，中间偏差$\varDelta$为上极限偏差与下极限偏差的平均值，即

$$\varDelta_0 = \frac{1}{2}(\mathrm{ES}_0 + \mathrm{EI}_0) \tag{7-8}$$

$$\varDelta_j = \frac{1}{2}(\mathrm{ES}_j + \mathrm{EI}_j) \tag{7-9}$$

将式（7-2）前后两式相加除以 2，可得封闭环的中间尺寸 $A_{0中}$ 为

$$A_{0中} = \sum_{z=1}^{n} A_{z中} - \sum_{j=n+1}^{m} A_{j中} \tag{7-10}$$

即封闭环的中间尺寸等于所有增环的中间尺寸之和减去所有减环的中间尺寸之和。

式（7-10）−式（7-1）得到封闭环的中间偏差 $\varDelta_0$，即

$$\varDelta_0 = \sum_{z=1}^{n} \varDelta_z - \sum_{j=n+1}^{m} \varDelta_j \tag{7-11}$$

即封闭环的中间偏差等于所有增环的中间偏差之和减去所有减环的中间偏差之和。

中间偏差、极限偏差和公差的关系为

$$\left.\begin{aligned} \mathrm{ES} &= \varDelta + \frac{1}{2}T \\ \mathrm{EI} &= \varDelta - \frac{1}{2}T \end{aligned}\right. \tag{7-12}$$

式（7-12）也可以用于完全互换法。

用大数互换法计算尺寸链的步骤与完全互换法相同，只是某些计算公式不同。

2. 例题分析

【例 7-3】用大数互换法解例 7-2。假设各组成环按正态分布，且分布范围与公差带宽度一致，分布中心与公差带中心重合。

解 步骤（1）、（2）与例 7-2 相同。

（3）计算封闭环公差：

$$T_0=\sqrt{\sum_{i=1}^{5}T_i}=\sqrt{0.13^2+0.075^2+0.16^2+0.04^2+0.075^2}\approx 0.235(\text{mm})<0.35\text{mm}$$

故符合要求。

（4）计算封闭环的中间偏差。因为 $\Delta_1=-0.065\text{mm}$，$\Delta_2=\Delta_5=-0.0375\text{mm}$，$\Delta_3=+0.10\text{mm}$，$\Delta_4=-0.02\text{mm}$，所以

$$\Delta_0=\Delta_3-(\Delta_1+\Delta_2+\Delta_4+\Delta_5)=0.10-(-0.065-0.0375-0.02-0.0375)=+0.26(\text{mm})$$

（5）计算封闭环的极限偏差：

$$\text{ES}_0=\Delta_0+\frac{1}{2}T_0=0.26+\frac{1}{2}\times 0.235\approx +0.378(\text{mm})<0.45\text{mm}$$

$$\text{EI}_0=\Delta_0-\frac{1}{2}T_0=0.26-\frac{1}{2}\times 0.235\approx +0.143(\text{mm})>0.1\text{mm}$$

校核结果表明，封闭环的上、下极限偏差满足间隙为 0.1～0.45mm 的要求。

与例 7-2 比较，在组成环公差一定的情况下，用大数互换法计算尺寸链使封闭环公差范围更窄。

习　题　7

简答题

（1）在图 7-8 所示的尺寸链中，A_0 为封闭环，试分析各组成环中哪些是增环？哪些是减环。

（2）图 7-9 所示的曲轴部件经调试运转，发现有的曲轴肩与轴承衬套端面有划伤现象。按设计要求 $A_0=0.1\sim0.2\text{mm}$，而 $A_1=150^{+0.018}_{0}\text{mm}$，$A_2=A_3=75^{-0.02}_{-0.08}\text{mm}$；试验算图样给定零件尺寸的极限偏差是否合理。

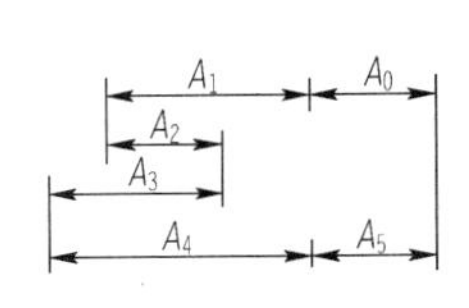

图 7-8　尺寸链

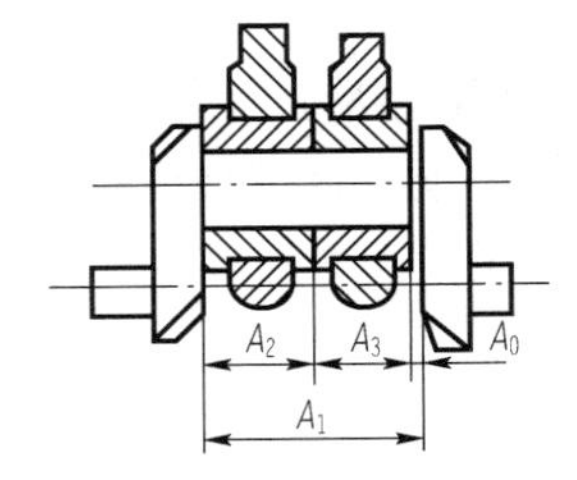

图 7-9　曲轴部件尺寸链

（3）加工图 7-10 所示的零件时，图样要求保证尺寸 $(6\pm0.1)\text{mm}$，因这一尺寸不便直接测量，只好通过度量尺寸 L 来间接保证。试求工序尺寸 L 及极限偏差。

（4）如图 7-11 所示的链轮部件及其支架，要求装配后轴间间隙 $A_0=0.2\sim0.5\text{mm}$，试按大数互换法决定各零件有关尺寸的公差与极限偏差。

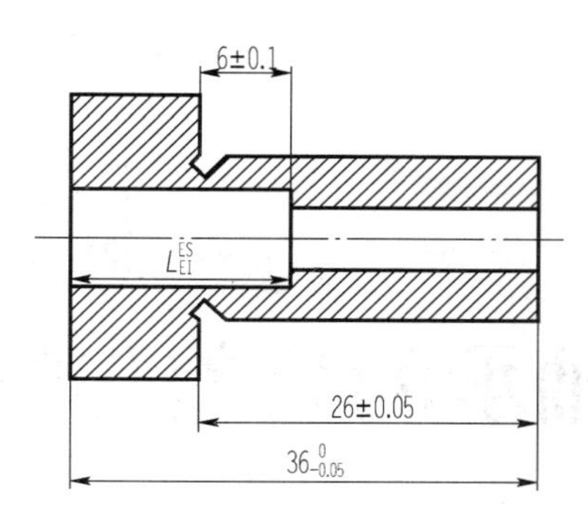

图 7-10 零件尺寸链

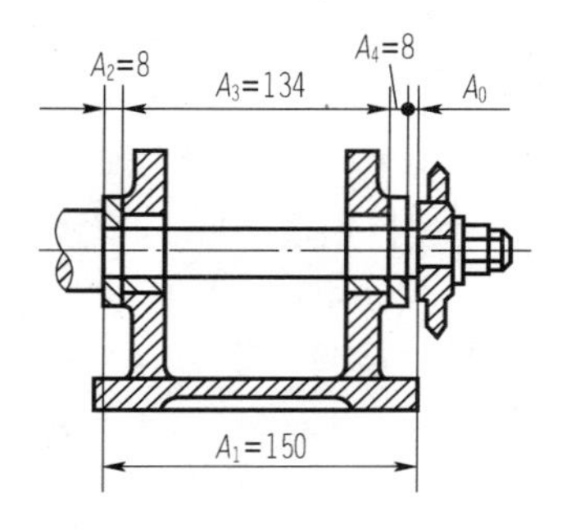

图 7-11 链轮部件尺寸链

第8章 滚动轴承的公差与配合

8.1 概　　述

滚动轴承是机器上广泛使用的标准部件，主要起支承作用。使用滚动轴承能够有效减小运动副的摩擦和磨损，提高机械效率。滚动轴承的公差与配合方面的精度设计是指正确确定滚动轴承内圈与轴颈的配合、外圈与外壳孔的配合，以及轴颈和外壳孔的尺寸公差带、几何公差和表面粗糙度轮廓幅度参数值，以保证滚动轴承的工作性能和使用寿命。

8.1.1 滚动轴承的结构及类型

滚动轴承作为机器上的一种标准化部件，其基本结构一般由内圈、外圈、滚动体（钢球、滚柱或滚针）和保持架（又称隔离圈）所组成，如图 8-1 所示。滚动轴承的内径 d 和外径 D 是配合的公称尺寸，滚动轴承就是用这两个尺寸分别与轴径和外壳孔径相配合的。

由于滚动轴承在机器中的位置和使用要求的差异，其形式多样（图 8-2）。按照其滚动体形状，分为球轴承、圆柱（圆锥）滚子轴承；按照其承受负荷的方向，分为向心轴承（承受径向力）、向心推力轴承（同时承受径向力和轴向力）和推力轴承（承受轴向力）。

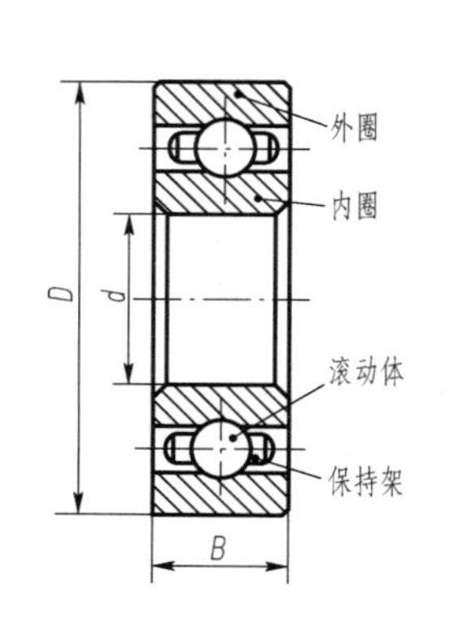

图 8-1　滚动轴承的结构

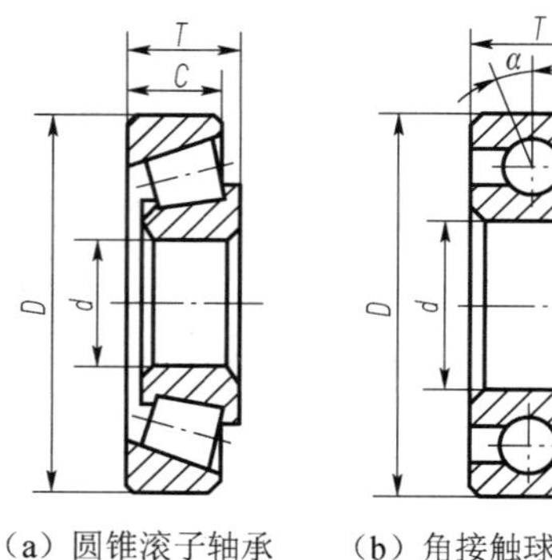

（a）圆锥滚子轴承

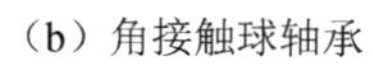

（b）角接触球轴承

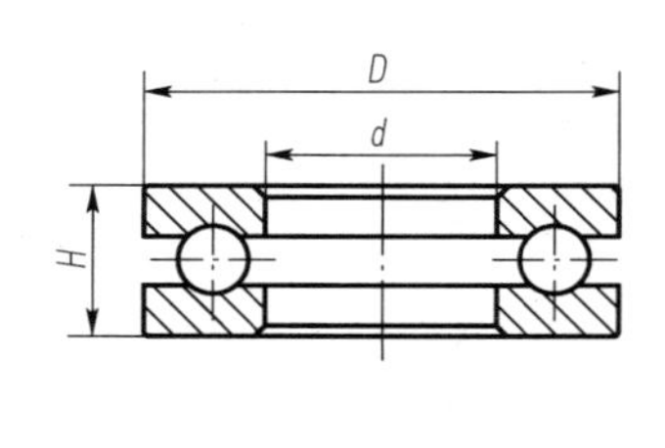

（c）推力轴承

图 8-2　滚动轴承的类型

无论何种类型的滚动轴承，都是通过滚动体的作用使其内、外圈产生相对转动的。通常滚动轴承的外圈固定在机器上的孔中，起支承作用；其内圈装在传动轴的轴颈上，随轴转动。也有一些机器的结构要求滚动轴承的内圈与轴颈固定不动，其外圈随外壳一起转动。不管滚动轴承的支承部分是外圈还是内圈，其外圈的外径 D 和内圈的内径 d 都是滚动轴承与结合件配合的公称尺寸。

8.1.2　滚动轴承的精度及其互换性

滚动轴承的精度由滚动轴承的尺寸精度和旋转精度决定。前者是指轴承内径 d、外径 D、内圈宽度 B、外圈宽度 C 和装配高 T 的尺寸公差；后者是指成套轴承内、外圈的径向跳动（X_{ia}，K_{ea}）和轴向跳动（S_{ia}，S_{ea}），以及内圈端面对内孔的垂直度 S_d 及外圈外表面对端面的垂直度 S_D 等。

为了便于在机器上安装轴承和更换新轴承，轴承内圈内孔和外圈外圆柱面应具有完全互换性。此外，基于技术经济上的考虑，对于轴承的装配，轴承某些零件的特定部位可以不具有完全互换性，而仅具有不完全互换性。

滚动轴承工作时要保证其工作性能，必须满足下列两项要求。

1．合适的游隙

滚动体与内、外圈之间的游隙分为径向游隙 δ_1 和轴向游隙 δ_2，如图 8-3 所示。轴承工作时两种游隙的大小皆应保持在合适的范围内，以保证轴承的正常运转和使用寿命。

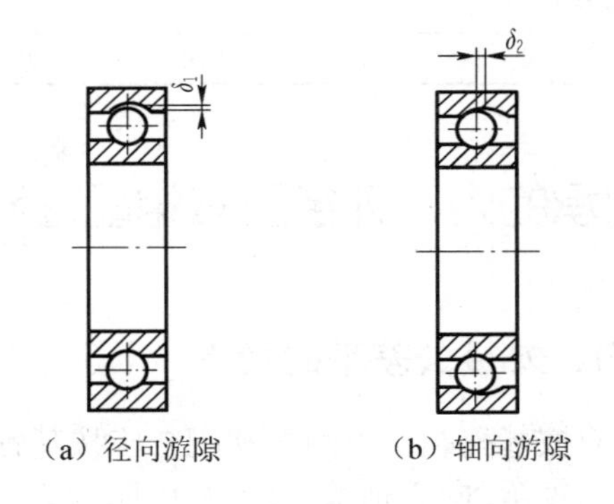

（a）径向游隙　　（b）轴向游隙

图 8-3　滚动轴承的游隙

2．必要的旋转精度

轴承工作时轴承的内、外圈和端面的跳动应控制在允许的范围内，以保证转动零件的回转精度。

8.2　滚动轴承的公差等级及应用

8.2.1　滚动轴承的公差等级

滚动轴承的公差等级由轴承的尺寸公差和旋转精度决定。前者是指轴承内径 d、外径 D、宽度 B 等的尺寸公差。后者是指轴承内、外圈做相对转动时跳动的程度，包括成套轴承内、外圈的径向跳动，成套轴承内、外圈端面对滚道的跳动，内圈端面对内孔的垂直度等。

根据滚动轴承的尺寸公差和旋转精度，GB/T 307.3—2005《滚动轴承 通用技术规则》对滚动轴承的公差等级进行了划分。其中，向心轴承的公差等级分为0、6、5、4、2共5级；圆锥滚子轴承的公差等级分为0、6x、5、4、2共5级；推力轴承的公差等级分为0、6、5、4共4级。它们的精度依次由高到低，2级精度最高，0级精度最低。其中，推力轴承的最高公差等级为4级；公差等级中的6x级轴承与6级轴承的内径公差、外径公差和径向跳动公差分别相同，仅前者装配宽度要求较为严格。

8.2.2 不同等级滚动轴承的应用

各个公差等级的滚动轴承的应用范围参见表8-1。

表8-1 各个公差等级的滚动轴承的应用范围

公差等级	应用示例
0级（普通级）	广泛用于对旋转精度和运转平稳性要求不高的一般旋转机构中，如普通机床的变速机构、进给机构，汽车、拖拉机的变速机构，普通减速器、水泵及农业机械等通用机械的旋转机构等
6级、6x级（中级），5级（较高级）	用于对旋转精度和运转平稳性要求较高或转速较高的旋转机构中，如普通机床主轴轴系（前支承采用5级，后支承采用6级）和比较精密的仪器、仪表、机械的旋转机构等
4级（高级）	多用于转速很高或旋转精度要求很高的机床和机器的旋转机构中，如高精度磨床和车床、精密螺纹车床和齿轮磨床等的主轴轴系等
2级（精密性）	多用于精密机械的旋转机构中，如精度坐标镗床、高精度齿磨床和数控机床等的主轴轴系等

8.3 滚动轴承的内、外径及其相配轴和孔的公差带

8.3.1 滚动轴承的内、外径公差带的特点

滚动轴承内圈与轴配合应按基孔制，外圈与孔配合应按基轴制。

GB/T 307.1—2005《滚动轴承 向心轴承 公差》中明确规定：内圈基准孔公差带位于以公称内径 d 为零线的下方，且上极限偏差为零，下极限偏差为负值，如图8-4所示。这样分布主要是考虑配合的特殊需要。因为在多数情况下，轴承的内圈是随轴一起转动的，为了防止在它们之间发生相对运动而导致结合面磨损，配合应具有一定过盈。但由于内圈是薄壁零件，容易弹性变形胀大，且一定时间后又必须拆换，因此配合的过盈不宜过大，假如轴承内孔的公差带与一般基准孔一样分布在零线上侧，当采用极限与配合国家标准中的过盈配合时，所得的过盈往往太大；如果改用过渡配合，又可能出现间隙，不能保证具有一定的过盈；若采用非标准配合，又违反了标准化和互换性原则。因此，国家标准GB/T 307.1—2005规定将滚动轴承的内径 d 的公差带分布在零线下侧时，当它与一般过渡配合的轴相配时，不但能保证获得不大的过盈，而且还不会出现间隙，从而满足了轴承内孔与轴配合的要求，同时又可按标准偏差来加工轴。

滚动轴承的外径与外壳孔配合时，通常要求两者之间不能太紧。因此，国家标准GB/T 307.1—2005规定对所有精度级轴承的单一平面平均外径 D 的公差带位置，仍按一般基准轴的规定，分布在零线以下（图8-4）。其上极限偏差为零，下极限偏差为负值。由于轴承精度要求很高，其公差值相对略小一些。

薄壁零件型的轴承内、外圈无论是在制造过程中，还是在自由状态下都容易变形。但是，

当轴承与刚性零件轴、箱体的具有正确几何形状的轴颈、外壳孔装配后，这种变形便容易得到矫正。因此，GB/T 307.1—2005 规定，在轴承内、外圈任一横截面内测得内孔、外圆柱面的最大与最小直径的平均值对公称直径的实际偏差分别在内、外径公差带内，就认为合格。

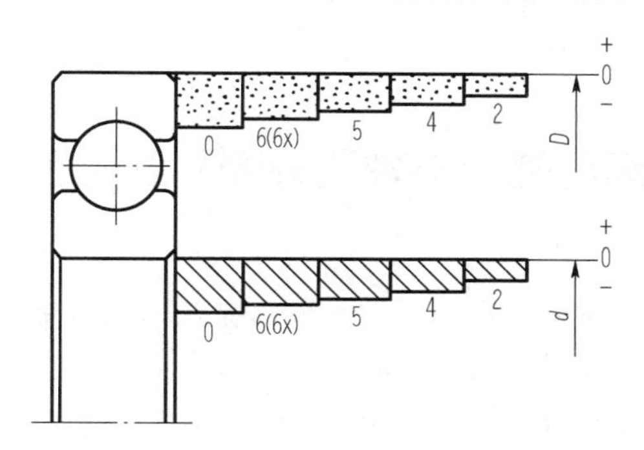

图 8-4　滚动轴承的内、外径公差带

8.3.2　与滚动轴承相配的轴和孔的常用公差带

由于滚动轴承为标准部件，其内圈内径和外圈外径的公差带在制造时已经确定，故在使用时，其与轴和孔的配合所要求的配合性质须由轴颈和外孔的公差带确定。为了实现各种松紧程度的配合性质要求，GB/T 275—2015《滚动轴承　配合》推荐了与滚动轴承相配合的轴颈和外壳孔的常用公差带图，如图 8-5 和图 8-6 所示。

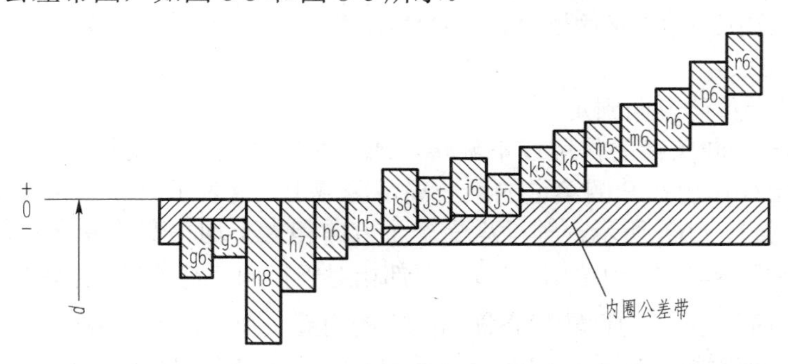

图 8-5　与滚动轴承配合的轴颈的常用公差带

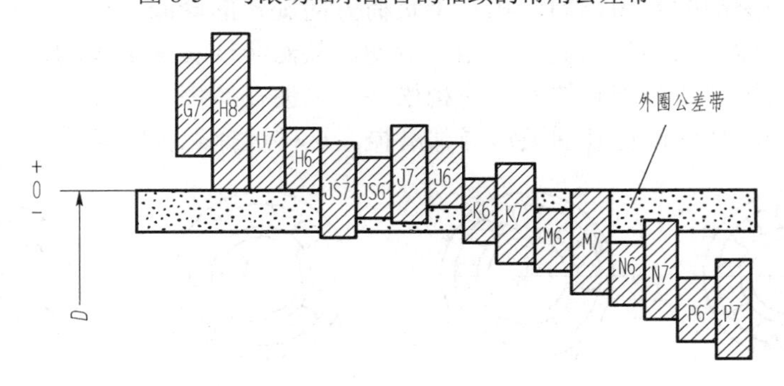

图 8-6　与滚动轴承配合的外壳孔的常用公差带

与轴承内圈配合的轴颈有 17 种常用公差带，如图 8-5 所示，其配合比 GB/T 1801—2009

中基孔制同名配合偏紧一些。其中，h5、h6、h7、h8 轴颈与轴承内圈的配合为过渡配合；k5、k6、m5、m6、n6 轴颈与轴承内圈的配合为过盈较小的过盈配合；其余配合也有所紧缩。

与轴承外圈配合的外壳孔有 16 种常用公差带，如图 8-6 所示，其配合与 GB/T 1801—2009 中基轴制同名配合相比较，两者的配合性质基本一致。

8.4 滚动轴承与轴和外壳孔的配合与选用

正确地选择轴承配合，对保证机器正常运转，提高轴承的使用寿命，充分发挥轴承的承载作用意义重大。故在选择轴承配合时，应在综合考虑各方面的影响因素的基础上，确定合适的轴与孔的公差等级、公差带、几何公差和表面粗糙度。

8.4.1 选择与滚动轴承相配合的轴颈和外壳孔时考虑的主要因素

由于滚动轴承内孔和外圆柱面的公差带在生产轴承时已经确定，因此，轴承与轴颈、外壳孔的配合的选择就是确定轴颈和外壳孔的公差带。选择时应考虑以下几个主要因素。

1. 轴承套圈相对于负荷方向的运转状态（考虑滚道的磨损）

作用在轴承上的径向负荷，可以是定向负荷（如带轮的拉力或齿轮的作用力）或旋转负荷（如急件的转动离心力），或者是两者的合成负荷。它的作用方向与轴承套圈（内圈或外圈）存在着以下 3 种关系。

1）套圈相对于负荷方向固定

当套圈相对于径向负荷的作用线不旋转，或者径向负荷的作用线相对于轴承套圈不旋转时，该径向负荷始终作用在套圈滚道的某一局部区域上，这表示该套圈相对于负荷方向固定。

如图 8-7 的（a）、（b）所示，轴承承受一个方向和大小均不变的径向负荷 F_r，图 8-7（a）中的不旋转外圈和图 8-7（b）中的不旋转内圈都相对于径向负荷 F_r 方向固定，前者的运转状态称为固定的外圈负荷，后者的运转状态称为固定的内圈负荷。例如，减速器转轴两端的滚动轴承的外圈，汽车、拖拉机车轮轮毂中滚动轴承的内圈，都是套圈相对于负荷方向固定的实例。

为了保证套圈滚动的磨损均匀，相对于负荷方向旋转的套圈与轴颈或外壳孔的配合应保证它们能固定成一体，以避免它们产生相对滑动，从而实现套圈滚道均匀磨损。相对于负荷方向固定的套圈与轴颈或外壳孔的配合应稍松些，以便在摩擦力矩的带动下，它们可以做非常缓慢的相对运动，从而避免套圈滚道局部磨损。这样选择配合就能提高轴承的使用寿命。

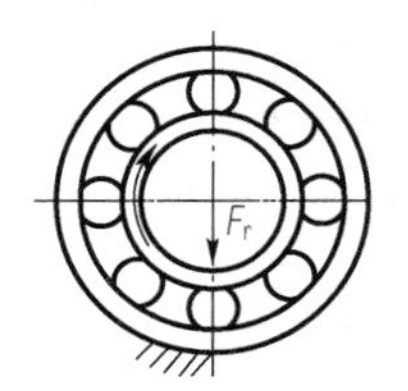

（a）旋转的内圈负荷和固定的外圈负荷

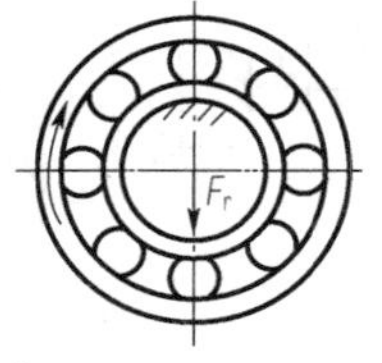

（b）固定的内圈负荷和旋转的外圈负荷

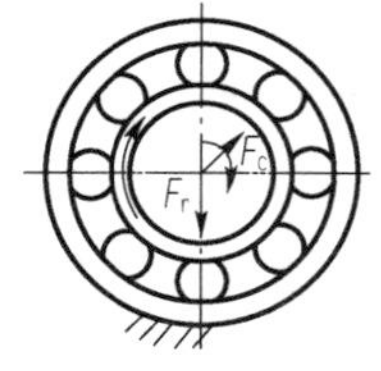

（c）旋转的内圈负荷和外圈承受摆动负荷

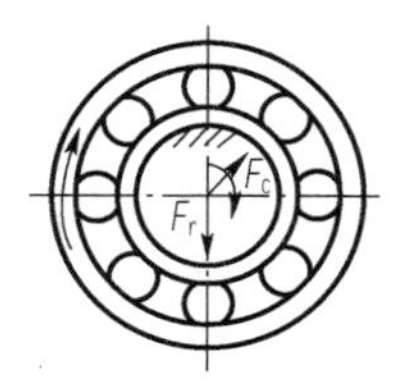

（d）内圈承受摆动负荷和旋转的外圈负荷

图 8-7 滚动轴承的套圈相对于负荷方向的运转状态

2）套圈相对于负荷方向旋转

当套圈相对于径向负荷的作用线旋转，或者径向负荷的作用线相对于轴承套圈旋转时，该径向负荷就依次作用在套圈整个滚道的各个部位上，这表示该套圈相对于负荷方向旋转。

如图 8-7 的（a）、（b）所示，轴承承受一个方向和大小均不变的径向负荷 F_r，图（a）中的旋转内圈和图（b）中的旋转外圈皆相对于径向负荷 F_r 方向旋转，前者的运转状态称为旋转的内圈负荷，后者的运转状态称为旋转的外圈负荷，像减速器转轴两端的滚动轴承的内圈，汽车、拖拉机车轮轮毂中滚动轴承的外圈，都是套圈相对于负荷方向旋转的实例。

3）轴承套圈相对于负荷方向摆动

当大小和方向按一定规律变化的径向负荷依次往复地作用在套圈滚道的一段区域上时，这表示该套圈相对于负荷方向摆动。如图 8-7 的（c）、（d）所示，套圈承受一个大小和方向均固定的径向负荷 F_r 和一个旋转的径向负荷 F_c，两者合成的径向负荷的大小将由小逐渐增大，再由大逐渐减小，周而复始地周期性变化，这样的径向负荷称为摆动负荷。

当 $F_r > F_c$ 时，如图 8-8 所示，按照向量合成的平行四边形法则，F_r 和 F_c 的合成负荷 F 就在滚道 AB 区域内摆动。因此，不旋转的套圈就相对于负荷 F 的方向摆动，而旋转的套圈就相对于负荷 F 的方向旋转。前者的运转状态称为摆动的套圈负荷。

如果 $F_r < F_c$，则 F_r 与 F_c 的合成负荷 F 沿整个滚道圆周变动，因此，不旋转的套圈就相对于合成负荷的方向旋转，而旋转的套圈则相对于合成负荷的方向摆动。后者的运转状态称为摆动的套圈负荷。

当套圈相对负荷方向旋转时，该套圈与轴颈或外壳孔的配合应较紧，一般选用具有小过盈的配合或过盈概率大的过渡配合。

当套圈相对负荷方向固定时，该套圈与轴颈或外壳孔的配合应稍松些，一般选用具有平均间隙较小的过渡配合或具有极小间隙的间隙配合。

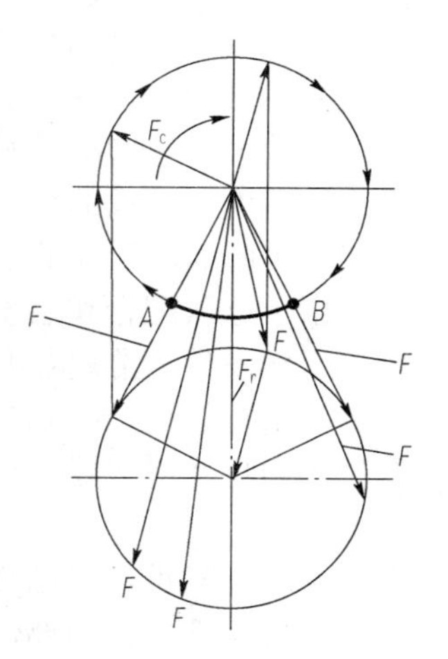

图 8-8　摆动负荷

当套圈相对负荷方向摆动时，该套圈与轴颈或外壳孔的配合的松紧程度，一般与套圈相对负荷方向旋转时选用的配合相同或稍松一些。

2. 负荷的大小

滚动轴承套圈与轴或外壳孔配合的最小过盈，取决于负荷的大小。一般把径向负荷 $P \leqslant 0.07C$ 的称为轻负荷，$0.07C<P \leqslant 0.15C$ 的称为正常负荷，$P>0.15C$ 的称为重负荷，其中 C 为轴承的额定负荷。

承受较重的负荷或冲击负荷时，将引起轴承较大的变形，使结合面间实际过盈减小和轴承内部的实际间隙增大，这时为了使轴承运转正常，应选较大的过盈配合。同理，承受较轻的负荷，可选较小的过盈配合。

当轴承内圈承受旋转负荷时，它与轴配合所需的最小过盈 Y_{min} 按下式计算：

$$Y_{min} = -\frac{13Rk}{b \times 10^6}(\mathrm{mm}) \tag{8-1}$$

式中，R 为轴承承受的最大径向负荷（kN）；k 为与轴承系列有关的系数，轻系列 k=2.8，中系列 k=2.3，重系列 k=2；b 为轴承内圈的配合宽度（mm），$b=B-2r$，其中 B 为轴承宽度，r

为内圈倒角。

为避免套圈破裂，必须按不超出套圈允许的强度计算其最大过盈Y_{max}为

$$Y_{max} = -\frac{11.4kd[\sigma_p]}{(2k-2)\times 10^3}(mm) \tag{8-2}$$

式中，$[\sigma_p]$为允许的拉应力（10^5Pa），轴承钢的拉应力$[\sigma_p]\approx 400\times 10^5$Pa；$D$为轴承内圈内径（m）；$k$的含义同前述。

根据计算得到的Y_{min}便可从极限与配合国家标准GB/T 1801—2009中选取最接近的配合。

3. 轴承径向游隙

GB/T 4604.1—2012《滚动轴承 游隙 第1部分：向心轴承的径向游隙》规定，向心轴承的径向游隙共分五组：2组、0组、3组、4组、5组，游隙的大小依次由小到大。其中，0组为基本游隙组。

游隙过小，若轴承与轴颈、外壳孔的配合为过盈配合，则会使轴承中滚动体与套圈产生较大的接触应力，并增加轴承工作时的摩擦发热，导致轴承寿命缩短。游隙过大，就会使转轴产生较大的径向跳动和轴向跳动，致使轴承工作时产生较大的振动和噪声。因此，游隙的大小应适度。轴承的合理游隙选择，应在原始游隙的基础上，考虑因配合、内外圈温度差以及载荷等因素所引起的游隙变化，以便工作游隙接近于最佳状态。

由于过盈配合和温度的影响，轴承的工作游隙小于原始游隙。0组径向游隙值适用于一般的运转条件、常规温度及常用的过盈配合，即球轴承不得超过j5、k5（轴）和j6（孔）；滚子轴承不得超过k5、m5（轴）和k6（孔）。对于采用较紧配合、内外圈温度差较大、需要降低摩擦力矩及深沟球轴承承受较大轴向载荷或须改善调心性能的工况，宜采取3、4、5组游隙值。

对于球轴承，最适宜的工作游隙趋于0，而对于滚子轴承，可保持少量的工作游隙。在要求支持刚性良好的部件中（如机床主轴），轴承应有一定的预紧：角接触球轴承、圆锥滚子轴承以及内圈带锥孔的轴承等，因其结构特点可在安装或使用过程中调整游隙大小。

4. 轴承的工作条件

轴承工作时，由于摩擦发热和其他热源的影响，套圈的温度会高于相配件的温度。内圈的热膨胀会引起它与轴颈的配合变松，而外圈的热膨胀则会引起它与外壳孔的配合变紧。因此，轴承工作温度高于100℃时，应对所选择的配合做适当的修正。

当轴承有较高旋转精度要求时，为了消除弹性变形和振动的影响，不宜选用间隙配合，但也不宜过紧。当轴承旋转速度很高时，应选用较紧的配合。对一些精密机床的轻负荷轴承，为了避免外壳孔和轴的形状误差对轴承精度的影响，常采用较小的间隙配合，例如内圆磨床的磨头内圈间隙1～4μm，外圈间隙4～10μm。

5. 其他因素

1）轴与外壳孔的结构和材料

轴承套圈与其部件的配合，不应由于轴或外壳孔表面形状不规则而导致内、外圈变形。对开式外壳与轴承外圈的配合，不宜采用过盈配合，但也不能使外圈在外壳孔内转动。为了

保证有足够的支承面，当轴承安装于薄壁外壳、轻合金外壳或空心轴上时，应采用比厚壁外壳、铸铁外壳或实心轴更紧的配合。

2）安装与拆卸方便

在很多情况下，为了便于安装与拆卸，特别对重型机械，为了缩短拆换轴承或修理机器所需的中停时间，轴承选用间隙配合。当需要采用过盈配合时，常采用分离型轴承或内圈带锥孔和紧定套（或退卸套）的轴承。

8.4.2　与滚动轴承相配的轴和孔的公差等级的确定

与滚动轴承相配合的轴颈和外壳孔的精度包括它们的尺寸公差带、几何公差和表面粗糙度参数值。GB/T 275—2015 规定了 0 级和 6 级滚动轴承配合的轴颈和外壳孔所要求的精度。

所选轴颈和外壳孔的标准公差等级应与轴承公差等级相协调。与 0 级、6 级轴承配合的轴颈一般为 IT6，外壳孔应为 IT7。对旋转精度和运转平稳性有较高要求的工作场合，轴颈应为 IT5，外壳孔应选 IT6。

8.4.3　与滚动轴承相配的轴和孔的公差带的确定

对轴承的旋转精度和运转平稳性无特殊要求的场合，轴承游隙为 0 组游隙。轴为实心或厚壁空心钢制轴，外壳（箱体）为铸钢件或铸铁件，轴承的工作温度不超过 100℃时，确定轴颈和外壳孔的公差可分别根据表 8-2 和表 8-3 进行选择。

表 8-2　与向心轴承配合的轴颈公差带

<table>
<tr><th colspan="2">运转状态</th><th rowspan="2">负荷状态</th><th>深沟球轴承、调心球轴承和角接触球轴承</th><th>圆柱滚子轴承和圆锥滚子轴承</th><th>调心滚子轴承</th><th rowspan="2">公差带</th></tr>
<tr><th>说明</th><th>举例</th><th colspan="3">轴承公称内径/mm</th></tr>
<tr><td rowspan="3">旋转的内圈负荷及摆动负荷</td><td rowspan="3">一般通用机械、电动机、机床主轴、泵、内燃机、正齿轮传动装置、铁路机车车辆轴箱、破碎机等</td><td>轻负荷</td><td>≤18
>18～100
>100～200
—</td><td>—
≤40
>40～140
>140～200</td><td>—
≤40
>40～140
>140～200</td><td>h5
j6[①]
k6[①]
m6[①]</td></tr>
<tr><td>正常负荷</td><td>≤18
>18～100
>100～140
>140～200
>200～280
—
—</td><td>—
≤40
>40～100
>100～140
>140～200
>200～400
—</td><td>—
≤40
>40～65
>65～100
>100～140
>140～280
>280～500</td><td>j5、ja5
k5[②]
m5[②]
m6
n6
p6
r6</td></tr>
<tr><td>重负荷</td><td></td><td>>50～140
>140～200
>200
—</td><td>>50～100
>100～140
>140～200
>200</td><td>n6[③]
p6
r6
r7</td></tr>
<tr><td>固定的内圈负荷</td><td>精致轴上的各种轮子、张紧轮、振动筛、惯性振动器</td><td>所有负荷</td><td colspan="3">所有尺寸</td><td>f6
g6
h6
j6</td></tr>
<tr><td colspan="3">仅有轴向负荷</td><td colspan="3">所有尺寸</td><td>j6、js6</td></tr>
</table>

注：① 对精度有较高要求的场合，应该选用 j5、k5、m5、f5 以分别代替 j6、k6、m6、f6。

② 圆锥滚子轴承、角接触球轴承配合对游隙的影响不大，可以选用 k6、m6 分别代替 k5、m5。

③ 重负荷下轴承游隙应选用大于 0 组的游隙。

表 8-3　与向心轴承配合的外壳孔的公差带

<table>
<tr><th colspan="2">运转状态</th><th rowspan="2">负荷状态</th><th colspan="2" rowspan="2">其他状态</th><th colspan="2">公差带[1]</th></tr>
<tr><th>说明</th><th>举例</th><th>球轴承</th><th>滚子轴承</th></tr>
<tr><td rowspan="3">固定的外圈负荷</td><td rowspan="6">一般机械、铁路机车车辆轴箱、电动机、泵、曲轴主轴承</td><td rowspan="2">轻、正常、重负荷</td><td rowspan="2">轴向容易移动</td><td>轴处于高温下工作</td><td colspan="2">G7</td></tr>
<tr><td>采用剖分式外壳</td><td colspan="2">H7</td></tr>
<tr><td>冲击负荷</td><td colspan="2" rowspan="2">轴向能够移动，采用整体式或剖分式外壳</td><td colspan="2" rowspan="2">J7/JS7</td></tr>
<tr><td rowspan="3">摆动负荷</td><td>轻、正常负荷</td></tr>
<tr><td>正常、重负荷</td><td colspan="2" rowspan="5">轴向不移动，采用整体式外壳</td><td colspan="2">K7</td></tr>
<tr><td>冲击负荷</td><td colspan="2">M7</td></tr>
<tr><td rowspan="3">旋转的外圈负荷</td><td rowspan="3">张紧滑轮、轮毂轴承</td><td>轻负荷</td><td>J7</td><td>K7</td></tr>
<tr><td>正常负荷</td><td>K7、M7</td><td>M7、N7</td></tr>
<tr><td>重负荷</td><td>—</td><td>N7、P7</td></tr>
</table>

注：①并列公差带随尺寸的增大从左至右选择；对旋转精度要求高时，可相应提高一个标准公差等级。

8.4.4　与滚动轴承相配的轴和孔的几何公差和表面粗糙度的确定

轴颈和外壳孔的尺寸公差带确定以后，为了保证轴承的工作性能，还应对它们分别确定几何公差和表面粗糙度，可参照表 8-4 和表 8-5 选取。

为了保证轴承与轴颈、外壳孔的配合性质，轴颈和外壳孔应分别采用包容要求和最大实体要求的零几何公差。对于轴颈，在采用包容要求的同时，为了保证同一根轴上两个轴颈的同轴度精度，还应规定这两个轴颈的轴线分别对它们的公共轴线的同轴度公差。

对于外壳上支承同一根轴的两个轴承孔，应按关联要素采用最大实体要求的零几何公差，来规定这两个孔的轴线分别对它们的公共轴线的同轴度公差，以同时保证指定的配合性质和同轴度精度。

此外，如果轴颈或外壳孔存在较大的几何误差，则轴承与它们安装后，套圈会产生形变而不圆，因此必须对轴颈和外壳孔规定严格的圆柱度公差。

轴的轴颈肩部和外壳上轴承孔的端面是安装滚动轴承的轴向定位面，若它们存在较大的垂直度误差，则滚动轴承与它们安装后，轴承套圈会产生歪斜，因此应规定轴颈肩部和外壳孔端面对基准轴线的端面圆跳动公差。

表 8-4　轴颈和外壳孔的几何公差

公称尺寸/mm		圆柱度 t				轴向圆跳动 t_1			
		轴颈		外壳孔		轴颈		外壳孔	
		轴承公差等级							
		0	6（6x）	0	6（6x）	0	6（6x）	0	6（6x）
超过	到	公差值/μm							
	6	2.5	1.5	4	2.5	5	3	8	5
6	10	2.5	1.5	4	2.5	6	4	10	6
10	18	3.0	2.0	5	3.0	8	5	12	8
18	30	4.0	2.5	6	4.0	10	6	15	10
30	50	4.0	2.5	7	4.0	12	8	20	12
50	80	5.0	3.0	8	5.0	15	10	25	15

续表

公称尺寸/mm		圆柱度 t				轴向圆跳动 t_1			
		轴颈		外壳孔		轴颈		外壳孔	
		轴承公差等级							
		0	6（6x）	0	6（6x）	0	6（6x）	0	6（6x）
超过	到	公差值/μm							
80 120 180	120 180 250	6.0 8.0 10.0	4.0 5.0 7.0	10 12 14	6.0 8.0 10.0	15 20 20	10 12 12	25 30 30	15 20 20
250 315 400	315 400 500	12.0 13.0 15.0	8.0 9.0 10.0	16 18 20	12.0 13.0 15.0	25 25 25	15 15 15	40 40 40	25 25 25

表 8-5　轴颈与外壳孔配合表面的粗糙度

轴或轴承座直径/mm		轴或外壳孔配合表面直径公差等级								
		IT7			IT6			IT5		
		表面粗糙度/μm								
超过	到	Rz	Ra		Rz	Ra		Rz	Ra	
			磨	车		磨	车		磨	车
	80	10	1.6	3.2	6.3	0.8	1.6	4	0.4	0.8
80	500	16	1.6	3.2	10	1.6	3.2	6.3	0.8	1.6
端面		25	3.2	6.3	25	3.2	6.3	10	1.6	3.2

8.4.5　应用实例

现以常用的斜齿圆柱齿轮减速器输出轴上的圆锥滚子轴承为例，说明如何确定与该轴承配合的轴颈和外壳孔的各项公差及它们在图样上的标注方法。

【例 8-1】 已知减速器的功率为 5kW，输出轴转速为 83r/min，其两端的轴承为 30211 圆锥滚子轴承（d=55mm，D=100mm）。从动齿轮的齿数 z=79，法向模数 m_n=3mm，标准压力角 α_n=20°，分度圆螺旋角β=8°6′34″。试确定轴颈和外壳孔公差带代号（尺寸极限偏差）、几何公差值和表面粗糙度轮廓幅度参数值，并将它们分别标注在装配图和零件图上。

解　分析确定轴承的公差等级：

（1）本例的减速器属于一般机械，轴的转速不高，所以选用 0 级轴承。

（2）该轴承承受定向的径向负荷的作用，内圈与轴一起旋转，外圈安装在剖分式外壳的轴承孔中，不旋转。因此，内圈相对于负荷方向旋转，它与轴颈的配合应较紧；外圈相对于负荷方向固定，它与外壳孔的配合应较松。

（3）按照该轴承的工作要求，查阅相关设计手册，并经计量单位换算，求得该轴承的径向当量动负荷 P_r 为 2401N，查得 30211 轴承的径向额定动负荷 C 为 86410N，所以 $P_r/C\approx$ 0.028<0.07，故该轴承负荷状态属于轻负荷。此外，减速器工作时该轴承有时承受冲击负荷。

（4）按轴承工作条件，从表 8-2 和表 8-3 分别选取轴颈公差带为ϕ55k6（基孔制配合），外壳孔公差带为ϕ100J7（基轴制配合）。

（5）按表 8-4 选取几何公差值：轴颈圆柱度公差 0.005mm，轴颈肩部的端面圆跳动公差 0.015mm，外壳孔圆柱度公差 0.01mm。

（6）按表 8-5 选取轴颈和外壳孔的表面粗糙度轮廓幅度参数值：轴颈 *Ra* 的上限值为 0.8μm，轴颈肩部 *Ra* 的上限值为 3.2μm，外壳孔 *Ra* 的上限值为 3.2μm。

（7）将确定好的上述各项公差标注在图样上，如图 8-9 所示。由于滚动轴承是外购的标准部件，因此，在装配图上只需注出轴颈和外壳孔的公差带代号即可。

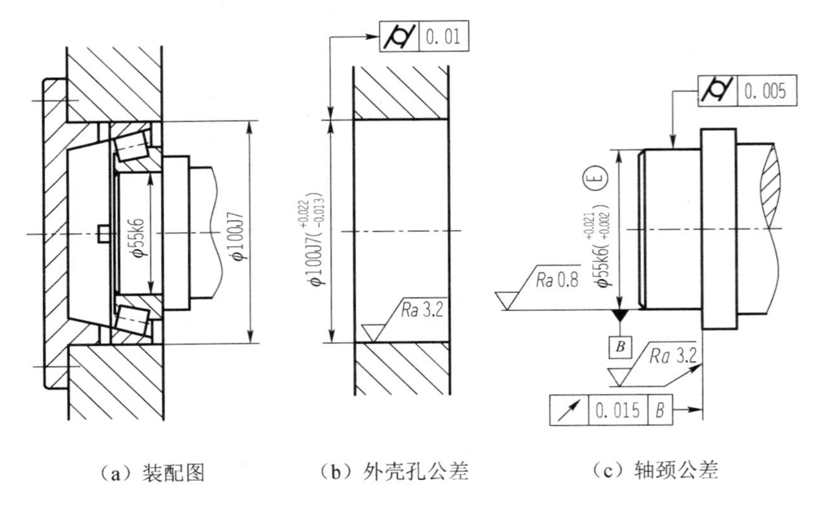

图 8-9　轴颈和外壳孔公差在图样上的标注实例

习　题　8

简单题

（1）为了保证滚动轴承的工作性能，其内圈与轴颈配合、外圈与外壳孔配合分别应满足什么要求？

（2）滚动轴承的几何精度是由轴承本身的哪两项精度指标决定的？

（3）滚动轴承的公差等级是如何划分的？试举例说明不同公差等级的滚动轴承的应用范围。

（4）滚动轴承的内圈与轴颈的配合、外圈与外壳孔的配合应分别采用何种基准制？

（5）滚动轴承的内圈内径公差带有何特点？其基本偏差是如何规定的？

（6）选择滚动轴承与轴颈和外壳孔的配合时，应考虑的主要因素有哪些？

（7）根据滚动轴承套圈相对于负荷方向的差异，怎样选择轴承内圈与轴颈配合，以及外圈与外壳孔配合的性质及松紧程度？并举例说明。

（8）与滚动轴承配合的轴颈及外壳孔，除采用包容要求（或最大实体要求的零件几何公差）以外，为什么还要规定更严格的圆柱度公差？

（9）滚动轴承与轴颈及外壳孔的配合在装配图上的标注有何特点？

（10）图 8-10 所示的车床重载支承，根据滚动轴承配合的要求，主轴轴颈和箱体孔的公差带分别选定为 ϕ60js6 和 ϕ95K7。试确定套筒 4 与主轴轴颈的配合代号（该配合要求

Y_{max}≤+0.025mm，X_{min}≥+0.08mm)，以及箱体孔与套筒 1 外圆柱面的配合代号（该配合要求 Y_{max}≤+0.025mm，X_{min}≥+0.08mm）。

（11）如图 8-11 所示，某闭式传动的减速器传动轴上安装 0 级 609 深沟球轴承（内径为 ϕ45mm，外径为ϕ85mm)，其额定动负荷为 19700N。工况情况为：外壳固定，轴旋转的转速为 980r/min，承受的径向动负荷为 1300N。试确定：

① 轴颈和外壳孔的尺寸公差带代号及采用的公差原则。

② 轴颈和外壳孔的尺寸极限偏差及它们与滚动轴承配合的有关表面的几何公差和表面粗糙度数值。

③ 将上述公差要求分别标注在装配图和零件图的相应位置。

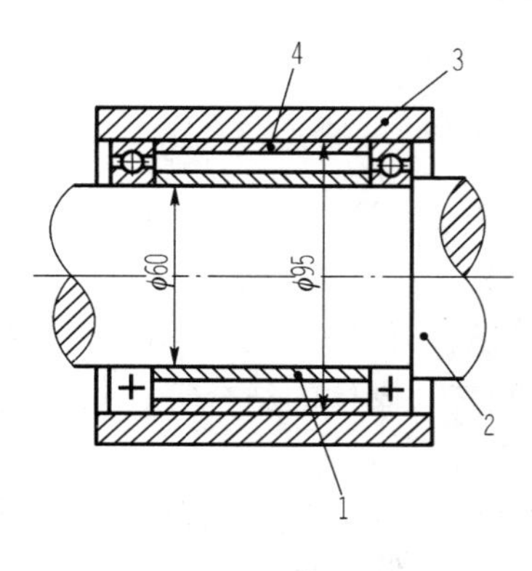

图 8-10　配合图

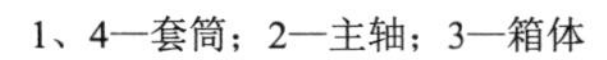
1、4—套筒；2—主轴；3—箱体

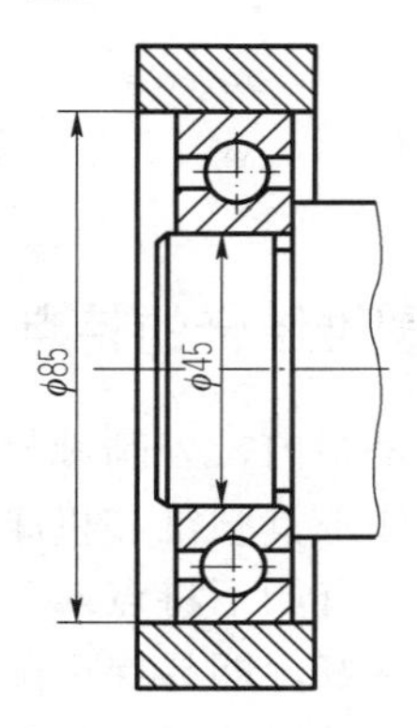

图 8-11　轴承装配图

第9章

圆锥的公差与配合及检测

9.1 概　述

9.1.1 圆锥结合的特点

圆锥结合是指内、外圆锥相互结合的配合结构，在机器、仪器、工具结构等机械设备中经常被采用，如工具圆锥和机床主轴的配合、管道阀中阀芯与阀体的结合等。与圆柱结合相比，圆锥结合具有如下特点：

（1）对中性好，即易保证配合的同轴度要求。由于间隙可以调整，因而可以消除间隙，实现内、外圆锥轴线的对中；容易拆卸，且经多次拆装后不降低同轴度。

（2）间隙或过盈可以调整。通过内、外圆锥面的轴向位移，可以调整间隙或过盈以满足不同的工作要求，补偿磨损，延长使用寿命。

（3）圆锥结合具有较好的自锁性和密封性。

（4）圆锥结合结构复杂，影响互换性的参数比较多，加工和检验都比较困难，不适合于孔、轴轴向相对位置要求较高的场合。

由于圆锥结合具有圆柱结合无法替代的特点，使得它在机械结构中得到广泛应用。因此圆锥结合结构的标准化，是提高产品质量，保证零部件的互换性所不可缺少的环节。我国制订有GB/T 157—2001《产品几何量技术规范（GPS）圆锥的锥度和锥角系列》、GB/T 11334—2005《产品几何量技术规范（GPS）圆锥公差》、GB/T 12360—2005《产品几何量技术规范（GPS）圆锥配合》等一系列国家标准。

9.1.2 圆锥的基本参数

1. 圆锥表面的形成

如图9-1所示，与轴线成一定角度，且一端相交于轴线的一条直线（母线），以该轴线为中心旋转一周所形成的表面称为圆锥表面。

2. 圆锥

由圆锥表面和一定尺寸所限定的几何体称为圆锥。圆锥分为内圆锥（圆锥孔）和外圆锥（圆锥轴）两种，如图9-2所示，内圆锥是内表面为圆锥表面的几何体，外圆锥是外表面为圆锥表面的几何体。圆锥的主要几何参数有圆锥角、圆锥直径、圆锥长度和锥度。

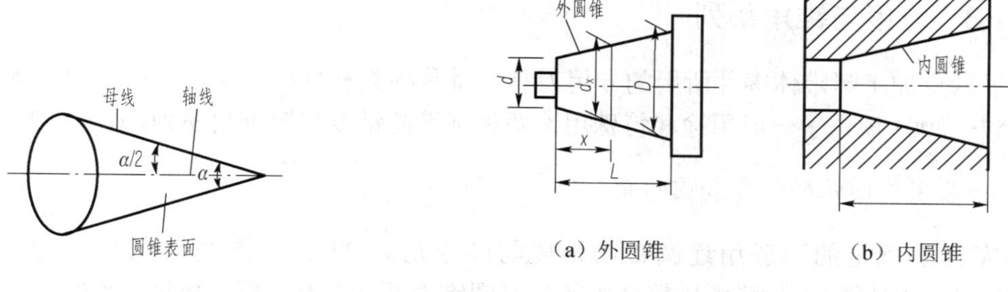

图 9-1　圆锥表面

（a）外圆锥　（b）内圆锥

图 9-2　内、外圆锥

3. 圆锥角（锥角）α

在通过圆锥轴线的截面内，两条素线间的夹角（图 9-1）称为圆锥角，简称锥角。$\alpha/2$ 称为圆锥半角，也称斜角。

4. 圆锥直径

圆锥在垂直于轴线截面上的直径（图 9-2）称为圆锥直径。对于内（外）圆锥，分别有最大圆锥直径 D（内、外圆锥分别用 D_i、D_e 表示）、最小圆锥直径 d（内、外圆锥分别用 d_i、d_e 表示）和给定截面的圆锥直径 d_x。

5. 圆锥长度 L

最大圆锥直径截面与最小圆锥直径截面之间的轴向距离称为圆锥长度，如图 9-2 所示。

6. 锥度 C

两个垂直于圆锥轴线的截面上的圆锥直径之差与该两截面的轴向距离之比称为锥度。通常，锥度用最大圆锥直径 D 与最小圆锥直径 d 之差对圆锥长度 L 之比表示，用公式表示为

$$C = (D - d) / L \tag{9-1}$$

锥度 C 与圆锥角α的关系为

$$C = 2\tan\frac{\alpha}{2} = 1 : \frac{1}{2}\cot\frac{\alpha}{2} \tag{9-2}$$

锥度 C 一般用比例或分式形式表示，如 1∶5 或 1/5，其中比例形式更为常用。光滑圆锥的锥度已经标准化（GB/T 157—2001 规定了一般用途和特殊用途的锥度和圆锥角系列）。

在零件图上，锥度用特定的图形符号和比例（分数）来标注，如图 9-3 所示。图形符号配置在平行于圆锥轴线的基准线上，并且其方向与圆锥方向一致，在基准线上面标注锥度的数值。用指引线将基准线与圆锥素线相连。在图样上标注了锥度，就不必标注圆锥角，两者不应重复标注。

另外，对于圆锥只要标注了最大圆锥直径 D 和最小圆锥直径 d 中

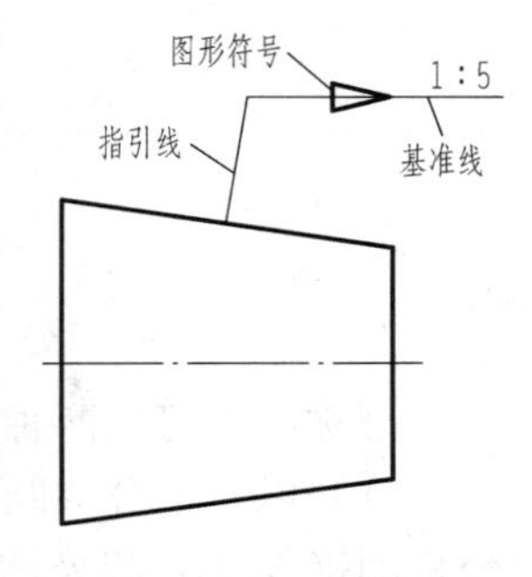

图 9-3　锥度的标注方法

的一个直径及圆锥长度 L、圆锥角 α（或锥度 C），则该圆锥就完全确定。

9.1.3 锥度与锥角系列

为了减少加工圆锥体零件所用的专用刀具、量具种类和规格，满足生产需要，国家标准 GB/T 157—2001 规定了一般用途和特殊用途两种圆锥的锥度与圆锥角系列，适用于光滑圆锥。

1. 一般用途圆锥的锥度和圆锥角

国家标准规定的一般用途圆锥的锥度与圆锥角共 21 种。锥度 C 的范围为 1∶500～1∶0.2886751。它适用于一般机械零件中的光滑圆锥表面，但不适用于棱锥、锥螺纹和锥齿轮等零件。

2. 特殊用途圆锥的锥度与圆锥角

国家标准规定的特殊用途圆锥的锥度与圆锥角共 24 种，其中包括我国早已广泛使用的莫氏锥度，共 7 种。

9.2 圆 锥 公 差

国家标准 GB/T 11334—2005 适用于锥度为 1∶3～1∶500，圆锥长度为 6～630mm 的光滑圆锥工件。该标准中的圆锥角公差也适用于按 GB/T 4096—2001《产品几何量技术规范（GPS）棱体的角度与斜度系列》给定的棱体角度与斜度。

9.2.1 圆锥公差的基本术语及定义

1. 公称圆锥

公称圆锥是指由设计给定的理想形状的圆锥，如图 9-4 所示。它所有的尺寸分布为公称圆锥直径、公称圆锥角（或公称锥度）和公称圆锥长度。

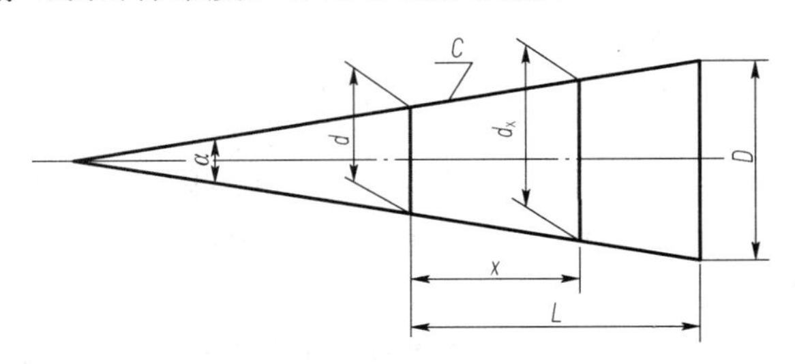

图 9-4 公称圆锥示意图

公称圆锥可用两种形式来确定：

（1）以一个公称圆锥直径（最大圆锥直径 D、最小圆锥直径 d 或给定截面圆锥直径 d_x）、公称圆锥长度 L 和公称圆锥角 α（或公称锥度 C）来确定。

（2）另一种是以两个公称圆锥直径（D 和 d）和公称圆锥长度 L 来确定。

2. 实际圆锥

实际圆锥是指实际存在并与周围介质分隔的圆锥，如图 9-5 所示，实际圆锥上的任一直径称为实际圆锥直径 d_a。在实际圆锥的任一轴向截面内，包容圆锥素线且距离为最小的两对平行直线之间的夹角为实际圆锥角 α_a。

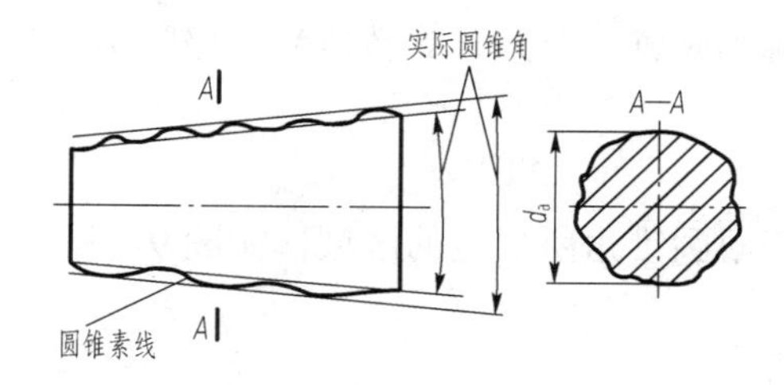

图 9-5　实际圆锥与实际圆锥直径

3. 极限圆锥

极限圆锥是指实际圆锥相对于公称圆锥所允许变动的界限。极限圆锥与公称圆锥共轴且圆锥角相等，直径分别为上极限直径和下极限直径的两个圆锥如图 9-6 所示。在垂直圆锥轴线的任一截面上，这两个圆锥的直径差都相等。

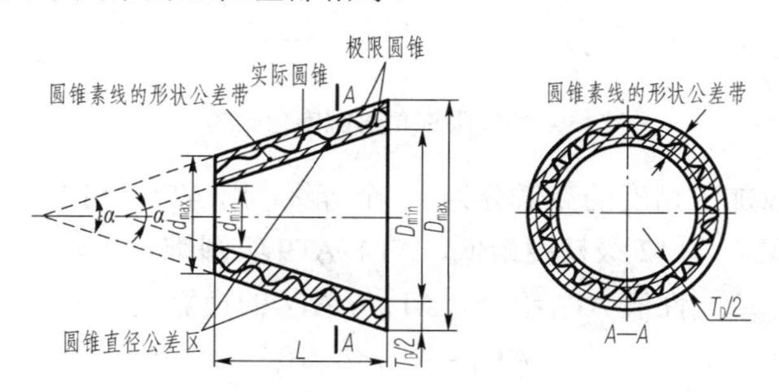

图 9-6　极限圆锥与圆锥公差带

9.2.2　圆锥公差项目和给定方法

1. 圆锥公差项目

为了满足圆锥连接功能和使用要求，圆锥公差国家标准 GB/T 11334—2005 中规定了圆锥直径公差及其公差带、圆锥角公差及其公差带、圆锥形状公差、给定截面圆锥直径公差及其公差带 4 个公差项目。现逐一介绍如下：

1）圆锥直径公差 T_D 及其公差带

圆锥直径公差 T_D 是指圆锥直径的允许变动量。它等于两个极限圆锥直径之差，并且用于圆锥的全长，可表示为

$$T_D = D_{max} - D_{min} = d_{max} - d_{min} \tag{9-3}$$

圆锥直径公差带是由两个极限圆锥所限定的区域，如图 9-6 所示。

圆锥直径公差 T_D 的公差等级和数值及公差带的代号是以公称圆锥直径（一般取最大圆锥

D）为公称尺寸按国家标准 GB/T 1800.2—2009 规定选取的。

对于有配合要求的圆锥，其内、外圆锥直径公差带位置按 GB/T 12360—2005 中的有关规定选取。对于无配合要求的圆锥，其内、外圆锥直径公差带位置建议选用基本偏差 JS 和 js 确定。

2）圆锥角公差 AT 及其公差带

圆锥角的允许变动量称为圆锥角公差，其数值为上极限圆锥角与下极限圆锥角之差，可表示为

$$AT = \alpha_{max} - \alpha_{min} \tag{9-4}$$

圆锥角公差带是两个极限圆锥角所限定的区域，如图 9-7 所示。

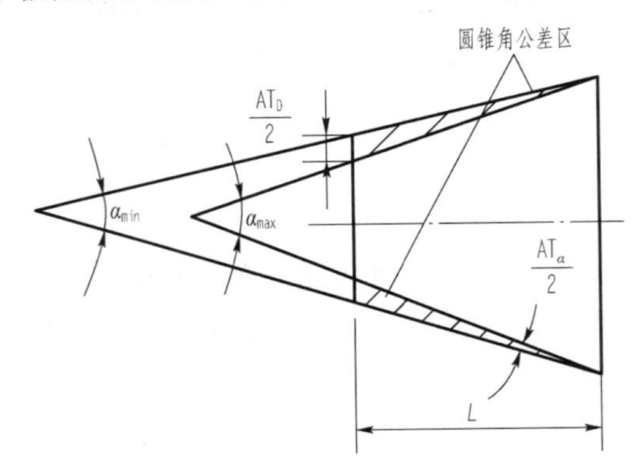

图 9-7　极限锥角与圆锥角公差带

圆锥角公差 AT 按加工精度的高低分为 12 个等级，用 AT1，AT2，…，AT11，AT12 表示。其中，AT1 级精度最高，AT12 级精度最低，AT4~AT9 级圆锥角公差数值见表 9-1。圆锥角公差 AT 可用角度值 AT_α或线性值 AT_D 给定。AT_α与 AT_D 的换算关系为

$$AT_D = AT_\alpha \times L \times 10^{-3} \tag{9-5}$$

式中，AT_D 的单位为μm，AT_α的单位为微弧度μrad，L 的单位为 mm。

AT4～AT12 的应用举例如下：AT4～AT6 用于高精度的圆锥量规和角度样板；AT7～AT9 用于工具圆锥、圆锥销、传递大转矩的摩擦圆锥；AT10、AT11 用于圆锥套、圆锥齿轮之类的中等精度零件；AT12 用于低精度零件。

表 9-1　圆锥角公差（摘自 GB/T 11334—2005）

公称圆锥长度 L/mm	AT5			AT6			AT7		
	AT_α		AT_D	AT_α		AT_D	AT_α		AT_D
	μrad	(′)(″)	μm	μrad	(′)(″)	μm	μrad	(′)(″)	μm
>25～40	160	33″	>4.0～6.3	250	52″	>6.3～10.0	400	1′22″	>10.0～16.0
>40～63	125	26″	>5.0～8.0	200	41″	>8.0～12.5	315	1′05″	>12.5～20.0
>63～100	100	21″	>6.3～10.0	160	33″	>10.0～16.0	250	52″	>16.0～25.0
>100～160	80	16″	>8.0～12.5	125	26″	>12.5～20.0	200	41″	>20.0～32.0
>160～250	63	13″	>10.0～16.0	100	21″	>16.0～25.0	160	33″	>25.0～40.0

续表

公称圆锥长度 L/mm	AT8			AT9			AT10		
	AT_α		AT_D	AT_α		AT_D	AT_α		AT_D
	μrad	(′)(″)	μm	μrad	(′)(″)	μm	μrad	(′)(″)	μm
>25～40	630	2′10″	>16.0～25.0	1000	3′26″	>25～40	1600	5′30″	>40～63
>40～63	500	1′43″	>20.0～32.0	800	2′45″	>32～50	1250	4′18″	>50～80
>63～100	400	1′22″	>25.0～40.0	630	2′10″	>40～63	1000	3′26″	>63～100
>100～160	315	1′05″	>32.0～50.0	500	1′43″	>50～80	800	2′45″	>80～125
>160～250	250	52″	>40.0～63.0	400	1′22″	>63～100	630	2′10″	>100～160

注：1．1μrad 等于半径为 1m、弧长为 1μm 所对应的圆心角。5μrad≈1″（秒），300μrad≈1′（分）。

2．查表示例 1：L 为 63mm，选用 AT7，查表得 AT_α为 315μrad 或 1′ 05″，则 AT_D 为 20μm。示例 2：L 为 50mm，选用 AT7，查表得 AT_α为 315μrad 或 1′05″，则 $AT_D=AT_\alpha \times L \times 10^{-3}=315\times50\times10^{-3}=15.75$μm，取 AT_D 为 15.8μm。

圆锥长度 L 在 6～630mm 的范围内划分为 10 个尺寸分段。当需要更高或者更低等级的圆锥角公差时，可按公比 1.6 向两端延伸获得，更高等级用 AT0，AT01，…表示，更低等级用 AT13，AT14，…表示。

圆锥角极限偏差可按单向（α+AT 或者α－AT）或者双向取值，如图 9-8 所示。双向取值时可以是对称的（α±AT/2），也可以是不对称的。为保证内、外圆锥的接触均匀，多采用双向对称取值。

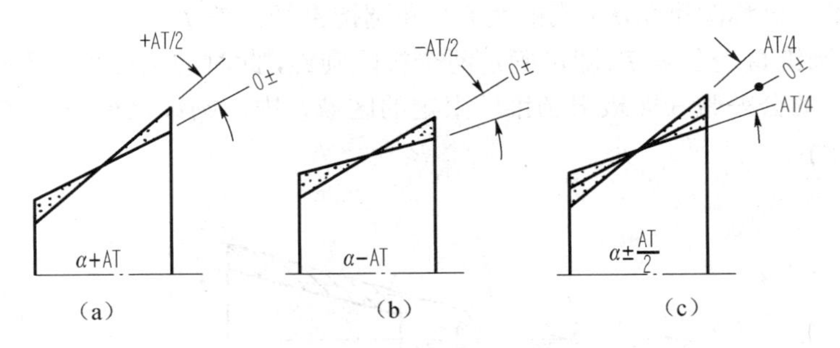

图 9-8　圆锥角的极限偏差

3）圆锥形状公差 T_F

圆锥的形状公差 T_F 如图 9-6 所示，它包括圆锥素线直线度公差和截面圆度公差两种。前者表示在圆锥轴向平面内，允许实际素线形状的最大变动量，其公差带是指在给定截面上，距离为公差值 T_F 的两条平行直线间的区域；后者是指在圆锥轴线法向截面上，允许截面形状的最大变动量，它的公差带是半径值为公差值 T_F 的两个同心圆间的区域。

圆锥的形状公差在一般情况下不单独给出，而是由对应的两极限圆锥公差带限制；当对形状精度有更高要求时，应该单独给出相应的形状公差，其数值可从国家标准 GB/T 1184—1996 附录中选取，但应不大于圆锥直径公差值的一半。

4）给定截面圆锥直径公差 T_{DS} 及其公差带

给定截面圆锥直径公差 T_{DS} 是指在垂直圆锥轴线的给定截面内，圆锥直径的允许变动量；给定截面圆锥直径公差带是在给定圆锥截面内，由直径等于两极限圆锥直径的同心圆所限定的区域，如图 9-9 所示。其公差值可以表示为

$$T_{DS}=d_{xmax}-d_{xmin} \tag{9-6}$$

式中，T_{DS}是以给定截面圆锥直径d_x为公称尺寸，按国家标准 GB/T 1800.2—2009 中规定的标准公差选取的。

要注意T_{DS}与圆锥直径公差T_D的区别，T_D对整个圆锥上任意截面的直径都起作用，其公差区限定的是空间区域，而T_{DS}只对给定的截面起作用，其公差区限定的是平面区域。

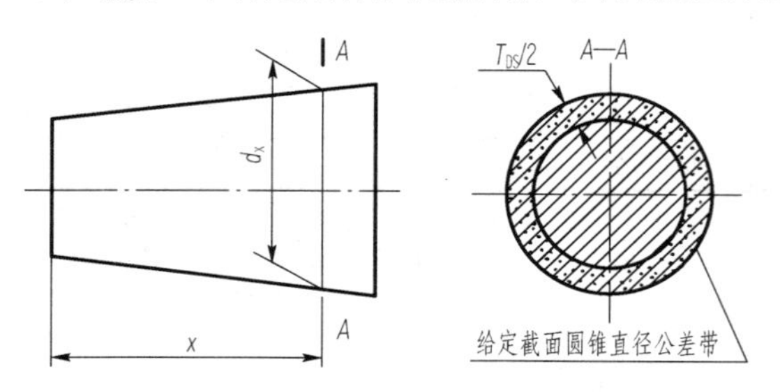

图 9-9　给定截面圆锥直径公差与公差带

2. 圆锥公差的给定

对于一个具体的圆锥工件，并不都需要给定上述 4 项公差，而是根据圆锥零件的功能要求和工艺特点选取相应的公差项目。GB/T 11334—2005 中规定了两种圆锥公差的给定方法。

1）给出圆锥的公称圆锥角α（或锥度C）和圆锥直径公差T_D

该方法通过圆锥直径公差T_D即可确定两个极限圆锥，此时的圆锥角误差和圆锥的形状误差均应控制在T_D的公差带（即极限圆锥所限定的区域）内。圆锥直径公差T_D所能限制的圆锥角如图 9-10 所示。

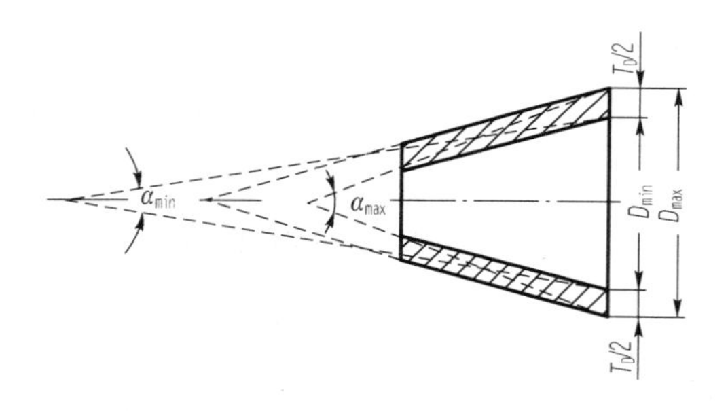

图 9-10　用圆锥直径公差控制圆锥误差

图 9-10 中由圆锥直径公差区给出了实际圆锥角的两个极限α_{max}、α_{min}，用于限定圆锥角的变化范围，从而达到利用圆锥直径公差T_D控制圆锥角误差的目的。当对圆锥角公差和圆锥的形状公差有更高要求时，可再给出圆锥角公差 AT、圆锥的形状公差T_F。此时给定的 AT 和T_F值只能占圆锥直径公差的一部分，其实质就是包容要求。该法通常用于有配合要求的内外圆锥，如圆锥滑动轴承、钻头的锥柄等。

2）同时给定截面圆锥直径公差T_{DS}和圆锥角公差 AT

此时给出的截面圆锥直径公差T_{DS}和圆锥角公差 AT 是相互独立、彼此无关的，应分别满足要求，两者关系相当于独立原则，如图 9-11 所示。

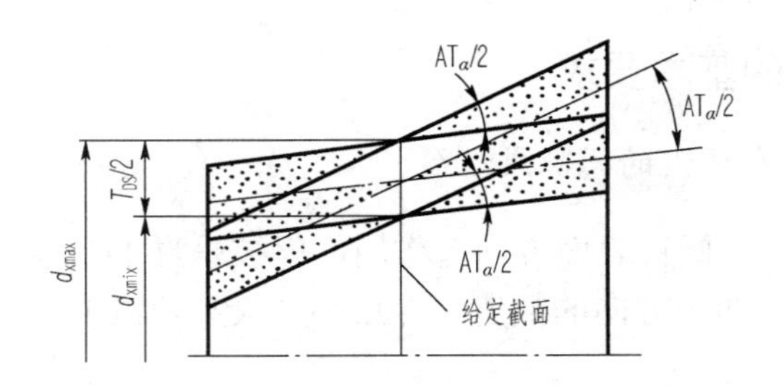

图 9-11　给定截面圆锥直径公差 T_{DS} 和圆锥角公差 AT 的关系

当圆锥在给定截面上尺寸为 d_{xmin} 时，其圆锥角公差带为图 9-11 中下面两条实线限定的两对顶三角形区域；当圆锥在给定截面上尺寸为 d_{xmax} 时，其圆锥角公差带为图 9-11 中上面两条实线限定的两对顶三角形区域；当圆锥在给定截面上具有某一实际尺寸 d_x 时，其圆锥角公差带为图中两条虚线限定的两对顶三角形区域。

该方法是在圆锥素线为理想直线情况下给定的。当对形状公差有更高要求时，可再给出圆锥的形状公差。它通常适用于对给定圆锥截面直径有较高精度要求的情况。例如，某些阀类零件中，为使圆锥配合在规定截面上接触良好，以保证密封性，常采用这种公差。

9.3　圆锥配合

9.3.1　圆锥配合的种类

圆锥配合是指公称尺寸相同的内、外圆锥的直径之间，由于结合松紧程度不同所形成的相互关系。圆锥配合的种类包括间隙、过盈、过渡 3 种不同的配合形式。

1. 间隙配合

间隙配合是指具有间隙的配合。配合间隙大小可以在装配和使用过程中通过内外圆锥的轴向相对位移进行调整。间隙配合常用于有相对运动的机构中，如某些车床主轴的圆锥轴颈与圆锥滑动轴承衬套的配合。

2. 过盈配合

过盈配合是指具有过盈的配合。过盈的大小也可以通过内外圆锥的轴向相对位移进行调整。过盈配合可以借助于相互配合的圆锥面间的自锁，产生较大的摩擦力来传递转矩。其特点是一旦过盈配合不再需要，内外圆锥体可以拆开，如钻头（或铰刀）的圆锥柄与机床主轴圆锥孔的结合、圆锥形摩擦离合器等。

3. 过渡配合

过渡配合是指可能具有间隙，也可能具有过盈的配合。这类配合接触紧密，间隙为 0 或略小于 0。过渡配合主要用于定心或密封的场合，如锥形旋塞、发动机中气阀和阀座的配合等。通常要将内外锥配对研磨，故这类配合一般没有互换性。

9.3.2 圆锥配合的基本要求

1. 应根据使用要求有适当的间隙或过盈

间隙或过盈是在垂直于圆锥表面方向起作用，但按垂直于圆锥轴线方向给定并测量，对于锥度小于 1∶3 的圆锥，两个方向的数值差异很小（最大差值不超过 2%），可忽略不计。

2. 配合表面接触均匀

这就要求内、外锥体的锥度大小应尽量一致，使各截面间配合间隙或过盈大小均匀，提高配合的精密程度。对此，应控制内外圆锥角偏差和形状误差。

3. 配合的实际基面距要在规定的范围内

有些圆锥配合要求实际基面距（即内、外圆锥基准平面之间的距离）要在规定的范围内。这是因为，当内外圆锥长度一定时，若基面距太大，会使配合长度减小，影响结合的稳定性和传递转矩；若基面距太小，则补偿圆锥表面磨损的调节范围就将减小。为此，圆锥配合不仅要求锥度一致，还要求圆锥截面上的直径必须具有一定的配合精度。

9.3.3 圆锥配合的确定

圆锥配合可通过内外圆锥的相对轴向位置来调整间隙或过盈，得到不同的配合性质。因此，对圆锥配合，不但要给出相配件的直径，还要规定内外圆锥相对轴向位置。圆锥配合按确定内外圆锥相对位置的方法不同，分为结构型圆锥配合和位移型圆锥配合。

1. 结构型圆锥配合

结构型圆锥配合是指由内、外圆锥本身的结构或基面距确定它们之间最终的轴向相对位置，来获得指定配合性质的圆锥配合。这种形成方式的圆锥配合可以获得间隙配合、过盈配合及过渡配合 3 种不同的配合性质。

如图 9-12 所示，用内、外圆锥的结构即内圆锥端面 1 和外圆锥台阶 2 接触来确定装配时最终的轴向相对位置，以获得指定的圆锥间隙配合。图 9-13 所示为用内圆锥大端基准平面 1 和外圆锥大端基准平面 2 之间的距离 *a*（基面距）来确定装配时最终的轴向相对位置，以获得指定的圆锥过盈配合。

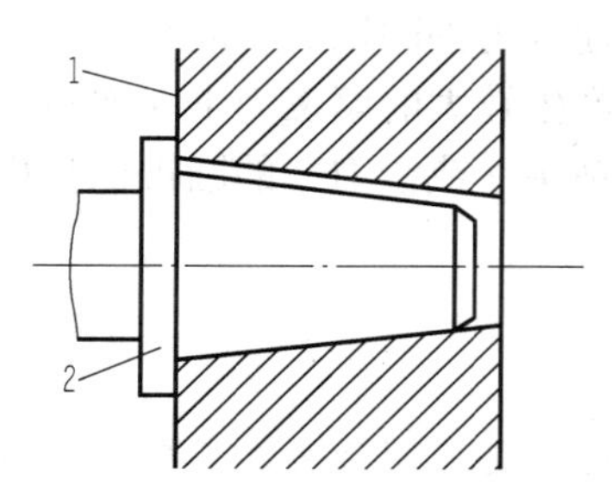

图 9-12　由结构形成的圆锥间隙配合

1—内圆锥端面；2—外圆锥台阶

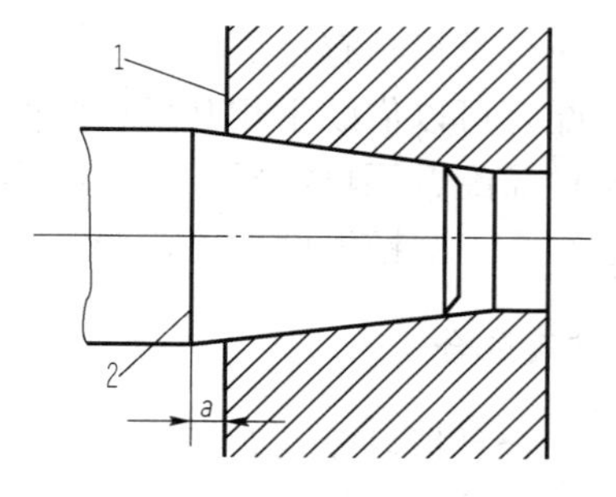

图 9-13　由基面距形成的圆锥过盈配合

1—内圆锥大端基准平面；2—外圆锥大端基准平面

2. 位移型圆锥配合

位移型圆锥配合是指由规定内、外圆锥的轴向相对位移或规定施加一定的装配力（轴向力）产生轴向位移，确定它们之间最终的轴向相对位置，以获得指定配合性质的圆锥配合。前者可获得间隙配合与过盈配合，而后者只能得到过盈配合。

图 9-14 所示为在不受力的情况下内、外圆锥相接触，由实际初始位置 P_a 开始，内圆锥向右做轴向位移 E_a，最终到达终止位置 P_f，以获得指定的圆锥间隙配合。而图 9-15 所示为在不受力的情况下内、外圆锥相接触，由实际初始位置 P_a 开始，对内圆锥施加一定的装配力 F_a，使内圆锥向左做轴向位移 E_a，到达终止位置 P_f，以获得指定的圆锥过盈配合。其中轴向位移 E_a 与间隙 X（或过盈 Y）及内、外圆锥的锥度 C 之间具有如下关系：

$$E_a = \frac{X(\text{或}Y)}{C} \tag{9-7}$$

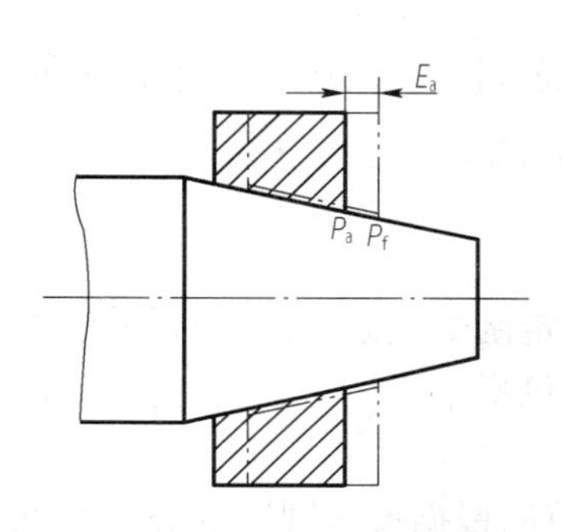

图 9-14　由轴向位移形成的圆锥间隙配合

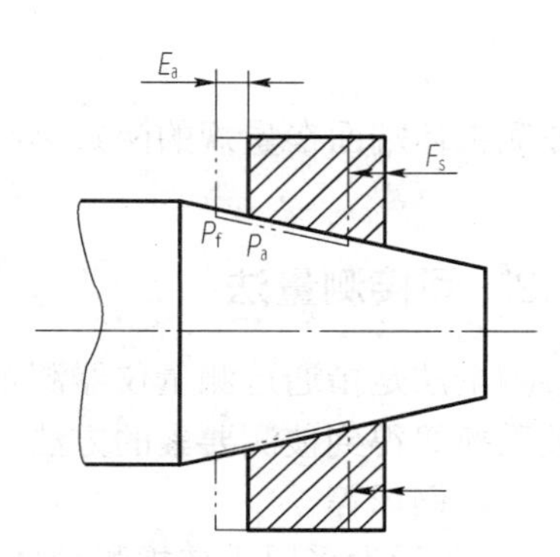

图 9-15　由施加装配力形成的圆锥过盈配合

9.4　圆锥的检测

圆锥的检测是指对圆锥角或者圆锥锥度的测量，由于圆锥锥度是圆锥体特有的基本参数，且圆锥角也可以使用圆锥锥度进行表征，故对圆锥的检测即默认为对圆锥锥度的检测。检测锥度的方法很多，根据测量结果获得的难易程度可以分为直接测量和间接测量两种。

9.4.1　直接测量法

直接测量法是指直接采用圆锥量规来检验实际内、外圆锥工件的锥度和直径偏差。检验内圆锥用圆锥塞规，检验外圆锥用圆锥环规。圆锥量规的结构形式如图 9-16 所示，它的规格尺寸和量规公差在国家标准 GB/T 11852—2003《圆锥量规公差和技术条件》中有详细规定，这里不再进行介绍。

圆锥配合时，一般对锥度要求比对直径要求严格，所以采用圆锥量规检验工件时，首先用涂色法检验工件的锥度。用涂色法检验锥度时，要求工件锥体表面接触靠近大端，接触长度不低于国家标准的相关规定：高精度工件为工件长度的 85%；精密工件为工件长度的 80%；

普通工件为工件长度的75%。

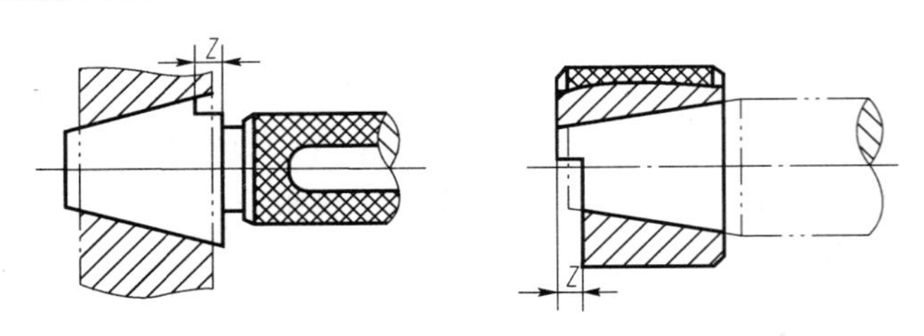

图 9-16　圆锥量规

用圆锥量规检验工件的轴向位移量时，圆锥量规的一端有两条刻线（塞规）或台阶（环规），其间的距离 Z 就是允许的轴向位移量。同时，利用这一轴向位移量 Z 也可以用来检验被测圆锥直径偏差 T_D，它们之间具有如下关系：

$$Z=\frac{T_D}{C}\times 10^{-3} \tag{9-8}$$

若被测锥体端面在量规的两条刻线或台阶的两端面之间，则被检验锥体的轴向位移量是合格的。

9.4.2　间接测量法

间接测量法是指通过测量仪器测量与被测锥度有一定函数关系的若干线性尺寸，然后按照几何关系换算得到被测要素的方法。通常采用的仪器包括量块、正弦规、指示计量器具、平板、滚子、钢球等。

图 9-17 所示为采用正弦规测量外圆锥锥度。测量前应根据被测圆锥的公称圆锥角 α 和正弦规两圆柱的中心距 L 计算出量块组的尺寸 h，计算式为

$$h = L\times \sin\alpha \tag{9-9}$$

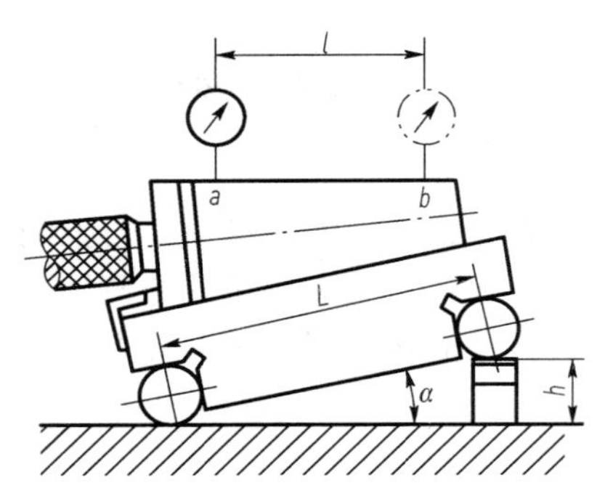

图 9-17　用正弦规测量外圆锥锥度

若被测圆锥的实际圆锥角为 α，则该圆锥上下方向的最高素线必然与平板的工作台面平行，指示表在最高素线 a、b 两点测得的数值应该相等。令 a、b 两点测得的数值分别为 h_a（μm）和 h_b（μm），L（mm）为两点间的距离，则可以分别计算出工件锥度的偏差 ΔC 和圆锥角的偏差 $\Delta\alpha$（″）。

$$\Delta C = \frac{h_a - h_b}{L} \tag{9-10}$$

$$\Delta\alpha = 206 \times \frac{h_a - h_b}{L} \tag{9-11}$$

具体测量时，须注意 a、b 两点测量值的大小，若 a 点值大于 b 点值，则实际锥角大于理论锥角α，算出的$\Delta\alpha$为正；反之，$\Delta\alpha$为负。

习　题　9

简答题

（1）为什么钻头、铰刀、铣刀等的尾柄与机床主轴孔连接多采用圆锥结合方式？从使用要求出发，这些尾柄的圆锥应有哪些要求？

（2）有一外圆锥，已知最大圆锥直径 D_e 为ϕ20mm，最小圆锥直径 d_e 为ϕ5mm，圆锥长度为 100mm，试确定圆锥角和锥度。若圆锥角公差等级为 AT8，试查出圆锥角公差的数值（AT_α 和 AT_D）。

（3）圆锥公差有哪几种给定方法？各适用在什么场合？

（4）在选择圆锥直径公差时，结构型圆锥配合和位移型圆锥配合有什么不同？

（5）某铣床主轴轴端与齿轮孔连接，采用圆锥加平键的连接方式，其基本圆锥直径为大端直径 D=ϕ88mm，锥度 C=1∶15。试确定此圆锥的配合及内、外圆锥体的公差。

第10章

螺纹公差及检测

10.1 概　　述

10.1.1 螺纹分类及使用要求

螺纹结合是机械制造和仪器制造中应用最广泛的结合形式。螺纹一般可分为圆柱螺纹与圆锥螺纹、密封螺纹与非密封螺纹、机械紧固螺纹与传动螺纹、对称牙型螺纹与非对称牙型螺纹等。

若按螺纹的用途可将其分为紧固螺纹、传动螺纹和紧密螺纹3类。

1. 紧固螺纹

紧固螺纹用于紧固或连接零件，如公制普通螺纹等。对这种螺纹结合的主要要求是可旋合性和连接的可靠性。

2. 传动螺纹

传动螺纹用于传递动力或精确的位移，如梯形螺纹、丝杆等。对这种螺纹结合的主要要求是传递动力的可靠性或传动比的稳定性(或精确性)。这种螺纹结合要求有一定的保证间隙，以便传动及贮存润滑油。

3. 紧密螺纹

这是一种用于密封的螺纹结合，对这种螺纹结合的主要要求是结合紧密，不漏水、不漏气和不漏油。

除上述3类螺纹外，还有一些专门用途的螺纹，如石油螺纹、气瓶螺纹、灯泡螺纹、光学细牙螺纹等。

10.1.2 螺纹部分术语及其定义

下面主要介绍普通圆柱螺纹的部分术语及定义。

1. 基本牙型

普通螺纹的基本牙型如图10-1所示。它是在原始三角形中削去顶部（$H/8$）和底部（$H/4$）

所形成的，是内、外螺纹共有的理论牙型，也是确定螺纹设计牙型的基础。

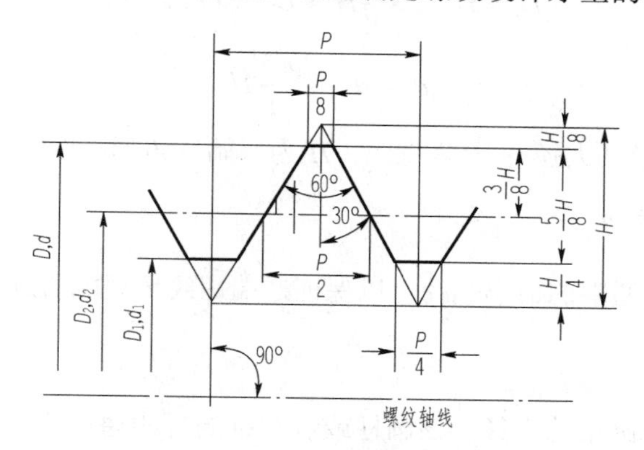

图 10-1　普通螺纹基本牙型图

2. 螺距 P 与导程 Ph

相邻两牙在中径线上对应两点间的轴向距离称为螺距 P；同一条螺旋线上的相邻两牙在中径线上对应两点间的轴向距离称为导程 Ph。

导程与螺距的关系为

$$\mathrm{Ph} = nP \tag{10-1}$$

式中，n 为线数（头数）。

3. 原始三角形高度 H

它是指原始三角形顶点到底边的垂直距离，即

$$H = \sqrt{3}/2P \approx 0.866P \tag{10-2}$$

4. 牙型高度

它是指在原始三角形削去顶部（$H/8$）和底部（$2H/8$）后的高度，等于牙顶高 $3H/8$ 与牙底高 $2H/8$ 之和，即

$$\frac{5}{8}H=0.541P$$

5. 大径 d 或 D

大径是指与外螺纹牙顶或内螺纹牙底相重合的假想的圆柱面直径。国家标准规定，公制普通螺纹的大径的公称尺寸为螺纹公称直径，也是螺纹的基本大径。大径也是外螺纹顶径、内螺纹底径。

6. 小径 d_1 或 D_1

小径是指与外螺纹牙底或内螺纹牙顶相重合的假想圆柱面的直径。小径的公称尺寸为螺纹的基本小径。小径也是外螺纹的底径、内螺纹的顶径。小径的计算式为

$$D_1 = D - 2 \times \frac{5}{8}H \approx D - 1.0825 \times P$$

$$d_1 = d - 2 \times \frac{5}{8}H \qquad (10\text{-}3)$$

式中，D、d 为公称直径（大径）；P 为螺距；H 为原始三角形高度。

7. 外螺纹最大小径 $d_{1\max}$

它应小于螺纹环规通端的最小小径，以保证通端螺纹环规能通过。

8. 中径 d_2 或 D_2

一个假想圆柱或者圆锥的直径，该圆柱或者圆锥的母线通过牙型上沟槽和凸起宽度相等的地方。该假想圆柱或者圆锥称为中径圆柱或者中径圆锥。若在基本牙型上该圆柱的母线正好通过牙型上沟槽和凸起宽度相等，且等于 $P/2$ 时，此时的中径称基本中径。

$$d_2 = d - 2 \times \frac{3}{8}H$$

$$D_2 = D - 2 \times \frac{3}{8}H \qquad (10\text{-}4)$$

式中，D、d 为公称直径（大径）；P 为螺距；H 为原始三角形高度。

9. 单一中径 d_{2s} 或 D_{2s}

一个假想圆柱或者圆锥的直径，该圆柱或者圆锥的母线通过牙型上沟槽宽度等于螺距公称尺寸一半的地方，如图 10-2 所示。当螺距有误差时，单一中径和中径是不相等的。单一中径有时也近似为实测中径。

10. 作用中径 d_{2m} 或 D_{2m}

在规定的旋合长度内，恰好包容实际螺纹的一个假想螺纹中径。这个假想的螺纹中径具有理想的螺距、半角及牙型高度，并另在牙顶处和牙底处留有间隙，以保证包容时不与实际螺纹的大、小径发生干涉。作用中径和单一中径的示意图如图 10-3 所示。

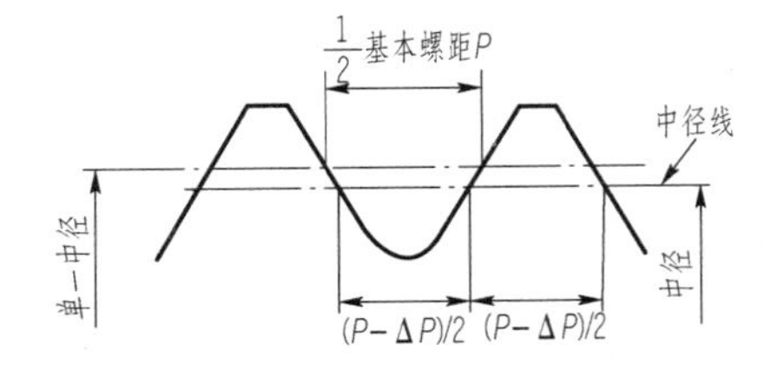

图 10-2　单一中径示意图

P—基本螺距；ΔP—螺距误差

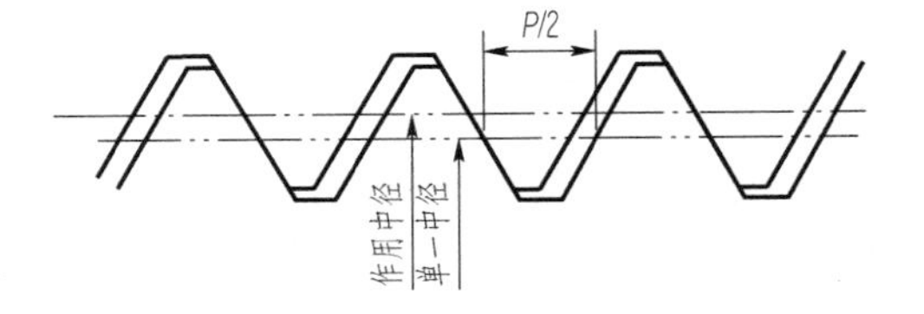

图 10-3　单一中径和作用中径

11. 牙型角 α 和牙型半角 $\alpha/2$

在螺纹牙型上，两相邻牙侧间的夹角称为牙型角。对于公制普通螺纹，牙型角 α=60°，牙型左、右对称的牙侧角称为牙型半角$\alpha/2$，是牙型角的一半。

12. 牙侧角α_1、α_2

在螺纹上，牙侧与螺纹轴线的垂线间的夹角称为牙侧角α_1、α_2。

13. 螺纹旋合长度

螺纹旋合长度是指两个相互配合的螺纹沿螺纹轴线方向相互旋合部分的长度。

14. 螺纹最大实体牙型

它是指由设计牙型和各直径的基本偏差及公差所决定的最大实体状态下的螺纹牙型。对于普通外螺纹，它是基本牙型的 3 个基本直径分别减去基本偏差（上极限偏差 es）后所形成的牙型。对于普通内螺纹，它是基本牙型的 3 个基本直径分别加上基本偏差（下极限偏差 EI）后所形成的牙型。

15. 螺纹最小实体牙型

它是指由设计牙型和各直径的基本偏差及公差所决定的最小实体状态下的牙型。对于普通外螺纹，它是在最大实体牙型的顶径和中径上分别减去它们的顶径公差和中径公差（底径未做规定）后所形成的牙型。对于普通内螺纹，它是在最大实体牙型的顶径和中径上分别加上它们的顶径公差和中径公差（底径未做规定）后所形成的牙型。

16. 螺距误差中径当量

它是指将螺距误差换算成中径的数值。在普通螺纹结合中，未单独规定螺距公差来限制螺距误差。

17. 螺纹升角φ（导程角）

它是指在中径圆柱或中径圆锥上，螺旋线的切线与垂直于螺纹轴线的平面之间的夹角。螺纹升角可由下式计算：

$$\tan\varphi = \frac{L}{\pi d_2} = \frac{nP}{\pi d_2}$$

式中，L 为导程（mm）；n 为螺纹线数；P 为螺距（mm）；d_2 为螺纹中径（mm）；φ为螺纹升角（′）。

10.1.3　螺纹公称尺寸的计算

根据牙型高度和螺距的关系，内外螺纹的公称尺寸的计算如下：

（1）内螺纹的公称尺寸计算：

$$D_2 = D - 2\times\frac{3}{8}H = D + 0.6495P \quad (10\text{-}5)$$

$$D_1 = D - 2\times\frac{5}{8}H = D - 1.0825P \quad (10\text{-}6)$$

式中，D 为公称直径（大径）；P 为螺距；H 为原始三角形高度。

（2）外螺纹的公称尺寸计算：

$$d_2 = d - 2\times\frac{3}{8} = d - 0.6495P \tag{10-7}$$

$$d_1 = d - 2\times\frac{5}{8}H = d - 1.0825P \tag{10-8}$$

式中，d 为公称直径（大径）；P 为螺距；H 为原始三角形高度。

计算数值圆整到小数点后的第三位。普通螺纹的公称尺寸数值，可查国家标准 GB/T 196—2003《普通螺纹 公称尺寸》。

10.2 螺纹标记

完整的螺纹标记由特征代号、尺寸代号、公差带代号组成。

螺纹完整标记由螺纹代号 M、公称直径值、导程代号 Ph（单线螺纹可省略）、螺距值、中径公差带代号、顶径公差带代号、旋合长度代号和螺纹旋向代号（LH）（右旋省略）组成，如图 10-4 所示。

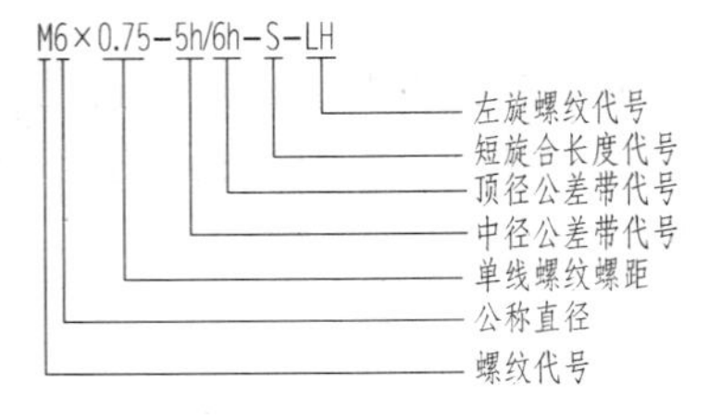

图 10-4　螺纹标记

当螺纹为粗牙螺纹时，螺距项标注可以省略；当顶径公差带和中径公差带相同时，只标注一个公差带的代号；当旋合长度为中等长度时，长度代号 N 可省略。

例如，M10-6g，它表示普通外螺纹、公称直径 10mm、粗牙螺纹、中径和顶径公差带 6g、旋合长度为中等 N、右旋螺纹。

又如 M10-6H，它表示普通内螺纹、公称直径 10mm、粗牙螺纹、中径和顶径公差带 6H、旋合长度为中等 N、右旋螺纹。

在下列情况下，中等精度螺纹不标注其公差带代号。

内螺纹：公称直径 $D\leqslant 1.4$mm，公差带代号 5H；公称直径 $D\geqslant 1.6$mm，公差带代号为 6H。对螺距为 0.2mm 的螺纹，其公差等级为 4 级。

外螺纹：公称直径 $d\leqslant 1.4$mm，公差带代号 6h；公称直径 $d\geqslant 1.6$mm，公差带代号为 6g。

表示内、外螺纹配合时，内螺纹公差带代号在前，外螺纹公差带代号在后，中间用斜线分开。

如 M20×2-6H/5g6g，即表示公差带为 6H 的内螺纹与公差带为 5g6g 的外螺纹组成的配合。

另外，如果要进一步表明螺纹的线数，可在螺距后面加线数（用英语说明），如双线为 two starts、三线为 three starts。如 M14×Ph6P2（three starts）-7H-L-LH，表示公称直径为 14 的公制内螺纹，三线螺纹导程为 6，螺距为 2，中径、顶径公差为 6，基本偏差代号为 H，长旋合长度，左旋方式。

10.3 梯形螺纹简述

国家标准规定的梯形螺纹是由原始三角形截去顶部和底部所形成的，其原始三角形为顶角等于 30° 的等腰三角形。为了保证梯形螺纹传动的灵活性，必须使内、外螺纹配合后在大径和小径间留有一个保证间隙 a_c，为此，分别在内、外螺纹的牙底上由基本牙型让出一个大小等于 a_c 的间隙，如图 10-5 所示。

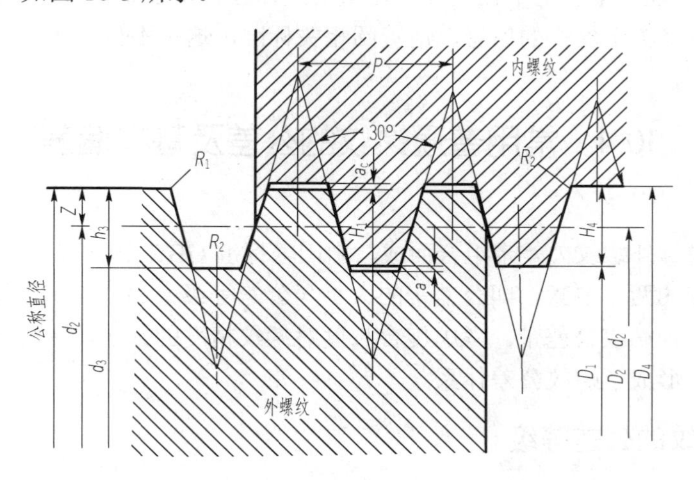

图 10-5　梯形螺纹原始三角形

D_1—基本牙型和设计牙型上的内螺纹小径；D_2—基本牙型和设计牙型上的内螺纹中径；D_4—基本牙型上的内螺纹大径；H_4—设计牙型上的内螺纹牙高；d_2—基本牙型和设计牙型上的外螺纹中径；d_3—设计牙型上的外螺纹小径；h_3—设计牙型上的外螺纹牙高；Z—外螺纹中径处牙高；a_c—牙顶间隙

梯形螺纹标准中，对内、外螺纹的大、中、小径分别规定了表 10-1 所示的公差等级。

表 10-1　内、外螺纹的大、中、小径公差等级

直径	公差等级	直径	公差等级
内螺纹小径 D_1	4	外螺纹中径 d_2	（6）7，8，9
外螺纹大径 d	4	外螺纹小径 d_3	7，8，9
内螺纹中径 D_2	7，8，9	—	—

标准对内螺纹的大径 D、中径 D_2 和小径 D_1 只规定了一种基本偏差 H（下极限偏差），其值为零；对外螺纹的中径 d_2 规定了 h、e 和 c 三种基本偏差，对大径 d 和小径 d_3 规定了一种基本偏差 h。其中 h 的基本偏差（上极限偏差）为零，e 和 c 的基本偏差（上偏差）为负。

梯形螺纹的标记如图 10-6 所示。

梯形螺纹副的标记如图 10-7 所示。

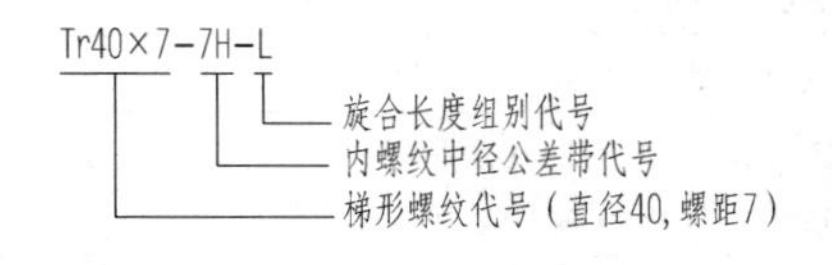

图 10-6　梯形螺纹标记

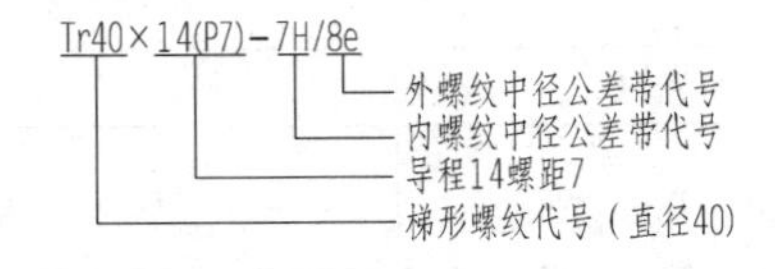

图 10-7　梯形螺纹副标记

机床中的传动丝杆和螺母就采用的是梯形螺纹。其特点是精度要求高，特别是对螺距公差（或螺旋线公差）的要求。按 JB/T 2886—1992 规定，丝杆及螺母的精度分为 6 级，它们是：4，5，6，7，8，9，精度依次降低。其所规定的公差（或极限偏差）项目，除螺距公差、牙型半角极限偏差、大径和中径及小径公差外，还增加了丝杆螺旋线公差（只用于4、5和6级的高精度丝杆）、丝杆全长上中径尺寸变动量公差和丝杆中径跳动公差。

如果要了解更多关于丝杆的信息，请查阅相关标准，这里不再赘述。

10.4 常用普通螺纹的公差及基本偏差

螺纹配合由内、外螺纹公差带组合而成，由国家标准GB/T 197—2003《普通螺纹 公差》将普通螺纹公差带的两个要素，即公差带的大小（公差等级）和公差带位置（基本偏差）进行标准化，组成各种螺纹公差带。考虑旋合长度对螺纹精度的影响，由螺纹公差带与旋合长度构成螺纹精度，形成了螺纹公差体系。

10.4.1 螺纹的公差等级

从互换性的角度来看，影响螺纹互换性的几何要素有5个，分别为大径、中径、小径、螺距和牙侧角。但在普通螺纹连接中，未规定牙侧角和螺距公差。从作用中径的概念和合格性判断原则来看，不需要规定牙侧角和螺距公差，只规定中径公差就可综合控制它们对互换性的影响。另外，底径(d_1，D)是在加工时由刀具切出的，其尺寸由加工时保证，也未规定公差。普通螺纹国家标准按内、外螺纹的中径和顶径公差值的大小分别规定了不同的公差等级，见表10-2。

表10-2 普通螺纹公差等级

螺纹直径	公差等级	螺纹直径	公差等级
外螺纹中径 d_2	3，4，5，6，7，8，9	内螺纹中径 D_2	4，5，6，7，8
外螺纹大径 d	4，6，8	内螺纹小径 D_1	4，5，6，7，8

其中，6级是基本级；3级公差值为最小，精度最高；9级精度最低。普通螺纹中径、顶径公差值可以按照表10-3进行计算，之后进行圆整处理。

表10-3 普通螺纹中径、顶径公差计算公式

直径公差	计算公式
T_d	$k_1(180P^{2/3}-3.15P^{-1/2})$
T_{d2}	$k_1 90P^{0.4}d^{0.1}$
T_{D1}	$k_1(433P-190P^{1.22})$，当 P=0.2～0.8时 $k_1 230P^{0.7}$，当 $P \geqslant 1$ 时
T_{D2}	$k_2 T_{d2}$

表10-3中，T_d、T_{d2}、T_{D2}和T_{D1}的单位为μm；P和d的单位为mm。d为该螺纹直径尺寸段的几何平均值，k_1和k_2与公差等级关系按照表10-4进行计算。

表 10-4　k_1 和 k_2 与公差等级关系表

公差等级	3	4	5	6	7	8	9
系数 k_1	0.5	0.63	0.8	1	1.25	1.6	2
系数 k_2	—	0.85	1.06	1.32	1.7	2.12	—

从计算公式中可以看出 6 级是基本级，其他级别按 R10 的数系的数值乘 6 级的公差来获得，而内螺纹的中径公差比外螺纹的中径公差大 32%，这是考虑到内螺纹加工比外螺纹困难的缘故。

内、外螺纹各直径的公差值见表 10-5 和表 10-6。

表 10-5　普通螺纹中径公差（摘录）（摘自 GB/T 197—2003）

公称直径 D/mm		螺距	内螺纹中径公差 T_{D2}/μm					外螺纹中径公差 T_{d2}/μm						
		P/mm	公差等级					公差等级						
			4	5	6	7	8	3	4	5	6	7	8	9
5.6	11.2	0.75	85	106	132	170	—	50	63	80	100	125	—	—
		1	95	118	150	190	236	56	71	90	112	140	180	224
		1.25	100	125	160	200	250	60	75	95	118	150	190	236
		1.5	112	140	180	224	280	67	85	106	132	170	212	265
11.2	22.4	1	100	125	160	200	250	60	75	95	118	150	190	236
		1.25	112	140	180	224	280	67	85	106	132	170	212	265
		1.5	118	150	190	236	300	71	90	112	140	180	224	280
		1.75	125	160	200	250	315	75	95	118	150	190	236	300
		2	132	170	212	265	335	80	100	125	160	200	250	315
		2.5	140	180	224	280	355	85	106	132	170	212	265	335
22.4	45	1	106	132	170	212	—	63	80	100	125	160	200	250
		1.5	125	160	200	250	315	75	95	118	150	190	236	300
		2	140	180	224	280	355	85	106	132	170	212	265	335
		3	170	212	265	335	425	100	125	160	200	250	315	400
		3.5	180	224	280	355	450	106	132	170	22	265	335	425
		4	190	236	300	375	475	112	140	180	224	280	355	450
		4.5	200	250	315	400	500	118	150	190	236	300	375	475

表 10-6　螺纹顶径公差（摘录）（摘自 GB/T 197—2003）

螺距 P/mm	内螺纹顶径公差 T_{D1}/μm					外螺纹顶径公差 T_d/μm		
	公差等级					公差等级		
	4	5	6	7	8	4	6	8
1	150	190	236	300	375	112	180	280
1.25	170	212	265	335	425	132	212	335
1.5	190	236	300	375	475	150	236	375
1.75	212	265	335	425	530	170	265	425
2	236	300	375	475	600	180	280	450
2.5	280	355	450	560	710	212	335	530

续表

螺距 P/mm	内螺纹顶径公差 T_{D1}/μm					外螺纹顶径公差 T_d/μm		
	公差等级					公差等级		
	4	5	6	7	8	4	6	8
3	315	400	500	630	800	236	375	600
3.5	355	450	560	710	900	265	425	670
4	375	475	600	750	950	300	475	750

10.4.2 螺纹的基本偏差

国家标准 GB/T 197—2003 对大径、中径和小径三者规定了相同的基本偏差。其内螺纹的公差带位置如图 10-8（a）、（b）所示，外螺纹的公差带位置如图 10-9（a）、（b）所示。图中螺纹的基本牙型是计算螺纹偏差的基准。内、外螺纹的公差带相对于基本牙型的位置，与圆柱体的公差带位置一样，由基本偏差来确定。对于外螺纹基本偏差是上极限偏差 es，对于内螺纹基本偏差是下极限偏差 EI。

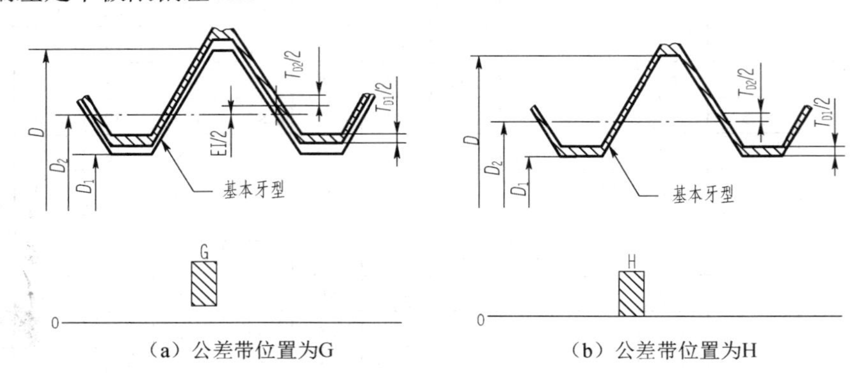

（a）公差带位置为G　　（b）公差带位置为H

图 10-8　普通内螺纹的基本偏差

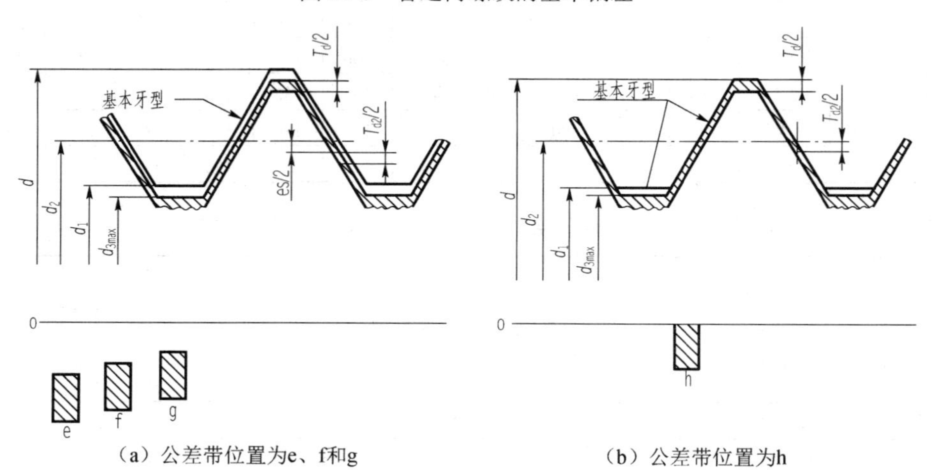

（a）公差带位置为e、f和g　　（b）公差带位置为h

图 10-9　普通外螺纹的基本偏差

外螺纹的下极限偏差与内螺纹的上极限偏差分别如下：

外螺纹的下极限偏差：

$$ei=es-T$$

内螺纹的上极限偏差：

$$ES=EI+T$$

式中，T 为螺纹公差。

在普通螺纹标准中，对内螺纹规定 G、H 两种公差带位置，如图 10-8 所示；对外螺纹规定了 e、f、g、h 四种公差带位置，如图 10-9 所示。H 和 h 的基本偏差为零；G 的基本偏差是正数值；e、f、g 的基本偏差为负数值，其数值的绝对值按依次减小的顺序排列。各种公差带位置的基本偏差值按表 10-7 所列公式进行计算。

表 10-7　普通螺纹基本偏差计算表

内螺纹下极限偏差 EI/μm	外螺纹上极限偏差 es/μm
	$es_e=-(50+11P)$ ①
	$es_f=-(30+11P)$ ②
$EI_G=+(15+11P)$ ③	$es_g=-(15+11P)$
$EI_H=0$	$es_h=0$

注：① 对于 $P\leqslant0.45$mm 的螺纹，此公式不适用。

② 对于 $P\leqslant0.3$mm 的螺纹，此公式不适用。

③ P 的单位为 mm。

内、外螺纹的基本偏差值见表 10-8。

合格的螺纹其实际牙型各个部分都应该在公差带内，即实际牙型应在图 10-8 和图 10-9 中的画有断面线的公差带内。

表 10-8　螺纹基本偏差（摘录）（GB/T 197—2003）

螺距 P/mm	内螺纹的基本偏差 EI/μm		外螺纹的基本偏差 es/μm			
	G	H	e	f	g	h
1	+26		−60	−40	−26	
1.25	+28		−63	−42	−28	
1.5	+32		−67	−45	−32	
1.75	+34		−71	−48	−34	
2	+38	0	−71	−52	−38	0
2.5	+42		−80	−58	−42	
3	+48		−85	−63	−48	
3.5	+53		−90	−70	−53	
4	+60		−95	−75	−60	

10.5　标准推荐的公差带及其选用

按不同的公差带位置（G、H）、（e、f、g、h）及不同的公差等级（3～9 级）可组成各种不同的公差带。公差带的代号由表示公差等级的数字和表示基本偏差的字母组成，如 6H、5g 等。

根据使用场合，又将螺纹分为 3 个精度等级，即精密级、中等级和粗糙级。精密级用于精密螺纹；中等级用于一般用途；粗糙级用于制造螺纹比较困难或对精度要求不高的地方。

另外，标准对螺纹的旋合长度也做了规定，将旋合长度分为 3 组，即短旋合长度 S、中旋合长度 N 和长旋合长度 L，一般情况下，应当采用中旋合长度。螺纹旋合长度见表 10-9。

表 10-9 螺纹旋合长度（摘录）（GB/T 197—2003）

单位：mm

公称直径 D 或 d		旋距 P	旋合长度			
			S	N		L
>	≤		≤	>	≤	>
5.6	11.2	0.75	2.4	2.4	7.1	7.1
		1	3	3	9	9
		1.25	4	4	12	12
		1.5	5	5	15	15
11.2	22.4	1	3.8	3.8	11	11
		1.25	4.5	4.5	13	13
		1.5	5.6	5.6	16	16
		1.75	6	6	18	18
		2	8	8	24	24
		2.5	10	10	30	30
22.5	45	1	4	4	12	12
		1.5	6.3	6.3	19	19
		2	8.5	8.5	25	25
		3	12	12	36	36
		3.5	15	15	45	45
		4	18	18	53	53
		4.5	21	21	63	63

在生产中，为了减少刀、量具的规格和数量，对公差带的数量（或种类）应加以限制。根据螺纹的使用精度和旋合长度，国家标准推荐了一些常用公差带，见表 10-10 和表 10-11。除非特殊需要，一般不宜选择标准以外的公差带。

从表 10-10 和表 10-11 中可以看出：在同一精度中，对不同旋合长度（S，N，L）的螺纹中径采用了不同的公差等级，这是考虑到不同旋合长度对螺纹累积误差有不同影响的缘故。

如无其他特殊说明，推荐公差带也适用于涂镀前的螺纹。涂镀后，螺纹实际轮廓上的任何一点均不应超越按公差 H 或 h 所确定的最大实体牙型。

表 10-10 内螺纹选用公差带（摘自 GB/T 197—2003）

精度等级	公差带位置 G			公差带位置 H		
	S	N	L	S	N	L
精密	—	—	—	4H	5H	6H
中等	(5G)	*(6G)	(7G)	*5H	* [6H]	*7H
粗糙	—	(7G)	(8G)	—	7H	8H

注：大量生产的精制紧固螺纹，推荐采用方框的；带*的公差带应优先选用，其次是不带*的公差带，最后是带( )的公差带。

表 10-11　外螺纹选用公差带（摘自 GB/T 197—2003）

精度等级	公差带位置 e			公差带位置 f			公差带位置 g			公差带位置 h		
	S	*N*	*L*	*S*	*N*	*L*	*S*	*N*	*L*	*S*	*N*	*L*
精密	—	—	—	—	—	—	—	(4g)	(4g5g)	(3h4h)	*4h	(5h4h)
中等	—	*6e	(7e6e)	—	*6f	—	(5g6g)	*6g	(7g6g)	(5h6h)	6h	(7h6h)
粗糙	—	—	—	—	—	—	—	8g	(9g8g)	—	—	—

注：大量生产的精制紧固螺纹，推荐采用带方框的；带*的公差带应优先选用，其次是不带*的公差带，最后是带( )的公差带。

10.6　常用普通螺纹副

由表 10-10 和表 10-11 中选用的公差带形成的内、外螺纹可以任意组合，但为了保证足够的接触高度，标准推荐完工后的螺纹零件宜优先组成 H/g、H/h 或 G/h 配合。

对公称直径不大于 1.4mm 的螺纹，应选用 5H/6h、4H/6h 或更精密的配合。

10.6.1　普通螺纹副的过渡配合

1. 过渡配合的等级及其应用

中径为过渡配合的螺纹副分为两级，一级是精密配合；另一级是一般配合。精密配合适用于螺纹配合较紧，并且配合性质变化较小的重要部件；一般配合适用于一般用途的螺纹件。

在过渡配合中，螺纹副中外螺纹材料为钢制材料，与其配合的内螺纹的材料可为铸铁、钢、铝合金等。

过渡配合的内螺纹中径公差为 3H、4H 或 5H，小径公差带为 5H；过渡配合的外螺纹中径公差带为 3k、2km 或 4kj，大径公差带为 6h。

2. 优先的过渡配合

一般应选用表 10-12 中规定的螺纹副过渡配合公差带，且优先选用不带括号的配合公差带。

表 10-12　螺纹副过渡配合公差带

使用场合	内螺纹公差带/外螺纹公差带
精密	4H/2km，(3H/3k)
一般	4H/4kj，(5H/3k)

10.6.2　普通螺纹副的过盈配合

1. 过盈配合的应用

普通螺纹的过盈配合适用于螺纹中径具有过盈配合的钢制双头螺柱，与其配合的内螺纹机体材料为铝合金、镁合金、钛合金和钢等。

2. 过盈配合的内螺纹公差带

过盈配合的内螺纹中径公差带为 2H，小径公差带为 4D 或 5D。当螺距 P=1.5mm 时，小径公差带为 4C 或 5C。机体材料为铝合金或镁合金时，小径公差等级取 5 级；机体材料为钛合金或钢时，小径公差等级取 4 级。内螺纹中径、小径公差及基本偏差可查阅相关的国家标准。

3. 过盈配合的外螺纹公差带

过盈配合的外螺纹中径公差带为 3p、3n 或 3m；大径公差带为 6e。螺距 P=1.5mm 时，大径公差为 6c。外螺纹中径和大径基本偏差和公差数值可查阅有关国家标准。

4. 优先的过盈配合

按机体材料选取 3 种螺纹中径优先过盈配合，见表 10-13。按表中规定的组数对内、外螺纹中径公差带分组，公差带分组如图 10-10 所示。对外螺纹轴向长度的中部按单一中径进行分组；对内螺纹按作用中径进行分组。

表 10-13 螺纹中径优先过盈配合公差带及其分组数

内螺纹材料/外螺纹材料	内螺纹公差带/外螺纹公差带	中径公差带分组
铝合金或者镁合金/钢	2H/3p	3
钢/钢	2H/3n	4
钛合金/钢	2H/3m	4

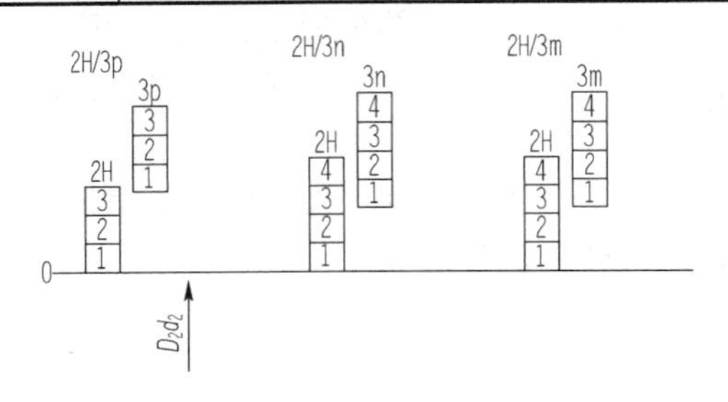

图 10-10 螺纹中径公差带分组位置

5. 过盈配合螺距累积误差和牙侧角误差

过盈配合中，螺距累积误差和牙侧角误差的极限偏差范围见表 10-14。

表 10-14 螺距累积误差和牙侧角误差的极限偏差范围

螺距/mm	极限偏差	
	螺距极限/μm	牙侧角极限/(′)
0.8	±12	±40
1		
1.25		
1.5	±16	±30

6. 过盈配合螺纹的旋合长度

过盈配合螺纹的旋合长度值见表 10-15。

表 10-15　过盈配合螺纹的旋合长度

内螺纹机体材料	旋合长度/mm
钢、钛合金	(1~1.25)d
铝合金、镁合金	(1.25~2)d

10.7　螺纹零件的其他要求

1. 表面质量

螺纹应具有光滑的表面，不得有影响使用的夹层、裂纹和毛刺。镀前，外螺纹牙型表面粗糙度 Ra 值不得大于 1.6μm，内螺纹牙型表面 Ra 值不得大于 3.2μm。

2. 倒角

为了方便装配，外螺纹件的旋入端应倒圆或者倒角，内螺纹件的螺孔口应倒角。

3. 镀层

当外螺纹表面需要涂镀时，镀前应符合极限偏差表的要求。

4. 螺纹检验

螺纹的螺距累积误差、牙侧角误差、作用中径与单一中径之差及外螺纹牙底的最小圆弧半径一般由生产工艺控制和保证，无特殊需要时可不做单独检验。对螺纹的大径、中径和小径尺寸，应利用螺纹通、止量规进行 100%综合检查。

10.8　普通螺纹的测量

螺纹的检测可分为综合测量和单项测量。

10.8.1　综合测量

在实际生产中，主要用螺纹极限量规控制螺纹的极限轮廓和极限尺寸，以保证螺纹的互换性。在成批大量的生产中均采用综合测量，螺纹极限量规分为工作量规、验收量规和校正量规 3 种。

1. 工作量规

在生产中，加工者使用的量规称为工作量规。它包括测量内螺纹的螺纹塞规和光滑塞规；测量外螺纹的螺纹环规和光滑卡规。

光滑塞规和光滑卡规用来检验内外螺纹的顶径尺寸。螺纹塞规和螺纹环规与光滑塞规和光滑卡规一样都有通端和止端。

（1）通端工作塞规（T）。通端工作塞规首先用来检验内螺纹的作用中径，其次是控制内螺纹大径的下极限尺寸。因此，应有完整的牙型和标准的旋合长度（8 个牙），合格的内螺纹应被通端工作塞规顺利旋入，这样保证了内螺纹的作用中径和大径不小于它的下极限尺寸，即 $D_{2m} > D_{2min}$。

（2）止端工作塞规（Z）。止端工作塞规用来检验内螺纹的单一中径一个参数。为了减少牙型半角和螺距累积误差的影响，止端牙型应做成截断的不完整牙型（减少牙型半角误差的影响），即缩短旋合长度到 2～2.5 牙（减少螺距累积误差的影响）。合格的内螺纹不应通过止端工作量规，但允许旋入一部分，这些没有完全旋入止端工作量规的内螺纹，说明它的单一中径没有大于中径的上极限尺寸，即 $D_{2s} > D_{2max}$。用螺纹塞规检验内螺纹的示意图如图 10-11 所示。

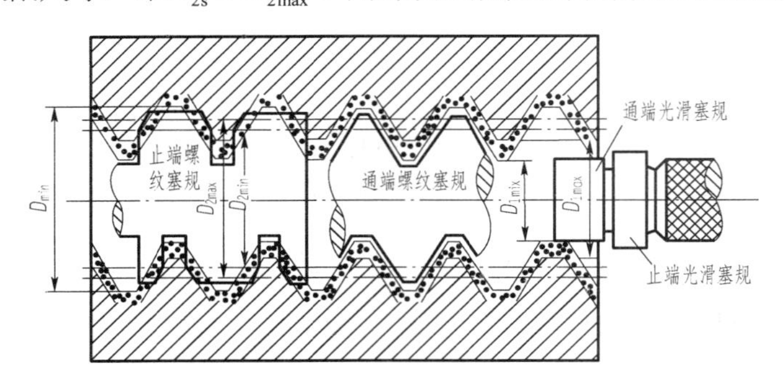

图 10-11　螺纹塞规检验内螺纹示意图

（3）通端工作环规（T）。通端工作环规用来检验外螺纹作用中径，其次是控制外螺纹小径的上极限尺寸。因此，通端环规应有完整的牙型和标准的旋合长度。合格的外螺纹应被通端工作环规顺利旋入，这样就保证了外螺纹的作用中径和小径不大于它的上极限尺寸，即 $d_{2m} > d_{2max}$。

（4）止端工作环规（Z）。止端工作环规用来检验外螺纹单一中径这一个参数。和止端工作塞规同理，止端工作环规的牙型应截断，旋合长度应缩短。合格的外螺纹不应通过止端工作环规，但允许旋入一部分，这些没有完全被旋入的外螺纹，说明它的单一中径没有小于中径的下极限尺寸，即 $d_{2s} > d_{2max}$。用螺纹环规检验外螺纹的示意图如图 10-12 所示。

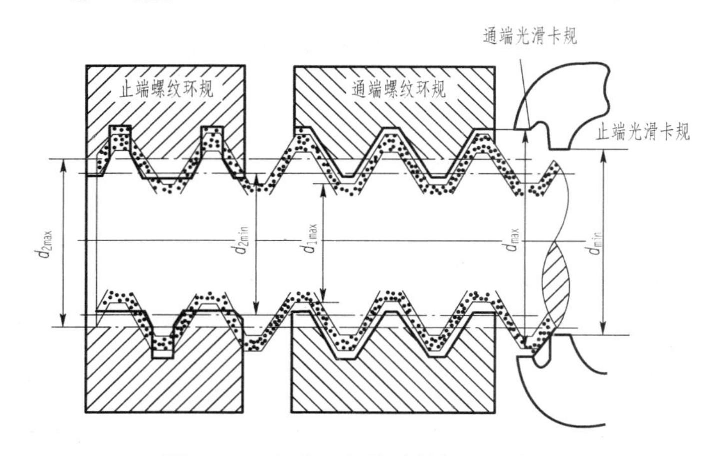

图 10-12　螺纹环规检验外螺纹示意图

2. 验收量规和校对量规

验收量规和校对量规是工厂检验人员或者用户验收人员使用的检验螺纹的螺纹量规。

10.8.2　单项测量

对大尺寸普通螺纹、精密螺纹和传动螺纹通常采用单项测量。下面简述几种最常用的单项测量方法。

1. 三针量法

三针量法主要用于测量精密螺纹（如丝杆、螺纹塞规）的中径 d_2。它是用 3 根直径相等的精密量针放在螺纹槽中，用其他仪器（千分尺、机械比较仪、测长仪等）量出尺寸 M，再根据被测螺纹的螺距 P、牙型半角$\alpha/2$ 和量针直径 d_m，计算出中径 d_2，测量原理如图 10-13 所示。

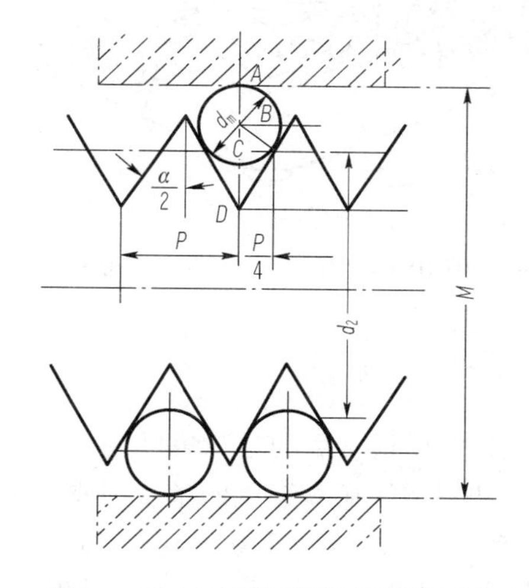

图 10-13　三针测量螺纹中径原理图

然后根据被测螺纹的螺距 P、量出尺寸 M 及量针直径 d_0，按几何关系推算出计算中径公式。

对普通螺纹（α=60°）：$d_2=M-3d_m+0.866P$；

对梯形螺纹（α=30°）：$d_2=M-4.8637d_m+1.866P$；

对于英制螺纹（α=55°）：$d_2=M-3.166d_m+0.961P$。

为使牙型半角误差对中径的测量结果没有影响，则 $d_{m量针}$ 的最佳值应按下式选取。

对普通螺纹：$d_{m量针}=0.577P$；

对梯形螺纹：$d_{m量针}=0.518P$；

对于英制螺纹：$d_{m量针}=0.564P$。

在实际工作中，应选用最佳值，如果没有所需要的最佳直径，可选择与最佳量针相近的三针来测量。

2. 用工具显微镜测量螺纹各要素

在工具显微镜上可用影像法或轴切法测量螺纹的各要素（中径、螺距、牙侧角）。图 10-14 为万能工具显微镜外形图。

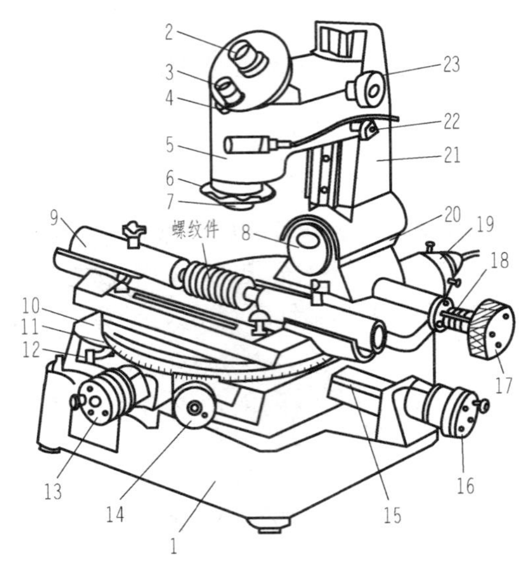

图 10-14　万能工具显微镜外形图

1—底座；2—中央目镜；3—角度目镜；4—反射镜；5—横臂；6—螺母；7—物镜；8—光阑调整环；9—顶针；10—工作台；11—圆刻度盘；12—螺钉；13、16—千分尺；14、17—滚花轮；15—量块；18—标尺；19—光源；20—支座；21—立柱；22—横臂锁紧螺母；23—手轮

显微镜上附有可换目镜头，其中最常用的是测角目镜头。图 10-15（a）为测角目镜头的外形图。图 10-15（b）是从中央目镜 1 中观察到的米字刻线视场。图 10-15（c）是从角度目镜 2 中观察到的角度读数视场，图中读数为 120° 30′ 。上述两种刻线（米字刻线和以度为分度值的圆周刻线）均刻在目镜头内的同一块圆形玻璃分划板上，可借目镜头上的左轮转动。下面介绍用影像法测量螺纹各要素的方法。

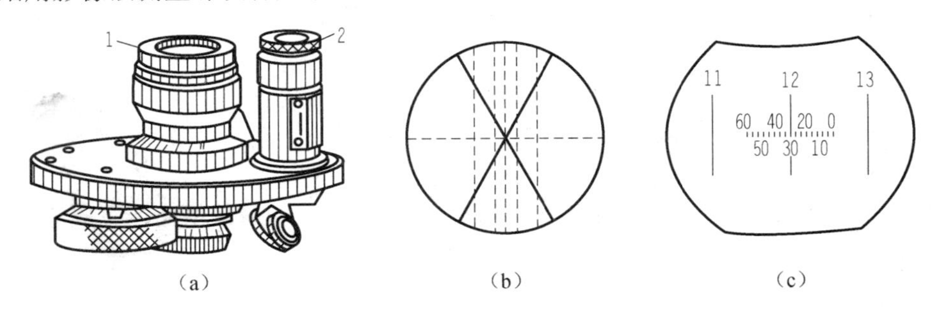

（a）　　（b）　　（c）

图 10-15　万能工具显微镜测角目镜

1—中央目镜；2—角度目镜；

1）实际中径 d_{2s} 的测量

调整仪器（包括使立柱倾斜一个中径上的螺纹升角 φ），直至被测螺纹轮廓影像与米字线

的 a—a'刻线对准，如图 10-16 所示，由横向读数屏读出第一次读数。使立柱往相反方向倾斜一个中径上的螺纹升角φ。移动横向滑架，直至螺纹轮廓对面的牙侧边与 a—a'刻线对准，如图 10-16 所示，再读出横向投影屏的读数。前后两次读数之差即为被测中径 d_2。为了消除安装误差，可分别测出左、右两侧中径，并取两者的平均值作为实际中径 d_{2s}。

2）实际螺距 $P_{n实际}$ 的测量

调整仪器，使螺纹轮廓的一边与米字刻线中间虚线对准，如图 10-17（a）所示，读取纵向投影屏的读数。然后移动纵向滑台，再使同一虚线与第 n 个牙上的螺纹轮廓对准，如图 10-17（b）所示，再读取纵向投影屏上的读数。前后两次读数之差即为 n 个螺距的实际尺寸 $P_{n实际}$ 。它与 n 个螺距的公称尺寸之差，即为 n 个螺距的累积误差 ΔP_{Σ} 。为了消除安装误差，可分别测出螺牙左、右侧的实际尺寸 $P_{n实际}$ ，并取两者的平均值作为测量结果。

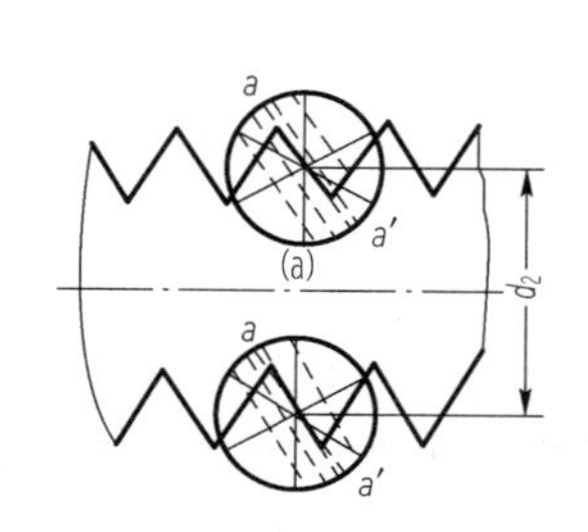

图 10-16　中径测量原理图

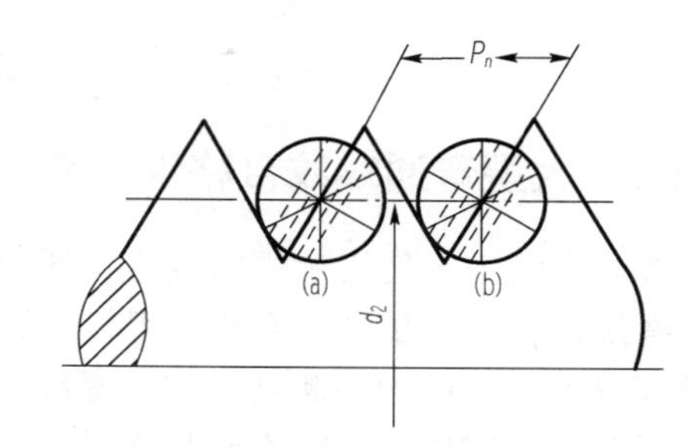

图 10-17　螺距误差测量原理图

3）牙侧角误差$\Delta\alpha$的测量

牙侧角误差是指实际牙侧角与公称牙侧角之差。牙侧角误差是由实际牙型的角度误差和方向歪斜而产生的。当实际牙型只有牙型角误差而无方向歪斜时，左、右两个牙侧角（牙型半角）相等，但都不等于公称牙型半角。当实际牙侧角无误差而存在方向歪斜，即牙型角平分线与螺纹轴线不垂直时，牙型侧角不相等。

牙侧角误差是影响螺纹旋合性的因素，因此，要进行牙侧角误差测量。

调整测量仪器，使米字线的交叉点位于螺纹牙侧边中部，然后转动目镜头手轮，使 a—a' 与被测螺纹轮廓一侧边对准，如图 10-18（b）所示。从小目镜 3 中中读取角度读数。若图 10-18（b）中读数为 329° 13′，则螺纹左侧牙侧角 α_1（左）=360° -329° 13′=30° 47′。用同样的方法使 a—a' 线与轮廓上另一侧边对准，如图 10-18（c）所示，即得另一半角的数值α_2（右）= 30° 8′。为了消除安装误差，也可在螺纹对边分别测出螺牙左、右两个牙侧角，和前述两个已测出的牙侧角分别取平均值作为最后的左、右牙侧角的测量结果，牙侧角与 30° 比较就得到了牙侧角误差$\Delta\alpha$。

这里要指出的是，用影像法测量，测得的是法向牙型角α_n，如需求出轴向牙型角α，可按式（10-9）计算：

$$\tan\alpha_n=\tan\alpha \cdot \cos\varphi \qquad (10\text{-}9)$$

式中，φ为螺纹中径上的螺纹升角（导程角）。

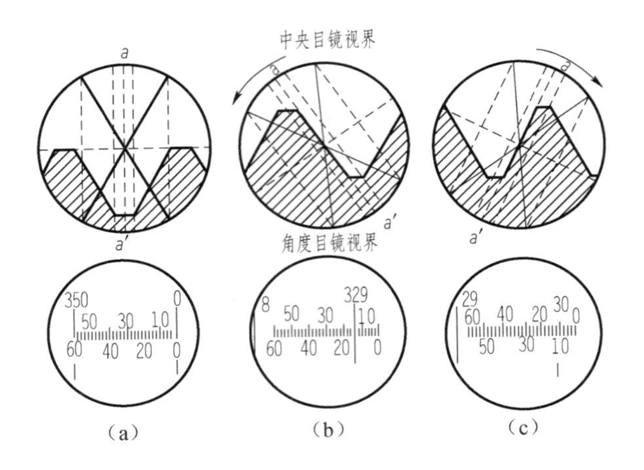

图 10-18　角度目镜中的对线和读数示意图

10.8.3　大型普通螺纹合格性判断

大型普通螺纹由于使用量规的困难，通常采用单项测量。

对于螺纹顶径的测量结果合格与否，与光滑工件测量结果的判断相同，这里不再赘述。

而对螺纹中径合格的判断是：实际螺纹的作用中径不能超出最大实体牙型的中径，而实际螺纹上任一部位的单一中径不能超出最小实体牙型的中径，这是螺纹中径合格性判断泰勒原则。

对于外螺纹：

$$d_{2m} \leqslant d_{2max}$$
$$d_{2s} \geqslant d_{2min}$$

对于内螺纹：

$$D_{2m} \geqslant D_{2min}$$
$$D_{2s} \leqslant D_{2max}$$

作用中径按式（10-10）或者式（10-11）计算，实际中径按式（10-12）计算，正号用于外螺纹，负号用于内螺纹：

$$d_{2m}(D_{2m})_{作用}=d_{2s}(D_{2s})\pm(f_{\alpha}+f_{P\Sigma}+f_{\Delta P}) \quad (10\text{-}10)$$

$$d_{2m}(D_{2m})_{作用}=d_{2}(D_{2})_{实际}\pm(f_{\alpha}+f_{P\Sigma}) \quad (10\text{-}11)$$

$$d_{2\,实际}-d_{2s}=f_{\Delta P} \quad (10\text{-}12)$$

式中，d_{2m} 为外螺纹的作用中径（mm）；D_{2m} 为内螺纹的作用中径（mm）；d_{2s} 为外螺纹的单一中径（当中径处螺距偏差的中径当量很小时可以用实测中径代替，μm）；D_{2s} 为内螺纹的单一中径（当中径处螺距偏差的中径当量很小时可以用实测中径代替）；f_{α}为牙侧角误差中径当量（μm）；$f_{P\Sigma}$为螺距累积误差中径当量（μm）；$f_{\Delta P}$ 为测量中径处螺距偏差的中径当量（μm）。

由于螺纹加工时，牙侧角均可能存在误差，且误差大小也不相等，因此其左、右牙侧角误差的中径当量也可能不相同。根据分析，这时应采用两者的平均值。当外螺纹左、右牙侧角均小于 30°，即牙侧角误差$\Delta\alpha$为负时，按式（10-13）计算：

$$f_{\alpha}=0.44P(\Delta\alpha_1+\Delta\alpha_2)/2=0.073\times3P(\Delta\alpha_1+\Delta\alpha_2) \quad (10\text{-}13)$$

当外螺纹左、右牙侧角均大于 30°，即牙侧角误差为 $\Delta\alpha$正时，按式（10-14）计算：

$$f_{\alpha}=0.291P(\Delta\alpha_1+\Delta\alpha_2)/2=0.073\times2P(\Delta\alpha_1+\Delta\alpha_2) \quad (10\text{-}14)$$

将以上两式合并得

$$f_{\alpha}=0.073P(K_1\left|\Delta\alpha_1\right|+K_2\left|\Delta\alpha_2\right|) \quad (10\text{-}15)$$

再考虑到内螺纹，合并公式为

$$f_{\alpha}\text{（或 }F_{\alpha}\text{）}=0.073P(K_1|\Delta\alpha_1|+K_2|\Delta\alpha_2|)$$

式中，系数 K_1、K_2 的数值分别取决于 $\Delta\alpha_1$、$\Delta\alpha_2$的正、负号。

对于外螺纹，当 $\Delta\alpha_1$（或 $\Delta\alpha_2$）为正值时，在中径与小径之间的牙侧产生干涉，相应的系数 K_1（或 K_2）取 2；当 $\Delta\alpha_1$（或 $\Delta\alpha_2$）为负值时，在中径与大径之间的牙侧产生干涉，相应的系数 K_1（或 K_2）取 3。

对于内螺纹，当 $\Delta\alpha_1$（或 $\Delta\alpha_2$）为正值时，在中径与大径之间的牙侧产生干涉，相应的系数 K_1（或 K_2）取 3；当 $\Delta\alpha_1$（或 $\Delta\alpha_2$）为负值时，在中径与小径之间的牙侧产生干涉，相应的系数 K_1（或 K_2）取 2。

而螺距累积误差中径当量 $f_{P\Sigma}$按式（10-16）计算，测量中径螺距偏差的中径当量 $f_{\Delta P}$ 按式（10-17）计算，即

$$f_{P\Sigma}=1.732\left|\Delta P_{\Sigma}\right| \quad (10\text{-}16)$$

$$f_{\Delta P}=\frac{\Delta P}{2}\cdot\cos\frac{\alpha}{2} \quad (10\text{-}17)$$

式中，ΔP 为三针法测量中径处的螺距偏差。

【例 10-1】 有一螺栓 M24×2−6h，中径公称尺寸 d_2=22.701mm，测得其单一中径 d_{2s}=25.5mm，螺距累积误差ΔP=+35μm，牙侧角误差 $\Delta\alpha_1$(左)=−30′，$\Delta\alpha_2$(右)=+65′，试判断其合格性。

解　（1）查表 10-5 和表 10-8，得中径上极限偏差 es=0，中径公差 T_{d2}=170μm，经计算可得外螺纹中径极限尺寸：

$$d_{2max}=22.701\text{mm}，d_{2min}=d_{2max}-T_{d2}=22.701-0.17=22.531(\text{mm})$$

（2）计算螺距累积误差和牙侧角误差的中径当量及作用中径如下：

$$f_{P\Sigma}=1.732\times35\times10^{-3}=0.061(\text{mm})$$

$$f_{\alpha}=0.073\times2\times(3\times|-30|+2\times65)\times10^{-3}=0.032(\text{mm})$$

$$d_{2m}=d_{2s}+f_{P\Sigma}+f_{\alpha}=25.5+0.061+0.032=25.593(\text{mm})$$

（3）判断合格性：

$$d_{2m}=25.593\text{mm}>d_{2max}=22.701\text{mm}$$

$$d_{2s}=25.5\text{mm}>d_{2min}=22.531\text{mm}$$

故该螺纹中径不合格。

【例 10-2】 有一外螺纹，标记 M24×2−6g，加工后测得实际大径 d_a=23.850mm，单一中径 d_{2s}=22.524mm，螺距累积误差ΔP_{Σ}=+0.040mm，牙侧角误差分别为$\Delta\alpha_1$+20′，$\Delta\alpha_2$+25′。试求顶径和中径是否合格，并查出所旋合长度的范围。

解　（1）确定中径、大径极限尺寸。由 M24×2−6g 可知公称直径 d=24，螺距 P=2。

$$d_2=d-2\times\frac{3}{8}\times P=24-0.6495P=22.701(\text{mm})$$

查中径公差表 10-5、大径（顶径）公差表 10-6（可查阅相关手册）得到 T_{d2}=170μm，

T_d=170μm。

再查螺纹基本偏差表 10-8，得到中径、大径（顶径）上极限偏差为 es=−38μm，则中径极限尺寸和大径极限尺寸为

$$d_{2\max} = d_2 + \mathrm{es} = 22.701+(-0.038)=22.663(\mathrm{mm})$$
$$d_{2\min} = d_{2\max} - T_{d2} = 22.663-0.17=22.493(\mathrm{mm})$$
$$d_{\max} = d + \mathrm{es} = 24+(-0.038)=23.962(\mathrm{mm})$$
$$d_{\min} = d_{\max} - T_d = 23.962-0.28=23.682(\mathrm{mm})$$

（2）判断顶径合格性。因 $d_{max}>d_a=23.850>d_{min}$，故顶径合格。

（3）计算螺距累积误差及牙侧角误差中径当量和作用中径。

$$f_{\Delta P_\Sigma} = 1.732\left|\Delta P_\Sigma\right| = 1.732\times 40 = 69.28(\mu\mathrm{m})$$
$$f_\alpha = 0.073P(K_1\left|\Delta\alpha_1\right| + K_2\left|\Delta\alpha_2\right|) = 0.073\times 2\times(2\times\left|+20'\right| + 3\times\left|-25'\right|) = 16.79\,(\mu\mathrm{m})$$
$$d_{2\mathrm{m}} = d_{2\mathrm{s}} + (f_{\Delta P_\Sigma} + f_{\alpha/2}) = 22.524 + (69.28+16.79)\times 10^{-3} \approx 22.610\,(\mathrm{mm})$$

（4）判断中径合格性。d_{2m}=22.640mm<d_{2max}=22.663mm，由此可知，能够保证旋合性，而 d_{2s}=22.54>d_{2min}=22.493mm，能够保证连接强度，符合螺纹中径合格条件，故该螺纹中径合格。

（5）选择中等旋合长度，根据螺纹公称尺寸 d=24mm，P=2mm，由表 10-9 查得，采用中等旋合长度为 8～24mm。

10.9 螺纹的测量案例

常用螺纹的牙型种类很多，用游标卡尺和千分尺只能测量外径尺寸，牙型的检测需要专门的检测工具。

测量三角螺纹用螺纹千分尺最为简单方便；测量梯形螺纹用三针测量法比较准确；成批生产的螺纹，选用螺纹卡规和环规等专用检测工具，可大大提高检测效率。

（1）螺纹千分尺和三针测量法是检测螺纹的常用方法，特别适用于单一零件的加工检测，通用性强。

（2）螺纹环规和卡规适合于成批生产的螺纹检测，它是一种专用量具，测量效率高。

（3）三针测量法测量螺纹时，需计算测量针直径和 M 值的大小。

螺纹测量，首先分析零件图，如图 10-19 所示，再考虑进行检测的方法和手段。

左端有梯形螺纹，大径为 42mm，螺距为 8mm，单头，精度为 8 级，中径偏差标注为 e，长度为 40mm；右端有公制三角形螺纹，大径为 16mm 的粗牙螺纹，螺距为 2mm，精度为 6 级，中径偏差标注为 g，长度为 20mm。

1. 螺纹千分尺测量右端螺纹

根据螺距 2mm 选择相应的测头，安装在千分尺的固定砧头上，调整好零线位置即可正常测量，如图 10-20 所示。

选择 2～3 次测量，保证整体长度上误差值都在允许的范围内方为合格产品。使用螺纹千分尺测量读数方法与常用千分尺的方法相同。

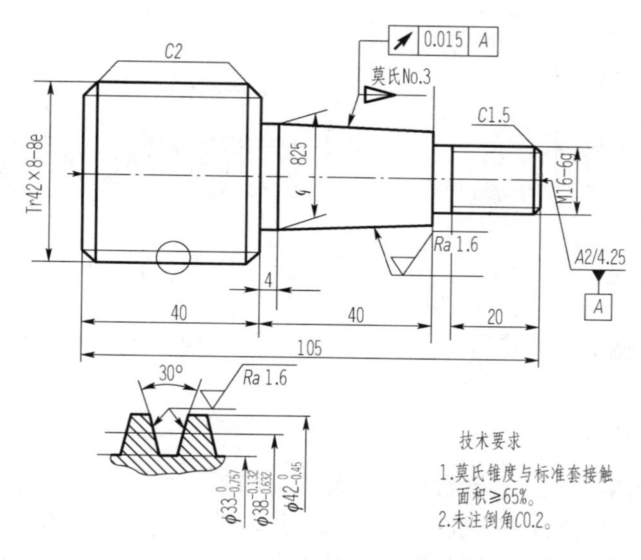

图 10-19　被测零件图

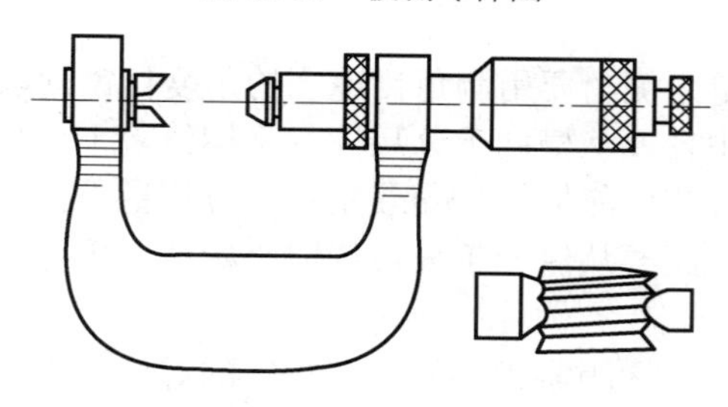

图 10-20　螺纹千分尺

2. 三针测量法检测左端梯形螺纹

根据梯形螺纹的螺距及α角计算出所选用的三针的直径为 4.141mm，计算出 M 值为 62.579mm 及上、下极限偏差值，得到M值的取值范围为$61.947 \leqslant M \leqslant 62.447$的均为合格。

测量之前应当注意调整千分尺的零线位置和清洁测量针棒及砧头，保证测量数值的准确。

用相应规格的杠杆千分尺的两砧头夹持 3 个测量针棒进行检测。按图 10-21 示意检测，应测量 2～3 处。

3. 螺纹环规和光滑极限卡规

在成批生产螺纹零件时，为了快速检测螺纹的质量，往往采用专用量具进行测量，可以大大提高检测的效率。

通端的直径等于螺纹的上极限尺寸，止端的尺寸等于螺纹的下极限尺寸，凡是能过通端而不能过止端的外径的零件尺寸均为在上极限尺寸与下极限尺寸之间的合格尺寸。

螺纹环规是专用测量工具，做成通端和止端两种，检测时只要能过通端而不能过止端的螺纹都是合格产品，如图 10-22 所示为用环规测量螺纹。

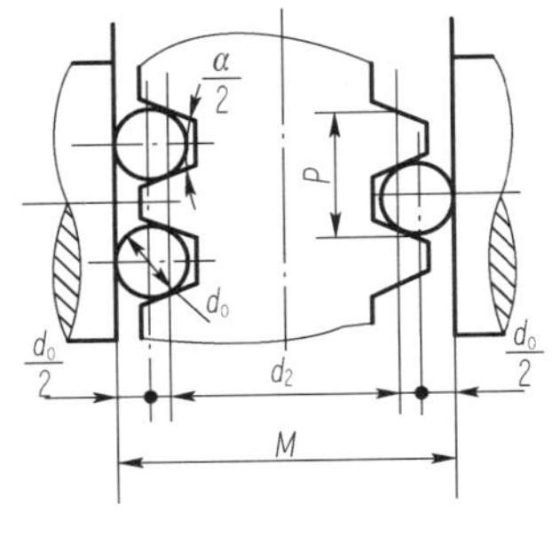

图 10-21　三针测量原理图

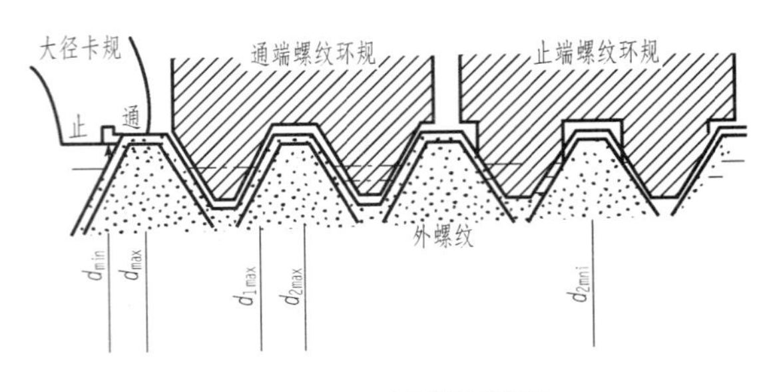

图 10-22　环规测量螺纹

4. 万能工具显微镜

用工具显微镜测量外螺纹各参数时，旋转纵、横千分尺带动工作台及被测螺纹移动，旋转测角目镜左下方的滚花轮使玻璃圆盘上的米字线转动，用米字线的中间虚线瞄准螺纹影像的有关牙侧，而后从角度目镜读取牙侧角及从千分尺上读取该牙侧的坐标值，经过计算即可得螺纹各参数值。

（1）测量牙侧角。测量牙侧角要用测角目镜上的角度目镜读取角值。

（2）测量中径。测量中径要从横向千分尺读取坐标值，千分尺量程只有 25mm。对大型工具显微镜，在横向千分尺测杆前加垫 25mm 量块，可将量程扩大至 50mm。

（3）测量螺距。测量螺距要从纵向千分尺读取坐标值。千分尺量程只有 25mm，加用量块可扩大量程。

（4）计算螺距累积误差。螺距累积误差是在指定的螺纹长度内，任意两牙在中径线上、两对应点之间的实际距离对其基本值（两牙间所有基本螺距之和）之差的最大绝对值。

（5）判断合格性。对于普通螺纹（牙型角α=60°），根据外螺纹的技术要求，查出中径的极限尺寸 $d_{2\max}$ 和 $d_{2\min}$，按 $d_{2\text{作用}} \leqslant d_{2\max}$，$d_{2\text{实际}} \geqslant d_{2\min}$ 判断合格性。

10.10　蜗杆的测量案例

1. 分度圆直径的测量

用三针测量蜗杆分度圆的直径，其原理及测量方法与测量螺纹相同，计算公式见表 10-16。

表 10-16　三针测量蜗杆（α=20°）的计算公式

M 值计算公式	量针直径（d_D）		
	最大值	最佳值	最小值
$M=d_1+3.924d_D-4.136m_x$	$2.466m_x$	$1.672m_x$	$1.61m_x$

注：m_x 为轴向模数。

2. 齿厚的测量

蜗杆的齿厚是一项很重要的参数，在齿形角正确的情况下，分度圆直径处的轴向齿厚 s_x

与齿槽宽应是相等的，但轴向齿厚无法直接测量，常通过对法向齿厚 s_n［式（10-18）］进行测量，再根据式（10-10）来判断轴向齿厚是否正确。

$$s_n = s_x \cos\gamma = (\pi m_x/2)\cos\gamma \tag{10-18}$$

式中，s_x 为轴向齿厚；m_x 为轴向模数；γ为蜗杆分度圆导程角（螺旋升角），指在分度圆圆柱面上，蜗杆螺旋线的切线与垂直螺旋线轴线平面的夹角。

法向齿厚可以用齿厚卡尺进行测量，其测量方法如图 10-23 所示。

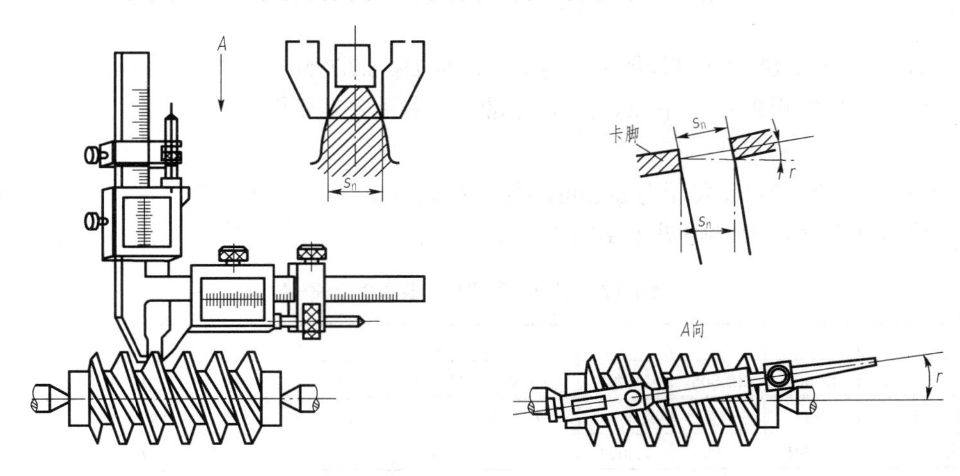

图 10-23　齿厚卡尺测量蜗杆图

习　题　10

简答题

（1）影响螺纹互换性的主要参数有哪些？

（2）什么是螺纹的作用中径?如何判断螺纹中径的合格性？

（3）国家标准对普通螺纹规定了哪些基本偏差代号？

（4）普通内、外螺纹的中径公差等级相同时，它们的公差数值相同吗?为什么？

（5）为何规定了螺纹的公差等级后，还要规定螺纹的精度等级？

（6）如何选用普通螺纹的公差与配合？

（7）螺纹常用哪些检测方法?螺纹量规的通端、止端的牙型和长度有何不同？为什么？

（8）什么是单一中径?为什么要规定单一中径?单一中径与中径有何区别？

（9）用三针测量螺纹中径的方法属于哪一种测量方法?为什么要选择最佳量针直径？

（10）判断内外螺纹中径合格性时，为什么既要控制单一中径，又要控制作用中径？

（11）为什么普通通端螺纹量规采用完整牙型，并且量规长度与被检验螺纹旋合长度相同，而止端螺纹量规采用截短牙型，且其螺牙圈数也减少？说明其原因。

（12）解说下列螺纹标记的含义（适当查阅有关手册）：

① M10×1−5g6g−S；② M10×2−6H/5g6g；

③ M10×1-5H/6h-16；④ M10×1-6H；

⑤ M14×Ph6P2(three starts)-7H-L-LH。

（13）查表，写出 M20×2-6H/5g6g 螺栓中径、大径和螺母中径、小径的极限偏差，并画出公差带图。

（14）有螺栓 M24-6h，其公称螺距 P=3mm，公称直径 d_2=22.051mm，加工后测得 $d_{2单一}$=21.9mm，螺距累积误差ΔP_{Σ}=+0.05mm，左、右牙侧角误差$\Delta\alpha$=52′，则此螺栓中径是否合格？

（15）有一 M24×2-6H-L 螺母，加工后测得数据为：D_{2s}=22.785mm，ΔP_{Σ}=+0.03mm，$\Delta\alpha_1=-35'$，$\Delta\alpha_2=-25'$ 试计算螺母的作用中径，并画出螺母的中径公差带图，判断此螺母是否合格，并说明理由。

（16）有一 T60×12-8（大径为 60mm，螺距为 12mm，8 级精度）的丝杆，对它的 20 个螺牙的螺距进行了测量，测得值见表 10-17。

表 10-17　对 20 个螺牙的螺距的测量值

螺牙序号	1	2	3	4	5	6	7	8	9	10
螺距实际值/mm	12.003	12.005	11.995	11.998	12.003	12.003	11.990	11.995	11.998	12.005
螺牙序号	11	12	13	14	15	16	17	18	19	20
螺距实际值/mm	12.005	11.998	12.003	11.998	12.010	12.005	11.995	11.998	12.000	11.995

通过查阅有关手册和资料，求该丝杆的单个螺距误差（ΔP）及螺距累积误差（ΔP_{Σ}）。

（17）用三针法测得 M20 螺纹塞规，测得 M=21.151mm，螺距误差ΔP=+0.002mm，牙侧角α=30°，牙侧角误差$\Delta\alpha$=+5′（即+0.0015rad），三针直径偏差Δd_m=−0.001mm。已知螺纹塞规中径极限尺寸为$d_2=\phi18.376_{+0.005}^{+0.015}$mm，公称螺距 P=2.5mm，公差直径$d_2=\phi18.376$mm，公称牙侧角α=30°，三针公称直径 d_0=1.65mm，问此螺纹塞规是否合格？可查阅相关手册进行判断。

第 11 章 键和花键的公差配合及检测

在机械产品中，键与花键通常用于轴与轴上零件（如齿轮、带轮、联轴器等）之间的联接，进行周向固定，以传递转矩和运动，有时也作为轴向传动件的导向。其属于可拆卸的联接，在机械中应用广泛。键联接可分为平键联接、半圆键联接、楔键联接和切向键联接；花键联接按其齿形的不同，可分为矩形花键、渐开线花键和三角形花键。其中，以平键和矩形花键应用最为广泛。本章主要介绍平键和矩形花键联接的公差与配合及检测，涉及的标准主要包括 GB/T 1095—2003《平键 键槽的剖面尺寸》、GB/T 1144—2001《矩形花键尺寸、公差和检验》和 GB/T 1096—2003《普通型 平键》。

11.1 平键联接的公差与配合

11.1.1 配合尺寸的公差与配合

平键是通过键的侧面与轴键槽和轮毂键槽的侧面相互接触来传递转矩的，键的上表面和轮毂键槽间留有一定的间隙。普通平键的联接结构及尺寸如图 11-1 所示。

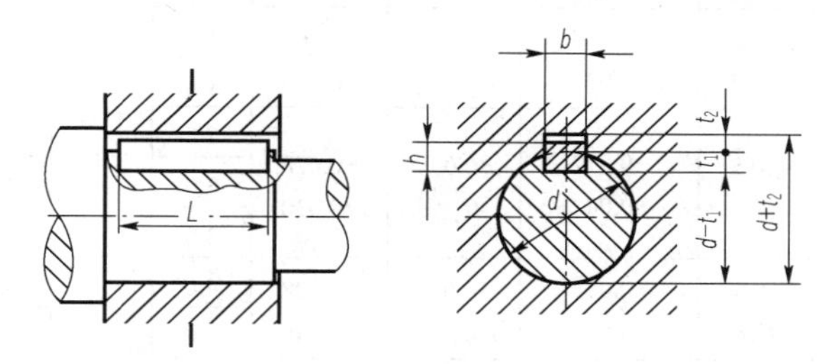

图 11-1 平键联接主要结构及尺寸

由图 11-1 可见平键联接的主要参数是键宽 b，它是一个主要的配合尺寸。由于平键是标准件，所以平键与键槽的配合采用基轴制，国家标准对平键规定了 h8 一种公差带。按照配合松紧不同，平键联接分为较松联接、一般联接和较紧联接，因此国家标准对轴槽和轮毂各规定了 3 种公差带，与平键构成了 3 种配合，以适应不同的工作要求，其公差带值从 GB/T 1800.2—2009 中选取。平键联接的键宽与槽宽的公差带图如图 11-2 所示，3 组配合及其应用情况见表 11-1，表 11-2 为普通型平键的键槽剖面尺寸及极限偏差，表 11-3 为普通型平键的公差。

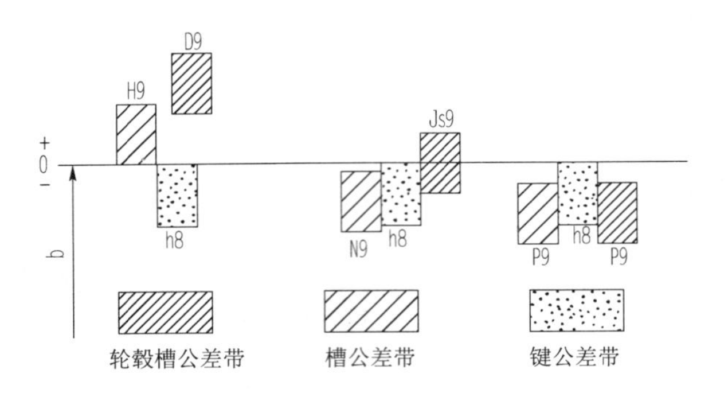

图 11-2 平键联接键宽与键槽宽公差带

表 11-1 键宽与轴槽及轮毂槽宽的公差与配合

配合种类	尺寸 b 的公差			配合性质及应用
	键	轴槽	轮毂槽	
松联接	h8	H9	D10	键在轴上及轮毂中均能滑动，主要用于导向平键，轮毂需在轴上做轴向移动
一般联接		N9	JS10	键在轴上及轮毂中固定，用于传递载荷不大的场合，一般机械制造中应用广泛
较紧联接		P9	P9	键在轴上及轮毂中固定，且较一般联接更紧，主要用于传递重载、冲击载荷及双向传递转矩的场合

表 11-2 普通型平键的键槽剖面尺寸及极限偏差（摘自 GB/T 1095—2003）

键尺寸 $b\times h$	键槽											
	宽度 b						深度				半径 r	
	公称尺寸	极限偏差					轴 t_1		毂 t_2			
		正常联接		紧密联接	松联接		公称尺寸	极限偏差	公称尺寸	极限偏差		
		轴 N9	毂 JS9	轴和毂 P9	轴 H9	毂 D10					最大	最小
2×2	2	−0.004 −0.029	+0.0125 −0.0125	−0.006 −0.031	+0.025 0	+0.060 +0.020	1.2	+0.1 0	1.0	+0.1 0	0.08	0.16
3×3	3						1.8		1.4			
4×4	4	0 −0.030	+0.015 −0.015	−0.012 −0.042	+0.030 0	+0.078 +0.030	2.5		1.8			
5×5	5						3.0		2.3		0.16	0.25
6×6	6						3.5		2.8			
8×7	8	0 −0.036	+0.018 −0.018	−0.015 −0.051	+0.036 0	+0.098 +0.040	4.0	+0.2 0	3.3	+0.2 0		
10×8	10						5.0		3.3		0.25	0.40
12×8	12	0 −0.043	+0.0215 −0.0215	−0.018 −0.061	+0.043 0	+0.012 +0.050	5.0		3.3			
14×9	14						5.5		3.8			
16×10	16						6.0		4.3			
18×11	18						7.0		4.4			
20×12	20	0 −0.052	+0.026 −0.026	−0.022 −0.074	+0.052 0	+0.149 +0.065	7.5		4.9		0.40	0.60
22×14	22						9.0		5.4			
25×14	25						9.0		5.4			
28×16	28						10.0		6.4			

续表

键尺寸 $b\times h$	键槽											
	宽度 b						深度				半径 r	
	公称尺寸	极限偏差					轴 t_1		毂 t_2			
		正常联接		紧密联接	松联接		公称尺寸	极限偏差	公称尺寸	极限偏差	最大	最小
		轴 N9	毂 JS9	轴和毂 P9	轴 H9	毂 D10						
32×18	32	0 −0.062	+0.031 −0.031	−0.026 −0.088	+0.062 0	+0.018 +0.080	11.0		7.4			
36×20	36						12.0	+0.3 0	8.4	+0.3 0	0.70	1.00
40×22	40						13.0		9.4			
45×25	45						15.0		10.4			
50×28	50						17.0		11.4			
56×32	56	0 −0.074	+0.037 −0.037	−0.032 −0.106	+0.074 0	+0.220 +0.100	20.0		12.4		1.20	1.60
63×32	63						20.0		12.4			
70×36	70						22.0		14.4			
80×40	80						25.0		15.4		2.00	2.50
90×45	90	0 −0.087	+0.0435 −0.0435	−0.037 −0.124	+0.087 0	+0.260 +0.120	28.0		17.4			
100×50	100						31.0		19.4			

表 11-3　普通型平键的公差（摘自 GB/T 1567—2003《薄型 平键》）　单位：mm

宽度 b	公称尺寸	5	6	8	10	12	14	16	18	20	22	25	28	32	36
	极限偏差（h8）	0 −0.018		0 −0.022		0 −0.027				0 −0.033				0 −0.039	
高度 h	公称尺寸	3	4	5	6	6	6	7	7	8	9	9	10	11	12
	极限偏差（h11）	0 −0.060	0 −0.075					0 −0.090						0 −0.110	

11.1.2　非配合尺寸的公差与配合

平键联接的非配合尺寸如图 11-2 所示，非配合尺寸公差规定为轴槽深 t_1 和毂槽深 t_2 的公差和极限偏差见表 11-2，键高 h 的公差见表 11-3，键长 L 的公差采用 h14，轴键槽长度的公差采用 H14。

11.1.3　键和键槽的几何公差及表面粗糙度要求

为使键侧面与键槽宽之间具有足够的接触面积和避免装配困难，国家标准规定了轴槽和毂槽宽度 b 对轴及轮毂轴心线的对称度公差，对称度公差一般可按照 GB/T 1184—1996《形状和位置公差 未注公差值》中对称度公差 7～9 级选取。

当键长 L 和键宽 b 之比不小于 8 时，键的两侧面的平行度应符合 GB/T 1184—1996 的规定。当 $b\leqslant6$ 时，按 7 级选取；当 $b\geqslant8$～36 时，按 6 级选取；当 $b\geqslant40$，按 5 级选取。

同时，GB/T 1184—1996 还规定了轴键槽和轮毂键槽宽 b 的两侧面的表面粗糙度参数 Ra 值为 1.6～3.2μm，轴键槽底面、轮毂键槽底面的表面粗糙度参数 Ra 值为 6.3μm。

11.2 花键联接的公差与配合

花键联接是指两零件上等距分布且齿数相同的键齿相互联接，并传递转矩或运动的同轴偶件。花键具有承载能力强、导向性好和定心精度高等优点，键联接在很多场合下被花键代替。目前应用最广泛的是矩形花键，因此本节主要介绍矩形花键的公差与配合。

11.2.1 矩形花键的定心方式

花键联接的主要要求是保证内外花键联接后具有较高的同轴度，并能传递转矩。图 11-3 是矩形花键的主要尺寸。由图 11-3 可知，花键包括大径 D、小径 d 和键与键槽宽 B 这 3 个主要尺寸参数，要保证这 3 个参数都起定心作用很困难，而且也没有必要。因此在设计时，只需把 3 个参数中的某一个作为定心尺寸，而其余的作为非定心尺寸。在制造时，定心尺寸按较高精度制造，非定心尺寸按较低精度制造。但由于传递转矩是通过键和键槽的侧面进行的，无论键和键槽是否为定心尺寸，都要求较高的尺寸精度。

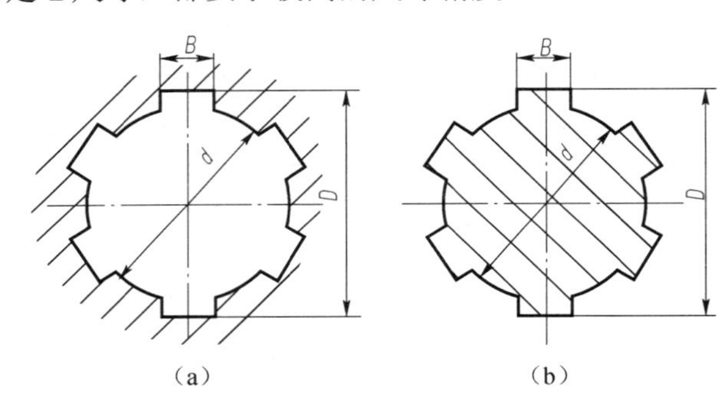

（a）　（b）

图 11-3　矩形花键的主要尺寸

根据定心要求不同，花键有 3 种定心方式，分别为大径定心、小径定心和键宽定心，如图 11-4 所示。由于小径定心时，经热处理后的内、外花键其小径可分别采用内圆磨及成形磨进行精加工，因此可获得较高的加工及定心精度，小径精度容易保证，且小径定心具有定心精度高、定心稳定性好、使用寿命长等优点，因此 GB/T 1144—2001《矩形花键尺寸、公差和检验》规定了矩形花键用小径定心。

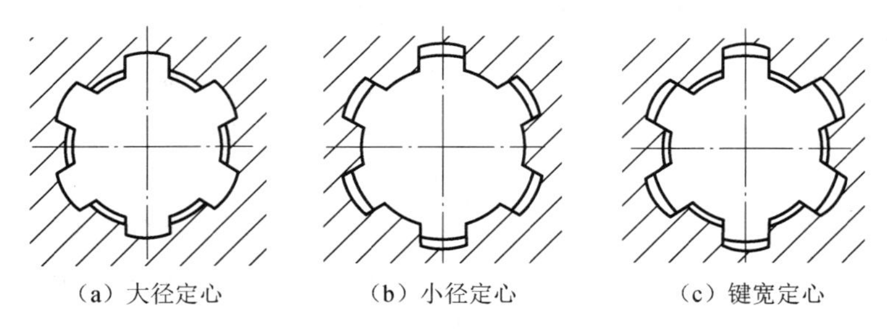

（a）大径定心　（b）小径定心　（c）键宽定心

图 11-4　花键的定心方式

11.2.2 矩形花键联接的公差与配合

为了减少拉刀的数目、降低检验用量规的规格和数量，GB/T 1144—2001 规定，矩形花键联接采用基孔制配合，其内、外花键的尺寸公差带见表 11-4。

表 11-4 内、外花键的尺寸公差带（摘自 GB/T 1144—2001）

内花键							装配形式
d	*D*	*B*		*d*	*D*	*B*	
		拉削后不热处理	拉削后热处理				
一般用							
H7	H10	H9	H11	f7	a11	d10	滑动
				g7		f9	紧滑动
				h7		h10	固定
精密传动							
H6	H10	H7、H9		f6	a11	d8	滑动
				g6		f7	紧滑动
				h6		h8	固定
H5				f5		d8	滑动
				g5		f7	紧滑动
				h5		h8	固定

11.2.3 矩形花键的几何公差

为了保证配合性质，内、外花键的小径定心表面的形状公差和尺寸公差的关系应该遵循包容要求，如图 11-5 所示。内（外）花键应规定键槽（键）侧面对定心轴线的位置度公差，公差值见表 11-5，并且键宽的位置度公差与小径定心表面的尺寸公差关系均符合最大实体要求。矩形花键位置度公差的图样标注如图 11-5 所示。

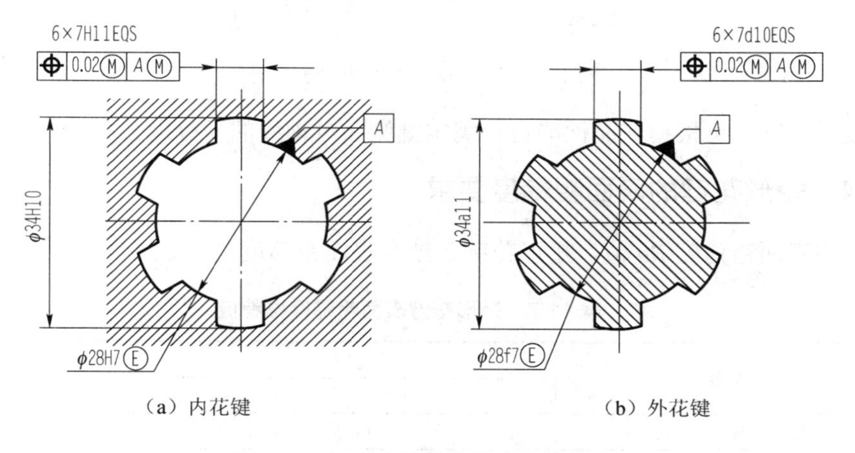

（a）内花键　　（b）外花键

图 11-5 矩形花键的位置度公差标注

表 11-5　矩形花键位置度公差（摘自 GB/T 1144—2001）　　单位：mm

键槽宽或键宽 B		3	3.5～6	7～10	12～18
		t_1			
键槽宽		0.010	0.015	0.020	0.025
键宽	滑动、固定	0.010	0.015	0.020	0.025
	紧滑动	0.006	0.010	0.013	0.016

在单件小批生产时，应规定键槽（键）的中心平面对定位轴线的对称度和等分度公差，对称度公差值见表 11-6，国家标准规定花键的等分度公差等于花键的对称度公差值。另外应注意对称度公差与小径定心表面的尺寸公差之间关系应遵循独立原则。其对称度公差图样上的标注如图 11-6 所示。

表 11-6　矩形花键对称度公差（摘自 GB/T 1144—2001）　　单位：mm

键槽宽或键宽 B	3	3.5～6	7～10	12～18
	t_2			
一般用	0.010	0.012	0.015	0.018
精密传动用	0.006	0.008	0.009	0.011

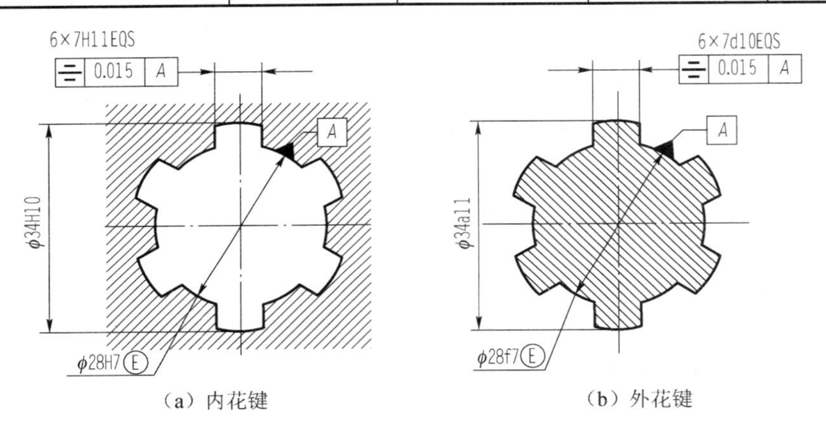

（a）内花键　　（b）外花键

图 11-6　矩形花键对称度公差标注

对于较长花键，可根据产品性能自行规定键侧面对轴线的平行度公差。

11.2.4　矩形花键的表面粗糙度要求

一般标注表面粗糙度 Ra 值，矩形花键各结合表面粗糙度见表 11-7。

表 11-7　矩形花键表面粗糙度推荐值　　单位：μm

加工表面	内花键	外花键
	Ra 不大于	
小径	1.6	0.8
大径	6.3	3.2
键侧	6.3	1.6

11.2.5　矩形花键的图样标注

矩形花键的标注在 GB/T 1144—2001 中做了规定，规定矩形花键的图样标注按顺序包括键数 N、小径 d、大径 D、键宽 B、花键的公差代号及标准代号。例如，对 N=6，$d=23\frac{\text{H7}}{\text{f6}}$，$D=28\frac{\text{H10}}{\text{a11}}$，$B=6\frac{\text{H11}}{\text{d10}}$ 的花键应标注为花键规格：$6\times23\times28\times6$。

矩形花键副的配合代号，标注在装配图上应为

$$6\times23\frac{\text{H7}}{\text{f6}}\times28\frac{\text{H10}}{\text{a11}}\times6\frac{\text{H11}}{\text{d10}}$$

内花键的公差带代号，标注在零件图上应为

$$6\times23\text{H7}\times28\text{H10}\times6\text{H11}$$

外花键的公差带代号，标注在零件图上应为

$$6\times23\text{f7}\times28\text{a11}\times6\text{d10}$$

标注示例如图 11-7 所示。

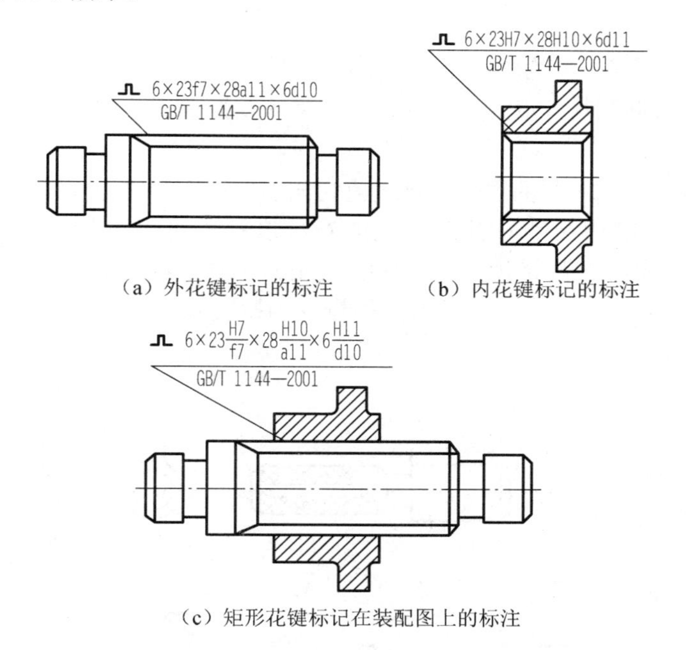

（a）外花键标记的标注　（b）内花键标记的标注

（c）矩形花键标记在装配图上的标注

图 11-7　矩形花键配合及公差的图样标注

11.3　单键槽和矩形花键槽的检测

11.3.1　单键槽的检测

键和键槽的尺寸检测比较简单，在单件、小批量生产中，通常采用游标卡尺、千分尺测量。键槽的几何公差，特别是键槽对其轴线的对称度误差会影响装配，并会对连接质量造成

重大影响，因此本节主要对键槽对称度的检测方法进行介绍。

在单件、小批量生产中，平键键槽对轴线的对称度误差检测方法如图 11-8 所示。

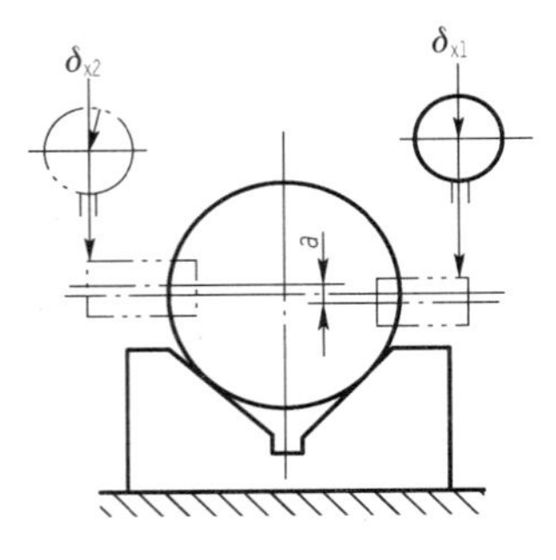

图 11-8　平键键槽对称度的测量

被测零件（轴）以其基准部位放置在 V 形支承座上，以平板作为测量基准，用 V 形支承座体现轴的基准轴线，它平行于平板。在槽中塞入量块组，用以模拟体现键槽中心平面。将置于平板上的指示表的测头与量块的顶面接触，沿量块的一个横截面（该横截面方向为键槽宽度方向）移动，并稍微转动被测零件来调整量块的位置，使指示表沿量块这个横截面移动的过程中示值始终稳定为止，因而确定量块的这个横截面内的素线平行于平板。此时记下指示表的读数δ_{x1}，然后把工件旋转 180°，在同一横截面方向上，再用上述方法把量块校平，记下指示表的读数δ_{x2}，则该截面的对称度为

$$f_{截}=\frac{at_1}{2\left(R-\frac{t_1}{2}\right)} \tag{11-1}$$

式中，a 为两次读数差值；R 为轴的半径；t_1 为轴槽深。

再沿键槽长度方向测量，取长度方向两点的最大读数差为长度方向的对称度误差，即

$$f_{长}=a_{高}-a_{低} \tag{11-2}$$

最后取以上两个方向测得的误差的最大值为该零件键槽的对称度误差。

在成批生产中，键槽尺寸及其对轴线的对称度误差可用量规检验，如图 11-9 所示。图 11-9（a）～（c）所示 3 种量规为检验尺寸误差的极限量规，检测时通端能通过，止端不能通过为合格。图 11-8（d）、（e）所示两种量规为检验几何误差的综合量规，只要通端通过即为合格。

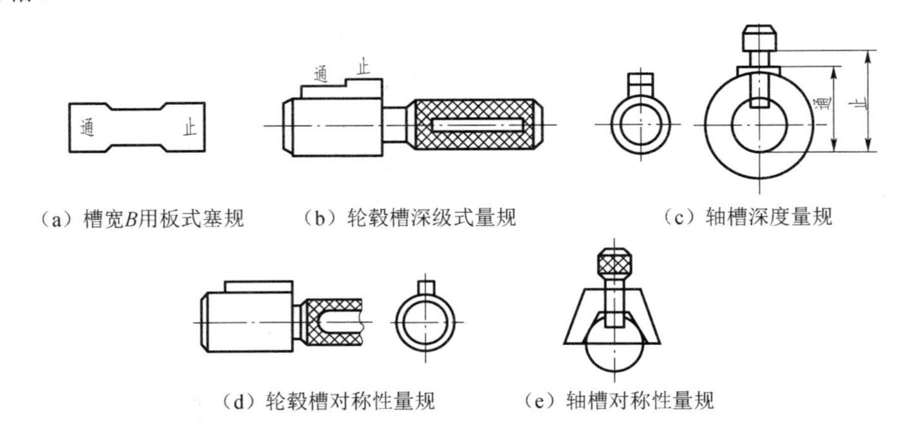

（a）槽宽B用板式塞规　（b）轮毂槽深级式量规　（c）轴槽深度量规

（d）轮毂槽对称性量规　（e）轴槽对称性量规

图 11-9　键槽检验用量规

11.3.2　花键槽的检测

花键的检测分为单项检验和综合检验两种情况。单项检验主要用于单件小批量生产，用通用量具分别对小径 d、大径 D、键宽 B、大径对小径的同轴度和键齿或槽的位置度误差进行

测量，以保证各尺寸偏差及几何误差在其公差允许范围内。在大批量生产中，一般采用量规进行综合检验。用综合通规（内花键为塞规、外花键为环规）来检验小径 d、大径 D、键宽 B 的作用尺寸，包括位置度和同轴度等几何误差。然后用单向止规分别检验小径 d、大径 D、键宽 B 的最小实体尺寸。检验时，综合通规能通过工件，单向止规不能通过工件，则工件合格。检验矩形花键的综合量规如图 11-10 和图 11-11 所示。矩形花键的检测规定参阅 GB/T 1144—2001 的附录。

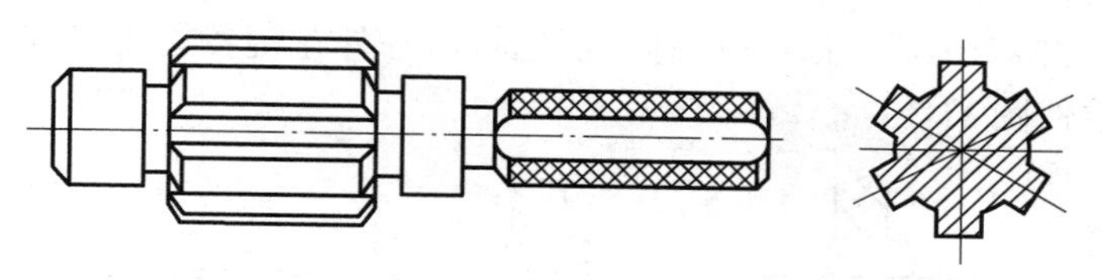

图 11-10　检验内花键的综合塞规

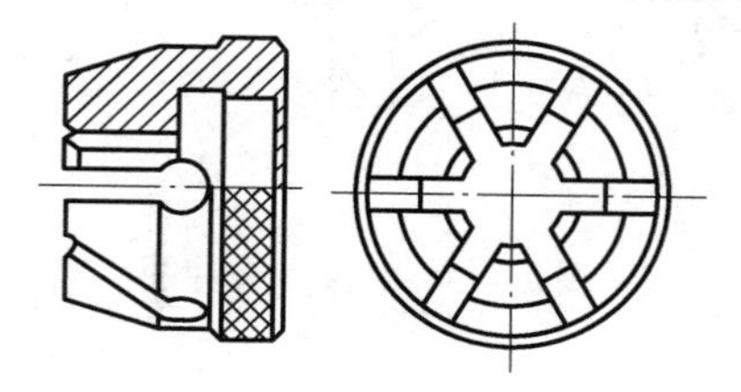

图 11-11　检验外花键的综合环规

习　题　11

（1）单键联接有几种配合类型？它们各用在什么地方？

（2）单键联接的主要参数有哪些？一般采用哪种配合制度？

（3）试述矩形花键联接采用小径定心的优点。

（4）矩形花键联接的结合面有哪些？各结合面的配合采用何种配合制度？通常用哪个结合面作为定心表面？

（5）减速器中有一传动轴与一零件孔采用平键联接，要求键在轴槽和轮毂槽中均固定，并且承受的载荷不大，轴与孔的直径为ϕ40mm，现选定键的公称尺寸为 12mm×8mm，试按 GB/T 1095—2003 确定孔及轴槽宽与键宽的配合，并将各项公差值标注在零件图 11-12 上。

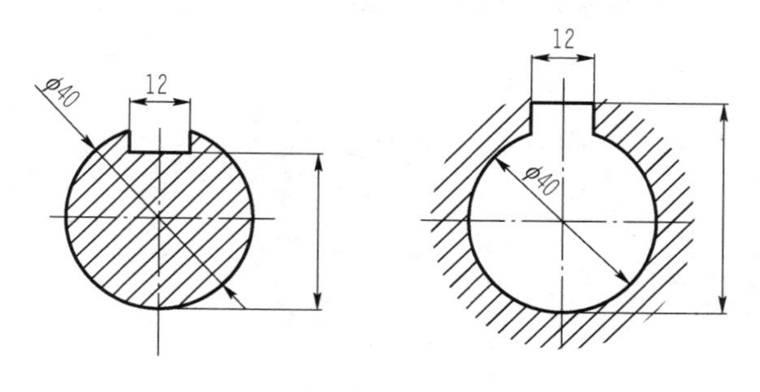

图 11-12　零件图

（6）在装配图上，花键联接的标注为

$$6-23\frac{H7}{g7}\times 26\frac{H10}{a11}\times 6\frac{H11}{f9}$$

试指出该花键的键数和 3 个主要参数的公称尺寸，并查表确定内、外花键各尺寸的极限偏差。

（7）有一普通机床变速箱用矩形花键联接，要求定向精度较高，且采用滑动联接，若选定花键规格为“8×32×36×6”的矩形花键，试选择内、外花键各主要参数的公差带代号，并标注在装配图和零件图 11-13 上。

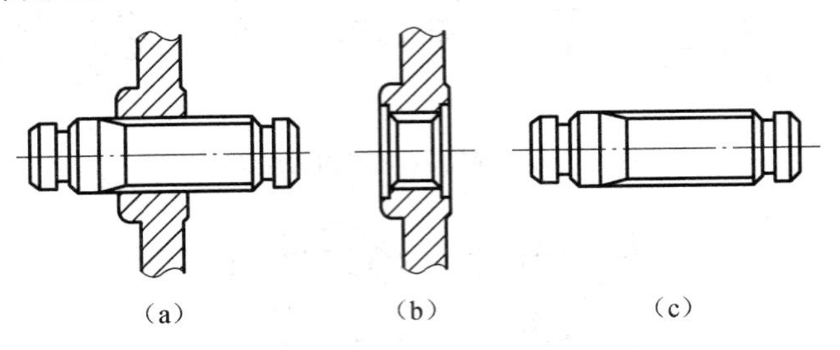

图 11-13　装配和零件图

第12章

渐开线圆柱齿轮精度及检测

齿轮传动是用来传递运动和动力的一种常见的机构，在机械产品中，齿轮传动的应用是极为广泛的。凡有齿轮传动的机器或仪器，其工作性能、承载能力、使用寿命及工作精度等都与齿轮本身的制造精度有密切关系。

随着生产和科学的发展，机械产品在降低自身质量的前提下，要求传递的功率越来越大，转速也越来越高，有些机械则对工作精度的要求越来越高，从而对齿轮传动的精度提出了更高的要求。本章主要介绍渐开线圆柱齿轮传动误差、测量方法和有关公差标准，涉及的标准主要包括：

GB/T 10095.1—2008《圆柱齿轮 精度制 第1部分：轮齿同侧齿面偏差的定义和允许值》；

GB/T 10095.2—2008《圆柱齿轮 精度制 第2部分：径向综合偏差与径向跳动的定义和允许值》；

GB/Z 18620.1—2008《圆柱齿轮 检验实施规范 第1部分：轮齿同侧齿面的检验》；

GB/Z 18620.2—2008《圆柱齿轮 检验实施规范 第2部分：径向综合偏差、径向跳动、齿厚和侧隙的检验》；

GB/Z 18620.3—2008《圆柱齿轮 检验实施规范 第3部分：齿轮坯、轴中心距和轴线平行度的检验》；

GB/Z 18620.4—2008《圆柱齿轮 检验实施规范 第4部分：表面结构和轮齿接触斑点的检验》

GB/T 13924—2008 《渐开线圆柱齿轮精度 检验细则》。

12.1 齿轮传动的使用要求与加工误差

12.1.1 齿轮传动及其使用要求

各种机械上所用的齿轮，对齿轮传动的要求因用途的不同而异，但归纳起来有以下4项：

（1）运动传递的准确性。要求齿轮在一转范围内，最大的转角误差限制在一定的范围内，以保证从动件与主动件运动协调一致。

（2）传动的平稳性。要求齿轮传动瞬间传动比变化不大，因为瞬间传动比的突然变化，会引起齿轮冲击，产生噪声和振动。

（3）载荷分布的均匀性。要求齿轮啮合时，齿面接触良好，以免引起应力集中，造成齿面局部磨损，影响齿轮的使用寿命。

（4）齿轮副侧隙的合理性。要求齿轮啮合时，非工作齿面间应具有一定的间隙。这个间隙对于贮藏润滑油、补偿齿轮传动受力后的弹性变形、热膨胀，以及补偿齿轮及齿轮传动装置其他元件的制造误差与装配误差都是必要的。否则，齿轮在传动过程中可能卡死或烧伤。

齿轮在设计制造中，一般都应提出上述 4 方面的要求，但由于用途和其工作条件不同，侧重点不同，合理确定齿轮的精度和侧隙要求是设计的关键。例如，对于精密机床的分度机构、测量仪器上的读数分度尺寸，其分度要求准确、负荷不大、转速低，所以对运动传递的准确性要求较高；对于传递动力的齿轮，如矿山机械、重型机械的低速齿轮，工作载荷大，传动比要求不高，所以对其载荷分布的均匀性要求较高；对于高速传递的齿轮，如减速器、高速发动机及高速机床变速器中的齿轮传动，传递功率大、速度高，要求工作时振动、冲击和噪声小，则这类齿轮对于传动平稳性、均匀性和齿轮副侧隙的合理性都有较高的要求。

12.1.2　齿轮的加工误差

在机械制造中，齿轮的加工方法很多，而按齿廓的形成原理可分为成形法和展成法两类。前者用成形铣刀在铣床上铣齿；后者用滚刀在滚齿机上滚齿，如图 12-1 所示。在滚齿加工中，产生加工误差的主要因素有：

（1）几何偏心（e_j）。这是由于齿轮孔的几何中心（o—o）与齿轮加工时的旋转中心（o_1—o_1）不重合而引起的，如图 12-1 所示。

（2）运动偏心（e_y）。这是由于分度蜗轮的加工误差（主要是齿距累积误差）及安装偏心（$e_{蜗}$）所引起的，如图 12-1 所示。

（3）机床传动链的高频误差。加工直齿轮时，受分度传动链的传动误差（主要是分度蜗杆的径向跳动和轴向窜动）的影响；加工斜齿轮时，除分度传动链的影响外，还受差动传动链的传动误差的影响。

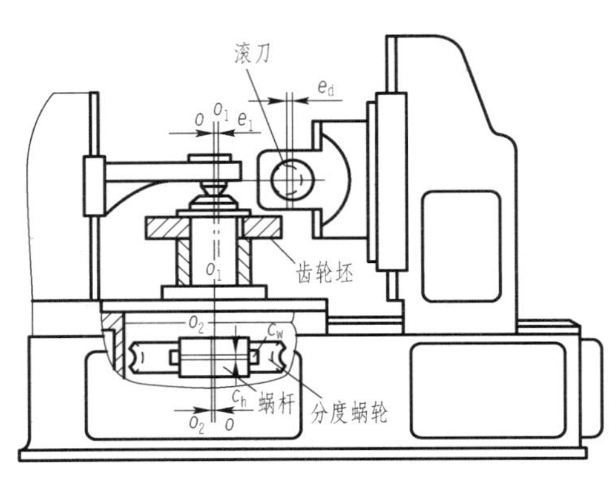

图 12-1　滚齿机加工齿轮

（4）滚刀的安装误差（e_d）。滚刀偏心使被加工齿轮产生径向误差。滚刀刀架导轨或齿坯轴线相对于工作台旋转轴线的倾斜及轴向窜动，使滚刀的进刀方向与轮齿的理论方向不一致，直接造成齿面沿齿长方向的歪斜，产生齿向误差，齿向误差主要影响载荷分布的均匀性。

（5）滚刀的加工误差。滚刀的加工误差主要是指滚刀本身的基节、齿形等制造误差，它们都会在加工齿轮过程中被复映到被加工齿轮的每一个齿上，使加工出来的齿轮产生基节偏差和齿形误差。

按展成法加工齿轮，其齿廓的形成是刀具对齿坯周期地连续滚切的结果，犹如齿条齿轮副的啮合传动过程。因而加工误差是齿轮转角的函数，具有周期性，这是齿轮误差的特点。上述各因素中，前二者所产生的齿轮误差以齿轮转一转为周期，称为长周期误差；后 3 个因素所产生的误差，在齿轮转一转中，多次重复出现，称为短周期误差（即高频误差）。

长周期误差会影响齿轮运动均匀性，高频误差会引起齿轮瞬时传动比的急剧变化，影响齿轮工作平稳性，在高速传动中，将产生振动和噪声。事实上，齿轮的长、短周期误差同时存在，因而齿轮的运动误差是一个复杂的周期函数。

在齿轮加工工艺系统中的机床、刀具、齿坯的制造安装等多种因素的共同影响下，实际加工后的齿轮存在各种形式的加工误差，概括而论，由切削加工引起的尺寸误差可分为齿形误差、齿距误差、齿向误差、齿厚误差 4 类。齿轮的各种误差，使齿轮的各设计参数发生变化，影响传动质量。按齿轮各项误差对齿轮传动使用性能的主要影响，将齿轮加工误差划分为 3 组，即影响运动准确性的误差、影响传动平稳性的误差及影响载荷分布均匀性的误差。

12.2　齿轮精度的评定指标与检测

齿轮的加工误差影响齿轮的传动质量，因此规定把齿轮误差参数作为齿轮精度的评定指标。在齿轮标准中齿轮误差和偏差统称为齿轮偏差。

12.2.1　齿轮传动运动准确性的评定指标与检测

根据 GB/Z 18620.1～4—2008 和 GB/T 10095.1～2—2008 的规定，影响运动准确性的误差包括切向综合误差（F_i'）、齿距累积误差（F_p）、径向跳动（F_r）、径向综合误差（F_i''）和公法线长度变动量（F_w）5 项。因此，齿轮传动运动准确性的评定指标有 5 项，具体如下。

（1）切向综合总偏差 F_i'。切向综合总偏差 F_i' 是指被测齿轮与测量齿轮单面啮合时，被测齿轮一转内，齿轮分度圆上实际圆周位移与理论圆周位移的最大差值，如图 12-2 所示。图 12-2 为在单面啮合测量仪上画出的切向综合偏差曲线图。横坐标表示被测齿轮转角，纵坐标表示偏差。如果产品齿轮没有偏差，偏差曲线应是与横坐标平行的直线。在齿轮一转范围内，过曲线最高、最低点作与横坐标平行的两条直线，则此平行线间的距离即为 F_i' 值。F_i' 是评定齿轮运动准确性的综合指标。它反映了齿轮的运动是不均匀的，在一转过程中忽快忽慢，周期性地变化。

（2）齿距累积总偏差 F_p 和齿距累积偏差 F_{pk}。齿距累积总偏差 F_p 是指齿轮同侧齿面任意弧段（k=1 至 k=z）内的最大齿距累积偏差。它表现为齿距累积偏差曲线的总幅值。齿距累积偏差 F_{pk} 是指任意 k 个齿距的实际弧长和理论弧长的代数差，理论上它等于这 k 个齿距的各单个齿距偏差的代数和，如图 12-3 所示。在齿轮加工中不可避免存在偏心（e_j 及 e_y），从而使被加工齿轮实际齿廓的位置偏离其理论齿廓，使齿轮齿距分布不均匀，从而影响齿轮运动的准确性。

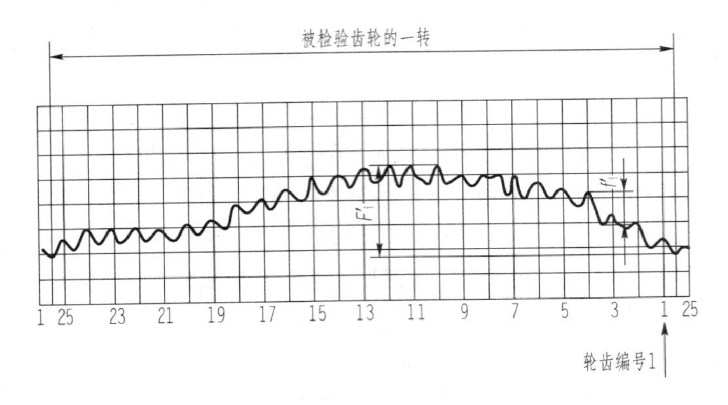

图 12-2　切向综合总偏差曲线图

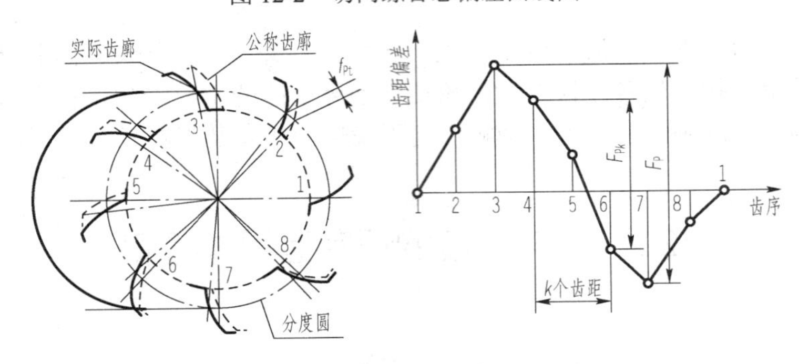

图 12-3　齿距累积总偏差

（3）径向跳动 F_r。径向跳动 F_r 是指适当的测头（球、砧、圆柱或棱柱体）在齿轮旋转时逐齿地置于每个齿槽内，相对于齿轮基准轴线的最大径向位置和最小径向位置之差。图 12-4 是径向圆跳动的示例，图中偏心量是径向跳动的一部分。

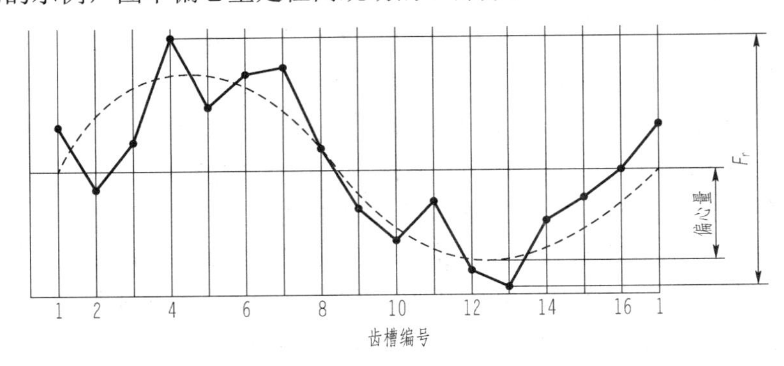

图 12-4　一个齿轮（16 齿）的径向圆跳动

（4）径向综合总偏差 F''_i。径向综合总偏差 F''_i 是指在径向（双面）综合检验时，产品齿轮的左、右齿面同时和测量齿轮接触，并转过一整圈时出现的中心距最大值和最小值之差，如图 12-5 所示。此曲线为在双啮仪上测量画出的偏差曲线，横坐标表示齿轮转角，纵坐标表示偏差。径向综合总偏差包括了左、右齿面啮合偏差的成分，它不可能得到同侧齿面的单向偏差。

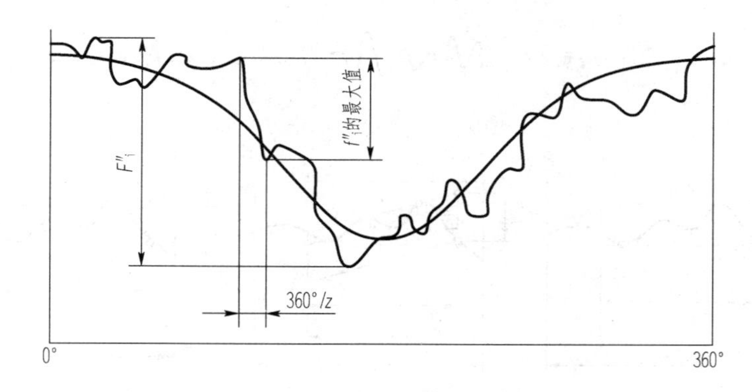

图 12-5　径向综合偏差曲线图

（5）公法线长度变动量 F_w。公法线长度变动量 F_w 是指在齿轮一转范围内，实际公法线长度最大值和最小值之差，如图 12-6 所示。

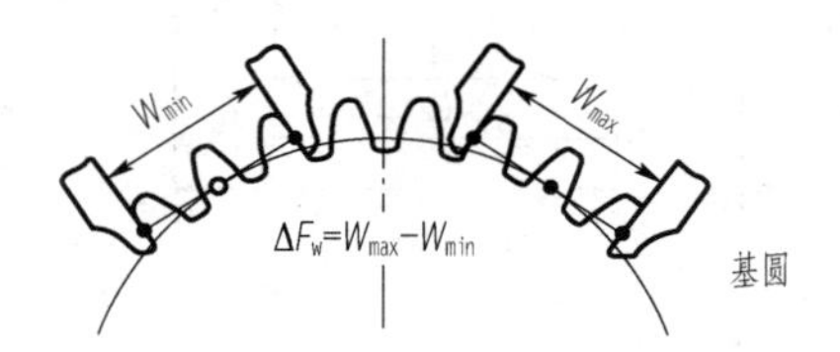

图 12-6　直齿轮的公法线长度

12.2.2　齿轮传动平稳性的评定指标

如前所述，短周期误差影响传动平稳性。影响齿轮传动平稳性的误差有以下 6 项。

（1）一齿切向综合偏差 f_i'。一齿切向综合偏差 f_i' 是指当被测齿轮与理想精确的测量齿轮单面啮合时，在被测齿轮一齿距角内，实际转角与理论转角之差的最大幅度值，以分度圆弧长计值。

（2）一齿径向综合偏差 f_i''。一齿径向综合偏差 f_i'' 是当被测齿轮啮合一整圈时，对应一个齿距（360°/z）的综合径向偏差。

（3）齿廓总偏差 F_α、齿廓形状偏差 $f_{f\alpha}$、齿廓倾斜偏差 $f_{H\alpha}$。齿廓总偏差 f_α是指在计值范围内，包容实际齿廓迹线的两条设计齿廓迹线间的距离。齿廓形状偏差 $f_{f\alpha}$是指在计值 L_α内，包容实际齿廓迹线的与平均齿廓迹线完全相同的两条迹线间的距离，且两条曲线与平均齿廓的距离为常数。齿廓倾斜偏差 $f_{H\alpha}$是指在计值范围 L_α内，两端与平均齿廓迹线相交的两条设计齿廓迹线间的距离，如图 12-7 所示。

（4）基节偏差 f_{pb}。基节偏差 f_{pb} 是指实际基节与理论基节之差，如图 12-8 所示。实际基节是指基圆柱切平面所截两相邻同侧齿面的交线之间的法向距离。

f_{pb} 又可分为常值基节偏差和变值基节偏差两种。前者是由刀具齿形角误差产生的，其特点是在齿轮不同齿及同一齿的不同部位，误差值基本保持不变。后者是由齿形的形状误差引起的，其特点是在不同齿及同一齿的不同部位，误差值是变化的。

（5）单个齿距偏差 f_{pt}。单个齿距偏差是指端平面上，在接近齿高中部的一个与齿轮轴线同心的圆上，实际齿距与理论齿距的代数差，如图 12-9 所示。

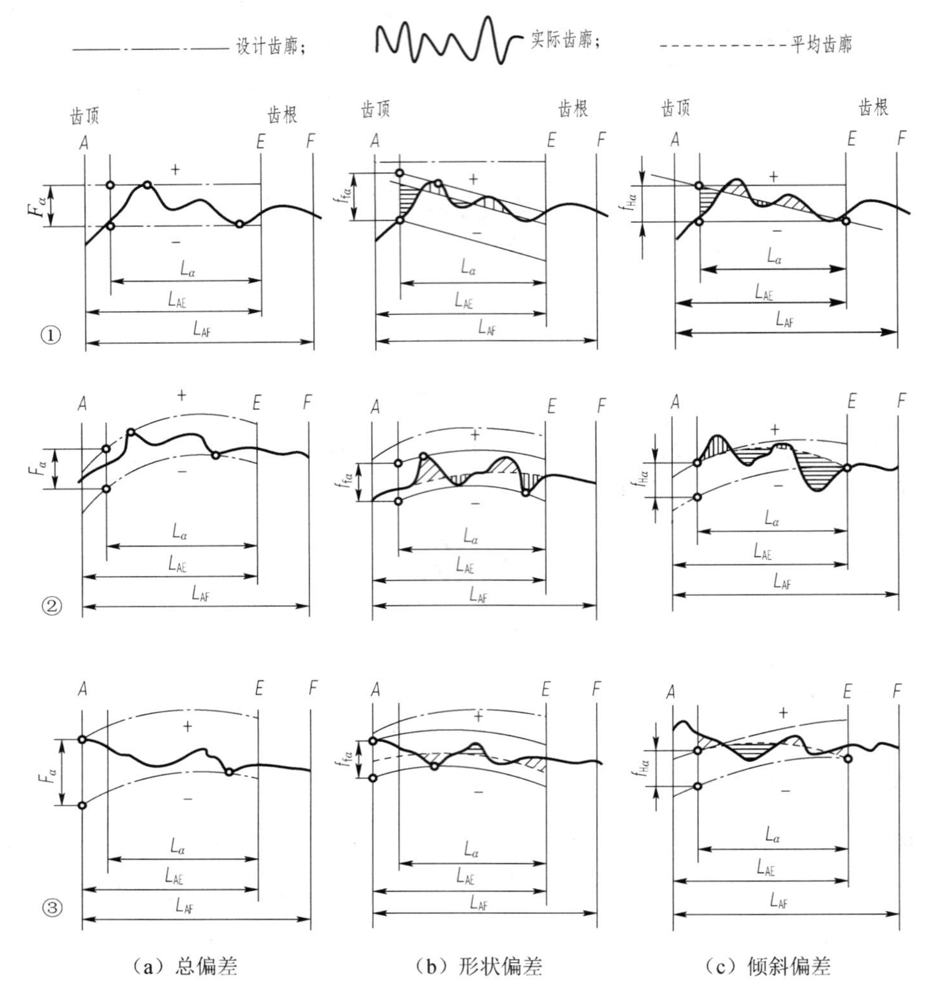

图 12-7　齿廓形状偏差和倾斜偏差在不同情况下对齿廓总偏差的影响

① 设计齿廓：未修形的渐开线齿廓；实际齿廓：在减薄区域内具有偏向体内的负偏差
② 设计齿廓：修形的渐开线齿廓；实际齿廓：在减薄区域内具有偏向体内的负偏差
③ 设计齿廓：修形的渐开线齿廓；实际齿廓：在减薄区域内具有偏向体外的正偏差

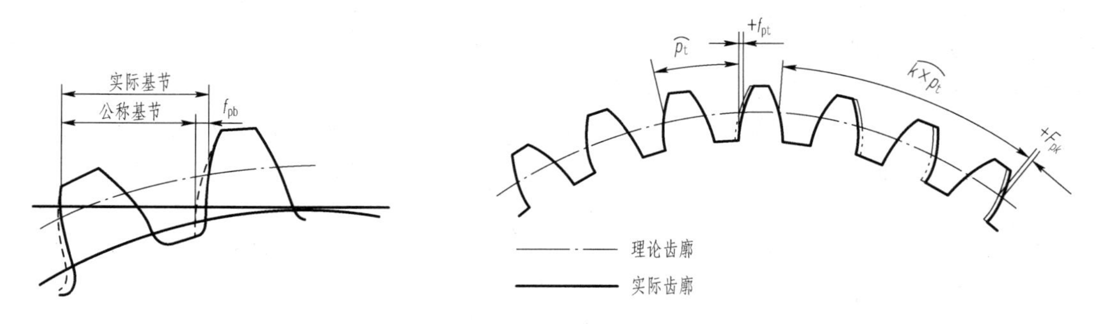

图 12-8　基节偏差

图 12-9　单个齿距偏差

12.2.3　载荷分布均匀性的评定指标

评定载荷分布均匀性的精度时的应检指标，在齿宽方向是其螺旋线总偏差 F_β，在齿高方向上是其传动平稳性的应检指标。

螺旋线总偏差是指在端面基圆切线方向上测得的实际螺旋线偏离设计螺旋线的量，如图 12-10 所示。螺旋线总偏差 F_β是指在计值范围 L_β内，包容实际螺旋线迹线的两条设计螺旋线迹线间的距离。螺旋线形状偏差 $f_{f\beta}$是指在计值范围 L_β内，包容实际螺旋线迹线的与平均螺旋线迹线完全相同的两条曲线间的距离，且两条曲线与平均螺旋线迹线的距离为常数。平均螺旋线迹线是在计值范围内按最小二乘法确定的。螺旋线倾斜偏差 $f_{H\beta}$是指在计值范围 L_β 的两端与平均螺旋线迹线相交的两条设计螺旋线迹线间的距离。注意上述 F_β、$f_{f\beta}$、$f_{H\beta}$的取值方法适用于非修形螺旋线，当齿轮设计成修形螺旋线时，设计螺旋线迹线不再是直线。对直齿圆柱齿轮，螺旋角β=0，此时 F_β称为齿向偏差。$\Delta f_{f\beta}$ 用于评定轴向重合度ε_β>1.25 的 6 级及高于 6 级精度的斜齿轮及人字齿轮的传动平稳性。这种齿轮主要用于汽轮机减速器，其特点是功率大、速度高，对传动平稳性要求特别高。

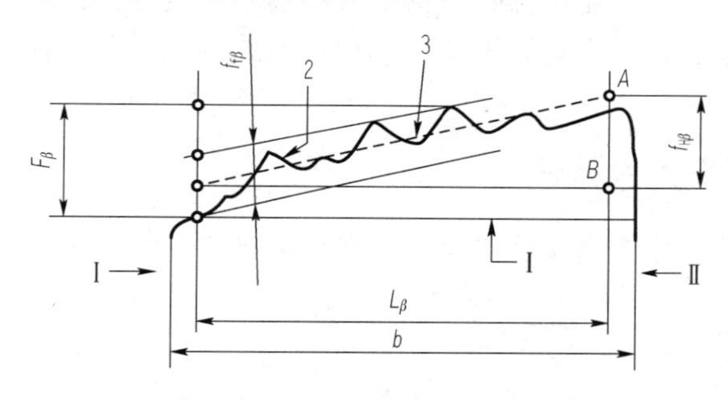

图 12-10　螺旋线偏差

12.2.4　侧隙评定指标

在齿轮加工误差中，影响齿轮副侧隙误差的主要是齿厚偏差和公法线平均长度偏差两项。

（1）齿厚偏差。齿厚偏差是指在分度圆柱面上齿厚的实际值与公称值之差，如图 12-11 所示。对于斜齿轮，齿厚偏差则指法向实际齿厚与理论齿厚之差。

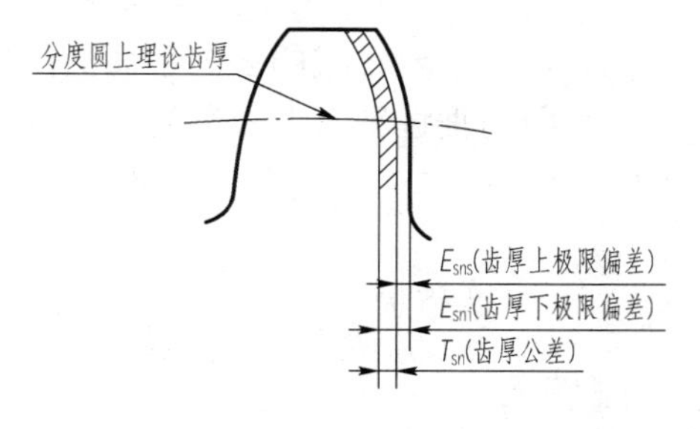

图 12-11　齿厚偏差

（2）公法线平均长度偏差。公法线平均长度偏差是指公法线长度测量的平均值与公称值之差。公法线长度 W_n 是在基圆柱切平面上跨 k 个齿（对外齿轮）或 k 个齿槽（对内齿轮）在接触到一个齿的右齿面和另一个齿的左齿面的两个平行平面之间测得的距离。公法线长度的公称值由下式给出：

$$W_n = m\cos\alpha[\pi(k-0.5)+z\times \text{inv}\alpha]+2xm\sin\alpha \tag{12-1}$$

对标准齿轮：

$$W_n = m\cos\alpha[1.476(2k-1)+0.014\times z] \tag{12-2}$$

式中，x 为径向变位系数；invα 为α角的渐开线函数；k 为测量时的跨齿数；m 为模数；z 为齿数。

公法线长度变动量 F_w 和公法线平均长度偏差 E_{bn} 常用公法线千分尺测量。后续第 13 章检测部分将会讲到，这里将不再论述。

12.3 齿轮副传动精度的评定指标

在齿轮传动中，由两个相互啮合的齿轮组成的基本机构称为齿轮副。影响齿轮副和侧隙的因素很多，因此要保证齿轮传动的传动精度和合理的侧隙，除了控制单个齿轮的精度外，还必须控制齿轮副的精度。

12.3.1 轴线的平行度偏差

轴线平行度偏差影响螺旋线啮合偏差，也就是影响齿轮的接触精度，如图 12-12 所示。

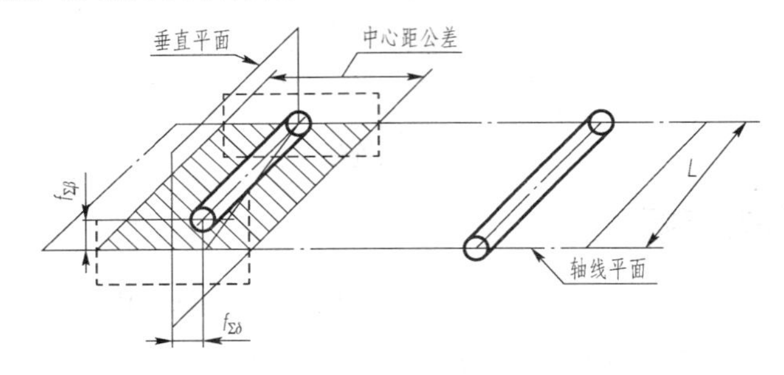

图 12-12 轴线平行度偏差

$f_{\Sigma\delta}$为轴线平面内的平行度偏差，是在两轴线的公共平面上测量的。$f_{\Sigma\beta}$为轴线垂直平面内的平行度偏差，是在两轴线公共平面的垂直平面上测量的。$f_{\Sigma\beta}$和 $f_{\Sigma\delta}$的最大推荐值为

$$f_{\Sigma\beta} = 0.5\frac{L}{b} \tag{12-3}$$

$$f_{\Sigma\delta} = 2f_{\Sigma\beta} \tag{12-4}$$

12.3.2 齿轮副的中心偏差 f_a

齿轮副的中心距偏差 f_a 是指在齿轮副的齿宽中间平面内，实际中心距与设计（公称）中心距之差，如图 12-13 所示。在齿轮只是单向承载运转而不经常反转的情况下，中心距允许偏差主要考虑重合度的影响。对传递运动的齿轮，其侧隙需控制，此时中心距允许偏差应较

小；当轮齿上的负载常常反转时，要考虑轴、箱体和轴承的偏斜，安装误差，以及轴承跳动和温度的影响等因素。

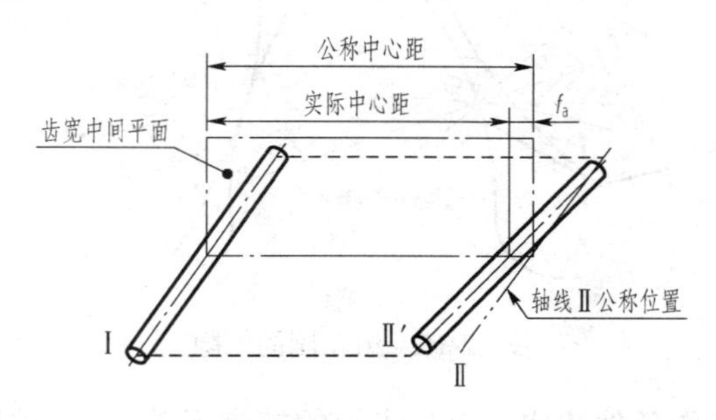

图 12-13 齿轮副的中心距偏差

12.3.3 齿轮副的接触斑点

接触斑点是齿面接触精度的综合评定指标。它是指装配好的齿轮副，在轻微制动下运转后齿面上分布的接触擦亮痕迹，如图 12-14 所示。

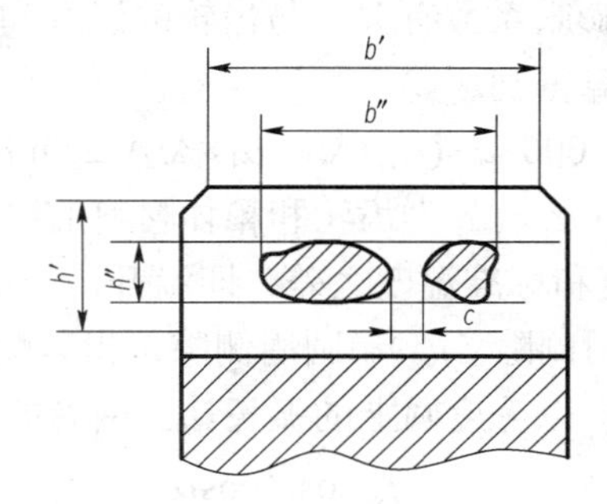

图 12-14 齿轮副的接触斑点

接触痕迹的大小在齿面展开图上用百分数计算。沿齿长方向，为接触痕迹的长度 b''（扣除超过模数值的断开部分 c）与工作长度 b'之比的百分数，即

$$\frac{b''-c}{b'}\times 100\%$$

沿齿高方向，为接触痕迹的平均高度 h''与工作高度 h'之比的百分数，即

$$\frac{h''}{h'}\times 100\%$$

所谓“轻微制动”是指既不使轮齿脱离，又不使轮齿和传动装置发生较大变形的制动力时的制动状态。

对较大的齿轮副，一般是在安装好的传动装置中检验；对成批生产的机床、汽车、拖拉机等中、小齿轮允许在啮合机上与精确齿轮啮合检验。

12.3.4 齿轮副的侧隙

齿轮副的法向侧隙（j_{bn}）是装配好的齿轮副，当工作齿面接触时，非工作齿面之间的最小距离，如图 12-15 所示。

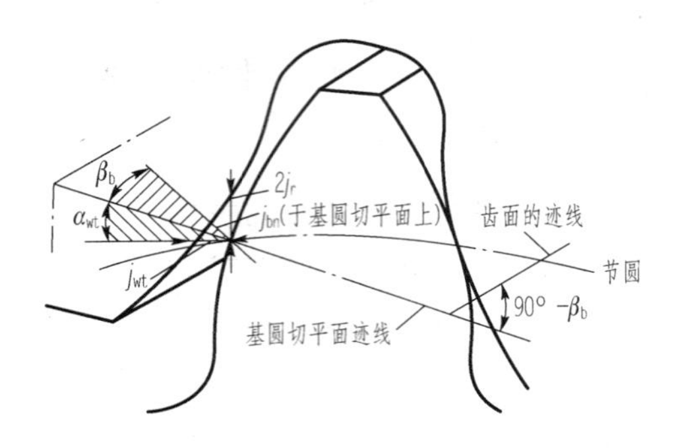

图 12-15 齿轮副的侧隙

齿轮副侧隙按齿轮工作条件决定，而与齿轮的精度无关。齿轮副的最小侧隙 j_{bnmin} 应包括以下 3 个部分：①保证正常润滑所需要的侧隙 j_{bnmin1}；②补偿齿轮传动工作时，因温度上升所引起的热变形所需要的侧隙 j_{bnmin2}；③补偿齿轮传动受力变形所需要的侧隙 j_{bnmin3}。一般 j_{bnmin3} 较小，而且会使侧隙增大，故通常忽略不计。

j_{bnmin1} 主要取决于圆周速度及其相应的润滑方式，可以查阅相关的国家推荐标准，j_{bnmin2} 主要与齿轮材料和箱体材料的膨胀系数有关，与齿轮的温升和箱体的温升有关，以及与齿轮副中心距的大小有关，可以计算得到。

$$j_{bnmin2}=1000\times a\times(\alpha_1\times\Delta t_1-\alpha_1\times\Delta t_2)\times 2\sin\alpha_n(\mu m)$$

式中，a 为传动中心距（mm）；α_1、α_1 为齿轮和箱体材料的线膨胀系数；α_n 为法向啮合角；Δt_1、Δt_2 为齿轮和箱体工作温度和标准温度之差，即温升，一般为$\Delta t_1=t_1-20$；$\Delta t_2=t_2-20$。

在生产中，也可以检验圆周侧隙（j_{wt}）。圆周侧隙是指装配好的齿轮副，当一个齿轮固定时，另一个齿轮的圆周晃动量，以分度圆上的弧长计。两者的关系为

$$j_{bn}=j_{wt}\cos\beta_b\cos\alpha_n$$

12.4 渐开线圆柱齿轮精度设计

渐开线圆柱齿轮精度制包括 GB/T 10095.1～2—2008 和 GB/Z 18620.1～4—2008 共计两个国标和 4 个国家标准化指导性技术文件。

12.4.1 渐开线圆柱齿轮精度等级

GB/T 10095.1—2008 和 GB/T 10095.2—2008 对圆柱齿轮的精度等级进行了规定。

1. 精度等级

（1）GB/T 10095.1—2008 对轮齿同侧面公差规定了 13 个精度等级，从高到低分别用阿拉伯数字 0，1，2，3，…，12 表示，其中，0 级最高，12 级最低。其中 0～2 级齿轮要求非常高，是有待发展的特别精密齿轮；3～5 级齿轮视为高精度齿轮；6～8 级齿轮称为中精度齿轮（最常用）；9～12 级为粗糙齿轮。该标准适用于平行轴传动的渐开线圆柱齿轮，法向模数 $0.5\leqslant m_n\leqslant 70$，分度圆直径 $5mm\leqslant d\leqslant 10000mm$，齿宽 $4mm\leqslant B\leqslant 1000mm$。

（2）GB/T 10095.2—2008 对一齿径向综合偏差规定了 9 个精度等级，其中，4 级最高，12 级最低。该标准适用于分度圆直径 5mm≤d≤1000mm，法向模数 0.2≤m_n≤10 的渐开线圆柱齿轮。

（3）GB 10095.2—2008 对径向跳动规定了 13 个等级，其中，0 级最高，12 级最低。该标准适用范围：法向模数 0.5≤m_n≤70，分度圆直径 5mm≤d≤10000mm，齿宽 4mm≤B≤1000mm。

2. 偏差的允许值计算公式和标准值

GB/T 10095.1—2008 和 GB/T 10095.2—2008 规定：公差表格中的数值为等比数列，两相邻精度等级的级间公比等于 $\sqrt{2}$，公差表格中的数值是用对 5 级精度规定的公差值乘以级间公比计算出来的，即 5 级精度未圆整的计算值乘以 $\sqrt{2}^{(Q-5)}$，即可得到任一精度等级的待求值，式中，Q 为待求值的精度等级数。表 12-1 是 5 级精度齿轮偏差、径向综合偏差等值的计算公式。

表 12-1　5 级精度齿轮偏差、径向综合偏差、径向跳动允许值的计算公式
（摘自 GB/T 10095.1—2008 和 GB/T 10095.2—2008）

项目代号	齿轮 5 级精度允许值计算公式	各参数的范围和分段界限值
$\pm f_{pt}$	$0.3(m+0.4\sqrt{d})+4$	分度圆直径 d： 5、20、50、125、280、560、1000、1600、2500、4000、6000、8000、10000 模数（法向模数）m： 0.5、2、3.5、6、10、16、25、40、70 齿宽 b： 4、10、20、40、80、160、250、400、650、1000 表中各公式中的 d、m、b 取各分段界限值的几何平均值
$\pm F_{pk}$	$f_{pt}+1.6\sqrt{(k-1)m}$	
F_p	$0.3m+1.25\sqrt{d}+7$	
F_α	$3.2\sqrt{m}+0.22\sqrt{d}+0.7$	
F_β	$0.1\sqrt{d}+0.63\sqrt{b}+4.2$	
$f_{f\alpha}$	$2.5\sqrt{m}+0.17\sqrt{d}+0.5$	
$f_{H\alpha}$	$2\sqrt{m}+0.14\sqrt{d}+0.5$	
$f_{f\beta}$、$\pm f_{H\beta}$	$0.07\sqrt{d}+0.45\sqrt{b}+3$	
F_i'	F_p+f_i'	
f_i'	$K(4.3+f_{pt}+F_\alpha)$，当 ε_r≥4 时，K=0.4 当 ε_r<4 时，$K=0.2[(\varepsilon_r+4)/\varepsilon_r]$	
F_i''	$3.2m+1.01\sqrt{d}+6.4$	
f_i''	$2.96m+0.01\sqrt{d}+0.8$	
F_r	$0.8F_p$	

标准中各偏差允许值或极限偏差数值表列出的数值是按此规律计算并圆整后得到的。如果计算值大于 10μm，则圆整到最接近的整数；如果小于 10μm，则圆整到最接近的尾数为 0.5μm 的小数或整数；如果小于 5μm，则圆整到最接近的尾数为 0.1μm 的一位小数或整数。轮齿同侧面的公差值或极限偏差见表 12-2～表 12-4。径向综合偏差的公差值见表 12-5。径向跳动公差值见表 12-6。

表 12-2　齿距偏差 $\pm f_{pt}$、F_p 公差允许值（摘自 GB/T 10095.1—2008）

分度圆直径 d/mm	偏差项目	单个齿距偏差 $\pm f_{pt}$ /μm				齿距累积总偏差 F_p/μm			
	精度等级 / 模数 m/mm	5	6	7	8	5	6	7	8
≥5～20	≥0.5～2	4.7	6.5	9.5	13.0	11.0	16.0	23.0	32.0
	>2～3.5	5.0	7.5	10.0	15.0	12.0	17.0	23.0	33.0
>20～50	≥0.5～2	5.0	7.0	10.0	14.0	14.0	20.0	29.0	41.0
	>2～3.5	5.5	7.5	11.0	15.0	15.0	21.0	30.0	42.0
	>3.5～6	6.0	8.5	12.0	17.0	15.0	22.0	31.0	44.0
	>6～10	7.0	10.0	14.0	20.0	16.0	23.0	33.0	46.0
>50～125	≥0.5～2	5.5	7.5	11.0	15.0	18.0	26.0	37.0	52.0
	>2～3.5	6.0	8.5	12.0	17.0	19.0	27.0	38.0	53.0
	>3.5～6	6.5	9.0	13.0	18.0	19.0	28.0	39.0	55.0
	>6～10	7.5	10.0	15.0	21.0	20.0	29.0	41.0	58.0
	>10～16	9.0	13.0	18.0	25.0	22.0	31.0	44.0	62.0
>125～280	≥0.5～2	6.0	8.5	12.0	17.0	24.0	35.0	49.0	69.0
	>2～3.5	6.5	9.0	13.0	18.0	25.0	35.0	50.0	70.0
	>3.5～6	7.0	10.0	14.0	20.0	25.0	36.0	51.0	72.0
	>6～10	8.0	11.0	16.0	23.0	26.0	37.0	53.0	75.0
	>10～16	9.5	13.0	19.0	27.0	28.0	39.0	56.0	79.0
>280～560	≥0.5～2	6.5	9.5	13.0	19.0	32.0	46.0	64.0	91.0
	>2～3.5	7.0	10.0	14.0	20.0	33.0	46.0	65.0	92.0
	>3.5～6	8.0	11.0	16.0	22.0	33.0	47.0	66.0	94.0
	>6～10	8.5	12.0	17.0	25.0	34.0	48.0	68.0	97.0
	>10～16	10.0	14.0	20.0	29.0	36.0	50.0	71.0	101.0

表 12-3　齿廓总偏差 F_α（摘自 GB/T 10095.1—2008）

分度圆直径 d/mm	偏差项目	齿廓总偏差 F_α /μm					
	精度等级 / 模数 m/mm	4	5	6	7	8	9
≥5～20	≥0.5～2	3.2	4.6	6.5	9.0	13.0	18.0
	>2～3.5	4.7	6.5	9.5	13.0	19.0	26.0
>20～50	≥0.5～2	3.6	5.0	7.5	10.0	15.0	21.0
	>2～3.5	5.0	7.0	10.0	14.0	20.0	29.0
	>3.5～6	6.0	9.0	12.0	18.0	25.0	35.0
	>6～10	7.5	11.0	15.0	22.0	31.0	43.0
>50～125	≥0.5～2	4.1	6.0	8.5	12.0	17.0	23.0
	>2～3.5	5.5	8.0	11.0	16.0	22.0	31.0
	>3.5～6	6.5	9.5	13.0	19.0	27.0	38.0
	>6～10	8.0	12.0	16.0	23.0	33.0	46.0
	>10～16	10.0	14.0	20.0	28.0	40.0	56.0

续表

分度圆直径 d/mm	偏差项目 精度等级 模数 m/mm	齿廓总偏差 F_α /μm					
		4	5	6	7	8	9
>125～280	≥0.5～2	4.9	7.0	10.0	14.0	20.0	28.0
	>2～3.5	6.5	9.0	13.0	18.0	25.0	36.0
	>3.5～6	7.5	11.0	15.0	21.0	30.0	42.0
	>6～10	9.0	13.0	18.0	25.0	36.0	50.0
	>10～16	11.0	15.0	21.0	30.0	43.0	60.0
>280～560	≥0.5～2	6.0	8.5	12.0	17.0	23.0	33.0
	>2～3.5	7.5	10.0	15.0	21.0	29.0	41.0
	>3.5～6	8.5	12.0	17.0	24.0	34.0	48.0
	>6～10	10.0	14.0	20.0	28.0	40.0	56.0
	>10～16	12.0	16.0	23.0	33.0	47.0	66.0

表 12-4　螺旋线偏差 F_β、$f_{f\beta}$、$f_{H\beta}$ 公差允许值（摘自 GB/T 10095.1—2008）

分度圆直径 d/mm	偏差项目 精度等级 齿宽 b/m	螺旋线总公差 F_β/μm				$f_{f\beta}$ 和 $\pm f_{H\beta}$ /μm			
		5	6	7	8	5	6	7	8
≥5～20	≥4～10	6.0	8.5	12	17	4.4	6.0	8.5	12
	>10～20	7.0	9.5	14	19	4.9	7.0	10	14
>20～50	≥4～10	6.5	9.0	13	18	4.5	6.5	9.0	13
	>10～20	7.0	10	14	20	5.0	7.0	10	14
	>20～40	8.0	11	16	23	6.0	8.0	12	16
>50～125	≥4～10	6.5	9.5	13	19	4.8	6.5	9.5	13
	>10～20	7.5	11	15	21	5.5	7.5	11	15
	>20～40	8.5	12	17	24	6.0	8.0	12	17
	>40～80	10	14	20	28	7.0	10	14	20
>125～280	≥4～10	7.0	10	14	20	5.0	7.0	10	14
	>10～20	8.0	11	16	22	5.5	8.0	11	16
	>20～40	9.0	13	18	25	6.5	9.0	13	18
	>40～80	10	15	21	29	7.5	10	15	21
	>80～160	12	17	25	35	8.5	12	17	25
>280～560	≥10～20	8.5	12	17	24	6.0	8.5	12	17
	>20～40	9.5	13	19	27	7.0	9.5	14	19
	>40～80	11	15	22	31	8.0	11	16	22
	>80～160	13	18	26	36	9.0	13	18	26
	>160～250	15	21	30	43	11	15	22	30

表 12-5 径向综合偏差 F_i''、f_i'' 公差值（摘自 GB/T 10095.2—2008）

分度圆直径 d/mm	公差项目	径向综合总偏差 F_i'' /μm				一齿径向综合偏差 f_i'' /μm			
	精度等级 / 模数 m_n/mm	5	6	7	8	5	6	7	8
≥5～20	≥0.2～0.5	11	15	21	30	2.0	2.5	3.5	5.0
	>0.5～0.8	12	16	23	33	2.5	4.0	5.5	7.5
	>0.8～1.0	12	18	25	35	3.5	5.0	7.0	10
	>1.0～1.5	14	19	27	38	4.5	6.5	9.0	13
>20～50	≥0.2～0.5	13	19	26	37	2.0	2.5	3.5	5.0
	>0.5～0.8	14	20	28	40	2.5	4.0	5.5	7.5
	>0.8～1.0	15	21	30	42	3.5	5.0	7.0	10
	>1.0～1.5	16	23	32	45	4.5	6.5	9.0	13
	>1.5～2.5	18	26	37	52	6.5	9.5	13	19
>50～125	≥1.0～1.5	19	27	39	55	4.5	6.5	9.0	13
	>1.5～2.5	22	31	43	61	6.5	9.5	13	19
	>2.5～4.0	25	36	51	72	10	14	20	29
	>4.0～6.0	31	44	62	88	15	22	31	44
	>6.0～10	40	57	80	114	24	34	48	67
>125～280	≥1.0～1.5	24	34	48	68	4.5	6.5	9.0	13
	>1.5～2.5	26	37	53	75	6.5	9.5	13	19
	>2.5～4.0	30	43	61	86	10	15	21	29
	>4.0～6.0	36	51	72	102	15	22	31	44
	>6.0～10	45	64	90	127	24	34	48	67
>280～560	≥1.0～1.5	30	43	61	86	4.5	6.5	9.0	13
	>1.5～2.5	33	46	65	92	6.5	9.5	13	19
	>2.5～4.0	37	52	73	104	10	15	21	29
	>4.0～6.0	42	60	84	119	15	22	31	44
	>6.0～10	51	73	103	145	24	34	48	68

表 12-6 径向跳动公差值 F_r（摘自 GB/T 10095.2—2008）

分度圆直径 d/mm	公差项目	径向跳动公差值 F_r/μm					
	精度等级 / 模数 m/mm	4	5	6	7	8	9
≥5～20	≥0.5～2	6.5	9.0	13	18	25	36
	>2～3.5	6.5	9.5	13	19	27	38
>20～50	≥0.5～2	8.0	11	16	23	32	46
	>2～3.5	8.5	12	17	24	34	47
	>3.5～6	8.5	12	17	25	35	49
	>6～10	9.5	13	19	26	37	52
>50～125	≥0.5～2	10	15	21	29	42	59
	>2～3.5	11	15	21	30	43	61
	>3.5～6	11	16	22	31	44	62
	>6～10	12	16	23	33	46	65
	>10～16	12	18	25	35	50	70

续表

分度圆直径 d/mm	公差项目 / 精度等级 / 模数 m/mm	径向跳动公差值 F_r/μm					
		4	5	6	7	8	9
>125～280	≥0.5～2	14	20	28	39	55	78
	>2～3.5	14	20	28	40	56	80
	>3.5～6	14	20	29	41	58	82
	>6～10	15	21	30	42	60	85
	>10～16	16	22	32	45	63	89
>280～560	≥0.5～2	18	26	36	51	73	103
	>2～3.5	18	26	37	52	74	105
	>3.5～6	19	27	38	53	75	106
	>6～10	19	27	39	55	77	109
	>10～16	20	29	40	57	81	114

3. 齿轮精度等级的选择

齿轮精度等级的选择是否恰当，不仅会影响传动质量，还会影响制造成本。在选择齿轮的精度等级时，应根据用途、工作条件及技术要求来确定，具体来说，就是要综合分析齿轮的圆周速度、传递的功率和载荷、润滑方式、连续运转时间、传动效率、允许运动误差或转角误差、噪声、振动及寿命要求，来确定其主要要求作为选择依据，一般可以用计算法或类比法。计算法主要用于精密传动链，要求准确性很高时，可按要求计算出所需要的转角误差来选择准确性要求的等级。对于高速动力齿轮，可按其工作的最大转速计算圆周速度，然后再按速度查表对照选取所需的平稳性等级，也可按噪声大小选择平稳性等级。类比法即按使用要求和用途及工作条件等查表对比选择，分别给出不同用途和不同条件下应选择的精度等级。表 12-7 给出了各类常见机械产品的齿轮精度等级，表 12-8 给出了各精度等级齿轮的适用范围，可供参考。

表 12-7　常见机械产品的齿轮精度等级

应用范围	精度等级	应用范围	精度等级
测量齿轮	3～5	拖拉机	6～10
汽轮机、减速器	3～6	一般用途的减速器	6～9
金属切削机床	3～8	轧钢设备小齿轮	6～10
内燃机与电气机车	6～7	矿用绞车	8～10
轻型汽车	5～8	起重机机构	7～10
重型汽车	6～9	农业机械	8～11
航空发动机	4～7		

表 12-8　各精度等级齿轮的适用范围

精度等级	圆周速度 v/(m · s^{-1})		工作条件与适用范围
	直齿	斜齿	
4	20＜v≤35	40＜v≤70	（1）特精密分度机构或在最平稳、无噪声的极高速下工作的传动齿轮； （2）高速透平传动齿轮； （3）检测 7 级齿轮的测量齿轮

续表

精度等级	圆周速度 $v/(m\cdot s^{-1})$		工作条件与适用范围
	直齿	斜齿	
5	16＜v≤20	30＜v≤40	（1）精密分度机构或在极平稳、无噪声的高速下工作的传动齿轮； （2）精密机构用齿轮； （3）透平齿轮； （4）检测8级和9级齿轮的测量齿轮
6	10＜v≤16	15＜v≤30	（1）最高效率、无噪声的高速下平稳工作的齿轮传动； （2）特别重要的航空、汽车齿轮； （3）读数装置用的特别精密传动齿轮
7	6＜v≤10	10＜v≤15	（1）增速和减速用传动齿轮； （2）金属切削机床进给机构用齿轮； （3）高速减速器齿轮； （4）航空、汽车用齿轮； （5）读数装置用齿轮
8	4＜v≤6	4＜v≤10	（1）一般机械制造用齿轮； （2）分度链之外的机床传动齿轮； （3）航空、汽车用的不重要齿轮； （4）起重机构用齿轮、农业机械中的重要齿轮； （5）通用减速器齿轮
9	v≤4	v≤4	不提出精度要求的粗糙工作齿轮

12.4.2 齿轮副侧隙指标公差值的确定

齿轮副侧隙是两个配对齿轮啮合后产生的，故只有齿轮副才有侧隙。传动装置中对侧隙的要求主要取决于工作条件和使用要求，与尺寸的精度无关，表12-9为保证正常润滑条件所需的法向侧隙的推荐值。

表12-9 保证正常润滑条件所需的法向侧隙（推荐值）

润滑方式	齿轮的圆周速度 $v/(m\cdot s^{-1})$			
	≤10	＞10～25	＞25～60	＞60
喷油润滑	$0.01m_n$	$0.02m_n$	$0.03m_n$	$(0.03\sim0.05)m_n$
油池润滑	$(0.005\sim0.01)m_n$			

齿轮副的侧隙大小由相配的两个齿轮的齿厚和中心距尺寸决定。为了获得必要的侧隙，我国采取“基中心距制”，就是在固定中心距极限偏差的情况下通过改变齿厚偏差而获得需要的侧隙。

齿轮副中心偏差是指在箱体两侧轴承跨距 L 的范围内，齿轮副实际中心距与公称中心距之差。图样上标注公称中心距及其上、下极限偏差，如 $a\pm f_a$、f_a 的数值按齿轮精度等级可从表12-10选用。

表12-10 中心距极限偏差 $\pm f_a$

齿轮精度等级	1～2	3～4	5～6	7～8	9～10
f_a/μm	0.5IT4	0.5IT6	0.5IT7	0.5IT8	0.5IT9

续表

齿轮精度等级		1～2	3～4	5～6	7～8	9～10
齿轮副的中心距/mm	＞80～120	5	11	17.5	27	43.5
	＞120～180	6	12.5	20	31.5	50
	＞180～250	7	14.5	23	36	57.5
	＞250～315	8	16	26	40.5	65
	＞315～400	9	18	28.5	44.5	70

国家标准规定了齿厚偏差的精度有 14 种，依次用 C、D、E、F、G、H、J、K、L、M、N、P、R、S 表示。每个代号给出一个偏差值表达式，代表一个数值，见表 12-11。选择齿厚偏差时，应根据对侧隙的要求选择两种代号，分别表示齿厚允许的上极限偏差和下极限偏差。

表 12-11　齿厚极限偏差

代号	偏差值	代号	偏差值	代号	偏差值	代号	偏差值	代号	偏差值
C	$+f_{pt}$	F	$-4f_{pt}$	J	$-10f_{pt}$	M	$-20f_{pt}$	R	$-40f_{pt}$
D	0	G	$-6f_{pt}$	K	$-12f_{pt}$	N	$-25f_{pt}$	S	$-50f_{pt}$
E	$-2f_{pt}$	H	$-8f_{pt}$	L	$-16f_{pt}$	P	$-32f_{pt}$		

12.4.3　齿轮坯精度

齿轮坯的内孔、外圆和端面通常作为齿轮加工、测量和装配的基准，它们的精度对齿轮的加工、测量和安装精度有很大的影响。因此必须规定齿轮坯的公差。表 12-12 和表 12-13 分别给出了齿轮坯的尺寸公差、齿轮坯的径向和端面圆跳动公差。孔轴的几何公差按包容要求确定。

表 12-12　齿轮坯尺寸公差

齿轮精度等级		5	6	7	8	9	10	11	12
孔	尺寸公差	IT5	IT6	IT7		IT8		IT9	
轴	尺寸公差	IT5		IT6		IT7		IT8	
顶圆直径偏差		$0.05m_n$							

表 12-13　齿轮坯径向和端面圆跳动公差　　单位：μm

分度圆直径 d/mm	齿轮精度等级			
	3、4	5、6	7、8	9～12
到 125	7	11	18	28
＞125～400	9	14	22	36
＞400～800	12	20	32	50
＞800～1600	18	28	45	71

12.4.4　齿轮齿面及基准面的表面粗糙度要求

齿轮齿面表面粗糙度影响齿轮的传动精度、表面承载能力和弯曲强度，也必须加以控制。表 12-14 是国家标准 GB/Z 18620.4—2008 推荐的齿轮齿面表面粗糙度值参照表，表 12-15 为齿轮各基准面的表面粗糙度推荐表。

表 12-14　齿轮齿面表面粗糙度允许值（摘自 GB/Z 18620.4—2008）

齿轮精度等级	Ra/μm		Rz/μm	
	$m_n<6$	$6\leqslant m_n\leqslant 25$	$m_n<6$	$6\leqslant m_n\leqslant 25$
5	0.5	0.63	3.2	4.0
6	0.8	1.00	5.0	6.3
7	1.25	1.60	8.0	10
8	2.0	2.5	12.5	16
9	3.2	4.0	20	25
10	5.0	6.3	32	40
11	10.0	12.5	63	80
12	20	25	125	160

表 12-15　齿轮各基准面的表面粗糙度（*Ra*）推荐　　单位：μm

表面粗糙度	齿轮精度等级						
	5	6	7		8	9	
齿面加工方法	磨齿	磨或珩齿	剃或珩齿	精滚精插	插齿或滚齿	滚齿	铣齿
齿轮基准孔	0.32～0.63	1.25	1.25～2.5			5	
齿轮轴基准颈	0.32	0.63	1.25		2.5		
齿轮基准端面	1.25～2.5	2.5～5				3.2～5	
齿轮顶圆	1.25～2.5	3.2～5					

12.4.5　齿轮精度的标注

在齿轮的零件图上应标注齿轮的精度等级和齿厚偏差的字母代号或数值。齿轮的结构尺寸及形式都是由设计需要并参考有关手册而定的。齿坯公差直接标注在工作图上，齿轮的主要参数（模数、齿数、齿形角、螺旋角、变位系数等）、精度等级及齿厚偏差代号、所选用的公差（或偏差）均应列表标注，如图 12-16 所示。

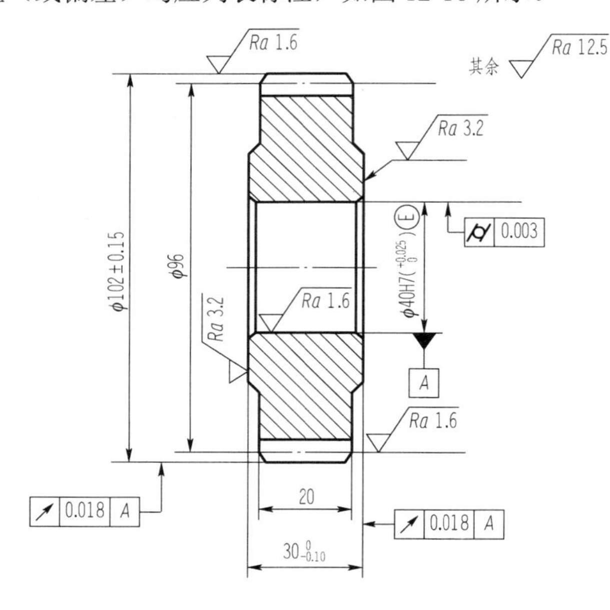

图 12-16　齿轮零件图

齿轮在装配图上应标注齿轮副精度等级和齿轮副的极限侧隙。例如，$7-6-6\left(\begin{matrix}+0.223\\+0.388\end{matrix}\right)$（GB/T 10095—2008）表示齿轮副切向综合总偏差精度为 7 级，切向一齿综合偏差精度为 6 级，接触斑点精度为 6 级，齿轮副最大、最小圆周侧隙分别为+0.223mm 和+0.388mm。

12.4.6　齿轮新旧标准的差异介绍

齿轮在适用范围、项目偏差及代号、精度等级、齿轮检验与公差、齿坯的表面结构、齿坯几何公差等方面，随着了新的国家标准的颁布，有了些差异，见表 12-16，在使用中可以比对。

表 12-16　齿轮新旧标准的差异表（摘录）

项目	新标准	旧标准
组成	GB/T 10095.1—2008 GB/T 10095.2—2008 GB/Z 18620.1—2008 GB/Z 18620.2—2008 GB/Z 18620.3—2008 GB/Z 18620.4—2008	GB/T 10095—1988
采用 ISO 标准程度	等同采用 ISO 20 世纪 90 年代标准	等同采用 ISO 1328:1975
适用范围	基本齿廓符合 GB/T 1356—2001 规定的单个渐开线圆柱齿轮： GB/T 10095.1—2008 对 m_n≥0.5～70mm，d≥5～10000mm，b≥4～1000mm 的齿轮规定了公差； GB/T 10095.2—2008 对 m_n≥0.2～10mm，d≥5～1000mm 的齿轮规定了公差	基本齿廓符合 GB 1356—1988 规定的平行轴传动的渐开线圆柱齿轮及齿轮副； 对 m_n≥1～40mm，d≤400mm，b≤630mm 的齿轮规定了公差
偏差项目及代号	单个齿距偏差：f_{pt} （单个齿距极限偏差：±f_{pt}）	齿距偏差：Δf_{pt} 齿距极限偏差：±f_{pt}
	齿距累积偏差：F_{pk} （齿距累积极限偏差：±F_{pk}）	k 个齿距累积误差：ΔF_{pk} k 个齿距累积公差：F_{pk}
	齿距累积总偏差：F_p 齿距累积总公差：F_p	齿距累积误差：ΔF_p 齿距累积公差：F_p
	齿廓总偏差：F_α 齿廓总公差：F_α	齿形误差：Δf_f 齿形公差：f_f
	齿廓形状偏差：$f_{f\alpha}$ 齿廓形状公差：$f_{f\alpha}$	—
	齿廓倾斜偏差：$f_{H\alpha}$ （齿廓倾斜极限偏差:±$f_{H\alpha}$）	—
	螺旋线总偏差：F_β 螺旋线总公差：F_β	齿向误差：ΔF_β 齿向公差：F_β
	螺旋线形状偏差：$f_{f\beta}$ 螺旋线形状公差：$f_{f\beta}$	—
	螺旋线倾斜偏差：$f_{H\beta}$ （螺旋线倾斜极限偏差：±$f_{H\beta}$）	—
	切向综合总偏差：F_i' 切向综合总公差：F_i'	切向综合误差：$\Delta F_i'$ 切向综合公差：F_i'

续表

项目	新标准	旧标准
偏差项目及代号	一齿切向综合偏差：f_i' 一齿切向综合公差：f_i'	一齿切向综合误差：$\Delta f_i'$ 一齿切向综合公差：f_i'
	径向综合总偏差：F_i'' 径向综合总公差：F_i''	径向综合误差：$\Delta F_i''$ 径向综合公差：F_i''
	一齿径向综合偏差：f_i'' 一齿径向综合公差：f_i''	一齿径向综合误差：$\Delta f_i''$ 一齿径向综合公差：f_i''
	径向跳动：F_r 径向跳动公差：F_r	齿圈径向跳动：ΔF_r 齿圈径向跳动公差：F_r
	—	基节偏差：Δf_{pb} 基节极限偏差：$\pm f_{pb}$
	—	公法线长度变动：ΔF_w 公法线长度变动公差：F_w
	—	接触线误差：ΔF_b 接触线公差：F_b
	—	轴向齿距偏差：ΔF_{px} 轴向齿距极限偏差：F_{px}
	—	螺旋线波度误差：$\Delta f_{f\beta}$ 螺旋线波度公差：$f_{f\beta}$
	齿厚偏差：E_{sn} 齿厚上极限偏差：E_{sns} 齿厚下极限偏差：E_{sni} 齿厚公差：T_{sn} （见 GB/Z 18620.2—2008，未推荐数值）	齿厚偏差：ΔE_s 齿厚上极限偏差：E_{ss} 齿厚下极限偏差：E_{si} 齿厚公差：T_s （规定了 14 个字代号）
	公法线长度偏差：E_{bn} 公法线长度上极限偏差：E_{bns} $E_{bns}=E_{sns}\cos\alpha_n$ 公法线长度下极限偏差：E_{bni} $E_{bni}=E_{sni}\cos\alpha$ 公法线长度公差：T_{bn} $T_{bn}=T_{sn}\cos\alpha$ （见 GB/Z 18620.2—2008）	公法线平均长度偏差：ΔE_{wm} 公法线平均长度上极限偏差：E_{wms} $E_{wms}=E_{ss}\cos\alpha-0.72F_r\sin\alpha$ 公法线平均长度下极限偏差：E_{wmi} 公法线平均长度公差：T_{wm} $E_{wm}=T_s\cos\alpha-1.44F_r\sin\alpha$
	传动总偏差：F' （仅有代号，见 GB/Z 18620.1—2008）	齿轮副的切向综合偏差 $\Delta F_{ic}'$ 齿轮副的切向综合公差 F_{ic}'
	一齿传动偏差：f' （仅有代号，见 GB/Z 18620.1—2008）	齿轮副的一齿切向综合误差：$\Delta f_{ic}'$ 齿轮副的一齿切向综合公差：f_{ic}'
	轮齿接触斑点（见 GB/Z 18620.4—2008）	齿轮副的接触斑点
	侧隙：j	齿轮副侧隙
	中心距偏差	齿轮副中心距偏差：Δf_a 齿轮副中心距极限偏差：$\pm f_a$
	轴线平行度	轴线平行度误差
精度等级	GB/T 10095.1—2008 对单个齿轮轮齿同侧齿面偏差规定了从 0～12 级共 13 个精度等级。 GB/T 10095.2—2008 对单个齿轮径向综合偏差规定了从 4～12 级共 9 个精度等级；对径向跳动规定了从 0～12 级共 13 个精度等级。 GB/T 10095.1—2008 规定：按协议，对工作和非工作齿面可规定不同的精度等级，或对不同的偏差项目规定不同的精度等级。另外，也可仅对工作齿面规定所要求的精度等级。该标准还对各项偏差的测量位置、点数及仪器的重复精度做了规定	对齿轮和齿轮副规定了从 1～12 级共 12 个精度等级。 齿轮的各项公差和极限偏差分成 3 个公差组。 根据使用要求的不同，允许各公差组选用不同的精度等级，但在同一公差组内，各项公差与极限偏差保持相同的精度要求

续表

项目	新标准	旧标准
齿轮坯	GB/Z 18620.3—2008 对齿轮坯推荐了基准与安装面的几何公差及安装面的跳动公差	规定了齿坯公差
齿轮检验与公差	GB/T 10095.1—2008 规定：F'、f_i'、$f_{f\alpha}$、$f_{H\alpha}$、$f_{f\beta}$、$f_{H\beta}$不是必检项目。 GB/T 10095.1—2008 规定：在检验中，测量全部轮齿要素的偏差没有必要也不经济	根据齿轮副的使用要求和生产规模，在各公差组中，选定检验组来检定和验收齿轮精度
	齿轮公差 F'、f_i'、$\pm F_{pk}$按公差关系式或计算求出，其他项目均给定了公差表	F'、f_i'、$f_{f\beta}$、F_{px}、F_b、F_{ic}'、f_{ic}'按公差关系式或计算式求出，其他项目均给出公差表
表面结构	GB/Z 18620.4—2008 对轮齿表面粗糙度推荐了 Ra、Rz	—
图样标注	未做规定	在齿轮零件图上应标注齿轮的精度等级和齿厚极限偏差的字母代号

12.5　渐开线圆柱齿轮的检测

由齿轮和齿轮副精度的评定指标论述可知，影响齿轮传动精度的齿轮偏差归纳起来有齿距偏差、齿廓偏差、螺旋线偏差、切向综合偏差、径向综合偏差、齿厚偏差、公法线长度极限偏差、经向圆跳动和侧隙 9 项，而侧隙的大小由齿厚和两啮合齿轮的中心距决定，因此本节就其他 8 项的检测进行论述。

12.5.1　齿距偏差的检测

齿距偏差包括单个齿距偏差（f_{pt}）、齿距累积偏差（F_{pk}）和齿距累积总偏差（F_p），齿距偏差的检测一般在齿距比较仪上进行，属相对测量法测量，如图 12-17 所示。

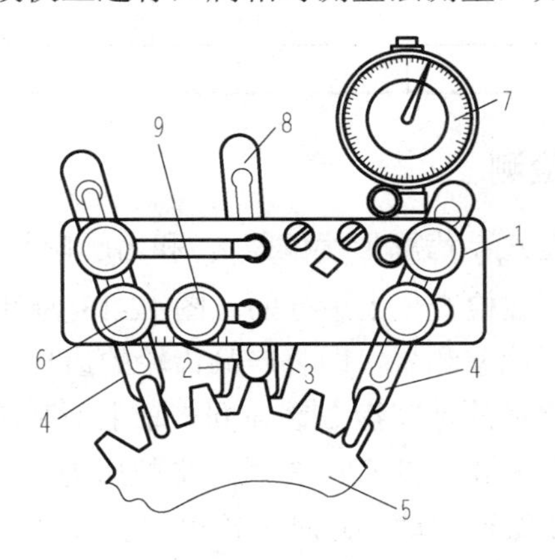

图 12-17　齿距比较仪测齿距偏差

1—基体；2—活动测头；3—固定测头；4、8—定位杆；5—被测齿轮；6、9—锁紧螺钉；7—指示表

齿距比较仪的测头 3 为固定测头，活动测头 2 与指示表 7 相连，测量时将齿距仪与产品齿轮平放在检验平板上，用两个定位杆 4 前端顶在齿轮顶圆上，调整测头 2 和测头 3 使其大致在分度圆附近接触，以任一齿距作为基准齿距并将指示表对零，然后对逐个齿距进行测量，

得到各齿距相对于基准齿距的偏差$f_{pt相对}$，见表 12-17。再求出平均齿距偏差$\varDelta$:

$$\varDelta=\sum_{i=1}^{z} f_{pt相对}\ \frac{1}{12}[0+(-1)+(-2)+(-1)+(-2)+3+2+3+2+4+(-1)+(-1)]=+0.5(\mu m)$$

然后求出绝对齿距偏差$f_p=f_{pt相对}-\varDelta$（相对差减平均值）得到各值，将f_p值累积后得到齿距累积偏差F_{pk}，从F_{pk}中找出最大值、最小值，其差值即为齿距总偏差F_p，F_p发生在第 5 和第 10 齿距间。

$$F_p=F_{pk\max}-F_{pk\min}=(+3.0)-(-8.5)=11.5(\mu m)$$

在f_p中找出绝对值最大值即为单个齿距偏差，发生在第 10 齿距$f_{pt}=+3.5\mu m$，将f_p值每相邻 3 个数字相加就得出k=3 时的F_{pk}值，取其为k个齿距累积偏差，此例中$F_{pk\max}=7.5\mu m$，发生在第 8～10 齿距间。

表 12-17　齿距偏差数据处理

齿距序号 i	齿距仪读数 $f_{pt相对}$	$f_p=f_{pt相对}-\varDelta$	$F_{pk}=\sum_{i=1}^{z} f_p$	$F_{pk}=\sum_{i=1}^{i+(k-1)} f_p$
1	0	−0.5	−0.5	−3.5（11～1）
2	−1	−1.5	−2	−3.5（12～2）
3	−2	−2.5	−4.5	−4.5（1～3）
4	−1	−1.5	−6	−5.5（2～4）
5	−2	−2.5	(−8.5)	−6.5（3～5）
6	+3	+2.5	−6	−1.5（4～6）
7	+2	+1.5	−4.5	+1.5（5～7）
8	+3	+2.5	−2	+6.5（6～8）
9	+2	+1.5	−0.5	+5.5（7～9）
10	+4	(+3.5)	(+3)	(+7.5)（8～10）
11	−1	−1.5	+1.5	+3.5（9～11）
12	−1	−1.5	0	+0.5（10～12）

12.5.2　齿廓偏差的检测

齿廓偏差包括齿廓总偏差F_α、齿廓形状偏差$f_{f\alpha}$和齿廓倾斜偏差$f_{H\alpha}$。齿廓偏差的检测也叫做齿形检测，通常是在渐开线检查仪上进行的。图 12-18 为单盘式渐开线检查仪原理图。

该仪器用比较法进行齿形偏差测量，即将产品齿轮的齿形与理论渐开线比较，从而得出齿廓偏差。被测齿轮 1 与可更换的基圆盘 2 装在同一轴上，基圆盘直径要精确等于被测齿轮的理论基圆直径，并与装在滑板 4 上的直尺 3 以一定的压力相接触。当转动丝杠 5 使滑板 4 移动时，直尺 3 便与基圆盘 2 做纯滚动，此时齿轮也同步转动。在滑板 4 上装有测量杠杆 6，它的一端为测量头，与产品齿面接触，其接触点刚好在直尺 3 与基圆盘 2 相切的平面上，它走出的轨迹应为理论渐开线，但由于齿面存在齿形偏差，因此在测量过程中测头就产生了偏移并通过指示表 7 指示出来，或由记录器画出齿廓偏差曲线，按F_α定义可以从记录曲线上求出F_α的数值，然后再与给定的允许值进行比较。有时为了进行工艺分析或应用户要求，也可以从曲线上进一步分析出$f_{f\alpha}$和$f_{H\alpha}$的数值。

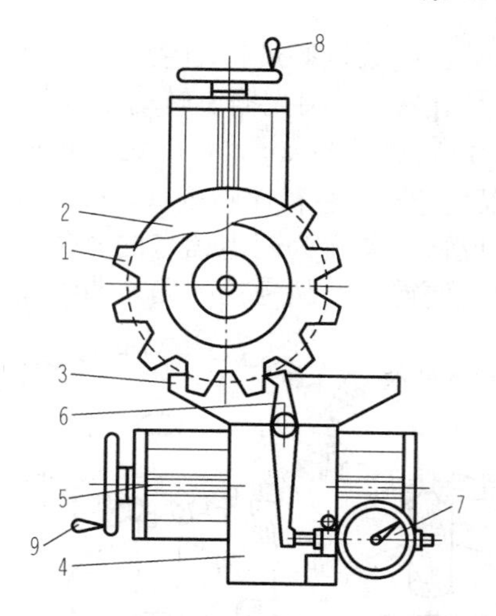

图 12-18　单盘式渐开线检查仪原理图

1—被测齿轮；2—基圆盘；3—直尺；4—滑板；5—丝杠；6—杠杆；7—指示表；8、9—手轮

12.5.3　螺旋线偏差的检测

螺旋线偏差包括螺旋线总偏差 F_β、螺旋线形状偏差 $f_{f\beta}$ 和螺旋线倾斜偏差 $f_{H\beta}$。

斜齿轮的螺旋线总偏差是在导程仪或螺旋角测量仪上测量检验的，检验中由检测设备直接画出螺旋线图，如图 12-10 所示。按定义可从偏差曲线上求出 F_β 值，然后再与给定的允许值进行比较。有时为进行工艺分析或应用户要求可从曲线上进一步分析出 $f_{f\beta}$ 或 $f_{H\beta}$ 的值。

直齿圆柱齿轮的齿向偏差 F_β 可用如图 12-19 所示方法测量齿宽为 b 的直齿圆柱齿轮。被测齿轮连同测量心轴安装在具有前后顶尖的仪器上，将直径大致等于 $1.68m_n$ 的测量棒分别放入齿轮相隔 90° 的 a、c 位置的齿槽间，在测量棒两端测量长度 L 处打表，测得的两次读数的差就可近似作为齿向误差 F_β。

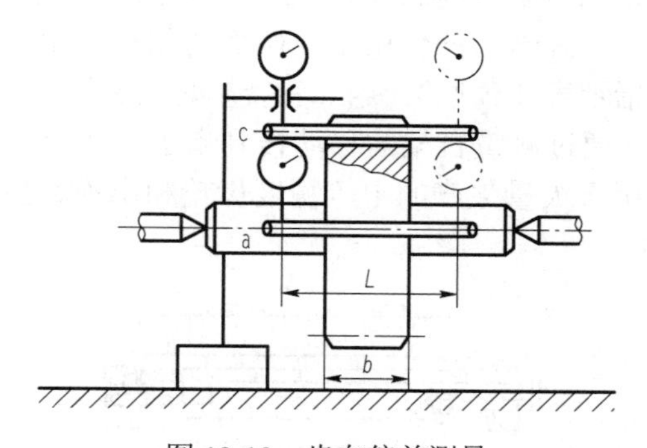

图 12-19　齿向偏差测量

12.5.4　切向综合偏差的检测

切向综合偏差包括切向综合总偏差 F_i' 和一齿切向综合偏差 f_i'，一般是在单啮仪上完成检验工作。该项检验需要在产品齿轮（齿数为 z_1）与测量齿轮（齿数为 z_2）呈啮合状态下，且只有一组同侧齿面相接触的情况下，旋转一整圈获得偏差曲线图方可用于评定切向综合偏差。图 12-20 为光栅式单啮仪测量原理图，它是由两个光栅盘建立标准传动，将被测齿轮与

测量齿轮单面啮合组成实际传动。电动机通过传动系统带动和圆光栅盘Ⅱ转动，测量齿轮带动产品齿轮及其同轴上的光栅盘Ⅱ转动。圆光栅Ⅰ转动由读数头产生高频信号f_1，f_1经过倍频器$\times z_1$，继续经过分频器$\times 1/z_2$，得到信号z_1/z_2，f_1进入相位计；圆光栅Ⅱ和另外的读数头产生低频信号f_2，f_2信号也输入相位计，进行比相处理，被测齿轮的偏差以回转角误差的形式反映出来，此回转角的微小角位移误差变为两电信号的相位差，两电信号输入相位计进行比相后输入到电子记录器中记录，便得出产品齿轮的偏差曲线图，如图 12-2 所示。

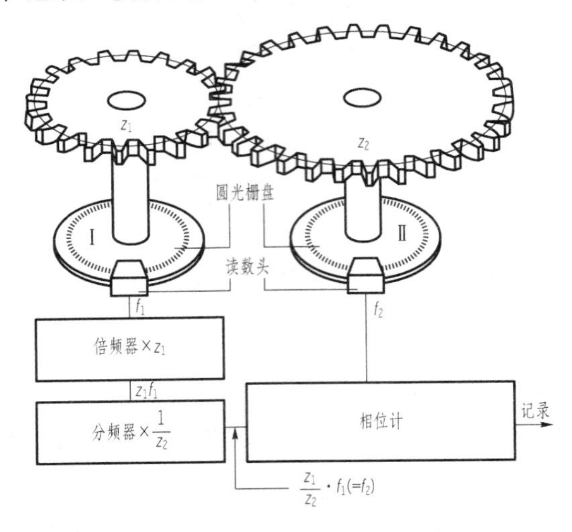

图 12-20　光栅式单啮仪原理图

z_1、z_2—齿数；f_1、f_2—频率

12.5.5　径向综合偏差的检测

径向偏差包括径向综合偏差F_i''和一齿径向综合偏差f_i''，一般在齿轮双啮仪上测量。图 12-21 为双啮仪测量原理图。理想精确的测量齿轮安装在固定滑座 2 的心轴上，被测齿轮安装在可动滑座 3 的心轴上，在弹簧力的作用下，两者达到紧密无间隙的双面啮合，此时的中心距为度量中心距a'（由指示表 4 读取）。当二者转动时由于被测齿轮存在加工误差，使得度量中心距发生变化，此变化通过测量台架的移动传到指示表或由记录装置画出偏差曲线，如图 12-5 所示。该方法可应用于大量生产的中等精度齿轮和小模数齿轮（模数 1～10mm，中心距 50～300mm）的检测。

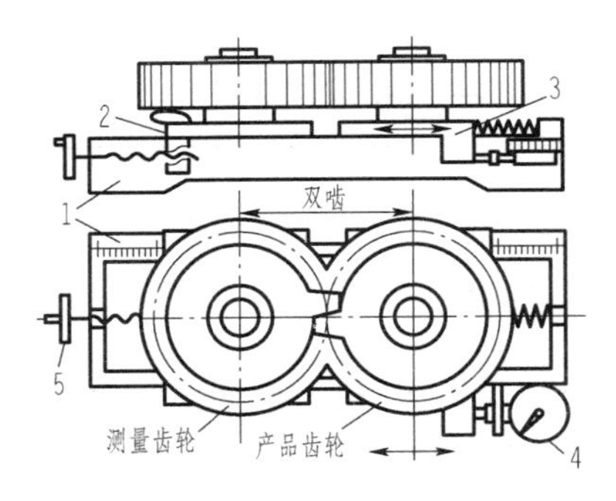

图 12-21　双啮仪测量原理图

1—基体；2—固定滑座；3—可动滑座；4—指示表；5—手轮

12.5.6　齿厚偏差的检测

齿厚测量可用齿厚游标卡尺（图 12-22），也可用精度更高些的光学测齿仪测量。

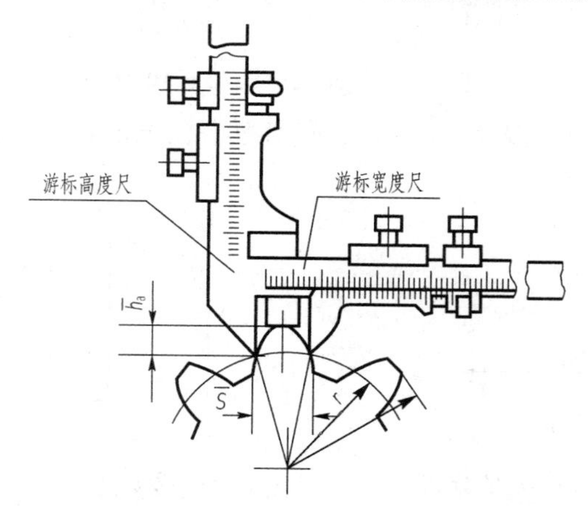

图 12-22　用齿厚游标卡尺测量齿厚

用齿厚游标卡尺测量齿厚时，首先将齿厚游标卡尺的游标高度尺调至相应于分度圆弦齿高 $\overline{h_a}$ 位置，然后用游标宽度尺测出分度圆弦齿厚 $\overline{S}$ 值，将其与理论值比较即可得到齿厚偏差 E_{sn}。对于非变位直齿轮 $\overline{h_a}$ 与 $\overline{S}$ 按下式计算：

$$\overline{h_a} = m + \frac{zm}{2}\left[1 - \cos\left(\frac{90°}{z}\right)\right] \quad (12\text{-}5)$$

$$\overline{S} = zm\sin\frac{90°}{z} \quad (12\text{-}6)$$

对于变位直齿轮，$\overline{h_a}$ 与 $\overline{S}$ 按下式计算：

$$\overline{h}_{a变} = m\left[1 + \frac{z}{2}\left(1 - \cos\frac{90° + 41.7°x}{z}\right)\right] \quad (12\text{-}7)$$

$$\overline{S}_{变} = mz\sin\left(\frac{90° + 41.7°x}{z}\right) \quad (12\text{-}8)$$

式中，x 为变位系数。

对于斜齿轮，应测量其法向齿厚，其计算公式与直齿轮相同，只是应以法向参数（m_n、α_n、x_n）和当量齿数（$Z_{当}$）代入相应公式计算。

12.5.7　公法线长度极限偏差的检测

在齿轮齿厚测量中，一般中、小模数齿轮测量公法线长度，大模数齿轮测量齿厚，下面介绍公法线长度测量。

公法线长度的上、下极限偏差（E_{bns}、E_{bni}）分别由齿厚的上、下极限偏差（E_{sns}、E_{sni}）换算得到。由于几何偏心使同一齿轮各齿的实际齿厚大小不相同，而几何偏心对实际公法线没有影响，因此在换算时应该从齿厚的上、下极限偏差中扣除几何偏心影响。

考虑到齿轮径向跳动ΔF_r服从瑞利（Rayleigh）分布规律，假定ΔF_r的分布范围等于齿轮径向跳动允许值F_r，则切齿后一批齿轮中93%的齿轮的ΔF_r不超过$0.72F_r$（图12-23）。所以在换算时要扣除$0.72F_r$的影响。这样，便得出外齿轮的换算公式如下（图12-24）：

$$E_{bns}=E_{sns}\cos\alpha-0.72F_r\sin\alpha \tag{12-9}$$

$$E_{bni}=E_{sni}\cos\alpha+0.72F_r\sin\alpha \tag{12-10}$$

式中，E_{sns}为法向齿厚上极限偏差；E_{sni}为法向齿厚下极限偏差；F_r为齿轮径向跳动公差。

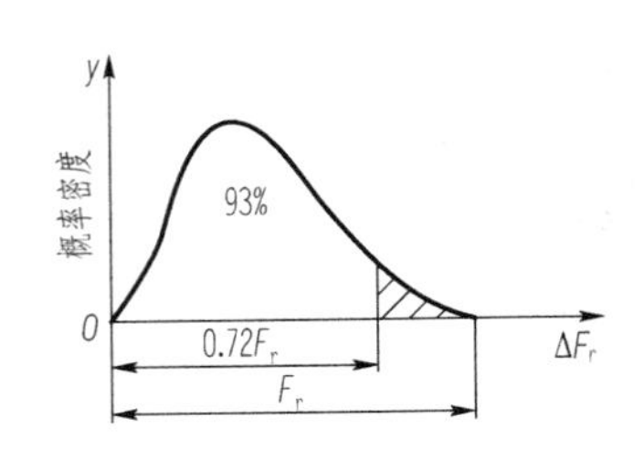

图12-23　齿轮径向跳动ΔF_r的分布

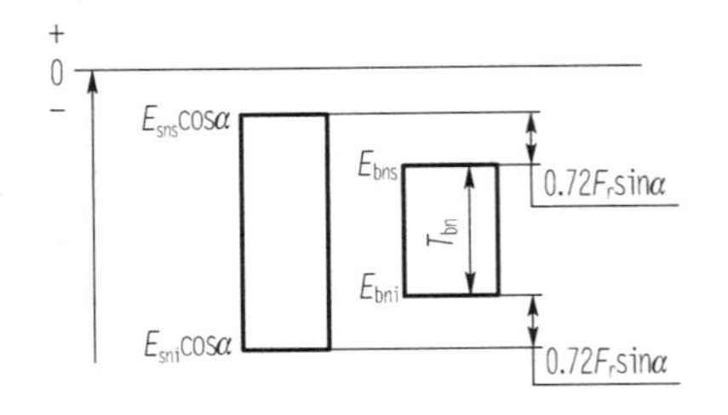

图12-24　公法线长度上、下极限偏差的换算

模数、齿数和标准压力角分别相同的内、外齿轮的公称公法线长度相同，跨齿数也相同。内、外齿轮的公法线长度极限偏差互成倒影关系，即正、负号相反，上、下极限偏差值颠倒，所以内齿轮的换算公式如下：

$$E_{bns}=-E_{sni}\cos\alpha-0.72F_r\sin\alpha \tag{12-11}$$

$$E_{bni}=-E_{sns}\cos\alpha+0.72F_r\sin\alpha \tag{12-12}$$

式中，E_{sns}为法向齿厚上极限偏差；E_{sni}为法向齿厚下极限偏差；F_r为齿轮径向跳动公差。

公法线测量一般用公法线千分尺、公法线卡尺、万能测齿仪等进行测量，参见图12-25，公法线长度是指齿轮上几个齿轮的两端异向齿廓间基圆切线线段的长度。公法线长度偏差（E_w）是指实际公法线长度（W_k）与公称公法线长度（W）之差。

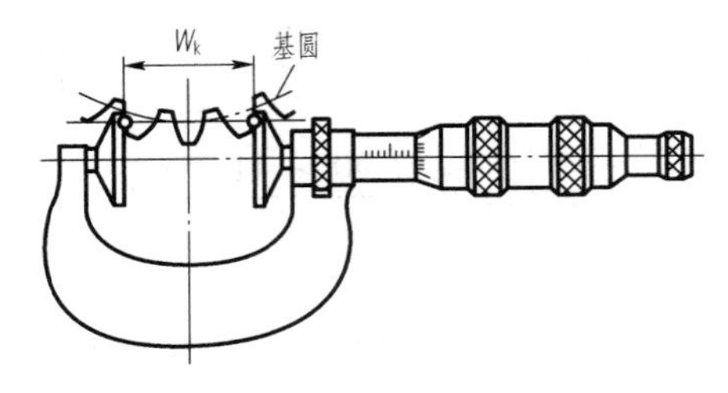

图12-25　用公法线千分尺测量公法线长度

12.5.8　径向圆跳动的检测

该项误差可在齿轮齿圈径向跳动检查仪上测量。测量原理如图12-26所示。测量时，以齿轮孔为基准，转动齿轮，把测头依次放入各齿槽内，并读出指示表读数，最大读数与最小读数之差即为径向跳动误差F_r。根据测量数据，可画出径向跳动的曲线图，如图12-4所示。

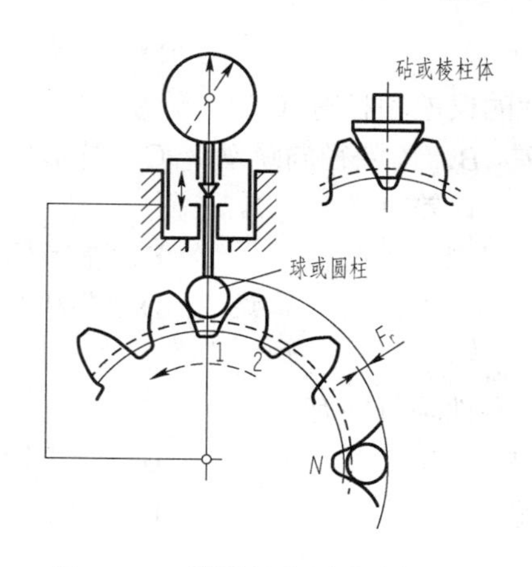

图 12-26　测量径向圆跳动的原理

习　题　12

1．判断题

（1）齿轮传动的平稳性是要求齿轮一转内最大转角误差限制在一定的范围内。（　　）

（2）高速动力齿轮对传动平稳性和载荷分布均匀性都要求很高。（　　）

（3）齿轮传动的振动和噪声是由于齿轮传递运动的不准确性引起的。（　　）

（4）齿向误差主要反映齿宽方向的接触质量，它是齿轮传动载荷分布均匀性的主要控制指标之一。（　　）

（5）精密仪器中的齿轮对传递运动的准确性要求很高，而对传动的平稳性要求不高。（　　）

（6）齿轮的一齿切向综合公差是评定齿轮传动平稳性的项目。（　　）

（7）齿形误差是用于评定齿轮传动平稳性的综合指标。（　　）

（8）圆柱齿轮根据不同的传动要求，对 3 个公差组可以选用不同的精度等级。（　　）

（9）齿轮副的接触斑点是评定齿轮副载荷分布均匀性的综合指标。（　　）

（10）在齿轮的加工误差中，影响齿轮副侧隙的误差主要是齿厚偏差和公法线平均长度偏差。（　　）

2．选择题

（1）影响齿轮传递运动准确性的误差项目有（　　）。

A．齿距累积误差　　B．一齿切向综合误差

C．切向综合误差　　D．公法线长度变动误差

E．齿形误差

（2）影响齿轮载荷分布均匀性的误差项目有（　　）。

A．切向综合误差　　B．齿形误差

C．齿向误差　　D．一齿径向综合误差

（3）影响齿轮传动平稳性的误差项目有（　　）。

A．一齿切向综合误差　B．齿圈径向跳动　C．基节偏差　D．齿距累积误差

（4）影响齿轮副侧隙的加工误差有（　　）。

A．齿厚偏差　　B．基节偏差

C．齿圈的径向跳动　　D．公法线平均长度偏差

F．齿向误差

（5）齿轮公差项目中属综合性项目的有（　　）。

A．一齿切向综合公差　　B．一齿径向公差

C．齿圈径向跳动公差　　D．齿距累积公差

E．齿形公差

（6）下列项目中属于齿轮副的公差项目的有（　　）。

A．齿向公差　　B．齿轮副切向综合公差

C．接触斑点　　D．齿形公差

（7）下列说法正确的有（　　）。

A．用于精密机床的分度机构、测量仪器上的读数分度齿轮，一般要求传递运动准确

B．用于传递动力的齿轮，一般要求载荷分布均匀

C．用于高速传动的齿轮，一般要求载荷分布均匀

D．低速动力齿轮，对运动的准确性要求高

3．已知直齿轮圆柱齿轮副，模数$m_n=5\text{mm}$，齿形角$\alpha=20^\circ$，齿数$z_1=20$，$z_2=100$，内孔d_1=25mm，d_2=80mm，图样标注为6 GB/T 10095.1—2008和6 GB/T 10095.2—2008。

（1）试确定两齿轮f_{pt}、F_p，F_α、F_β、F_i''、f_i''，F_r的允许值；

（2）试确定两齿轮内孔和齿顶圆的尺寸公差、齿顶圆的径向圆跳动公差和端面跳动公差。

第 13 章 综 合 实 验

13.1 轴类零件加工质量的检测

本节主要介绍轴类零件的功用、结构特点和技术工艺要求，以及轴类零件的测量项目、一般测量方法及测量器具的选用等相关内容。本节的实验目的如下：

1. 理论知识方面的实验目的

（1）熟悉轴类零件的测量技术要求和相关内容。
（2）熟悉轴类零件常用测量工具（如千分尺、游标卡尺、万能角度尺、百分表等）的结构及工作原理，了解其适用范围，掌握其使用方法与测量步骤。
（3）了解轴类零件常用计量仪器（如光学计、正弦规、跳动检测仪等）的测量原理、适用范围及使用方法与测量步骤。
（4）理解轴类零件常用位置公差（如同轴度、径向全跳动、端面全跳动）的定义及测量方案的拟定。
（5）了解偏心轴的技术工艺要求及偏心距的测量方法。

2. 技能方面的实验目的

（1）学会正确、规范地使用游标卡尺和外径千分尺进行轴类零件的测量。
（2）学会使用万能角度尺测量轴类零件的锥度。
（3）学会使用百分表测量轴类零件的同轴度、径向跳动、端面跳动。
（4）掌握正确处理测量数据的方法及对零件合格性的评定。

13.1.1 轴类零件的测量技术基础

轴类零件是机械产品中最常见的主要零件之一，它是一种非常重要的非标准零件，通常用于支承旋转的传动零件（齿轮、链轮、凸轮和带轮等）传递转矩、承受载荷，以及保证装在轴上的零件（或刀具）具有一定的回转精度。

1. 轴类零件的基础知识

1）轴类零件的结构特点

根据结构形状特征，轴类零件可分为光轴、空心轴、半轴、阶梯轴、花键轴、十字轴、偏心轴、曲轴及凸轮轴等，如图 13-1 所示。

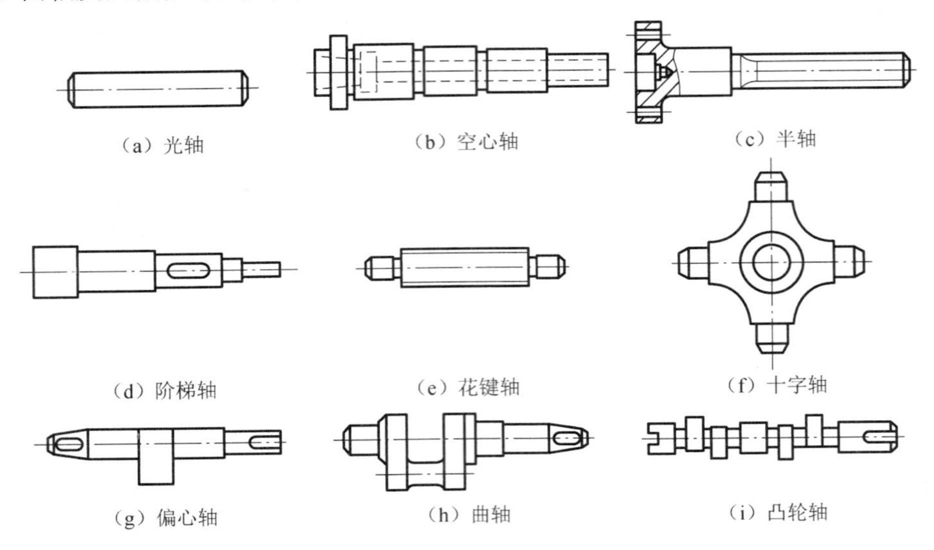

图 13-1　轴的种类

根据轴的长度 L 与直径 d 之比，又可分为刚性轴（$L/d \leqslant 12$）和挠性轴（$L/d \geqslant 12$）两类。由上述各种轴的结构形状可以看到，轴类零件一般为回转体零件，其长度大于直径，加工表面通常由内外圆柱面、圆锥面、端面、台阶、沟槽、键槽、螺纹、倒角、横向孔和圆弧等部分组成，参见图 13-2。其主要组成部分的作用如下：

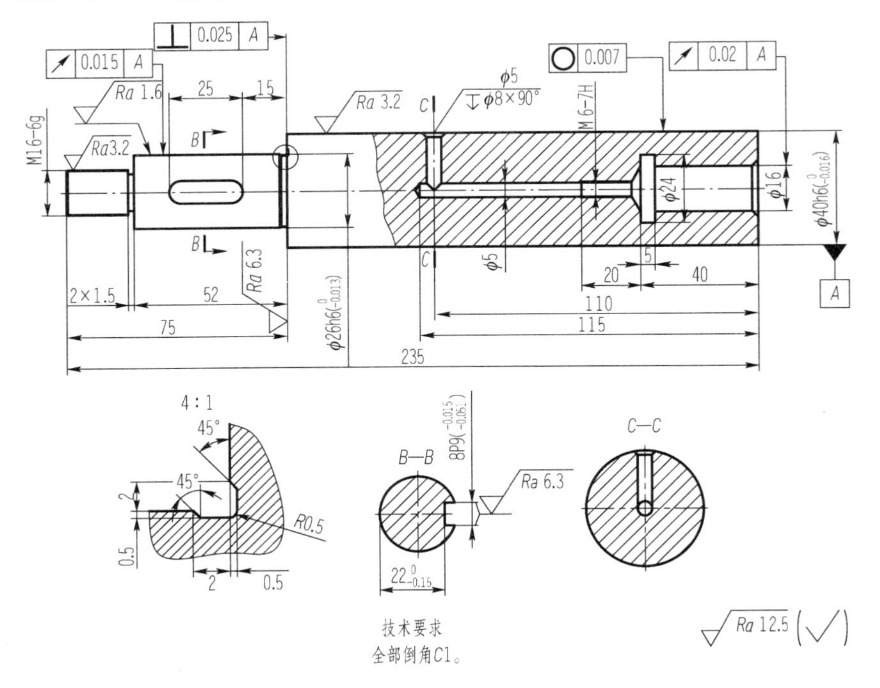

图 13-2　主轴

（1）圆柱表面：一般用于支承轴上的传动零件。

（2）端面和台阶：常用来确定安装零件的轴向位置。
（3）沟槽：使磨削或车螺纹时退刀方便，并使零件装配时有一个正确的轴向位置。
（4）键槽：主要用于轴向固定轴上传动零件和传递转矩。
（5）螺纹：固定轴上零件的相对位置。
（6）倒角：去除锐边防止伤人，便于轴上零件的安装。
（7）圆弧：提高强度和减少应力集中，有效防止热处理中裂纹的产生。

2. 轴类零件的技术要求

1）尺寸精度

轴颈是轴类零件的主要表面，它影响轴的回转精度及工作状态。轴颈的直径精度根据其使用要求通常为IT6～IT9，精密轴颈可达IT5。

2）几何形状精度

轴颈的几何形状精度（圆度、圆柱度）一般应限制在直径公差范围内。对几何形状精度要求较高时，可在零件图上另行规定其允许的公差。

3）位置精度

位置精度主要是指装配传动件的配合轴颈相对于装配轴承的支承轴颈的同轴度，通常是用配合轴颈对支承轴颈的径向圆跳动来表示的。根据使用要求，规定高精度轴位置精度为0.001～0.005mm，而一般精度轴位置精度为0.01～0.03mm。

此外，还有内外圆柱面的同轴度和轴向定位端面与轴心线的垂直度要求等。

4）表面粗糙度

根据零件的表面工作部位的不同，可有不同的表面粗糙度值。例如，普通机床主轴支承轴颈的表面粗糙度值 *Ra* 为0.16～0.63μm，配合轴颈的表面粗糙度值 *Ra* 为0.63～2.5μm。随着机器运转速度的增大和精密程度的提高，轴类零件表面粗糙度值要求也将越来越小。

5）热处理

根据需要，工件粗加工前一般进行调质或正火处理，精加工前一般进行调质或淬火或渗碳热处理。

3. 轴类零件的测量项目、测量方法及器具的选用

1）轴类零件的测量项目

轴类零件的测量项目包括：直径的测量、长度的测量、位置误差（同轴度、径向跳动、端面跳动）的测量和偏心轴的测量。

2）轴类零件的测量方法及器具的选用

1）用通用量具进行测量

通用量具可选用游标卡尺、游标深度尺、万能角度尺、外径千分尺、百分表、正弦尺等。

2）用测量仪器进行精密测量

测量仪器可选用立式光学比较仪、万能工具显微镜、卧式万能测长仪、表面粗糙度检查仪、跳动检查仪、偏摆检查仪等。

13.1.2 轴类零件直径的测量

轴主要由轴颈和连接各轴颈的轴身组成。被轴承支承的部位称为支承轴颈，支承回转零

件的部位称为配合轴颈（也称工作轴颈）。轴的各部位直径应符合标准尺寸系列，支承轴颈的直径还必须符合轴承内孔的直径系列。因而，在加工轴的过程中，对于各种轴的不同的精度要求，应采取相应的测量方法进行准确的测量。

1. 轴径的测量方法

就结构特征而言，轴径测量属于外尺寸测量，而孔径测量属于内尺寸测量。在机械零件几何尺寸的测量中，轴径和孔径的测量占有很大的比例，其测量方法和器具较多，同时要注意测量位置的不同，如图 13-3 所示测量轴的位置应有所不同。根据生产批量多少、被测尺寸的大小、精度高低等因素，可选择不同的测量器具和方法。

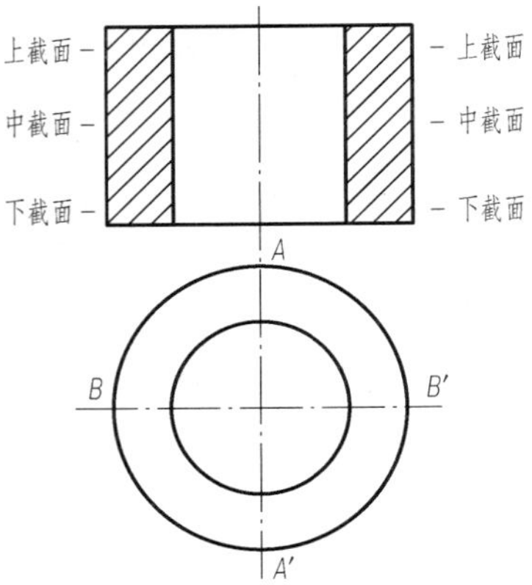

生产批量较大的产品，一般用光滑极限量规对外圆和内孔进行测量。光滑极限量规是一种无刻度的专用测量工具，用它测量零件时，只能确定零件是否在允许的极限尺寸范围内，不能测量出零件的实际尺寸。

一般精度的孔、轴，生产数量较少时，可用杠杆千分尺、外径千分尺、内径千分尺、游标卡尺等进行绝对测量，也可用千分表、百分表、内径百分表等进行相对测量。

对于较高精度的孔、轴，应采用机械式比较仪、光学计、万能测长仪、电动测微仪、气动量仪、接触式干涉仪等精密仪器进行测量。

常用测量轴径的方法有使用外径千分尺、立式光学计进行测量等。

上截面 上截面
中截面 中截面
下截面 下截面
A B B′ A′

图 13-3 测量位置

测量时要注意以下几点：

（1）测量前应先擦净零件表面及工作台。

（2）操作要小心，不得有任何碰撞，调整时观察指针位置，不应超出标尺示值范围。

（3）使用量块时要正确推合，防止划伤量块测量面。

（4）取拿量块时最好用竹镊子夹持，避免用手直接接触量块，以减少手温对测量精度的影响。

（5）注意保护量块工作面，禁止量块碰撞或掉落地上。

（6）量块用后，要用航空汽油洗净，用绸布擦干并涂上防锈油。

（7）测量结束前，不应拆开块规，以便随时校对零位。

2. 用外径千分尺测量轴的直径

1）实验目的

（1）了解千分尺的基本结构、原理和作用。

（2）掌握千分尺的正确使用方法。

（3）学会正确、规范地使用外径千分尺进行轴尺寸的测量，并判定被测件是否合格。

2）实验器具及工件图

测量器具有外径千分尺、偏摆仪、零件盘、被测件、全棉布、油石、汽油或无水酒精、防锈油。测量工件如图 13-4 所示。

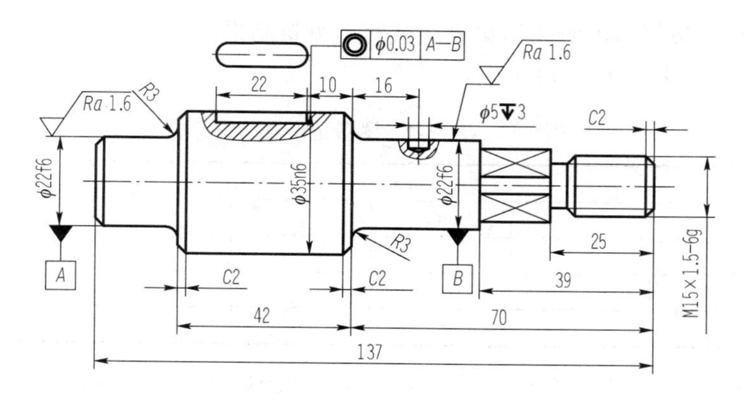

图 13-4 轴零件

3）实验训练内容、步骤和要求

（1）写出如图 13-5 所示千分尺表示的尺寸。

（a）__________mm；（b）__________mm；（c）__________mm。

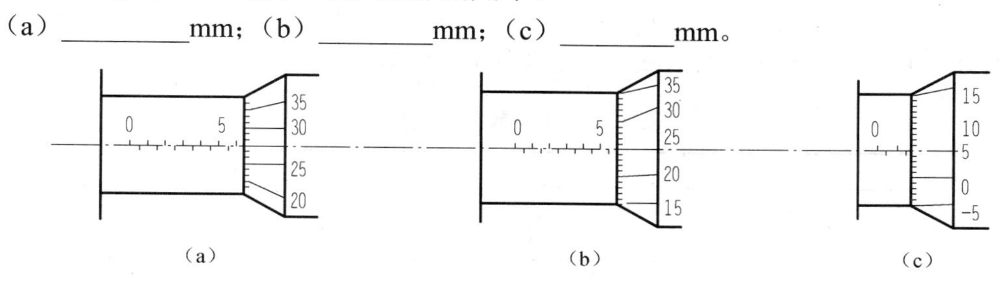

图 13-5 读数训练

（2）选用适当测量范围的外径千分尺对图 13-6（a）、（b）所示轴套的外尺寸进行测量，将实测值标注在相应尺寸线上，并注明所用外径千分尺的主要度量指标。

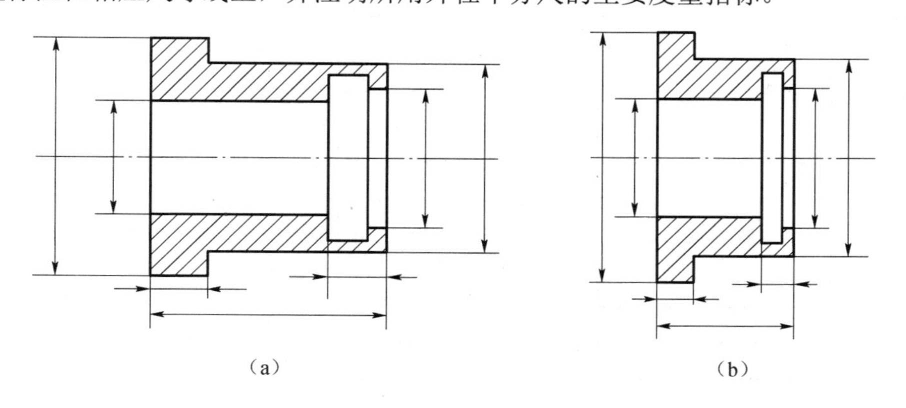

图 13-6 轴套零件简图

（3）用外径千分尺测量图 13-4 所示轴零件各外径的同一部位 5 次（等精度测量），将测量值记入表 13-1 中，并完成后面的计算：

① 平均值：将 5 次测量值相加后除以 5，作为该测量点的实际值。

② 变化量：测量值中的最大值与最小值之差。

③ 测量结果：按规范的测量结果表达式写出测量结果。

将测量和计算结果填入表 13-1 中。

表 13-1　测量记录表

<table>
<tr><td rowspan="2">测量部位</td><td colspan="5">测量值/mm</td><td rowspan="2">平均值/mm</td><td rowspan="2">变化量/mm</td></tr>
<tr><td>1</td><td>2</td><td>3</td><td>4</td><td>5</td></tr>
<tr><td>ϕ22f6</td><td></td><td></td><td></td><td></td><td></td><td></td><td></td></tr>
<tr><td>ϕ35n6</td><td></td><td></td><td></td><td></td><td></td><td></td><td></td></tr>
<tr><td>ϕ22f6</td><td></td><td></td><td></td><td></td><td></td><td></td><td></td></tr>
</table>

（4）测量数据处理及零件合格性的评定。考虑到测量误差的存在，为保证不误收废品，应先根据被测轴径公差的大小，查表得到相应的安全裕度 A，然后确定其验收极限，若全部实际尺寸都在验收极限范围内，则可判定此轴径合格，即

$$\mathrm{es}-A \geqslant \mathrm{ea} \geqslant \mathrm{ei}+A$$

式中，es 为零件的上极限偏差；ei 为零件的下极限偏差；ea 为局部实际尺寸；A 为安全裕度。

按要求将被测件的相关信息、测量结果及测量条件填入表 13-2。

表 13-2　实验数据处理表 1

<table>
<tr><td>被测件名称</td><td colspan="2"></td><td>测量器具</td><td></td></tr>
<tr><td>测量项目</td><td colspan="4"></td></tr>
<tr><td colspan="5">测量结果/mm</td></tr>
<tr><td>被测值</td><td colspan="2">精度要求</td><td colspan="2">测量的实际偏差值</td></tr>
<tr><td rowspan="4">ϕ22f6</td><td rowspan="4">上极限偏差：</td><td rowspan="4">下极限偏差：</td><td colspan="2"></td></tr>
<tr><td colspan="2"></td></tr>
<tr><td colspan="2"></td></tr>
<tr><td colspan="2"></td></tr>
<tr><td rowspan="4">ϕ35n6</td><td rowspan="4">上极限偏差：</td><td rowspan="4">下极限偏差：</td><td colspan="2"></td></tr>
<tr><td colspan="2"></td></tr>
<tr><td colspan="2"></td></tr>
<tr><td colspan="2"></td></tr>
<tr><td rowspan="4">ϕ22f6</td><td rowspan="4">上极限偏差：</td><td rowspan="4">下极限偏差：</td><td colspan="2"></td></tr>
<tr><td colspan="2"></td></tr>
<tr><td colspan="2"></td></tr>
<tr><td colspan="2"></td></tr>
<tr><td>测量方法</td><td colspan="2"></td><td>结论</td><td></td></tr>
<tr><td>测量日期</td><td colspan="2">年　月　日</td><td>测量者</td><td></td></tr>
</table>

3. 用立式光学计测量轴径

1）实验目的

（1）了解立式光学计的仪器结构、工作原理和作用。

（2）初步掌握立式光学计的正确使用方法。

（3）初步学会使用立式光学计进行轴尺寸的测量。

2）实验器具及工件图

测量器具有LG-1立式光学计、块规、零件盘、被测件、全棉布（数块）、油石、汽油或无水酒精、防锈油。LG-1立式光学计外形如图13-7所示。

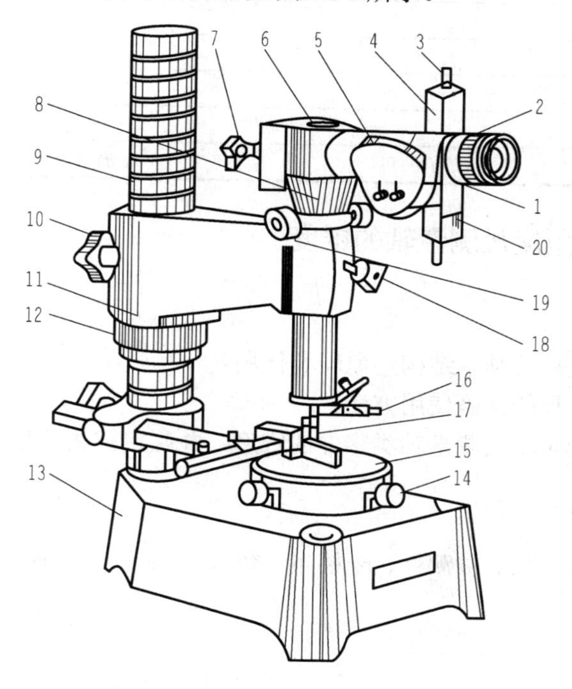

图13-7 LG-1立式光学计外形图

1—反射镜；2—目镜；3—偏差指示器调节手柄；4—刻度尺及偏差指示器外壳；5—镜管体；6—装照明灯的孔；7—灯管紧固螺钉；8—镜管体微动手轮；9—立柱；10—支臂锁定螺钉；11—支臂；12—支臂升降调节螺母；13—底座；14—工作台调节螺钉；15—工作台；16—测帽提升器；17—测帽；18—镜管体锁定螺钉；19—凸轮框架锁紧螺钉；20—刻度尺位置微调螺钉

3）实验训练内容、步骤和要求

测量工件如图13-4所示。

（1）练习调试立式光学计。

（2）测量如图13-4所示轴零件某一外径的3个横截面上相隔90°的径向位置共6个点（图13-3）。

（3）处理测量数据，评定零件的合格性。

（4）填写实验数据表。

按要求将被测件的相关信息、测量结果及测量条件填入表13-3中。

表13-3 实验数据处理表2

被测件名称			测量器具	
测量项目				
测量结果/mm				
测量部位		实际偏差值	公称尺寸、上下极限偏差、测量简图	
上剖面	$A—A'$			
	$B—B'$			

续表

测量部位		实际偏差值	公称尺寸、上下极限偏差、测量简图	
中剖面	A—A′			
	B—B′			
下剖面	A—A′			
	B—B′			
测量方法			结论	
测量日期		年　月　日	测量者	

13.1.3　用万能角度尺测量轴的锥度

1. 实验目的

（1）了解万能角度尺的基本结构、原理和作用。

（2）掌握万能角度尺的正确使用方法。

（3）学会使用万能角度尺测量轴类零件的锥度，并判定被测件是否合格。

2. 实验器具及工件图

测量器具有万能角度尺、被测件、全棉布（数块）、油石、汽油或无水酒精、防锈油。测量工件如图 13-8 所示。

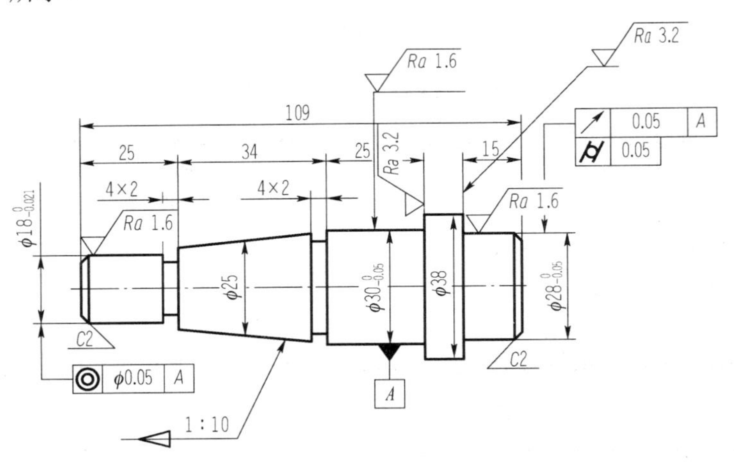

图 13-8　轴零件

3. 实验内容、步骤和要求

测量如图 13-8 所示的锥度。

（1）根据被测角度的大小按图 13-9 所示的 4 种组合方式之一选择附件后，调整好万能角度尺。

（2）松开万能角度尺锁紧装置，使万能角度尺两测量边与被测角度贴紧，目测观察应封锁可见光隙，锁紧后即可读数，测量时须注意保持万能角度尺与被测件之间的正确位置。

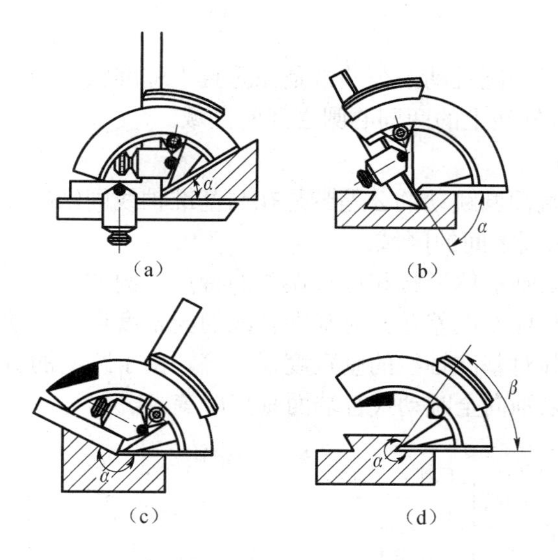

图 13-9 万能角度尺测量组合方式

13.1.4 轴类零件位置公差的测量

1. 轴类零件位置公差知识介绍

根据被测要素和基准要素之间的几何关系和要求，位置公差可分为定向公差、定位公差和跳动公差 3 类。定向公差是关联要素对基准在规定方向上所允许的变动量，控制被测要素在方向上的误差。定向公差包括平行度、垂直度和倾斜度 3 项。定位公差是被测要素对基准要素规定的位置所允许的变动量。定位公差包括同轴度、对称度和位置度 3 项。跳动公差是以测量方法为依据而规定的，当形体表面绕基准轴线旋转时，以指示表测出的跳动量来反映其位置误差。跳动公差又分为圆跳动公差和全跳动公差。

本节将着重介绍轴类零件最基本、最常用的 3 项位置公差的测量，即同轴度公差、径向圆跳动公差和端面圆跳动公差的测量。

1）同轴度公差

同轴度公差用于限制被测形体的轴线对基准形体的轴线的同轴位置误差。点的同心度公差是直径为公差值 t 且与基准圆同心的圆内的区域。如图 13-10 所示，台阶轴要求ϕd 的轴线必须位于直径为公差值 0.1mm 且与基准轴线同轴的圆柱面内。即轴线的同轴度公差带是直径为公差值ϕt 的圆柱面内的区域，该圆柱面的轴线与基准轴线同轴。

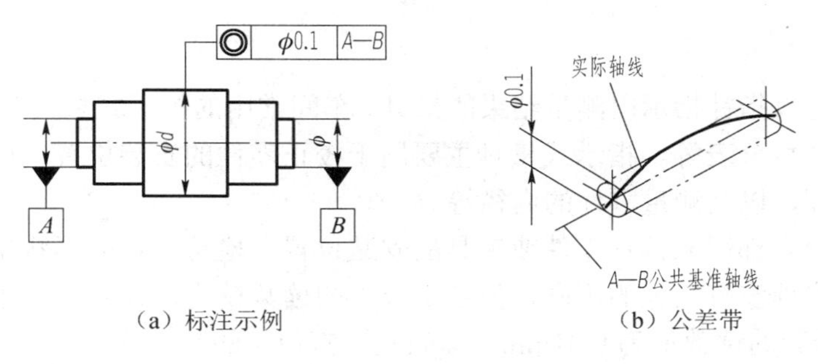

（a）标注示例　　（b）公差带

图 13-10 同轴度

2）径向圆跳动公差

如图 13-11 所示，径向圆跳动的公差带是在垂直于基准轴线的任一测量平面内、半径差为公差值 t 且圆心在基准轴线上的两同心圆之间的区域。

3）端面圆跳动公差

如图 13-12 所示，端面圆跳动的公差带是在与基准轴线同轴的任一半径位置的测量圆柱面上距离为公差值 t 的两圆之间的区域。

跳动公差具有综合限制形体形状和位置误差的特点。例如，径向圆跳动综合限制了圆柱零件表面的圆度公差和圆柱度误差及其对基准轴线的同轴度误差，端面圆跳动综合限制了零件端面的平面度误差及其对基准轴线的垂直度误差等。由于跳动的测量比较方便，故常用来代替其他公差项目，如以轴向全跳动代替端面垂直度等。

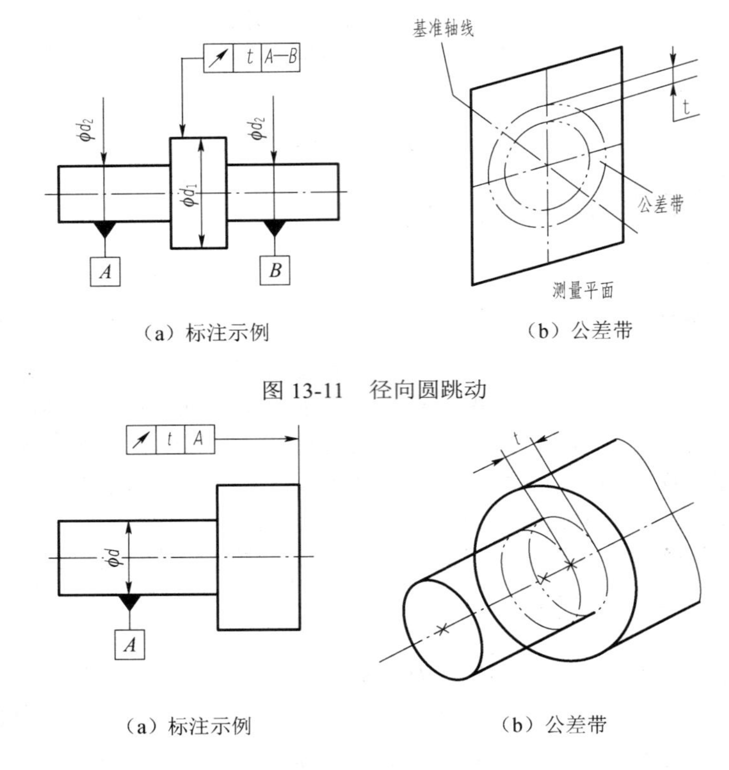

（a）标注示例　（b）公差带

图 13-11　径向圆跳动

（a）标注示例　（b）公差带

图 13-12　端面圆跳动

2. 百分表介绍

指示式量具是以指针指示出测量结果的量具。车间常用的指示式量具有百分表、千分表、杠杆百分表和内径百分表等。指示式量具主要用于校正零件的安装位置、检验零件的形状精度和相互位置精度，以及测量零件的内径等。

百分表和千分表都用来校正零件或夹具的安装位置，检验零件的形状精度或相互位置精度。它们的结构原理没有较大的不同，但是千分表的读数精度比较高，即千分表的读数值为 0.001mm，而百分表的读数值为 0.01mm。车间里经常使用的是百分表。因此，下面主要是介绍百分表。

百分表的外形如图 13-13 所示。8 为测量杆，6 为指针，表盘 3 上刻有 100 个等分格，其刻度值（即读数值）为 0.1mm。当指针转一圈时，小指针即转动一小格，转数指示盘 5 的刻度值为 1mm。用手转动表圈 4 时，表盘 3 也跟着转动，可使指针对准任一刻度线。测量杆 8 是沿着套筒 7 上下移动的，套筒 7 用于安装百分表 1。9 是测量头，2 是手提测量杆用的圆头。

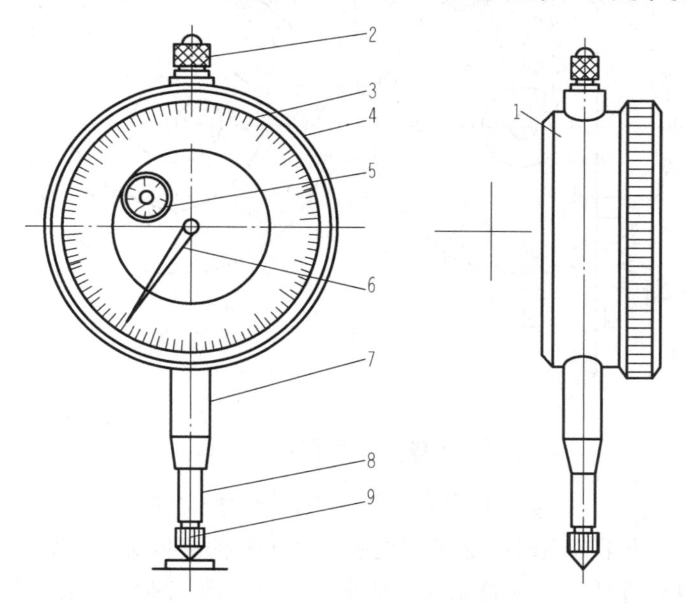

图 13-13　百分表

1—百分表；2—手提测量杆用的圆头；3—表盘；4—表圈；5—转数指示盘；6—指针；7—套筒；8—测量杆；9—测量头

图 13-14 所示是百分表内部结构示意图。带有齿条的测量杆 1 的直线移动，通过齿轮传动（z_1、z_2、z_3），转变为指针 2 的回转运动。齿轮 z_4 和弹簧 3 使齿轮传动的间隙始终在一个方向，起着稳定指针位置的作用。弹簧 4 是控制百分表的测量压力的。百分表的齿轮传动机构使测量杆直线移动 1mm 时，指针正好回转一圈。

由于百分表和千分表的测量杆是做直线移动的，可用来测量长度尺寸，所以它们也是长度测量工具。目前，国产百分表的测量范围（即测量杆的最大移动量）有 0～3mm、0～5mm、0～10mm 等几种。读数值为 0.001mm 的千分表，测量范围为 0～1mm。

3. 实验测量操作分析

1）百分表和千分表的使用方法

由于千分表的读数精度比百分表高，所以百分表适用于尺寸精度为 IT6～IT8 级零件的校正和检验；千分表则适用于尺寸精度为 IT5～IT7 级零件的校正和检验。百分表和千分表按其制造精度，可分为 0、1 和 2 级 3 种，0 级精度较高。使用时，应按照零件的形状和精度要求，选用合适精度等级和测量范围的百分表或千分表。

使用百分表和千分表时，必须注意以下几点：

（1）使用前，应检查测量杆活动的灵活性，即轻轻推动测量杆时，测量杆在套筒内的移动要灵活，没有任何轧卡现象，且每次放松后，指针能回复到原来的刻度位置。

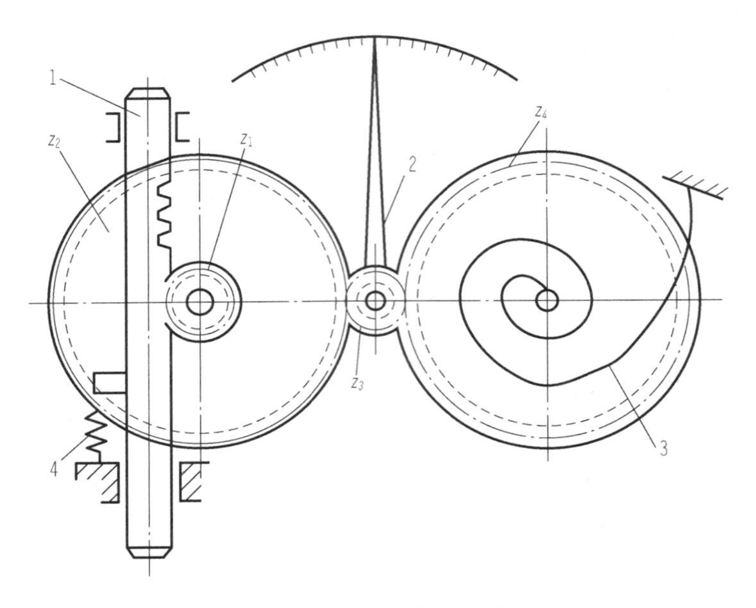

图 13-14　百分表的内部结构

1—测量杆；2—指针；3、4—弹簧

（2）使用百分表或千分表时，必须把它固定在可靠的夹持架上（如固定在万能表架或磁性表座上），如图 13-15 所示，夹持架要安放平稳，以免造成测量结果不准确或摔坏百分表。

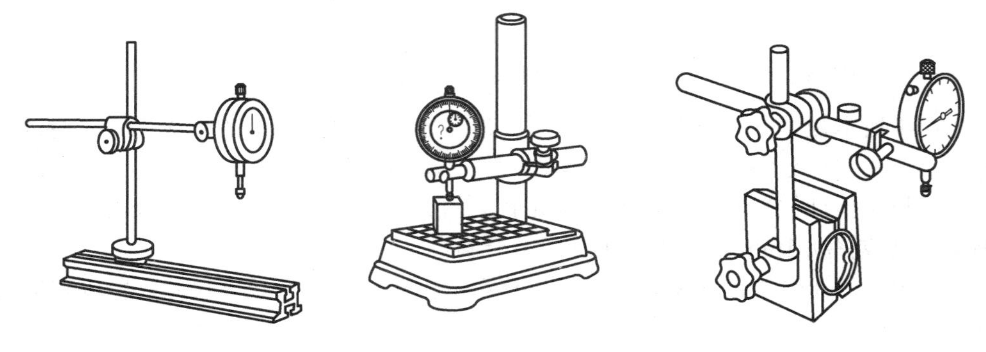

图 13-15　安装在专用夹持架上的百分表

用夹持百分表的套筒来固定百分表时，夹紧力不要过大，以免因套筒变形而使测量杆活动不灵活。

（3）用百分表或千分表测量零件时，测量杆必须垂直于被测量表面，如图 13-16 所示。同时，要使测量杆的轴线与被测量尺寸的方向一致，否则将使测量杆活动不灵活或使测量结果不准确。

（4）测量时，不要使测量杆的行程超过它的测量范围，不要使测量头突然撞在零件上，不要使百分表和千分表受到剧烈的振动和撞击，也不要把零件强行推入测量头下，免得损坏百分表和千分表的机件而失去精度。因此，用百分表测量表面粗糙或有明显凹凸不平的零件是错误的。

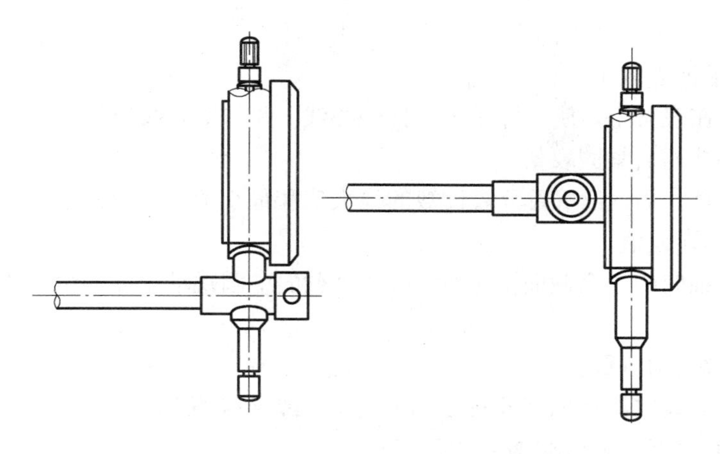

图 13-16　百分表的安装

（5）用百分表校正或测量零件时（图 13-17），应当使测量杆有一定的初始测力，即在测量头与零件表面接触时，测量杆应有 0.3～1mm 的压缩量（千分表可小一点，有 0.1mm 即可），使指针转过半圈左右，然后转动表圈，使表盘的零位刻线对准指针。轻轻地拉动手提测量杆的圆头，拉起和放松几次，检查指针所指的零位有无改变。当指针的零位稳定后，再开始测量或校正零件的工作。如果是校正零件，此时开始改变零件的相对位置，读出指针的偏摆值，就是零件安装的偏差数值。

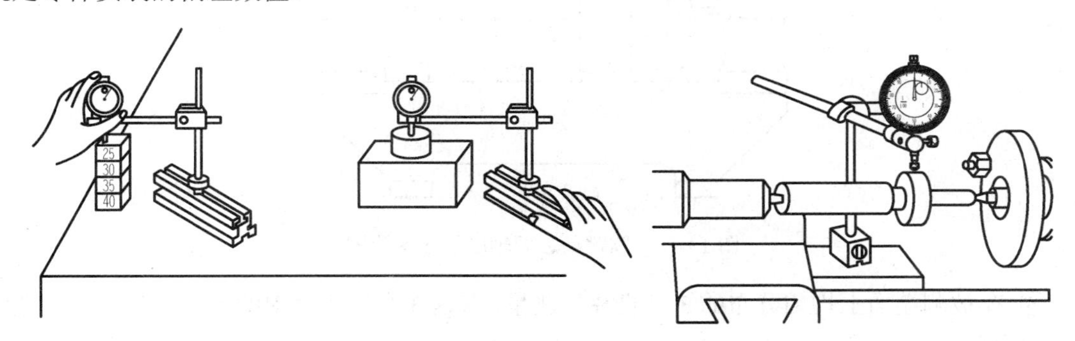

图 13-17　百分表尺寸校正与检验的方法

4. 径向圆跳动、端面圆跳动和同轴度的测量

1）实验目的

（1）掌握正确的使用方法。

（2）学会使用百分表或千分表测量轴类零件的径向圆跳动、端面圆跳动和同轴度。

2）实验器具

测量器具包括百分表或千分表、杠杆百分表、偏摆检查仪、被测件、全棉布（数块）、油石、汽油或无水酒精、防锈油。

3）实验内容、要求和步骤

（1）径向圆跳动的测量。

① 将零件擦净，按图 13-18 所示将工件置于偏摆仪两顶尖之间（带孔零件要装在心轴上），

使零件转动自如，但不允许轴向窜动，然后紧固两顶尖座。当需要卸下零件时，一手扶着零件，一手向下按手把 L 取下零件。

② 百分表装在表架上，使表杆通过零件轴心线，并与轴心线大致垂直，测头与零件表面接触，并压缩 1～2 圈后紧固表架。

③ 转动被测件一周，记下百分表读数的最大值和最小值，该最大值与最小值之差为 $I—I$ 截面的径向圆跳动误差值。

④ 测量应在轴向的 3 个截面上进行，取 3 个截面中圆跳动误差的最大值，即为该零件的径向圆跳动误差。

（2）端面圆跳动的测量。

① 将杠杆百分表夹持在偏摆检查仪的表架上，缓慢移动表架，使杠杆百分表的测量头与被测端面接触，并将百分表压缩 2～3 圈。

② 转动工件一周，记下百分表读数的最大值和最小值，该最大值与最小值之差即为直径处的端面圆跳动误差。

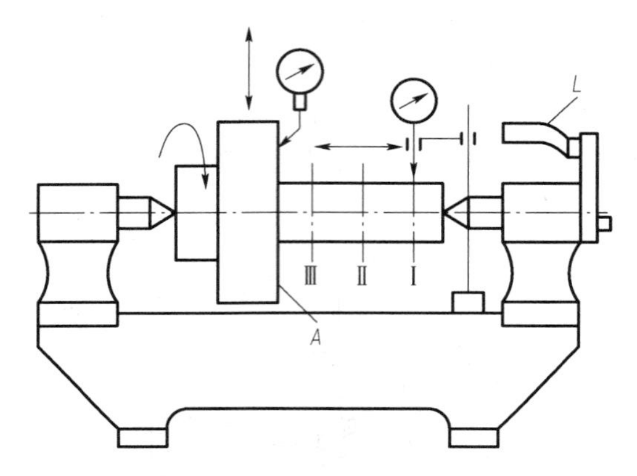

图 13-18　圆跳动、同轴度的测量简图

③ 在被测端面上均匀分布的 3 个直径处测量，取这 3 个测量值中的最大值为该零件端面圆跳动误差。

（3）同轴度测量（本法用于形状误差较小的工件）。

① 将被测工件安装在跳动检查仪的两顶尖间，公共基准轴线由两顶尖模拟。

② 将指示表压缩 2～3 圈。

③ 将被测工件回转一周，读出指示表的最大变动量 a 与最小变动量 b，该截面上同轴度误差 $f=a-b$。

④ 按上述方法测量若干个截面，取各截面测得的读数中最大的同轴度误差，作为该零件的同轴度误差。

（4）检验。根据图样所给定的公差值判断零件是否合格。

（5）填写测量报告单。按步骤完成测量并将被测零件的相关信息、测量结果及测量条件填写实验报告。

13.1.5 偏心距的测量

1. 偏摆检查仪介绍

图 13-19 所示的偏摆检查仪是用于测量回转体各种跳动指标的必备仪器。该仪器除能检测圆柱形和盘形的径向跳动和端面跳动外，安装上相应的附件，还可用来检测管类零件的径向跳动和端面跳动，具有结构简单、操作方便、维护容易等特点，运用十分广泛。

图 13-19 偏摆检查仪

1）主要技术指标

PBY5017 型：最大测量长度为 500mm，最大测量直径为 270mm；

PBY5012 型：最大测量长度为 500mm，最大测量直径为 170mm。

2）仪器精度

两顶尖连线对仪器座导轨面的平行度不大于 0.04mm。

3）仪器结构

如图 13-20 所示，偏摆检查仪主要由固定顶尖座 1、顶尖 2、底座 3、指示表夹 4、表支架座 5、顶尖座锁紧手柄 6、活动顶尖座 7、顶尖锁紧手把 8、活动顶尖移动手柄 9 组成。

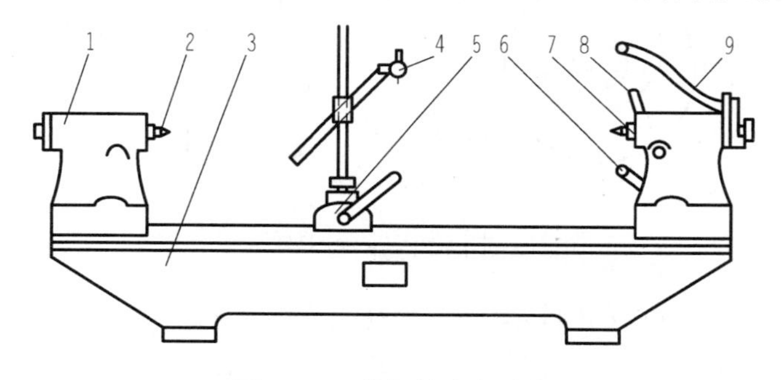

图 13-20 偏摆检查仪结构

1—顶尖座；2—顶尖；3—底座；4—指示表夹；5—表支架座；6—顶尖座锁紧手柄；7—活动顶尖座；8—顶尖锁紧手把；9—活动顶尖移动手柄

4）使用方法

首先用顶尖座锁紧手柄 6 将活动顶尖座 7 在仪器底座上固定。按被测零件长度将活动顶尖座固定在合适的位置。压下活动顶尖移动手柄 9 装入零件使其中心孔顶在仪器的两顶尖上，拧紧顶尖锁紧把手 8 将活动顶尖固定。移动表支架座 5 至所需位置后固定，通过其上所装的百分表（或千分表）即可进行检测工作。

5）维护保养

（1）安装被测件时，要特别小心，防止碰坏仪器顶尖。

（2）仪器滑动部分要经常给以润滑油，但油层不易过厚，以免影响仪器示值精度。

（3）使用完毕，顶尖、仪器导轨等重要零件和部位应用汽油洗净并涂上防锈油，然后盖上防尘罩。

2. 偏心零件的介绍

1）偏心零件的作用和种类

外圆（内孔）和外圆（内孔）的轴线平行而不重合（轴线之间偏离一个距离 e）的零件叫做偏心零件，如图 13-21 所示。

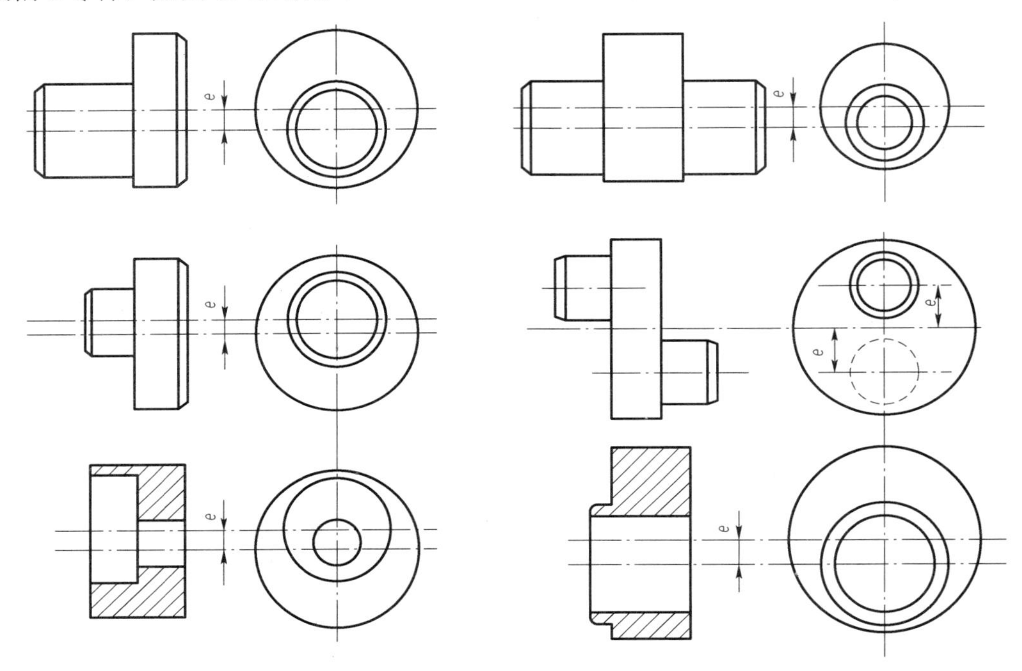

图 13-21　偏心零件

偏心零件能将机械传动中的回转运动变为往复直线运动或将直线运动变为回转运动。

内圆与外圆偏心的轴类零件叫做偏心轴，内孔与外圈偏心的套类零件叫做偏心套。两轴线之间的距离叫做偏心距。

2）偏心零件的技术工艺要求

偏心零件在制造时要注意控制轴线间的平行度和偏心距的精度。

3. 偏心距的测量方法

1）直接测量

两端有中心孔的偏心轴，如果偏心距较小，可以在两顶尖间测量偏心距。测量时，把工件装夹在两顶尖之间，百分表的测头与偏心轴接触，用手转动偏心轴，百分表上指示出的最大值与最小值之差的一半时就等于偏心距。测量原理如图 13-22 所示。

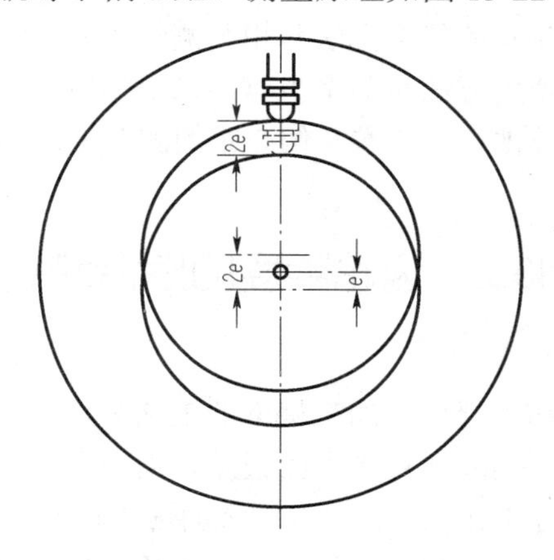

图 13-22　偏心距直接测量原理

2）间接测量

偏心距较大的工件，因为受到百分表测量范围的限制，或者无中心孔的偏心工件，就不能用上述方法测量。这时可用间接测量的方法，其测量原理如图 13-23 所示。

如图 13-24 所示，测量时，把 V 形铁放在平板上，并把工件安放在 V 形铁中，转动偏心轴，用百分表测量出偏心轴的最高点，找出最高点后，把工件固定，再将百分表水平移动，测出偏心轴外圆到基准轴外圆之间的距离 a，则偏心距 e 的计算式为

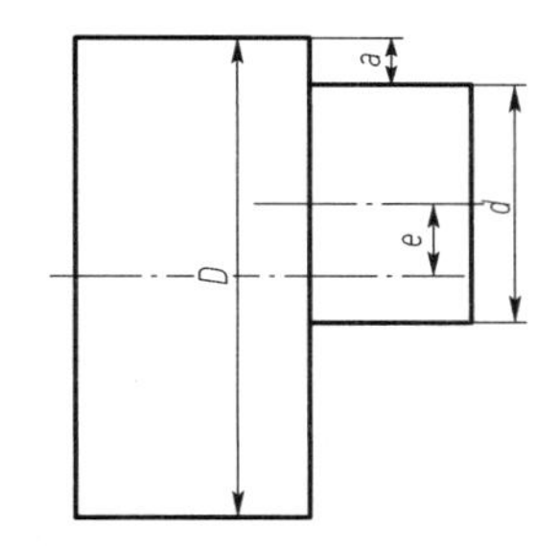

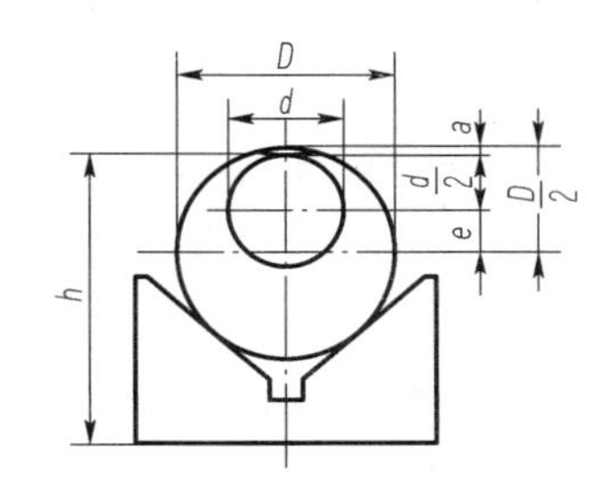

图 13-23　偏心距的直接测量原理

图 13-24　偏心距的间接测量方法

$$e=\frac{D}{2}-\frac{d}{2}-a$$

式中，D 为基准轴直径（mm）；d 为偏心轴直径（mm）；a 为基准轴外圆到偏心轴外圆之间的最小距离（mm）。

注意：用上述方法代入的基准轴直径及偏心轴直径必须是用千分尺测出的正确的实际值，否则计算时会产生误差。

13.1.6　总结

本实验项目主要围绕轴类零件的外形尺寸、角度、锥度和同轴度、圆跳动公差等的测量训练任务展开两方面的内容：一方面让学生重点学习轴类零件的相关技术基础知识，学习了

解千分尺、游标卡尺、万能角度尺、百分表等常用量具的结构及工作原理；另一方面，通过测量训练，使学生学会常用量具的使用方法和相关测量步骤。另外也向学生介绍了光学计、跳动检测仪等的测量原理、使用方法与测量步骤，以及角度、锥度和同轴度、圆跳动公差等的基础知识，以及偏心轴的技术工艺要求及偏心距的测量方法等。

13.2 齿轮精度的综合测量

为了保证齿轮传动质量和进行齿轮加工精度的工艺分析，需要对齿轮几何参数误差进行测量。齿轮误差分为同侧齿面误差和双侧齿面误差。由于齿轮工作时为单面啮合，因此同侧齿面误差更能符合齿轮的实际工作状况，但双侧齿面误差检测方便，在生产中也被广泛应用。此外，为了评定齿轮副的侧隙，还应对齿厚或公法线长度进行检测，一般对大模数齿轮测量齿厚，中、小模数齿轮测量公法线长度。

实验时所用的一个被测大齿轮如图 13-25 所示，一个被测小齿轮如图 13-28 所示，其基本参数及有关公差及偏差如下所示：

1. 大齿

（1）基本参数：m=3，z=28，α=20°，精度等级 8—DG（GB 10095—2008）。
（2）跨齿数 k=0.111z+0.5≈3.6，取 k=4。
（3）查得齿圈径向跳动公差 F_r=43μm。
（4）查得公法线长度变动公差 F_w=40 μm。
（5）公法线公称长度及偏差为$32.175_{-0.097}^{-0.016}$（即 32.159～32.078）。

2. 小齿

（1）基本参数：m=2，z=24，α=20°，精度等级 8—FH（GB 10095—2008）。
（2）跨齿数 k=0.111z+0.5≈2.4+0.5=3.2，取 k=3。
（3）查得齿圈径向跳动公差 F_r=34 μm。
（4）查得公法线长度变动公差 F_w=40 μm。
（5）公法线公称长度及偏差为$15.435_{-0.138}^{0}$（即 15.432～15.297）。

13.2.1 同侧齿面误差

同侧齿面误差一般测量项目有：齿轮齿距测量、齿轮齿廓测量、齿轮齿线测量、齿轮切线综合偏差。

齿轮齿距测量评定项目主要有 F_p、F_{pk}、F_{pt} 的测量，测量原理是相同的，可以分为相对测量和绝对测量两种，测量所得数据按不同方法处理即可得到相应的偏差值。

齿轮齿廓测量就是指实际齿廓与公称齿廓之间的偏差，中等模数齿轮的齿廓误差可在专用的渐开线检查仪上测量，小模数齿轮的齿廓误差则可在投影仪或万能工具显微镜上测量。

齿轮齿线测量（螺旋线误差）是实际螺旋线对设计螺旋线之间的偏差。由于直齿圆柱齿轮螺旋角为0°，其齿线是平行于齿轮轴线的直线。齿轮齿线测量是用螺旋线测量仪进行测量的。

齿轮切线综合偏差测量是在单面啮合齿轮检查仪（单啮仪）上进行的。检测时，被测齿轮在公称中心距下与测量齿轮（或测量蜗杆）单面啮合，在确保单侧齿面相接触的情况下测量其转角的变化，绘制转角偏差曲线图。根据转角偏差曲线图进行数据分析。

本节主要介绍齿轮齿距偏差的测量，用相对法测量原理来测量齿轮齿距偏差，被测大齿轮如图13-25所示。

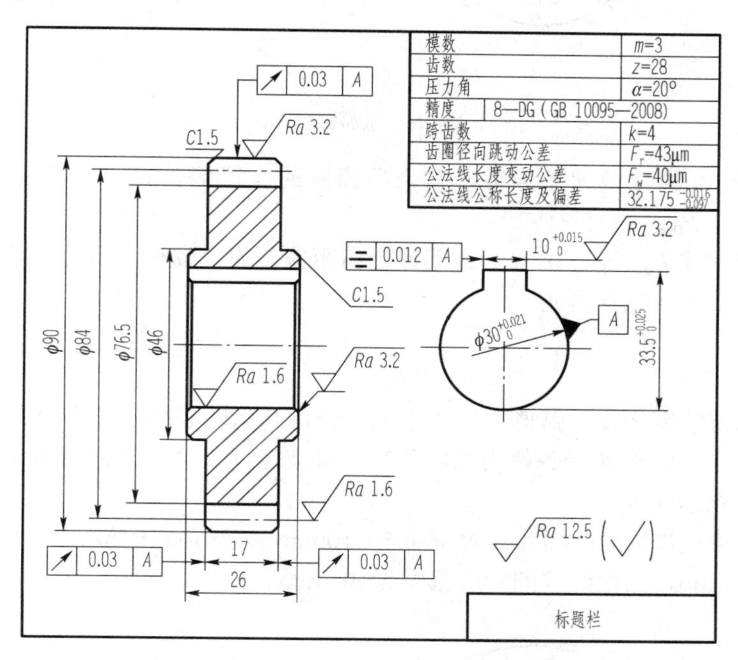

图13-25　被测大齿轮

1. 实验目的

（1）学会用相对法测量原理测量齿轮的齿距偏差。

（2）熟悉用测量数据计算单个齿距偏差和齿距累积总偏差的方法，并理解两者的实际含义和计算关系。

2. 实验原理

齿轮的齿距偏差反映的是沿一定圆周上同侧齿廓之间的相互位置偏差。相邻两同侧齿廓间的位置偏差用齿距偏差f_{pt}表示，任意两同侧齿廓间的位置偏差用齿距累积偏差F_p表示。

齿距偏差是在分度圆上，实际齿距与公称齿距之差（可取齿轮上所有实际齿距的平均值作为公称齿距）。相对法测量原理是以某一实际齿距为基准，测量同一圆上其余各齿距对基准齿距之差，此差值称为齿距相对差。以后将各个齿距相对差取代数和，除以齿轮齿数得平均值。再将各个齿距相对差减去平均值，得各个齿距偏差。

齿距累积偏差是在分度圆上，任意两个同侧齿廓之间的实际弧长与公称弧长之差的最大绝对值，也等于各齿廓位置偏差中最大值与最小值之差，如图13-26所示。

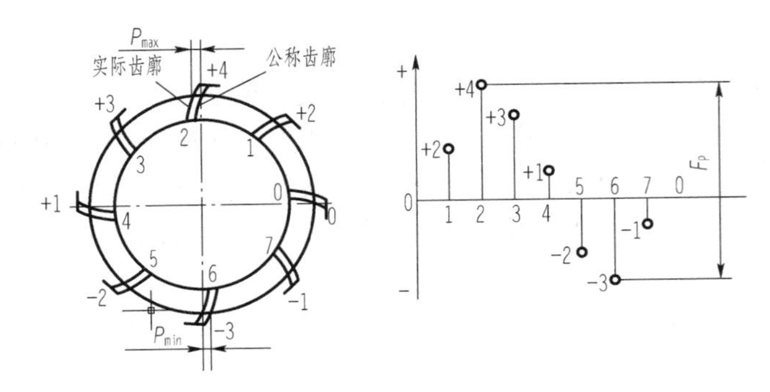

图 13-26　齿廓位置偏差

设起始齿廓 0 的位置偏差为零，其余各齿廓的位置偏差 $P_{0\sim i}$，则齿距累积总偏差为 $F_p=P_{max}-P_{min}=P_{0\sim 2}-P_{0\sim 6}=+4-(-3)=7$。

而齿距位置偏差 $P_{0\sim i}$ 等于 0～i 齿廓间各个齿距偏差的代数和，因此，齿距累积偏差可通过各个齿距偏差，逐齿累加得到。

3. 仪器简介

图 13-27 为万能测齿仪。弧形支架 7 上的顶针可装齿轮心轴，工作台支架 2 可做纵横水平移动。工作台上的滑板 4 受弹簧力推向顶针，可被螺钉 3 锁在任何位置。滑板上的测量装置 5 带有测头和指示表 6。

万能测齿仪测量齿轮的范围为模数 m=0.5～10mm，被测齿轮的最大直径为 360mm，指示表的分度值为 i=1μm，读数装置的刻度范围为±0.1mm。

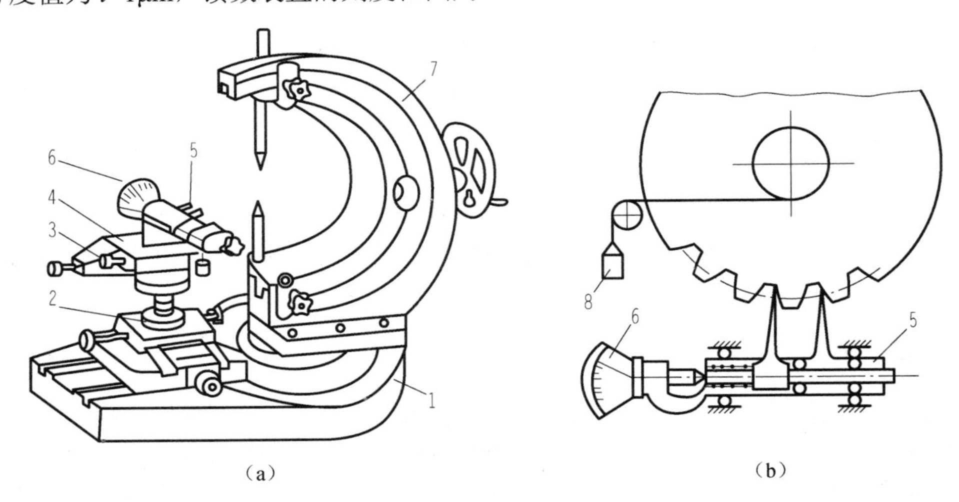

图 13-27　万能测齿仪

1—底座；2—工作台支架；3—螺钉；4—滑板；5—测量装置；6—指示表；7—弧形支架；8—重锤

4. 操作步骤

参看图 13-27。

（1）将被测齿轮套到心轴上（无间隙），并一起安装在仪器的上、下顶针间。调整仪器的工作台和测量装置，使两测头位于齿高中部的同一圆周上，与两相邻同侧齿面接触。在齿轮心轴上挂重锤 8，使之产生测力，让齿面紧靠测头。调整指示表在刻度尺中部。测量第一个齿距时，可微调指针对零。

（2）一手扶住齿轮，另一手拉滑板，退出测头，脱离齿面，再慢放滑板，推进测头，接触齿面，避免撞击后放开双手，读取指示表上示值。如此重复 3 次，如示值一致，说明测量稳定，方可取数。按此步骤逐齿测量各个齿距，记下读数。

5. 数据处理

1）数据处理示例

假设测量相对齿距偏差数值按表 13-4 第二列，再进行计算绝对齿距偏差及绝对齿距累积偏差，最后计算齿距累积误差。

齿距相对偏差的平均值为

$$\Delta=\sum_{i=1}^{z} f_{\text{pt相对}} / z=-16/8=-2 \quad (\Delta\text{亦称基准齿距偏差})$$

绝对齿距偏差为

$$f_{\text{pt}}=f_{\text{pt相对}}-\Delta$$

绝对齿距累积偏差为

$$F_{\text{p}}=\sum_{i=1}^{z} f_{\text{pt}}$$

表 13-4 齿距偏差和累积误差计算示例

序号	相对齿距偏差	绝对齿距偏差	绝对齿距累积偏差
n	$f_{\text{pt相对}}$/μm	f_{pt}/μm	F_{p}/μm
1	0	+2	+2
2	0	+2	+4（由+2+2）
3	−3	−1	+3（由+4−1）
4	−4	−2	+1（由+3−2）
5	−5	−3	−2（由+1−3）
6	−3	−1	−3（由−2−1）
7	0	+2	−1（由−3+2）
8	−1	+1	0（由−1+1）
合计	−16	0	—

结论：

（1）最大的齿距偏差 f_{ptmax}=+2μm；最小的齿距偏差 f_{ptmin}=−3μm。

（2）最大的齿距累积偏差 F_{pmax}=+4μm；最小的齿距累积偏差 F_{pmin}=−3μm。

（3）积总偏差 $F_{\text{p}}=F_{\text{pmax}}-F_{\text{pmin}}=+4-(-3)=7(\mu\text{m})$。

计算数值的计量单位用μm。相对齿距偏差累加和如能被齿数 z 除尽，所得齿距相对差的平均值Δ为整数，则绝对齿距偏差累加和应为 0；如不能除尽，将Δ取为整数（精确计算取到 0.1μm，则 $\sum_{i=1}^{z} f_{\text{pt}}$ 所得等于 $\sum_{i=1}^{z} f_{\text{pt相对}}$ 的余数。否则计算过程中必有数值算错。

2）实验数据及处理

按照上述数据处理示例，将测量得到的数据填入表 13-5 中，并且进行数据处理填入表 13-5 中。实际测量数据填入表 13-5 第三列（相对齿距偏差 $f_{pt相对}$），计算绝对齿距偏差 f_{pt} 和绝对齿距积累偏差 $F_{p绝对}$，最后计算齿距累积总偏差 F_p。

根据齿轮的技术要求，查出齿距极限偏差 $\pm f_{tp}$ 和齿距累积总公差 F_p。按 $f_{ptmin} \geqslant -f_{pt}$，$f_{ptmax} \leqslant +f_{pt}$ 和齿距累积总偏差 $F_p \leqslant$ 齿距累积总公差 F_p，判断合格性（说明：在 GB/T 10095—2008 中齿距累积总偏差和齿距累积总公差统一了一个代号 F_p，见表 12-16）。

表 13-5　齿轮齿距误差测量记录表

仪器	名称			分度值/μm	测量范围/mm
被测齿轮	模数 m	齿数 z	齿形角 α	精度等级	
				6 级	
测量记录	序号	相对齿距偏差 $f_{pt相对}$		绝对齿距偏差 $f_{pt绝对}$	绝对齿距积累偏差 $F_{p绝对}$
	1				
	2				
	3				
	4				
	5				
	6				
	7				
	8				
	9				
	10				
	11				
	12				
	13				
	14				
	15				
	16				
	17				
	18				
	19				
	20				
	21				
	22				
	23				
	24				
	25				
	26				
	27				
	28				
	29				

数据处理：

周节相对的平均值$\Delta = \sum_{i=1}^{z} \Delta f_{pt相对} / z =$

结论：

（1）最大的齿距偏差f_{tmax}=

最小的齿距偏差f_{tmin}=

（2）最大的齿距累积偏差F_{pmax}=

最小的齿距累积偏差F_{pmin}=

齿距累积总偏差$F_p = F_{pmax} - F_{pmin}$=

根据齿轮技术参数要求（8-DG GB 10095—2008）进行合格性判断。

13.2.2 径向测量

径向测量主要有径向综合测量和径向跳动测量。径向综合测量是在双面啮合齿轮仪（双啮仪）上进行的。检验时，通过测量双啮合中心距变动来确定径向综合偏差F_i''和一齿径向综合偏差f_i''。该仪器也可以用来检查齿面的接触斑点。双啮仪的结构简单，测量效率高，其测量结果是轮齿两齿面偏差的综合反映，但缺点是与齿轮工作状态不相符。

齿轮圈径向跳动F_r通常在齿轮跳动仪上测量，被测齿轮支承在仪器的两个顶尖之间，转动齿轮，使球形（或锥形）侧头相继放入每一个齿槽内，使侧头与齿面双面接触，从指示表上读取相应的数值，其最大值与最小值之差即为齿轮径向跳动。为使侧头在齿高中部附近上面接触，对于齿形角α=20°的圆柱齿轮，应取球形侧头的直径d=1.68m（模数）。

齿轮圈径向跳动测量零件，被测小齿轮如图13-28所示。

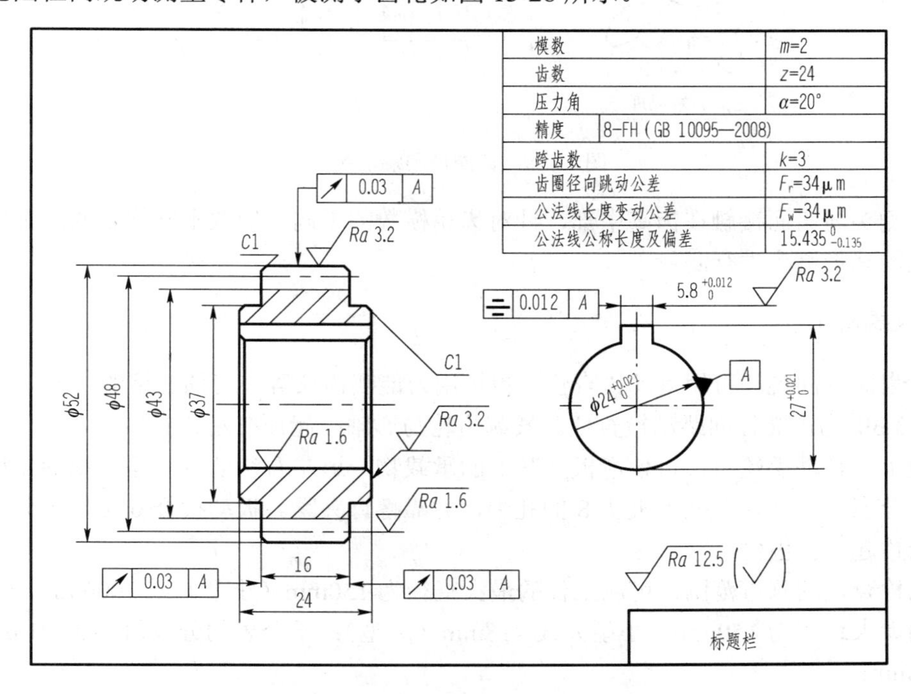

图13-28 被测小齿轮

1. 实验目的与要求

（1）学会在跳动仪上测量齿轮的齿圈径向跳动。
（2）理解齿圈径向跳动的实际含义。

2. 测量原理

齿圈径向跳动误差ΔF_r是在齿轮一转范围内，处于齿槽内与高、中部双面接触的测头相对于齿轮轴线的最大变动量。

如图 13-29（a）所示，以齿轮基准孔的轴线 O 为中心，转动齿轮，使齿槽在正上方，再将球形测头（或用一定模数的圆锥体测头）插入齿槽与左、右齿面接触，从千分表上读数，依次测量所有齿，将各次读数记在坐标图上，如图 13-29（b）所示，取最大读数与最小读数之差作为齿圈径向跳动误差。

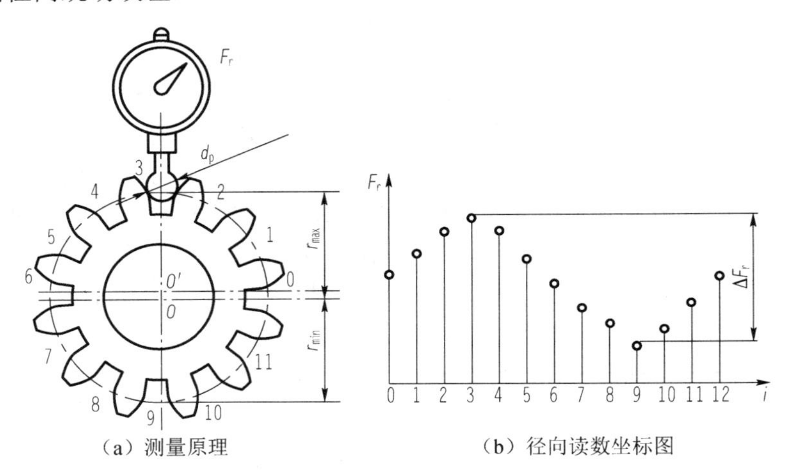

（a）测量原理　　（b）径向读数坐标图

图 13-29　齿圈径向跳动测量

欲使测头与齿面接触在齿高中部，针对齿轮模数的不同，应取不同模数的圆锥体测头或不同直径的球形测头进行测量。

2. 仪器简介

测量齿圈径向跳动可用跳动检查仪，也可用万能测齿仪等具有顶针架的仪器。

图 13-30 为齿圈径向跳动检查仪。被测齿轮与心轴一起顶在左、右顶针之间，两顶针架装在滑板上。转动手轮 1，可使滑板及其上的承载物一道左右移动。其座后螺旋立柱上套有表架，千分表 7 可装在表架前夹头 8 的孔中，并靠螺钉夹紧。扳动拨杆 6 可使千分表放下进入齿槽或抬起退出齿槽。

跳动检查仪的测量范围：可测工件的最大直径为 150mm（小型）或 300mm（大型），两顶尖间的最大距离为 150mm（小型）或 418mm（大型）；千分表的分度值 i=0.001mm；示值范围为 1mm。

仪器附有不同直径的圆锥体测头，用于测量各种模数的齿轮；附有各种杠杆，用于测量锥齿轮和内齿轮的齿圈跳动。

齿圈径向跳动的检查是借具有原始齿条齿形的测头进行的，把具有原始齿条齿形的测头依次插入齿间内，测头位置对齿轮旋转轴线的跳动量由指示表示出。

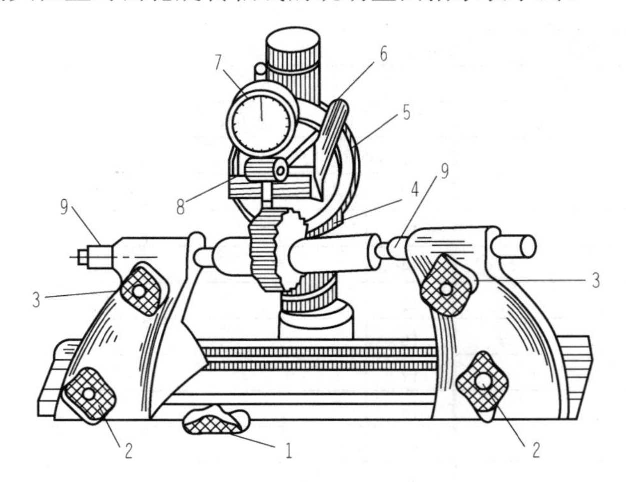

图 13-30 齿圈径向跳动检查仪

1—手轮；2、3—螺钉；4—螺母；5—可转测量架；6—拨杆；7—千分表；8—夹头；9—顶针

3. 操作步骤

（1）根据被测齿轮选取锥体测头，并将测头装入表的测杆下端。

（2）将被测齿轮套在心轴上（无间隙）；左手托住齿轮，送到跳动仪的顶针间，右手移动顶针架顶着心轴，拧紧螺钉 2；再推顶针顶紧心轴，使心轴能转动而无松动，拧紧螺钉 3；此后左手才能放开齿轮。

（3）旋转手轮 1，移动滑板，使齿轮的被测部位（一般取齿宽中部）进到测头之下。向前扳动拨杆 6，放下千分表，同时转动齿轮，使测头伸入齿槽。旋转立柱上的螺母 4，调节表架高度，但勿让表架转位，使圆锥测头与齿槽双面接触，且使千分表小针转过 4～5 小格，拧紧表架后面的螺钉。

（4）圆锥体测头伸入齿槽最下方即可读数，读数前，注意小针的转动方向，从而确定数值的正负号。读完数，向后扳拨杆，抬起千分表转过一齿，再放下，开始测第二齿。如此逐次测量，记下各读数，取最大读数与最小读数之差，作为齿圈径向跳动误差ΔF_r。

（5）根据齿轮的技术要求，查出齿圈径向跳动公差 F_r。按$\Delta F_r \leqslant F_r$判断合格性。

4. 实验数据与处理

将实验测量数据填入表 13-6，并进行相应的数据处理，最后得到齿圈径向跳动合格性判断。

表 13-6　齿圈径向跳动测量

仪器	名　称			分度值/mm		被测齿轮模数范围	
被测齿轮	模数 m	齿数 z	压力角 α	齿轮精度等级		齿圈径向跳动公差 F_r/μm	
测量记录	齿序	读数/μm		齿序	读数/μm	齿序	读数/μm
	1			11		21	
	2			12		22	
	3			13		23	
	4			14		24	
	5			15		25	
	6			16		26	
	7			17		27	
	8			18		28	
	9			19		29	
	10			20		30	
结论	径向跳动 $F_r=F_{rmax}-F_{rmin}=$			合格性结论： 径向跳动 F_r 径向跳动公差 F_r		审阅：	

注：径向跳动和径向跳动公差在新标准中用了同一个字母代号 F_r。

13.2.3　齿轮公法线长度测量

齿轮加工后，其实际齿廓的位置不仅要沿径向产生偏移，而且还要沿切向产生偏移，这就使齿轮产生齿厚偏差和公法线偏差，齿厚偏差通过齿厚上、下极限偏差来控住，即 E_{sns} 和 E_{sni}，测量时用齿厚卡尺测量。公法线偏差由公法线平均长度偏差与公法线长度变动两个项目来控制，即ΔF_w和ΔE_w，可用公法线千分尺、公法线卡规、公法线指示千分尺、万能测齿仪测量，测量量具的两测量面与被测齿轮的异侧齿面在分度圆附近相切。

中、小模数齿轮一般测量公法线长度，用公法线长度测量的齿轮零件图如图 13-25 所示。

1. 实验目标与要求

（1）学会测量齿轮公法线长度的方法。
（2）熟悉公法线平均长度偏差与公法线长度变动的计算，并理解两者的含义和区别。

2. 测量原理

渐开线齿轮的公法线长度是指与两个异侧齿面相切的两平行平面间的距离 W，如图 13-31 所示。

两切点 a、b 的连线是两齿面共同的法线，又是齿轮基圆的切线。因此，公法线长度 W 等于（k−1）个基节 P_b 加一个基圆齿厚 S_b，k 是公法线长度所包含的齿数。

公法线长度是直线尺寸，可用具有能伸入齿槽的平行平面测头的计量器具测量。

测量齿轮的实际公法线长度用来确定两个项目：在齿轮一周范围内，实际公法线长度的最大值与最小值之差，称为公法线长度变动ΔF_w；实际公法线长度的平均值与公称值之差，称为公法线平均长度偏差E_{bn}。

对直齿圆柱齿轮，公法线长度的公称值W_n按下式计算：

$$W_n = m\cos\alpha[\pi(k-0.5)+z\cdot \mathrm{inv}\alpha]+2xm\sin\alpha$$

$\alpha=20°$ 时，

$$W_n = m\cos\alpha\left[1.476(2k-1)+0.014z\right]$$

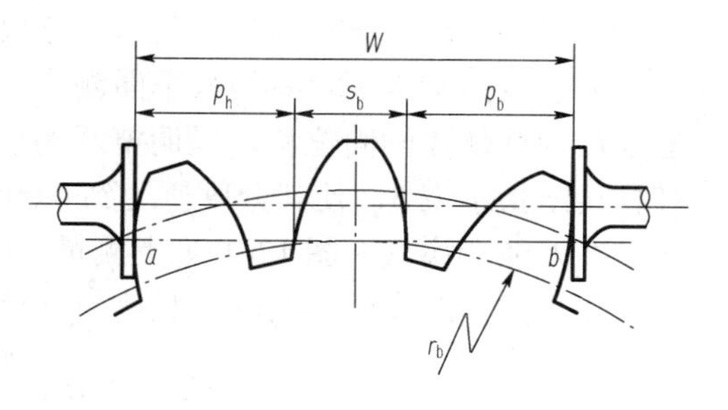

图 13-31　齿轮公法线长度

式中，m 为模数；α为齿形角；z 为齿数；x 为变位系数；k 为跨齿数；$\mathrm{inv}\alpha$为渐开线函数，$\mathrm{inv}20°\approx0.014904$，$\sin20°\approx0.3420$，$\cos20°\approx0.9397$。

为使测头与轮齿相切在齿高中部，公法线长度所跨齿数 k 按下式计算后，取与其相近的整数。

$$k=z/9+0.5$$

式中，k 为跨齿数，z 为齿数。$\alpha=20°$，$x=0$ 时，一般 k 取略大于 $z/9$ 的整数。

3. 仪器简介

测量齿轮公法线长度的计量器具如图 13-32 所示，有公法线千分尺［图 13-32（a)］、公法线指示卡规［图 13-32（b)］、公法线指示千分尺［图 13-32（c)］和万能测齿仪［图 13-32（d)］。它们的计量指标见表 13-7。

公法线千分尺与外径千分尺相比，只是改用了一对直径为 30mm 的盘形平面测头。

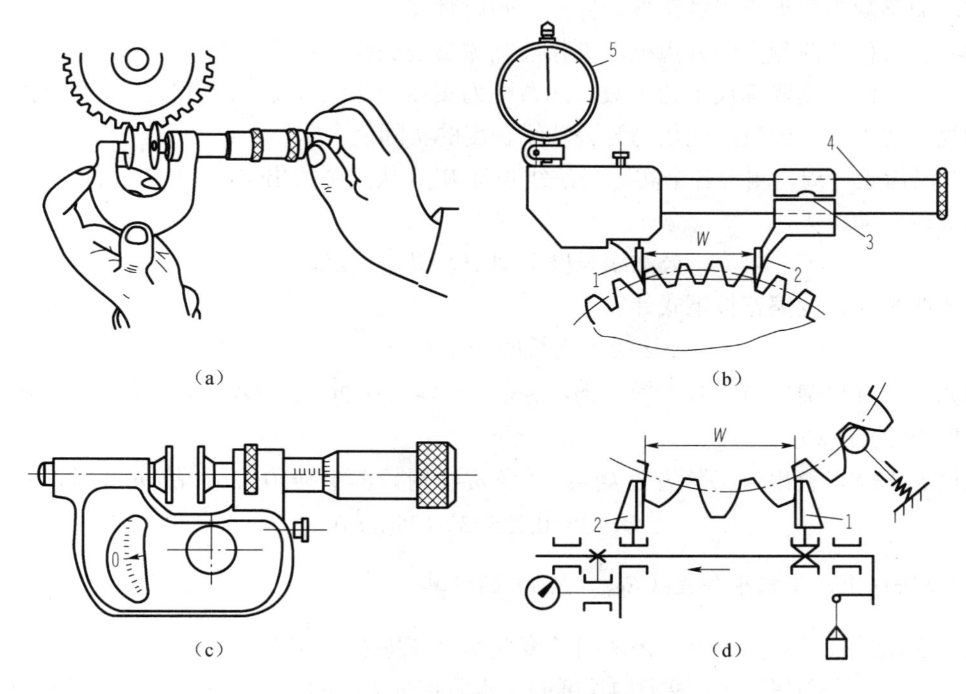

图 13-32　测量公法线长度的计量器具

1、2—平面测头；3—弹性开口套；4—圆柱体；5—指示表

公法线指示千分尺与外径指示千分尺相比，同样是使用了直径为30mm的盘形平面测头。

公法线指示卡规上有两只平面测头。平面测头2与弹性开口套连为一体，通过弹性开口套3沿圆柱体4轴向位移，以调整两测头之间的距离。平面测头1沿轴向摆动，通过1∶2的杠杆传给指示表5，使其分度值达到0.005mm。

在万能测齿仪（图13-27）上测量公法线，按图13-32（d）调整测量装置，两测头1和2的工作平面间距离即为公法线长度，并处于被夹齿轮的对称位置。

表13-7　测量公法线长度量仪的计量指标

图例	量仪名称	分度值	测量范围/mm		可测齿轮的精度等级
			模数 m	直径 d	
图13-32（a）	公法线千分尺	0.01	>1	～300	7～9
图13-32（b）	公法线指示卡规	0.005	1～10 2～20	450～1000	6～7
图13-32（c）	公法线指示千分尺	0.002	0.5～2	0～25 25～50	3～6
图13-32（d）	万能测齿仪	0.001	1～10	～400	3～6

4. 操作步骤

（1）根据齿轮的α、m、z、x值，用公式或查表13-8确定跨齿数k及公法线公称值W。对于公法线指示卡规及万能测齿仪，首先必须按W_n值组合量块。将量块组放到量仪的平面测头之间，调整测头与量块接触，将指针预压圈后对零。

（2）将量仪的两测头伸入齿槽，夹住齿侧测量公法线。让齿轮不动，左右摆动量仪，手感测头夹紧齿侧，读取标尺上的读数，此数即为实际公法线长度；或者按指示表上指针转到最小值处（转折点）读数，此数乃为公法线长度的实际值。

（3）沿齿轮一周，测量各个实际公法线长度W_a，从其中找出W_{amax}和W_{amin}，按下式计算公法线长度变动：

$$公法线长度变动\Delta F_w=W_{amax}-W_{amin}$$

公法线平均长度偏差按下式计算：

$$公法线平均长度偏差E_{bn}=\overline{W}-W_n$$

例如，某直齿圆柱齿的基本参数为：m=3，z=28，α=20°，x=0，说明跨齿数k及公法线公称长度W的计算方法。

根据表13-8，查出：①跨齿数k=4；②当m=1时，其W_n=10.725，故m=3时，其

$$W_n=3\times10.725=32.175(\text{mm})$$

4. 公法线上、下极限偏差（E_{bns}、E_{bni}）的计算

根据齿轮的技术要求，查出公法线长度变动允许量F_w，齿厚上极限偏差E_{sns}和齿厚下极限偏差E_{sni}，按下式计算公法线平均长度的上极限偏差E_{bns}和下极限偏差E_{bni}（当α=20°）：

$$E_{bns}=E_{sns}\cos\alpha-0.72F_r\sin\alpha=0.94E_{sns}-0.25F_r$$

$$E_{bni} = E_{sni}\cos\alpha + 0.72F_r\sin\alpha = 0.94E_{esi} + 0.25F_r$$

表 13-8　直齿圆柱齿轮公法长度的公称值（α=20°，m=1，x=0）　单位：mm

齿轮齿数 z	跨齿数 k	公法线长度 W_n	齿轮齿数 z	跨齿数 k	公法线长度 W_n	齿轮齿数 z	跨齿数 k	公法线长度 W_n
8	2	4.540	39	5	13.831	70	8	23.121
9	2	4.554	40	5	13.845	71	8	23.135
10	2	4.568	41	5	13.859	72	9	26.101
11	2	4.582	42	5	13.873	73	9	26.116
12	2	4.596	43	5	13.887	74	9	26.129
13	2	4.610	44	5	13.901	75	9	26.143
14	2	4.624	45	6	16.867	76	9	26.157
15	2	4.638	46	6	16.881	77	9	26.171
16	2	4.652	47	6	16.895	78	9	26.185
17	2	4.666	48	6	16.909	79	9	26.200
18	3	7.632	49	6	16.923	80	9	26.213
19	3	7.646	50	6	16.937	81	10	29.180
20	3	7.660	51	6	16.951	82	10	29.194
21	3	7.674	52	6	16.965	83	10	29.208
22	3	7.688	53	6	16.979	84	10	29.222
23	3	7.702	54	7	19.945	85	10	29.236
24	3	7.716	55	7	19.959	86	10	29.250
25	3	7.730	56	7	19.973	87	10	29.264
26	3	7.744	57	7	19.987	88	10	29.278
27	4	10.711	58	7	20.001	89	10	29.292
28	4	10.725	59	7	20.015	90	11	32.258
29	4	10.739	60	7	20.029	91	11	32.272
30	4	10.753	61	7	20.043	92	11	32.286
31	4	10.767	62	7	20.057	93	11	32.300
32	4	10.781	63	8	23.023	94	11	32.314
33	4	10.795	64	8	23.037	95	11	32.328
34	4	10.809	65	8	23.051	96	11	32.342
35	4	10.823	66	8	23.065	97	11	32.350
36	5	13.789	67	8	23.079	98	11	32.370
37	5	13.803	68	8	23.093	99	12	35.336
38	5	13.817	69	8	23.107	100	12	35.350

5．实验数据及处理

（1）将实验测量数据填入表 13-9，按$\Delta F_w \leqslant F_w$和 $E_{bni} \leqslant E_{bn} \leqslant E_{bns}$ 判断合格性。

表 13-9 齿轮公法线长度测量

<table>
<tr><td rowspan="2">仪器</td><td colspan="2">名称</td><td colspan="3">分度值/mm</td><td colspan="4">测量范围/mm</td></tr>
<tr><td colspan="2"></td><td colspan="3"></td><td colspan="4"></td></tr>
<tr><td rowspan="5">被测齿轮</td><td>模数 m</td><td>齿数 z</td><td>压力角 α</td><td colspan="2">齿轮精度</td><td colspan="4">公法线长度变动公差 F_w</td></tr>
<tr><td></td><td></td><td></td><td colspan="2"></td><td colspan="4">________μm</td></tr>
<tr><td colspan="3">跨齿数 k=0.1111z+0.5=</td><td colspan="6">公法线公称长度 W_n=____________________mm</td></tr>
<tr><td colspan="3">公法线上极限偏差 E_{bns}______μm</td><td colspan="6">最大公法线长度______________mm</td></tr>
<tr><td colspan="3">公法线下极限偏差 E_{bni}______μm</td><td colspan="6">最小公法线长度______________mm</td></tr>
<tr><td rowspan="2">记录</td><td colspan="3">序　号（均布测量）</td><td>1</td><td colspan="2">2</td><td>3</td><td>4</td><td>5</td></tr>
<tr><td colspan="3">公法线实际长度/mm</td><td></td><td colspan="2"></td><td></td><td></td><td></td></tr>
<tr><td rowspan="5">测量结果</td><td colspan="9">公法线长度变动 $\Delta F_w = W_{a\max} - W_{a\min} =$ __________μm</td></tr>
<tr><td colspan="9">公法线平均长度 $\overline{W_a} = \dfrac{W_{a1}+W_{a2}+W_{a3}+W_{a4}+W_{a5}}{5} =$ _______mm_______________</td></tr>
<tr><td colspan="9">公法线长度偏差 $E_{bn} = \overline{W_a} - W_n =$ __________μm</td></tr>
<tr><td colspan="4">合格性结论</td><td colspan="5">审　阅</td></tr>
<tr><td colspan="4"></td><td colspan="5"></td></tr>
</table>

（2）思考下列问题：

① 根据所测齿圈径向跳动误差的数值状况，分析心轴和齿轮内孔配合不紧密的影响。

② ΔF_w 和 E_{bn} 的目的有何不同？哪个指标影响传动的准确性？哪个指标影响齿侧间隙的大小？

③ 测量公法线时，两测量头与齿面哪个部位相切最合理？为什么？

6. 补充概念

为了概念的统一，下面罗列了公法线长度方面的相关概念名称与代号，以便使用。

（1）公法线长度 W。

（2）公法线实际长度 W_a。

（3）公法线长度公称值 W_n。

（4）公法线长度变动量 ΔF_w。

（5）公法线长度变动允许量 F_w。

（6）公法线长度偏差 E_{bn}。

（7）公法线长度实际偏差 E_b。

（8）公法线长度上极限偏差 E_{bns}，$E_{bns}=E_{sns}\cos\alpha_n$。

（9）公法线长度下极限偏差 E_{bni}，$E_{bni}=E_{sni}\cos\alpha$。

（10）公法线长度公差 T_{bn}，$T_{bn}=T_{sn}\cos\alpha$。

13.3 箱体零件几何公差综合测量

本节主要介绍箱体类零件的几何误差的综合测量，主要测量平行度、垂直度、对称度、位置度、同轴度等测量项目，介绍测量方法与原理，通过测量对测量数据进行处理，得出相关的结论。

1. 实验目的

（1）熟悉用普通计量器具及实验装置测量箱体位置误差的原理和方法。

（2）弄清和区分“独立原则”“包容要求”“最大实体要求”下各项位置误差的含义，达到正确理解位置公差的概念。

2. 实验内容

图 13-33 所示为被测箱体，共标注 5 项位置公差（对箱体应按箱体的功能要求确定其公差项目，这里按实验需要假设）。根据各项位置公差要求相应测量箱体的各项位置误差如下：

（1）孔轴线对底平面的平行度测量。

（2）侧面对底平面的垂直度测量。

（3）槽的对称度测量。

（4）孔组位置度测量（按“最大实体要求”）。

（5）两对应孔对其公共轴线同轴度测量（按“包容要求”）。

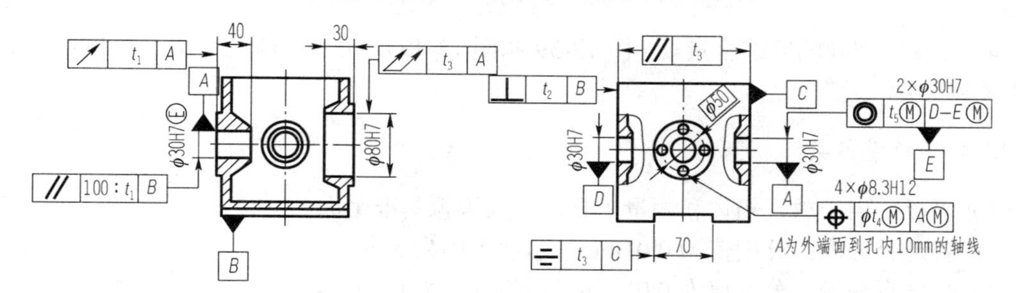

图 13-33 被测箱体

3. 实验仪器和设备

1）实验装置

（1）被测体（箱体）。

（2）弹性自定心轴（图 13-34）：由手轮 3 和可胀轴套 2 及心轴 1 组成。顺转手轮 3，可胀轴套外径胀大，反之缩小。可胀轴装入被测孔内，模拟孔的轴线用于孔轴心线的平行度测量。

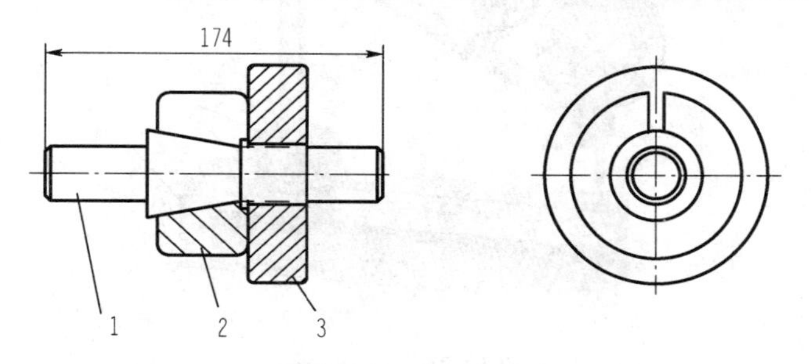

图 13-34 可胀心轴

1—心轴；2—可胀轴套；3—手轮兼螺母

（3）垂直度测量装置（图 13-35）：由测量平板 1、垫铁 2、表座 3 和杠杆百分表 4 组成，5 为量块。圆柱角尺用于校对百分表的零位，按照图 13-35（a）进行校准，按照图 13-35（b）进行箱体的垂直度测量。

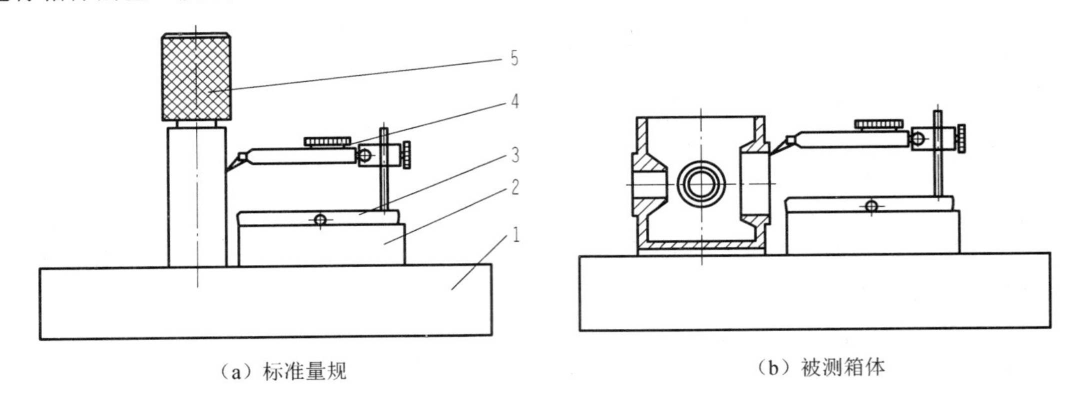

（a）标准量规　　（b）被测箱体

图 13-35　垂直度测量装置

1—测量平板；2—垫铁；3—表座；4—杠杆百分表；5—量规

（4）位置度和同轴度综合量规（图 13-39 和图 13-40）：用于检验孔系位置度和同轴度（按“相关原则”）。

4. 普通计量器具

（1）平板：用于放置箱体和测量工具，平板模拟基准平面。
（2）普通百分表：分度值为 0.01mm，示值范围为 5mm。
（3）杠杆百分表：分度值为 0.01mm，示值范围为 0.8mm。
（4）万能表架：装夹指示表用，如图 13-36 所示。

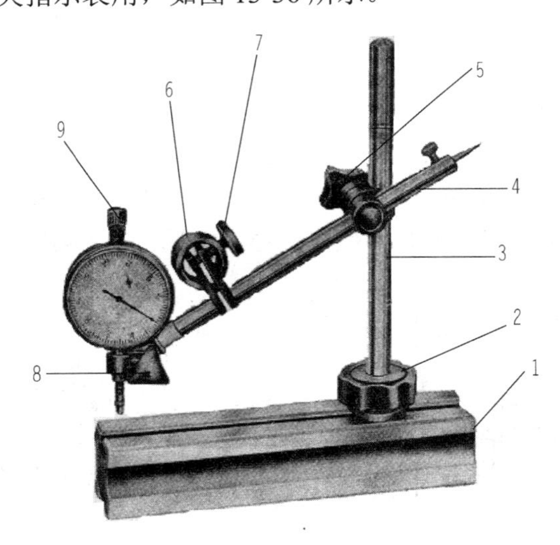

图 13-36　万能表架

1—底座；2—立柱固定螺母；3—立柱；4—横臂；5—摇臂固定螺母；6—微调器；7—微调螺钉；8—固定螺钉；9—杠杆百分表

5. 实验原理及测量步骤

1）平行度测量

| // | 100 : t_1 | B |表示孔ϕ32H7Ⓔ的轴线对箱体底平面B的平行度误差，在轴线长度100mm内部大于公差值t_1 mm。

测量方法如图13-37所示。

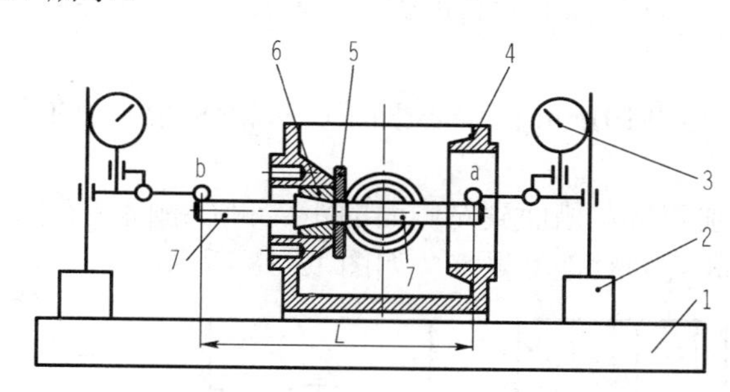

图13-37　孔轴线平行度测量示意图

1—平板；2—万能表架；3—杠杆百分表；4—被测件；5—可胀轴套手轮；6—可胀轴套；7—芯轴

（1）测量原理：用可胀轴模拟孔的轴线，用平面模拟基准平面B，测定可胀轴两端的上素线a、b两点到平板的高度差即为平行度误差$f_{//}$，设a、b两点距离为L，则公差为$(L/100)\times t_1$。

（2）测量步骤：

① 逆转可胀轴套手轮5，使可胀轴套6外径缩小，将可胀轴套装入被测孔内并顶到孔的右端面，一手握紧心轴的伸出端，另一手顺转可轴套手轮5，使可胀轴套6胀大并旋紧，这时可胀轴上的素线平行于实际孔的轴线。

② 将箱体平稳地置于平板上，粗调万能表架使杠杆百分表测头接近a端（0.5mm左右）。

③ 旋转万能表架的微调螺钉（图13-36），使表头在a端（离心轴端2mm处）接触（这时杠杆表的指针旋转）。

④ 横向平稳地来回移动表座，找到测头在轴上的最高点（最高点读数最大，其余均小）后，转动表盖使指针对“零”刻度，即$M_a=0$。

⑤ 退出表座（注意退出时不得碰撞，以保证两次读数所测量状态相同）。

⑥ 移动表架至b端位置，平移表座，当指示表测头在最高点b端点位置时，记下读数值M_b，其平行度误差按下式计算：

$$f_{//}=M_a-M_b$$

若$f_{//}\leqslant(L/100)\times t_1$［设$L$=170mm，$t_1$=0.05mm，$(L/100)\times t_1$=0.85mm］，则该项合格。

2）垂直度测量

| ⊥ | t_2 | B |表示箱体两侧面对底平面B的垂直度误差不大于t_2。

垂直度测量装置如图13-35所示。

（1）测量原理：通过专用装置分别将两侧面（被测要素）与直角尺（理想要素）比较，求出实际要素对理想要素的误差值。

（2）测量步骤：

① 调整百分表高度［图13-35（a）］，松开图13-36中的螺母5，将百分表高度调节到距

箱体顶部约 5mm 处，锁紧螺母 5。

② 校正百分表“零”位。按图 13-35 将直角表座 3 的左端中部靠到圆柱角尺上，松开图 13-36 上的微调螺钉 7，调节百分表的伸出量，使表的长指针预转一圈以上，再紧固微调螺钉 7，平移表座 3，找出表上指针的最大转折点后，转动表盖，使表盘“零”刻度对准指针。

③ 移动表架至箱体侧面［图 13-35（b）］，轻推表架侧面与被测表面贴合并平移，记取表上读数的绝对值的最大值为该侧面的垂直度误差 $f_{\perp}$。

按图 13-33 的要求，若两侧面的垂直度误差 $f_{\perp} \leqslant t_2$（t_2=0.08mm），则该项合格。

3）对称度测量

| ⌯ | t_3 | C | 表示槽宽(70±0.10)mm 的中心平面 C 对箱体两侧面的中心平面的对称度误差不大于 t_3。

（1）测量原理：分别测量左槽面到左侧面的距离和右槽面到右侧面的距离，取对应的两个距离之差中绝对值最大者为对称度误差，如图 13-38 所示。

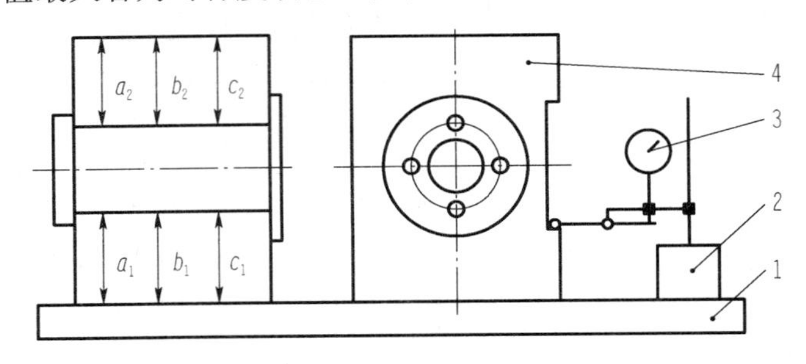

图 13-38　对称度测量

1—平板；2—万能表架；3—杠杆百分表；4—被测件

（2）测量步骤：

① 将箱体左侧面置于平板上，调节杠杆百分表的高度并使测杆平行于槽面，如图 13-38 所示。

② 转动万能表架的微调螺钉，使表上指针旋转半圈后，转动表盖使之对零。

③ 分别测量槽面上 3 处高度 a_1，b_1，c_1，记取读数 M_{a1}，M_{b1}，M_{c1}。

④ 翻转箱体使右侧面与平板接触，保持表的原有高度和状态，再分别测量右槽面上 3 处高度 a_2，b_2，c_2，记取读数 M_{a2}，M_{b2}，M_{c2}，则对应点的对称度误差分别为

$$f_a = \left|M_{a1} - M_{a2}\right|, \quad f_b = \left|M_{b1} - M_{b2}\right|, \quad f_c = \left|M_{c1} - M_{c2}\right|$$

取其中最大值为对称度误差为 f，若 $f \leqslant t_3$，（设 t_3=0.20mm），则该项合格。

4）位置度误差

| ⌖ | ϕt_4Ⓜ | AⓂ | 表示以孔 ϕ32H7Ⓔ 的外端到孔内 10mm 长的轴线 A 为基准，四孔 ϕ8.3H12 轴线间的位置误差不超出 t_4Ⓜ毫米，Ⓜ表示 t_4 是在四孔径和基准孔直径均处于最大实体状态（四孔直径为 ϕ8.3mm，基准孔为 ϕ32mm）时给定的。当被测要素和基准要素的实际尺寸偏离最大实体尺寸时，允许将尺寸的偏离量补偿给公差值 ϕt_4。

（1）测量原理：因该位置度公差为“相关公差”，故必须用位置度综合量规检验，如图 13-39 所示。

（2）测量方法：量规各测销均能同时插入相应的孔中，则四孔的位置度合格。

综合量规（图 13-39）4 个测销的直径为被测孔ϕ8.3H12 的“实效尺寸”（ϕ8.3mm-ϕ0.3mm=ϕ8mm），基准销的直径为基准孔ϕ32H7Ⓔ的实效尺寸（ϕ32mm-0mm=ϕ32mm），各测销的位置尺寸与被测各孔位置的理论正确尺寸相同（ϕ50mm）。

5）同轴度的测量

| ◎ | ϕt_5Ⓜ | D—EⓂ |表示两对应孔ϕ30H7Ⓔ的实际轴线对其公共轴线（两实际孔中剖面上中点的连线）的同轴度误差不大于ϕt_5Ⓜ。

Ⓜ表示同轴度公差 t_5 是在两对应孔径处于 MMC 时（即尺寸为ϕ30mm）给出的，通常取 t_5=0，所以允许同轴度误差为ϕt_5Ⓜ=0～0.021mm。0.021mm 为ϕ30H7 的公差值，故属于相关原则中的“包容要求”。

因属相关原则，故用同轴度综合量规检验，如图 13-40 所示。若综合量规能同时自由通过两孔，则该项合格。

如图 13-40 所示，综合量规直径为被测孔的实效尺寸 VS=ϕ30mm-0mm= ϕ30mm=MMS（因给定的公差值 t_5=0，相当于“包容要求”），制造公差为 0.0025mm，表面粗糙度 Ra=0.2μm。

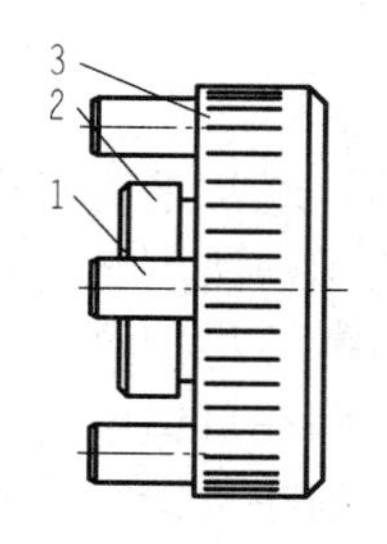

图 13-39 位置度综合量规

1—测销；2—基准销；3—综合量规体

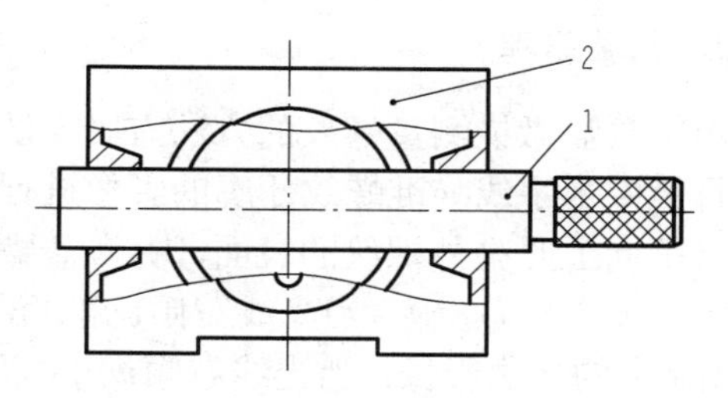

图 13-40 同轴度检验

1—综合量规；2—被测件

6. 实验数据及处理

实验数据及处理见表 13-10。

表 13-10 箱体零件几何公差综合测量实验报告 单位：mm

序号	测量项目	标注表示	公差值	实际测量值	合格性结论
1	∥ | 100 : t_1 | B				
2	⊥ | t_2 | B				
3	⌯ | t_3 | C				
4	⌖ | t_4 | A				
5	◎ | t_5 | D—E				

注：t_1=0.05mm；t_2=0.08mm；t_3=0.20mm；t_4=0.30mm；t_5=0。

13.4 圆柱螺纹测量

普通螺纹属于多参数要素，其测量方法分为单项测量和综合测量。

单项测量是对螺纹的各参数如中径、螺距、牙型半角等进行测量，主要用于单件、小批量生产的精密螺纹。在加工过程中，为分析工艺因素对加工精度的影响，也要进行单项测量。单项测量常用的计量器具有工具显微镜和螺纹量针。内螺纹和批量生产螺纹测量用综合测量。下面介绍圆柱螺纹的单项测量。

1. 实验目的

（1）了解工具显微镜的工作原理和操作方法。

（2）学会用大型或小型显微镜测量外螺纹的牙侧角、螺距和中径。

（3）熟悉计算螺距的累积误差和螺纹的作用中径。

2. 测量原理

用工具显微镜测量螺纹的方法有影像法、轴切法、干涉法等。通常采用影像法，其原理是用目镜中米字线瞄准螺纹牙廓的影像进行测量。如图 13-41 所示，所测螺纹是右旋螺纹，光线自下向上照亮外螺纹的表面，并顺着螺旋槽射入显微镜，显微镜将螺纹牙廓放大成像在目镜中（或在屏幕上）。当光线左倾ψ角并沿螺纹前边牙槽向上，则在目镜中看到螺纹前边在截面 AB 上的牙廓影像；当光线右倾ψ角并沿螺纹后边牙槽向上，则在目镜中看到螺纹后边在截面 A' B' 上的牙廓影像。

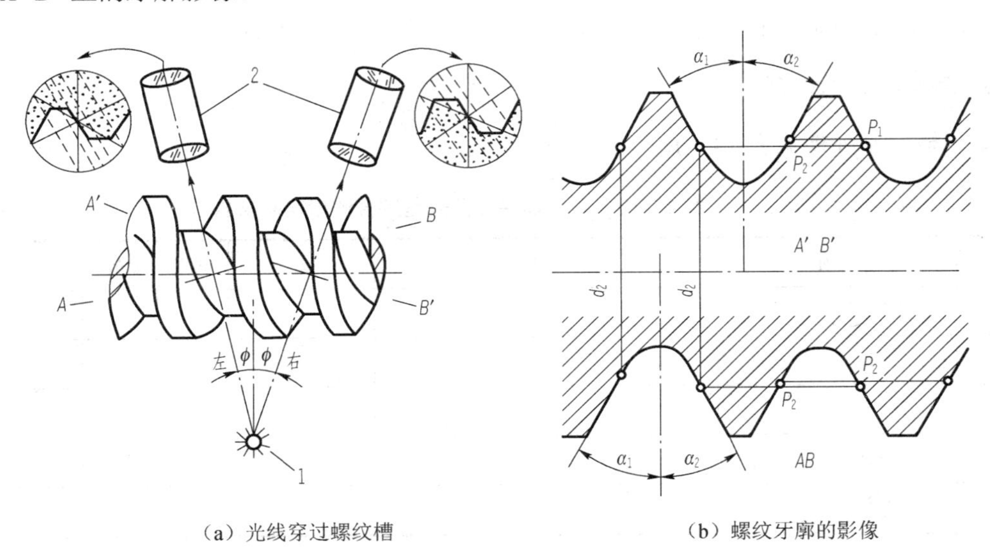

（a）光线穿过螺纹槽　　（b）螺纹牙廓的影像

图 13-41　用影像法测量螺纹

1—光源；2—显微镜

之后用工具显微镜中的角度盘和长度尺来测量螺纹影像。测量牙侧与螺纹轴线的垂直线之间的夹角得左、右牙侧角α_1和α_2；沿平行于螺纹轴线方向，测量相邻两牙侧之间的距离得螺距P；沿单线螺纹轴线的垂直方向测量螺纹轴线两边牙侧之间的距离得螺纹中径d_2。

3. 仪器简介

工具显微镜有小型、大型、万能和重型4种形式，虽然它们的测量精度和测量范围不同，但工作原理基本相同，都是具有光学放大投影成像的坐标式计量仪器。本实验采用大型或小型工具显微镜（图13-42和图13-43，为方便下方叙述，图13-43部分图注同图13-42），其主要计量指标见表13-11。

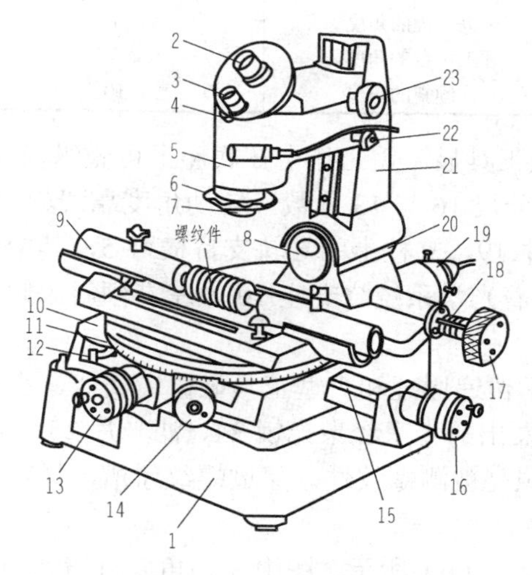

图13-42 大型工具显微镜

1—底座；2—中央目镜；3—角度目镜；4—反射镜；5—横臂；6—螺母；7—物镜；8—光阑调整环；9—顶针；10—工作台；11—圆刻度盘；12—螺钉；13、16—千分尺；14、17—滚花轮；15—量块；18—标尺；19—光源部件；20—支座；21—立柱；22—锁紧螺钉；23—手轮

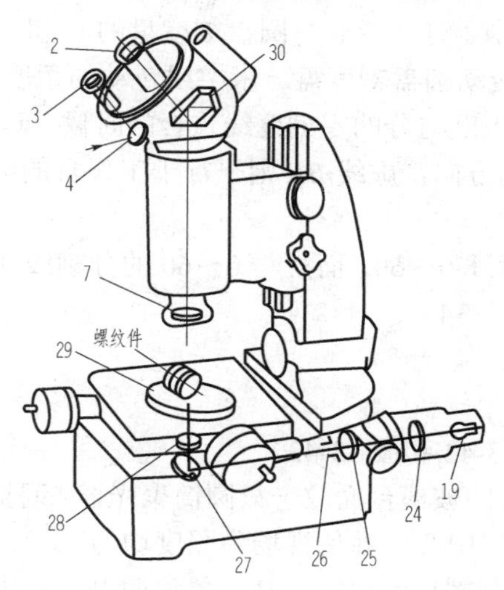

图13-43 小型工具显微镜

2—中央目镜；3—角度目镜；4—反射镜；7—物镜；19—光源部件；24—聚光镜；25—滤光片；26—光阑；27—反射镜；28—透镜；29—玻璃台面；30—棱镜

表 13-11　工具显微镜的主要计量指标

工具显微镜		大型	小型
测量范围	纵向行程	0～150mm	0～75mm
	横向行程	0～50mm	0～25mm
	立柱倾斜范围	≈±12°	≈±12°
示值范围	中央目镜的角度	0～360°	0～360°
	圆工作台的范围	0～360°	—
分度值	纵横向千分尺	0.01mm	0.01mm
	中央目镜的角度	1′	1′
	圆工作台的角度	3′	—
	立柱倾斜的角度	10′	10′

如图 13-42 所示，大型工具显微镜工作台在底座上可做纵横向移动，也可绕其轴线转动。纵横向坐标靠量块 15 和千分尺 16 与 13 读数，转动角度靠圆刻度盘 11 读数。

立柱之下连着光源部件 19，立柱上的导轨支持横臂 5，其中装有物镜 7 和中央目镜 2。转动滚花轮 17 可使立柱带着光学系统绕支座 20 做左右倾斜，倾斜角可从滚花轴的颈部标尺 18 读出。

小型工具显微镜的光学传递原理和大型工具显微镜类似，小型工具显微镜的光学系统如图 13-43 所示，由光源 19 发出的光束经聚光镜 24、滤光片 25、可调光阑 26、反射镜 27、透镜 28 和玻璃台面 29 向上照亮被测螺纹件，穿过螺纹牙槽，经物镜 7、棱镜 30，投射到中央目镜 2 中，出现螺纹牙廓的放大影像。

测角目镜如图 13-44（a）、（b）所示，图中 3 为角度目镜。图 13-44（b）中，在镜里有一块玻璃圆盘刻度盘 5，圆盘刻度盘中央有一组细刻线，称为“米字线”，可从中央目镜 2 中看到圆盘周围有 360 条刻度线，可从角度目镜 3 中看到 2~3 条刻度线的放大像，同时看到 61 条短刻线，它将 1° 细分为 60 等份，每格代表 1′。

米字线中间的一条虚线 *AA* 延长后必与圆盘刻度盘的 0 和 180 的刻度线重合。转动测角目镜左下方的滚花轮 1，可转动圆盘刻度盘。米字线转动的角度，可从角度目镜 3 中读出。

如图 13-44（c）所示，当度与分的零刻度线重合的时候，读数为 0° 0′，表示中间虚线 *AA* 垂直于工作台的纵向移动方向，虚线 *BB* 则平行于工作台的纵向移动方向。纵向移动方向作为螺纹的测量轴线。

当刻度线 30 位于分刻度线 0～60，而且与 0～60 的分刻线 34 重合时，读数为 30° 34′。表示米字线反时针旋转了 30° 34′。

4. 操作步骤

1）调整仪器（参看图 13-42 和图 13-43）

（1）调整灯丝。在工作台的玻璃台面放一只圆筒聚光器，调整光源部件 19 上的两只螺钉，使灯丝影像清晰地位于聚光器中心，并使视场中照度均匀。

（2）调整光阑。根据被测螺纹的尺寸，从仪器说明书中查出合适的光阑直径（各个厂的仪器给出的数值不同），表 13-12 可供参考。

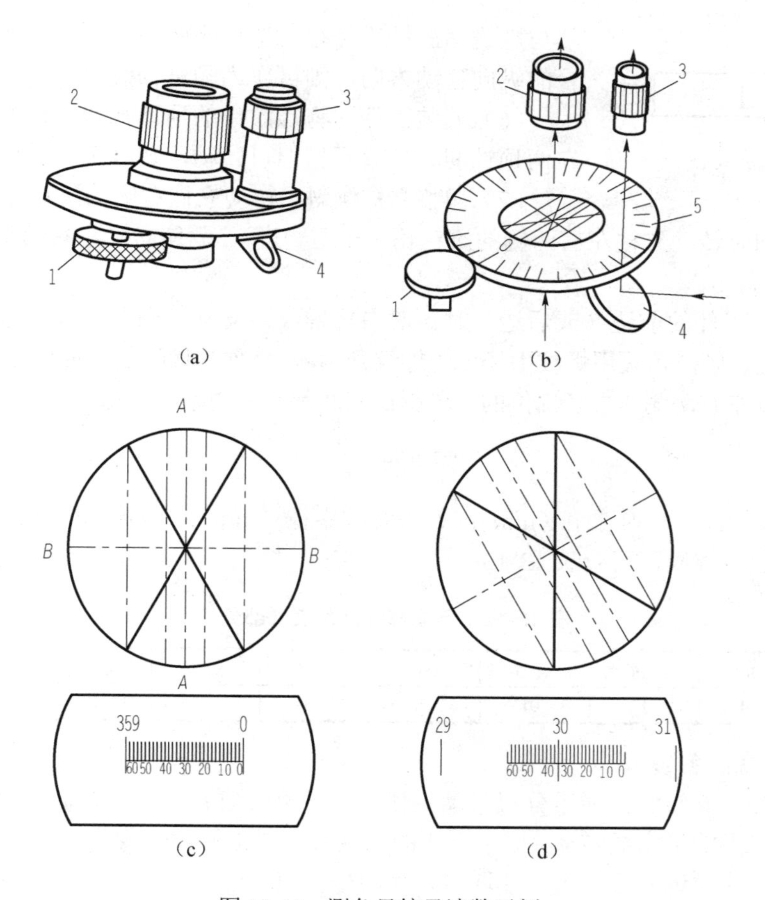

图 13-44 测角目镜及读数示例

1—滚花轮；2—中央目镜；3—角度目镜；4—反射镜；5—圆盘刻度盘

表 13-12 测量牙型角 60° 螺纹用的光阑直径 单位：mm

螺纹中径	6	8	10	12	14	16	18	20	25	30	40	50
光阑直径	13.3	12.1	11.2	10.6	10	9.6	9.2	8.9	8.3	7.8	7.1	6.6

按所查直径转动光阑调整环 8，使光束发散角控制在一定范围内，以减少测量误差。

（3）调整测角目镜（图 13-44）。眼看中央目镜视场中的米字线，手转动目镜上的滚花环，使目镜上下微动，达到米字线最为清晰为止。再按同样的方法调整角度目镜，使度和分刻线清晰。

（4）调整物镜焦距。将对焦棒（图 13-45）装在两顶针间，顶紧不松但可转动，切勿让棒掉下，以免打碎玻璃。移动工作台，使对焦棒中间小孔内的刀刃成像在中央目镜的视场中。转动手轮 23 使横臂 5 慢慢升降，直到物镜焦点落在刀刃上，拧紧锁紧螺钉 22，再转动螺母 6，微调物镜 7，直到刀刃影像最为清晰。

（5）调整顶针架。转动纵、横千分尺 16 和 13，以及滚花轮 14，驱动工作台移动和微转，使米字线的虚线 *BB* 与刀刃影像精确平行、接近重合。再将对焦棒旋转 180°，而刀刃影像依

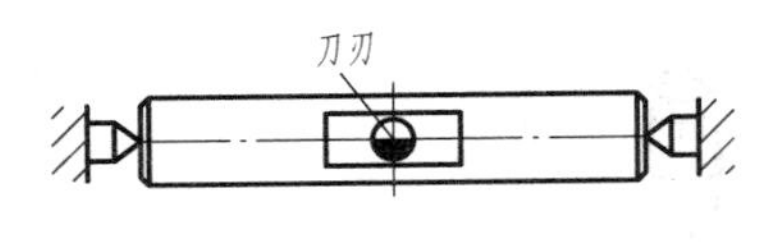

图 13-45　对焦棒

然与虚线 BB 精确平行，这说明两顶针的中心连线平行于工作台的纵向移动方向，则可作为测量轴线。

（6）安装工件。将螺纹件的顶针孔和螺纹槽擦洗干净，装在两顶针间，顶紧不松但可转动，装好工件后再松手。

（7）调整立柱倾斜。转动立柱右侧的滚花轮 17（对小型工具显微镜，要同时转动立柱左右两侧的滚花轮，一退一进），驱使立柱左右倾斜，直到轮旁的标尺 18 对好倾斜角。

当光束照亮工件的前边（或后边）时，对右旋螺纹，立柱应向左（或右边）倾斜；对左旋螺纹，则反之。倾斜角采用螺纹中径处的螺纹升角φ（也称为螺纹的螺旋升角），就会从中央目镜中看到螺纹左右两侧在中径部位的一段影像同时都是最清晰的。螺纹升角φ按下式计算：

$$\varphi=\arctan\frac{nP}{\pi d_2}$$

式中，n 为螺纹线数；P 为螺距（mm）；d_2 为螺纹中径（mm）；φ为螺纹升角（′）；

对于普通粗牙螺纹，可查表 13-13。

表 13-13　不同螺纹升角表（部分）

螺纹代号	M6	M8	M10	M12	M16	M20	M24	M30	M36
螺旋升角	3° 24′	3° 12′	3° 01′	2° 56′	2° 29′	2° 27′	2° 17′	2° 17′	2° 10′

2）测量外螺纹各参数

测量螺纹时，旋转纵、横千分尺带动工作台及被测螺纹移动，旋转测角目镜左下方的滚花轮使玻璃圆盘上的米字线转动，用米字线的中间虚线瞄准螺纹影像的有关牙侧，如图 13-46 所示，而后从角度目镜和千分尺上读取该牙侧的坐标值，经过计算即可得螺纹各参数值。

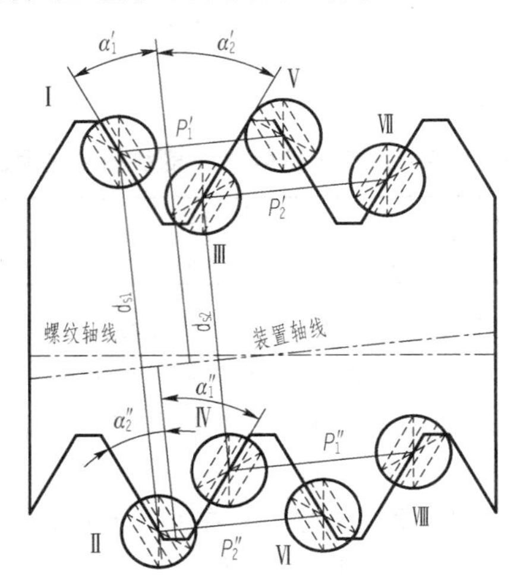

图 13-46　米字线瞄准螺纹影像

瞄准影像的方式（图 13-47）：图 13-47（a）是移虚线与影像边缘重合，使虚线宽度的一半在影像内，一半在影像外，称为压线，用于长度测量；图 13-47（b）是移虚线与影像边缘精确平行，凭狭窄光缝的均匀性瞄准，称为对线，用于角度测量。

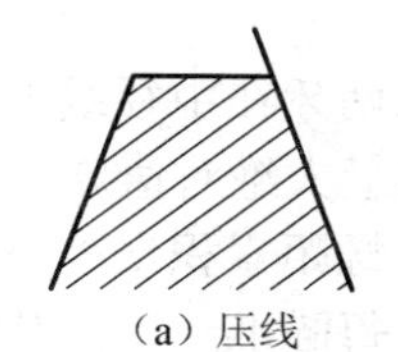
(a)压线

(b)对线

图 13-47 瞄准影像方式

(1)测量牙侧角。

测量牙侧角要用测角目镜上的角度目镜读取角值。

当用中间虚线瞄准 I 处牙侧时,读出的角值即为α_1';瞄准III处牙侧时,读出的角值,用 360° 去减得α_2'。

当用中间虚线瞄准 II 处牙侧时,读出的角值即为α_2'';瞄准IV处牙侧时,读出的角值,用 360° 去减得α_1''。

如果螺纹轴线与测量轴线不一致,则由同一螺纹面所形成的前、后边的牙侧角会不相等,即$\alpha_1' \neq \alpha_1''$,$\alpha_2' \neq \alpha_2''$。此时可取其平均值作为螺纹的实际牙侧角$\alpha_1$和$\alpha_2$,即

$$\alpha_1=(\alpha_1'+\alpha_1'')/2,\quad \alpha_2=(\alpha_2'+\alpha_2'')/2$$

(2)测量中径。

测量中径要从横向千分尺读取坐标值,千分尺量程只有 25mm。对大型工具显微镜,在横向千分尺测杆前加垫 25mm 量块,可将量程扩大至 50mm。

用中间虚线瞄准 I 处牙侧,读出横向坐标值;然后横向移动工作台(纵向不能移动),同时反向倾斜立柱,用中间虚线瞄准 II 处牙侧,再读出横向坐标值。两次读数之差得 d_{21}。

同样,用中间虚线瞄准III处牙侧与IV处牙侧,取两次读数之差,得 d_{22}。

若螺纹轴线与测量轴线不一致,则 $d_{21}\neq d_{22}$,可取其平均值作为螺纹的实际中径,即

$$d_2=(d_{21}+d_{22})/2$$

(3)测量螺距。

测量螺距要从纵向千分尺读取坐标值。千分尺量程只有 25mm,加用量块可扩大量程。当用中间虚线瞄准 I 处牙侧,读出纵向坐标值;然后纵向移动工作台(横向不能移动),用中间瞄准 V 处牙侧,再读出纵向坐标值。两次读数之差得 P_1'。同样,用中间虚线瞄准III和VII处牙侧,取两次读数之差得 P_2'。

横向移动工作台,同时反向倾斜立柱。用中间虚线瞄准IV和VIII处牙侧得 P_1'',瞄准 II 和VI处牙侧得 P_2''。

如果螺纹轴线与测量轴线不一致,则由同一螺旋面所形成的前、后边的螺距会不相等,即 $P_1' \neq P_1''$,$P_2' \neq P_2''$。可取其平均值作为螺纹的实际螺距,即

$$P_1=(P_1'+P_1'')/2 \text{(左侧螺距)}$$

$$P_2=(P_2'+P_2'')/2 \text{(右侧螺距)}$$

$$P=(P_1+P_2)/2 \text{(牙中螺距)}$$

如果调整螺纹轴线与测量轴线平行,上述 3 项测量所得左、右的数值相差不大,为节省时间,可只测量一侧数值,用以代表测量结果。

3）计算螺距累积误差

螺距累积误差是在指定的螺纹长度内，任意两牙在中径线上、两对应点之间的实际距离对其基本值（两牙间所有基本螺距之和）之差的最大绝对值。

接下来举例说明螺距累积误差的计算方法：螺距累积误差可采用测量螺距的方法，经过计算得到。即从螺纹一端开始，依次瞄准各牙，每瞄准一次，从纵向千分尺上读一数，得到一系列读数 x_i，记在表 13-14 中第二项，将相邻两读数相减得实测螺距值 P_i，记在第三项。将实测螺距值 P_i 减去基本螺距 P 得单个螺距偏差 ΔP_i 记在第四项。将各个螺距偏差逐牙累加得 $\Sigma\Delta P_i$，记在第五项，并记在纵坐标上。计算结果写在表 13-14 中的图下。

为简化测量，生产上有用螺纹全长内或用螺纹旋合长度内，头尾两牙之间的实际距离 P_z 对其基本值（含有 z 个螺距 P）之差的绝对值 ΔP_z 来代表螺距累积误差的，即

$$\Delta P_z=|P_z-zP|$$

表 13-14　螺纹测量数据处理表

第 1 项	第 2 项	第 3 项	第 4 项	第 5 项
牙序 i	纵向读数值 x_i/mm	实测螺距值 P_i/mm	单个螺距偏差 ΔP_i/μm	螺距偏差累加 $\Sigma\Delta P_i$/μm
0	66.001			
1	59.998	6.003	+3	+3
2	53.993	6.005	+5	+8
3	47.998	5.995	−5	+3
4	42.000	5.998	−2	+1
5	35.997	6.003	+3	+4
6	29.994	6.003	+3	+7
7	24.004	5.990	−10	−3
8	18.009	5.995	−5	−8
9	12.011	5.998	−2	−10
10	06.006	6.005	+5	−5

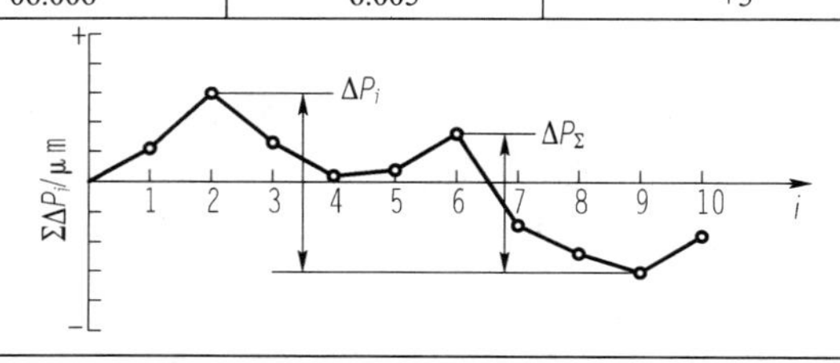

螺距偏差中最大值与最小值：ΔP_{max}=+5μm，ΔP_{min}=−10(μm)

螺纹全长内的螺距累积误差：ΔP_L=+8−(−10)=18(μm)

螺纹旋合长度（25mm）内的螺距累积误差 ΔP_Σ=+7−(−10)=17(μm)

4）判断合格性

对于普通外螺纹（牙型角 α=60°），根据外螺纹的技术要求，查出中径的极限尺寸 d_{2max} 和 d_{2min}，按 $d_{2m}\leqslant d_{2max}$，$d_{2s}\geqslant d_{2min}$ 判断合格性，其中径按下式计算：

$$d_{2m}=d_{2s}+f_{p\Sigma}+f_\alpha$$

$$f_{p\Sigma}=1.732|\Delta P_\Sigma|$$

$$f_\alpha=0.073P(K_1|\Delta\alpha_1|+K_2|\Delta\alpha_2|)$$

具体按照第 10 章第 10.8 节的内容进行相关计算。

5）被测螺纹标记及旋合长度

被测螺纹标记：M20-6g；

旋合长度：15mm。

被测螺纹件如图 13-48 所示。

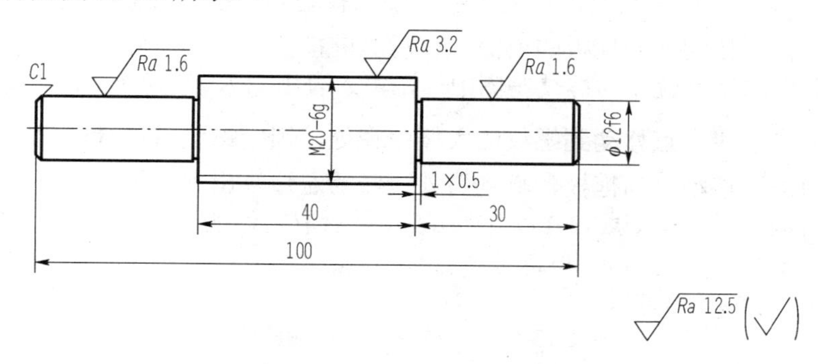

图 13-48　被测螺纹件

6）实验数据与处理

（1）根据螺纹标记从标准中查直径、公差、上极限偏差和下极限偏差，填写数据到表 13-15。

表 13-15　M20-6g 螺纹参数表

几何参数	直径/mm	公差/mm	上极限偏差/μm	下极限偏差/μm
大径 d				
中径 d_2				
d_{2max}　d_{2min}				

注：对外螺纹而言，基本偏差 es，即为中径及大径的上极限偏差。

（2）螺距累积误差测量。按照表 13-15 螺纹测量数据处理方法，对 M20-6g 进行测量螺距，根据测量数据，填写相关数据到表 13-16 第一列（左侧螺距）和第二列（右侧螺距），按左、右侧螺距平均值进行计算得到实测螺距值，填入第三列得到单个螺距偏差，对实测螺距和标准螺距 2.5mm 进行比较得到单个螺距偏差填入第四列，对单个螺距偏差进行累加计算，得到螺距偏差的累加，填入表中第五列。

表 13-16　螺距 P 的测量和螺距累积误差计算（P=2.5mm）

牙序	纵向读数值		实测螺距值	单个螺距偏差	螺距偏差累加
	左/mm	右/mm	P_i/mm	ΔP_i/μm	$\Sigma\Delta P_i$/μm
0					
1					
2					
3					
4					
5					
6					

根据表 13-17，可以得到：

单个螺距偏差中，最大值ΔP_{max}=　　　μm，最小值ΔP_{min}=　　　μm，螺距累积误差ΔP_{Σ}=　　　μm。

3）螺纹中径测量。用工具显微镜的米字线中点移动到螺纹的大概中径处，锁定螺纹左边缘，记下数据，在不移动横向拖板的前提下移动纵向拖板，直到另外一侧的右边缘出现，记下数据，两次数据的差值就作为螺纹左侧中径，填入表 13-17，作为$d_{2右}$。用同样的方法，再把工具显微镜的米字线中点移动到螺纹的大概中径处，锁定螺纹右边缘，记下数据，在不移动横向拖板的前提下移动纵向拖板，直到另外一侧的左边缘出现，记下数据，两次数据的差值就作为螺纹右侧中径，填入表 13-17，作为$d_{2左}$，最后取它们的平均值作为螺纹实测中径d_{2s}，数据填入表 13-17 中。

表 13-17　螺纹中径 d_2 的测量值

测量部位	Ⅰ—Ⅱ	Ⅲ—Ⅳ	$d_{2s}=(d_{2右}+d_{2右})/2$
项目	$d_{2右}$	$d_{2左}$	
数值			

根据测量原理和测量的方法，对螺纹的牙侧角误差进行测量，数据填入表 13-18。

表 13-18　螺纹牙型半角α的测量值

α_1（右）	α_1'	α_1''	$\alpha_1=(\alpha_1'+\alpha_1'')/2=$
			$\Delta\alpha_1=\alpha_1-\alpha=$
α2（右）	α_2'	α_2''	$\alpha_2=(\alpha_2'+\alpha_2'')/2=$
			$\Delta\alpha_2=\alpha_2-\alpha=$

最后，根据螺纹中径合格性判断的泰勒原则，计算及判断被测实际螺纹件是否合格。

（4）思考下列问题：

① 用影像法测量螺纹时，为何要将立柱倾斜？

② 测量螺纹的牙测角、螺距和中径，为何应取左、右两侧数值的平均值作为测量结果？

13.5　单键槽和外花键的测量

1. 实验目的

（1）掌握单键槽的尺寸和键槽对称度误差的测量方法。

（2）掌握花键的尺寸和键槽几何误差的测量方法。

2. 实验内容

（1）如实验图 13-49 所示轴上单键槽，要求通过实验测量确定轴上单键槽宽度和对称度是否合格。

（2）如实验图 13-50 所示花键轴，要求通过实验测量确花键轴的截面尺寸和位置度是否合格。

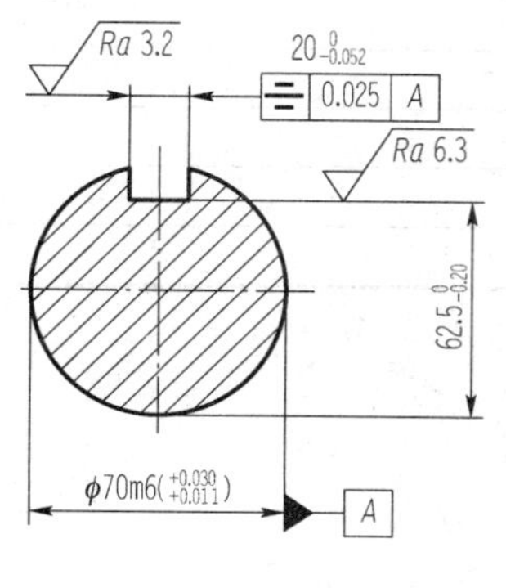

图 13-49　轴上单键槽

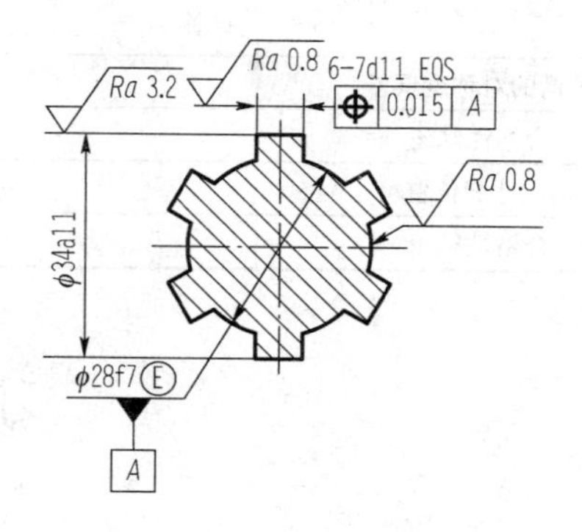

图 13-50　花键轴

3．实验步骤

（1）参阅第 11 章前述介绍，根据要测量的参数选择合适的测量方法和测量仪器。

（2）了解各测量仪器的构造和测量原理，对照测量仪器认识其主要部件及其作用。

（3）按仪器的测量方法进行各参数的测量。

（4）分析测量结果，并将测量值与其公差或极限偏差值进行比较，判断所测量键槽和花键轴各参数合格与否，以及其综合性的结论如何。

（5）写出实验报告。

4．实验数据及处理

按照表 13-19，填写相关的测量器具名称及测量器具的技术参数，画处零件图，填写测量部位的测量数据，进行数据分析和处理，做出合格性判断。

表 13-19　单键槽和花键轴的测量数据及处理表

	名称	分度值	示值范围	测量范围
测量器具				
零件图				
1．单键槽宽 b				
实测尺寸	b_a=________			
合格性结论				
2．键槽对称度				
横截面上	δ_1=________　δ_2=________ 计算 $f_{截}$= ________			

续表

键槽长度方向上	$a_{高}$= ________ $a_{低}$= ________ 计算 $f_{长}$= ________
键槽的对称度误差	
合格性结论	
3．花键轴尺寸和位置度	
合格性结论	

习　题　13

简答题

（1）常用千分尺有哪几种类型？各有哪些用途？
（2）说明千分尺的读数原理、读数方法。
（3）千分尺测量尺寸公差等级是多少？
（4）千分尺的维护保养应注意哪些事项？
（5）游标卡尺有哪几种？各有什么用途？
（6）简述游标卡尺的结构。
（7）说明游标卡尺的刻度原理、读尺方法和读尺时的注意事项。
（8）画出用游标卡尺测量下列尺寸的示意图：3.60、15.34、22.68。
（9）游标卡尺的维护保养应注意哪些事项？
（10）什么叫做径向圆跳动、端面圆跳动和同轴度？分别采用哪些方法进行测量？
（11）百分表分哪几种？各有什么用途？
（12）试述百分表的传动机构的工作原理及使用方法。
（13）百分表如何读数？应注意什么问题？
（14）万能角度尺有几种测量范围？简述刻线原理。
（15）公差原则有哪几种？
（16）分别说明平行度、位置度、垂直度、对称度和同轴度误差的测量方法。

附录 A　轴与孔的基本偏差数值（摘录）

附表 A-1　轴的基本偏差数值(摘录)

公称尺寸/mm		基本偏差数值																														
		上极限偏差 es												下极限偏差 ei																		
		所有标准公差等级												IT5和IT6	IT7	IT8	IT4～IT7	≤IT3 >IT7	所有标准公差等级													
大于	至	a	b	c	cd	d	e	ef	f	fg	g	h	js	j			k		m	n	p	r	s	t	u	v	x	y	z	za	zb	zc
—	3	-270	-140	-60	-34	-20	-14	-10	-6	-4	-2	0		-2	-4	-6	0	0	+2	+4	+6	+10	+14		+18		+20		+26	+32	+40	+60
3	6	-270	-140	-70	-46	-30	-20	-14	-10	-6	-4	0		-2	-4		+1	0	+4	+8	+12	+15	+19		+23		+28		+35	+42	+50	+80
6	10	-280	-150	-80	-56	-40	-25	-18	-13	-8	-5	0		-2	-5		+1	0	+6	+10	+15	+19	+23		+28		+34		+42	+52	+67	+97
10	14	-290	-150	-95		-50	-32		-16		-6	0		-3	-6		+1	0	+7	+12	+18	+23	+28		+33		+40		+50	+64	+90	+130
14	18																									+39	+45		+60	+77	+108	+150
18	24	-300	-160	-110		-65	-40		-20		-7	0		-4	-8		+2	0	+8	+15	+22	+28	+35		+41	+47	+54	+63	+73	+98	+136	+188
24	30																							+41	+48	+55	+64	+75	+88	+118	+160	+218
30	40	-310	-170	-120		-80	-50		-25		-9	0	偏差=$\pm\frac{ITn}{2}$，式中，ITn 是 IT 值数	-5	-10		+2	0	+9	+17	+26	+34	+43	+48	+60	+68	+80	+94	+112	+148	+200	+274
40	50	-320	-180	-130																				+54	+70	+81	+97	+114	+136	+180	+242	+325
50	65	-340	-190	-140		-100	-60		-30		-10	0		-7	-12		+2	0	+11	+20	+32	+41	+53	+66	+87	+102	+122	+144	+172	+226	+300	+405
65	80	-360	-200	-150																		+43	+59	+75	+102	+120	+146	+174	+210	+274	+360	+480
80	100	-380	-220	-170		-120	-72		-36		-12	0		-9	-15		+3	0	+13	+23	+37	+51	+71	+91	+124	+146	+178	+214	+258	+335	+445	+585
100	120	-410	-240	-180																		+54	+79	+104	+144	+172	+210	+254	+310	+400	+525	+690
120	140	-460	-260	-200		-145	-85		-43		-14	0		-11	-18		+3	0	+15	+27	+43	+63	+92	+122	+170	+202	+248	+300	+365	+470	+620	+800
140	160	-520	-280	-210																		+65	+100	+134	+190	+228	+280	+340	+415	+535	+700	+900
160	180	-580	-310	-230																		+68	+108	+146	+210	+252	+310	+380	+465	+600	+780	+1000
180	200	-660	-340	-240		-170	-100		-50		-15	0		-13	-21		+4	0	+17	+31	+50	+77	+122	+166	+236	+284	+350	+425	+520	+670	+880	+1150
200	225	-740	-380	-260																		+80	+130	+180	+258	+310	+385	+470	+575	+740	+960	+1250
225	250	-820	-420	-280																		+84	+140	+196	+284	+340	+425	+520	+640	+820	+1050	+1350

续表

公称尺寸/mm		基本偏差数值																																
		上极限偏差 es												下极限偏差 ei																				
		所有标准公差等级												IT5和IT6	IT7	IT8	IT4～IT7	≤IT3 >IT7	所有标准公差等级															
大于	至	a	b	c	cd	d	e	ef	f	fg	g	h	js	j			k		m	n	p	r	s	t	u	v	x	y	z	za	zb	zc
250	280	-920	-480	-300		-190	-110		-56		-17	0		-16	-26		+4	0	+20	+34	+56	+94	+158	+218	+315	+385	+475	+580	+710	+920	+1200	+1550
280	315	-1050	-540	-330																		+98	+170	+240	+350	+425	+525	+650	+790	+1000	+1300	+1700
315	355	-1200	-600	-360		-210	-125		-62		-18	0		-18	-28		+4	0	+21	+37	+62	+108	+190	+268	+390	+475	+590	+730	+900	+1150	+1500	+1900
355	400	-1350	-680	-400																		+114	+208	+294	+435	+530	+660	+820	+1000	+1300	+1650	+2100
400	450	-1500	-760	-440		-230	-135		-68		-20	0		-20	-32		+5	0	+23	+40	+68	+126	+232	+330	+490	+595	+740	+920	+1100	+1450	+1850	+2400
450	500	-1650	-840	-480																		+132	+252	+360	+540	+660	+820	+1000	+1250	+1600	+2100	+2600
500	560					-260	-145		-76		-22	0					0	0	+26	+44	+78	+150	+280	+400	+600							
660	630																					+155	+310	+450	+660							
630	710					-290	-160		-80		-24	0					0	0	+30	+50	+88	+175	+340	+500	+740							
710	800																					+185	+380	+560	+840							
800	900					-320	-170		-86		-26	0					0	0	+34	+56	+100	+210	+430	+620	+940							
900	1000																					+220	+470	+680	+1050							
1000	1120					-350	-195		-98		-28	0					0	0	+40	+66	+120	+250	+520	+780	+1150							
1120	1250																					+260	+580	+840	+1300							
1250	1400					-390	-220		-110		-32	0					0	0	+48	+78	+140	+300	+640	+960	+1450							
1400	1600																					+330	+720	+1050	+1600							
1600	1800					-430	-240		-120		-32	0					0	0	+58	+92	+170	+370	+820	+1200	+1850							
1800	2000																					+400	+920	+1350	+2000							
2000	2240					-480	-260		-130		-34	0					0	0	+68	+110	+195	+440	+1000	+1500	+2300							
2240	2500																					+460	+1100	+1650	+2500							
2500	2800					-520	-290		-145		-38	0					0	0	+76	+135	+240	+550	+1250	+1900	+2900							
2800	3150																					+580	+1400	+2100	+3200							

附表 A-2 孔的基本偏差数值表（摘录）

公称尺寸/mm		基本偏差数值																							
		下极限偏差 EI												上极限偏差 ES											
		所有标准公差等级												IT6	IT7	IT8	≤IT8	>IT8	≤IT8	>IT8	≤IT8	>IT8	≤IT7
大于	至	A	B	C	CD	D	E	EF	F	FG	G	H	JS	J			K		M		N		P 至 ZC
—	3	+270	+140	+60	+34	+20	+14	+10	+6	+4	+2	0	偏差 $=\pm\frac{ITn}{2}$ 式中 ITn 是 IT 值数	+2	+4	+6	0	0	-2	-2	-4	-4	在大于 IT7 的相应数值上增加一个 Δ值
3	6	+270	+140	+70	+46	+30	+20	+14	+10	+6	+4	0		+5	6	+10	-1+Δ		-4+Δ	-4	-8+Δ	0	
6	10	+280	+150	+80	+56	+40	+25	+18	+13	+8	+5	0		+5	+8	+12	-1+Δ		-6+Δ	-6	-10+Δ	0	
10	14	+290	+150	+95		+50	+32		+16		+6	0		+6	+10	+15	-2+Δ		-7+Δ	-7	-12+Δ	0	
14	18																						
18	24	+300	+160	+110		+65	+40		+20		+7	0		+8	+12	+20	-2+Δ		-8+Δ	-8	-15+Δ	0	
24	30																						
30	40	+310	+170	+120		+80	+50		+25		+9	0		+10	+14	+24	-2+Δ		-9+Δ	-9	-17+Δ	0	
40	50	+320	+180	+130																			
50	65	+340	+190	+140		+100	+60		+30		+10	0		+13	+18	+28	-2+Δ		-11+Δ	-11	-20+Δ	0	
65	80	+360	+200	+150																			
80	100	+380	+220	+170		+120	+72		+36		+12	0		+16	+22	+34	-3+Δ		-13+Δ	-13	-23+Δ	0	
100	120	+410	+240	+180																			
120	140	+460	+260	+200		+145	+85		+43		+14	0		+18	+26	+41	-4+Δ		-15+Δ	-15	-27+Δ	0	
140	160	+520	+280	+210																			
160	180	+580	+310	+230																			
180	200	+660	+340	+240		+170	+100		+50		+15	0		+22	+30	+47	-4+Δ		-17+Δ	-17	-31+Δ	0	
200	225	+740	+380	+260																			
225	250	+820	+420	+280																			
250	280	+920	+480	+300		+190	+110		+56		+17	0		+25	+36	+55	-4+Δ		-20+Δ	-20	-34+Δ	0	
280	315	+1050	+540	+330																			
315	355	+1200	+600	+360		+210	+125		+62		+18	0		+29	+39	+60	-4+Δ		-21+Δ	-21	-37+Δ	0	
355	400	+1350	+680	+400																			

续表

公称尺寸/mm		基本偏差数值																					
		下极限偏差 EI												上极限偏差 ES									
		所有标准公差等级												IT6	IT7	IT8	≤IT8	>IT8	≤IT8	>IT8	≤IT8	>IT8	≤IT7
大于	至	A	B	C	CD	D	E	EF	F	FG	G	H	JS	J			K		M		N		P 至 ZC
400	450	+1500	+760	+440		+230	+135		+68		+20	0		+33	+43	+66	−5+ Δ		−23+ Δ	−23	−40+ Δ	0	
450	500	+1650	+840	+480																			
500	560					+260	+145		+76		+22	0					0		−26		−44		
660	630																						
630	710					+290	+160		+80		+24	0					0		−30		−50		
710	800																						
800	900					+320	+170		+86		+26	0					0		−34		−56		
900	1000																						
1000	1120					+350	+195		+98		+28	0					0		−40		−66		
1120	1250																						
1250	1400					+390	+220		+110		+32	0					0		−48		−78		
1400	1600																						
1600	1800					+430	+240		+120		+32	0					0		−58		−92		
1800	2000																						
2000	2240					+480	+260		+130		+34	0					0		−68		−110		
2240	2500																						
2500	2800					+520	+290		+145		+38	0					0		−76		−135		
2800	3150																						

附录B　ISO R 1101:1969/A.1:1971(E)

形状和位置公差（摘录）

1. 适用范围

（1）本ISO推荐提供在图样上用符号来标注形状公差和位置公差（包括形状、方向、位置和跳动）的原则，并确保零件的功能和互换性要求。

（2）在为确保零件配合性的目的必不可少的时候才规定形状公差和位置公差。

（3）如果只给定尺寸公差，则此尺寸公差也限制一定的形状和位置误差（如平面度和平行度），因此，被加工零件的实际表面可以在尺寸公差范围内偏离给定的几何形状。但是，当必须将形状误差限制一定范围内时，就应当给定形状公差。

（4）即使不给定尺寸公差，也可以给定形状公差或位置公差。

（5）本形状公差和位置公差标注，并不意指要使用特定的加工方法、特殊的测量方法或量具。

2. 定义

（1）几何体（点、线、面或中心平面）的形状公差或位置公差规定了包含该要素的区域。

（2）按照给定的形状公差或位置公差特性和尺寸标注的形式，公差带可为下列之一。

① 一个圆范围内。

② 两同心圆之间的区域内。

③ 两平行线或两平行直线之间的区域内。

④ 一个球体内的空间。

⑤ 一个圆柱体的内部区间或两个同轴圆柱体之间的空间。

⑥ 两平行面或两平行平面之间的空间。

⑦ 四棱柱体的内部空间。

（3）除非给出说明性的附注加以限定，否则形体在其公差内可以具有任意形状和方向。

（4）除非有另行规定，否则公差适用于被测形体的全长或整个表面。

（5）基准要素是与方向公差、位置公差和跳动公差相联系的要素。

（6）基准要素的形状应当具有足够的精度，因此，有时必须给定基准要素的形状公差。

注：

① 当单一要素上的各个点与其理想几何体的接触表面的距离不大于给定的公差值时，该单一要素的形状被认为是正确的。理想面的方向应使理想面与被测要素的实际面之间的最大距离为最小值。

理想面的可能方向：A_1—B_1、A_2—B_2、A_3—B_3;

相应的最大距离：h_1、h_2、h_3;

在附图B-1的情况下：$h_1 < h_2 < h_3$。

所以，理想面的方向应为 A_1—B_1，h_1 应不大于给定的公差。

② 有时为便于加工和检验，可以指定零件上一些适当的点的位置来作为临时基准要素。

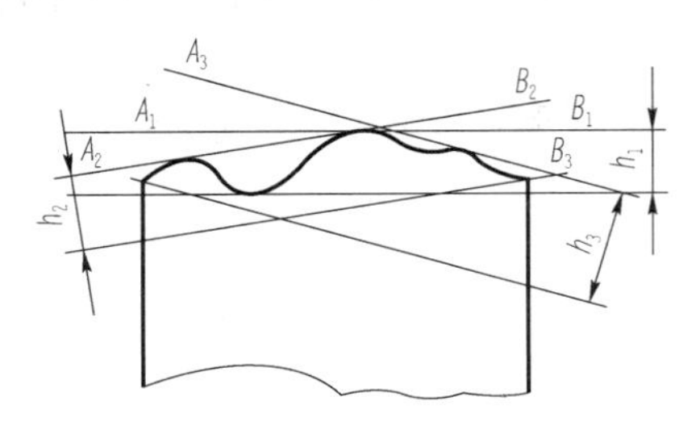

附图 B-1　要素大小比较

3. 符号

公差特性的种类见附表 B-1。

附表 B-1　公差特性的种类

公差特性			符号
1	单一要素的形状	直线度	⏤
		平面度	⏥
		圆度	○
		圆柱度	⌭
		任意线轮廓度	⌒
		任意面轮廓度	⌓
2	关联要素的方向	平行度	//
		垂直度	⊥
		倾斜度	∠
3	关联要素的位置	位置度	⌖
		同心度和同轴度	◎
		对称度	⌯
4	跳　动		↗

4. 图样标注法

（1）将必要的指示标注分成两个，有时分成 3 个的长方框格内。长方框格中的各个小格按照下列顺序从左至右进行标注：

① 公差特性的符号。

② 公差数值，以线值尺寸采用的 mm 为单位。如果公差带是圆或圆柱体，则公差值前面加注符号“ϕ”，如果公差带是球，则加注符号“球ϕ”。

③ 按照需要，用一个字母或几个字母表示一个或几个基准要素。

（2）公差框格用一端带箭头的指引线按下列方法连接被测要素：

① 公差属于线或面时，箭头指在要素的轮廓线或轮廓线的延长线上。

② 公差属于某个要素的轴线或中心平面时，箭头指在投影线的尺寸上；公差属于整个要素的公共轴线或中心平面时，箭头指在该轴线上。

若公差带不是圆、圆柱体或球，则公差带的宽度方向就是公差框格连接于被测要素的指引线的箭头方向。

（3）用顶端有实心三角形的引出线表示一个基准要素或多个基准要素，实心三角形的底按下列方法连接于基准要素：

① 基准要素是线或面时，应在要素的轮廓线上或轮廓线的延长线上。

② 基准要素是某个要素的轴线或中心平面时，投射线位置在尺寸线上；基准要素是共用轴线或中心平面的所有要素的轴线或中心平面时，位置在该轴线上，只要该轴线能确定足够的精度。

若没有足够的位置来标注两格尺寸箭头，则可以用该实心三角形代替一个尺寸箭头。

若公差框格不能以清晰和简单的方式与基准要素相连，则可以用一个大写字母（每个基准要素所用的字母应当不同）。该大写字母围以方框连接于基准要素。

（4）如果两个关联要素具有相同的形状，又没有理由选取其中某个要素作为基准要素，则公差可以按附图 B-2 所示方法标注。

5）如果公差用于某一个指定长度，则应将该长度值附加在公差之后，并用一斜线分开。

也可用同样的方法标注一个面，这种标注法指公差适用于任意位置和任意方向上的给定长度的一切线要素，按附图 B-3 所示方法标注。

（6）如果既给定整个要素的公差，又规定长度范围内的较小同类公差，则应将后者公差标在前者公差的下面，按附图 B-4 所示方法标注。

（7）如果公差只适用于要素的限定部分，则按附图 B-5 所示方法来标注（根据 ISO R 129-2.5）。

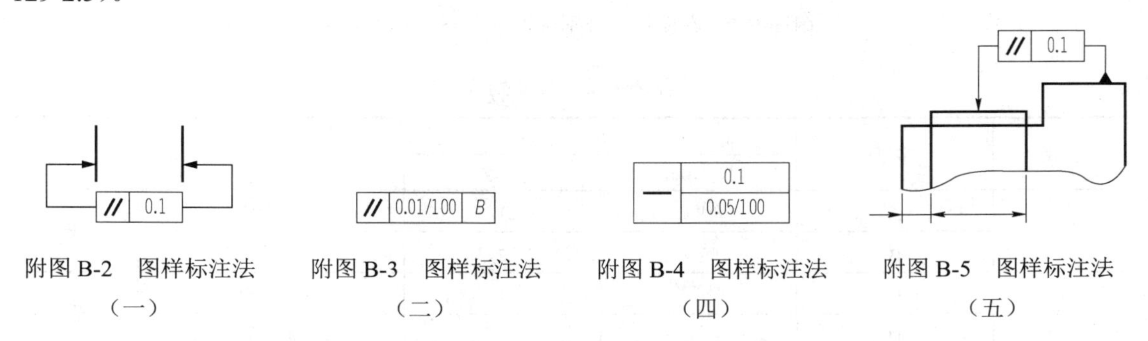

附图 B-2　图样标注法（一）　附图 B-3　图样标注法（二）　附图 B-4　图样标注法（四）　附图 B-5　图样标注法（五）

（8）在表明“最大实体要求”时，根据最大实体状态适用于被测要素、基准要素还是适用于二者，在下列各项的后面加符号 m 表示。

① 公差值，如附图 B-6 所示。

② 基准字母，如附图 B-7 所示。

③ 公差值和基准字母二者，如附图 B-8 所示。

◎	φ0.04Ⓜ	A

附图 B-6　公差值

◎	φ0.04	AⓂ

附图 B-7　基准字母

◎	φ0.04Ⓜ	AⓂ

附图 B-8　公差值和基准字母

（9）如果对要素给定位置度或轮廓度公差，则确定正确位置或正确轮廓的尺寸必须不带公差。如果对要素给定倾斜度公差，则确定正确角度的尺寸必须不带公差。这些不带公差的尺寸围于方框，如[30]。零件相应的实际尺寸只受规定的位置度公差、轮廓度公差或倾斜度公差控制。

（10）也可选用另一种标注方法，即在图样上分别标注各个公差列表标注，如附图 B-9 所示，然后列出公差列表，见附表 B-2。

注：不围以方框的各个尺寸（即带公差的尺寸）都分别受普通公差控制。

*译注：该标准已发布，标准号为 ISO 1101-2:1974。

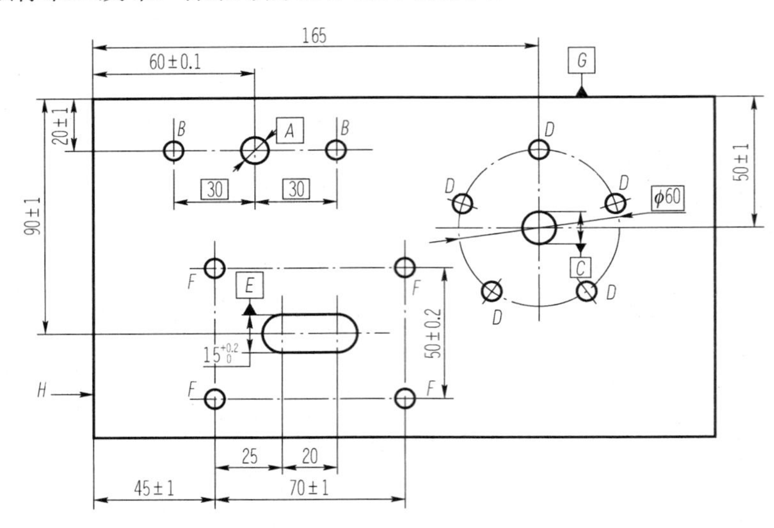

附图 B-9 在图样上分别标注各个公差列表标注

附表 B-2 公差列表

组别	字母	孔		公差/mm	
		尺寸/mm	个数		
1	A	$\phi10^{+0.1}_{0}$	1	基准Ⓜ	⌖
	B	$\phi8^{+0.5}_{0}$	2	公差ϕ0.8Ⓜ	
2	C	$\phi12^{+0.2}_{0}$	1	基准Ⓜ	⌖
	D	$\phi7^{+0.5}_{0}$	5	基准ϕ0.6Ⓜ	
3	E	—	—	基准 mⓂ	⌯
	F	$\phi8^{+0.5}_{0}$	4	公差 0.1mⓂ	
4	G	—	—	基准	⊥
	H	—	—	公差 0.05	

5. 形状公差和位置公差的详细定义

略。

附录 C　ASME Y14.5:2009 标注实例（摘录部分）

1. 毫米尺寸标注方法

当图样指定用毫米标注时，应遵守下列要求（附图 C-1）：
（1）当尺寸小于 1mm 时，十进制小数点前加 0。
（2）当尺寸为整数时，十进制小数或 0 均不给出。
（3）当尺寸超过整数余数不足 1mm（十进制）时，十进制小数最后一位不得为 0。
（4）当图样指定用毫米标注时，不得用逗号或空格将数字分组。

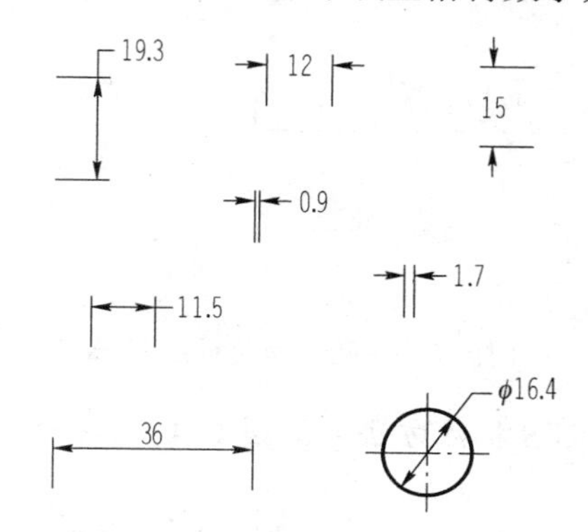

附图 C-1　毫米尺寸标注方法

2. 十进制英寸尺寸标注方法

当图样指定用十进制英寸标注时，应遵守下列要求（附图 C-2）：
（1）对于小于 1 英寸的值，十进制小数点前不加 0。
（2）尺寸表达至小数位的相同数作为公差，需要将 0 加在十进制小数点右侧。

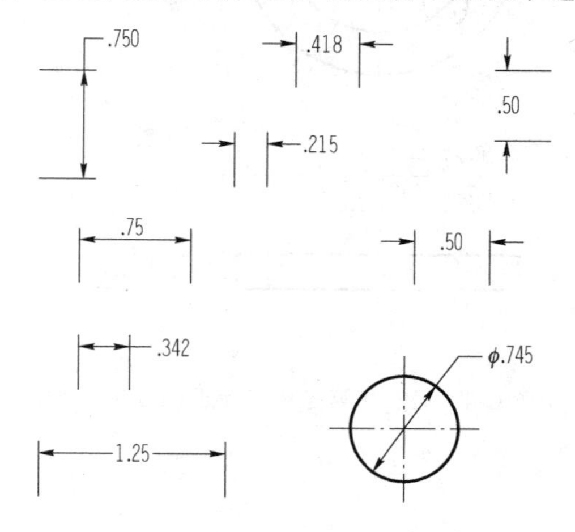

附图 C-2　十进制英寸尺寸标注方法

3. 角度单位标注方法

角度尺寸以度和十进制分数表示，或者以度、分、秒表示。后者用以下符号：度“°”、分“′”、秒“″”。当只有度时，数值后只标注度的符号。当只有分或秒时，分或秒的数字前加0° 或 0° 0′（附图 C-3）。

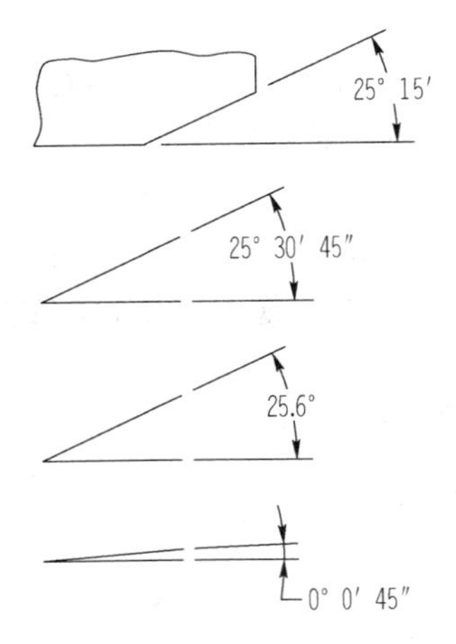

附图 C-3　角度单位标注方法

4. 第二和第三基准特征 RFS 标注方法（附图 C-4）

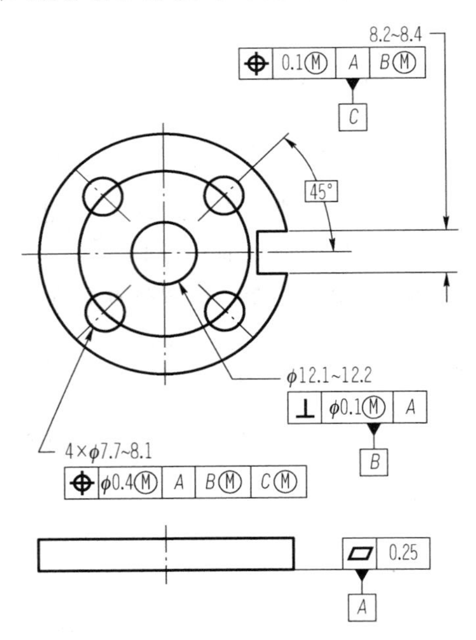

附图 C-4　第二和第三基准特征 RFS 标注方法

5. 基准特征MMC标注方法（附图C-5）

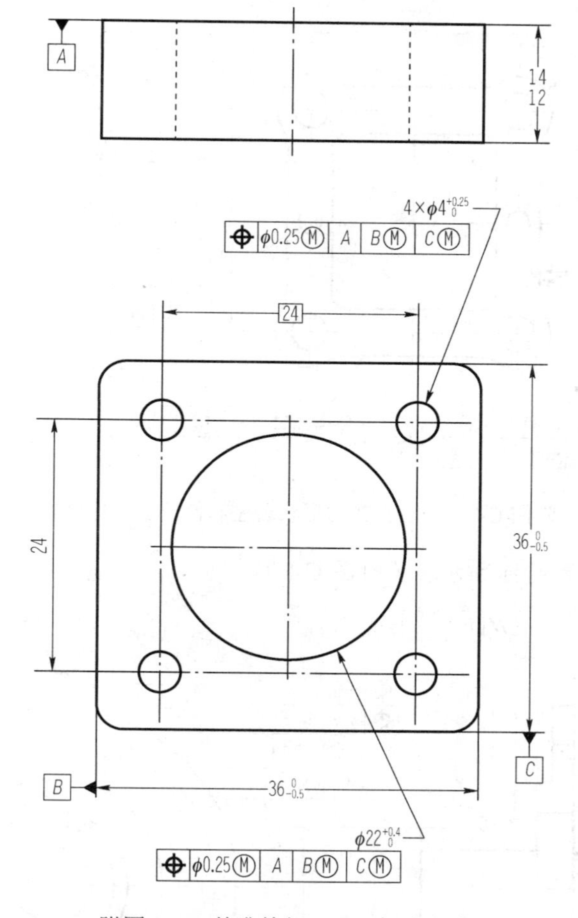

附图C-5　基准特征MMC标注方法

6. 常规位置公差MMC标注方法（附图C-6）

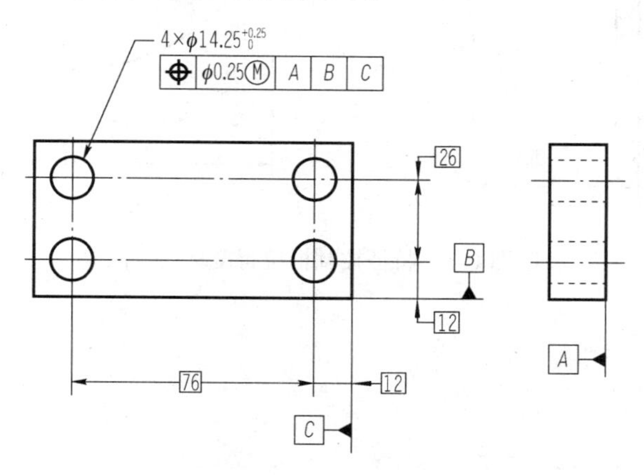

附图C-6　常规位置公差MMC标注方法

7. 同时存在的形状公差和位置公差标注方法（附图 C-7）

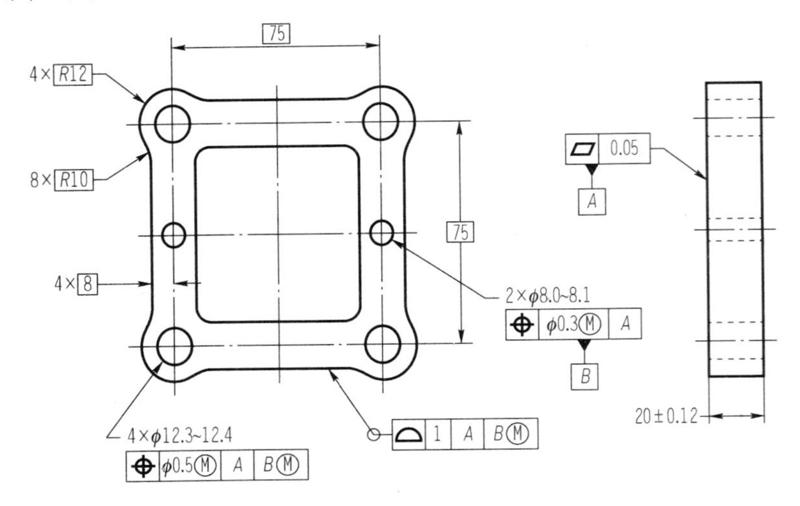

附图 C-7　同时存在的形状公差和位置公差标注方法

8. 特征控制框位置度标注方法（附图 C-8）

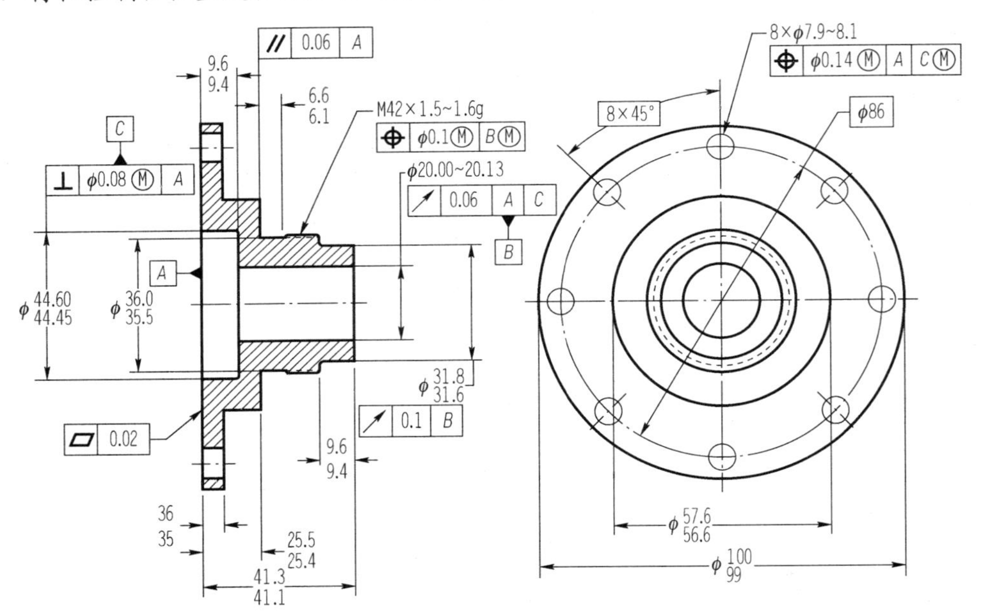

附图 C-8　特征控制框位置度标注方法

附录D　ASME Y14.5—2009尺寸和几何公差标准关键词汉英对照

序号	英文	中文
1	ASME	美国机械工程协会
	一、Scope, definition, and general purpose defined dimensions（应用范围、定义以及通用确定尺寸）	
2	Dimensioning and Tolerancing	尺寸和公差
3	Fundamental Rules	基本规则
4	Units of Measure	测量单位
5	Types of Dimensioning	尺寸标注类型
6	Application of Dimensioning	尺寸标注的应用
7	Dimensioning Features	特征尺寸
8	Location of Features	特征定位
	二、 General tolerance determination and related rules（一般的公差确定及相关规则）	
9	General	通则
10	Direct Tolerancing Methods	直接标注公差的方法
11	Tolerance Expression	公差表达式
12	Interpretation of Limits	极限的解释
13	Single Limits	单一极限
14	Tolerance Accumulation	公差累积
15	Limits of Size	尺寸极限
16	Applicability of Modifiers on Geometric Tolerance Values and Datum Feature References	修正对几何公差值和基准特征的适用性
17	Screw Threads	螺纹
18	Gears and Splines	齿轮和齿条
19	Boundary Conditions	边界条件
20	Angular Surfaces	角度表面
21	Conical Tapes	锥度
22	Flat Tapers	平锥
23	Radius	半径
24	Tangent Plane	切平面
25	Statistical Tolerancing	统计公差
	三、Symbolic representation（符号表示法）	
26	Use of Notes to Supplement Symbols	用注解补充符号
27	Symbol Construction	符号结构
28	Feature Control Frame Symbols	几何公差符号
29	Feature Control Frame Placement	特征控制框位置
30	Definition of the Tolerance Zone	公差带定义
31	Tabulated Tolerances	列表公差

续表

序号	英文	中文
四、Datum reference（基准参考）		
32	Datum Reference Frames	基准参考框架
33	Degrees of Freedom	自由度
34	Datum Feature Simulator	相似基准特征
35	Datum Features	基准要素
36	Datum Feature Controls	控制基准特征
37	Specifying Datum Features in an Order of Precedence	按优先的顺序指定基准特征
38	Establishing Datums	建立基准
39	Multiple Datum Features	多个基准特征
40	Datum Feature Selection Practical Application	实际应用中基准特征的选择
41	Restrained Condition	约束条件
42	Datum Targets	目标基准
五、Position tolerance（位置公差）		
43	Orientation Control	定位控制
44	Orientation Symbol	定位符号
45	Specifying Orientation Tolerances	指定定位公差
46	Positional Tolerancing	位置公差
47	Positional Tolerancing Fundamentals	位置公差原则
48	Pattern Location	定位模式
49	Coaxial Feature Controls	同轴特征控制
50	Tolerancing for Symmetrical Relationships	公差的对称关系
51	Tolerances of Profile	公差简介
52	Tolerance Zone Boundaries	公差带边界
53	Combined Controls	联合控制
六、Tolerances of shape, form, location and beat（形状、外形、定位和跳动公差）		
54	Specifying Form Tolerances	指定形状公差
55	Form Tolerances	形状公差
56	Shape and orientation control	形态及方位控制
57	Specifying the form and orientation tolerance	指定形态和方位公差
58	Form tolerance	形态公差
59	Shape control	外形控制
60	Bearing tolerance	方位公差
61	Beat	跳动
62	Monomer state variable	单体状态变量

附录E 相关术语

（ASME Y14.5—2009 标准）

（1）Inner Boundary（内边界）：由最小特征（内部特征为MMC，外部特征为LMC）减去规定的几何公差和偏离其指定材料的附加几何（如果应用）而形成的最差边界。

（2）Outer Boundary（外边界）：由最大特征（内部特征为LMC，外部特征为MMC）加上几何公差和偏离其指定材料条件的附加几何公差（如果应用）而形成的最差边界。

（3）Datum（基准）：源自指定的基准特征真实几何对称的理论精确点、轴或面。基准是建立零件特征位置或几何特征的基础。

（4）Datum Feature（基准特征）：零件的实际特征，用于建立基准。

（5）Datum Feature Simulator（基准特征模拟器）：接近基准特征的精确特征表面（如平面表面、检验表面或芯轴），用于建立模拟基准。

（6）Datum Simulated（模拟基准）：通过处理或检验设备建立的点、轴或平面。

（7）Datum Target（基准目标）：在用于建立基准的零件上指定的点、线或区域。

（8）Dimension（尺寸）：用适当的测量单位表述的数值，用来定义零件或零件特征的大小、位置、几何特征或表面构造。

（9）Dimension Basic（公称尺寸）：用来描述特征或基准目标的理论精确尺寸、轮廓、方位或位置的数值。

（10）Dimension Reference（参考尺寸）：通常没有公差的尺寸，只用于信息目的。参考尺寸是尺寸的重复或来自图样或相关图样标注的其他值。它被看作附属信息，不控制生产或检验操作。

（11）Envelope Actual Mating（实际配合包络线/面）：这一术语按照特征类型定义：①外部特征。最小尺寸的类似完美特征相似物，可将该特征包围，恰好在其最高点与表面接触；②内部特征。最大尺寸的类似完美特征相似物，可将该特征内切，恰好在其最高点与表面接触。

（12）Feature（特征）：应用于零件物质部分的一般术语，如表面、销、接头、孔、槽。

（13）Feature Axis of（轴的特征）：与指定特征真实几何对称轴相一致的直线。

（14）Feature Center plane of（中心面特征）：与指定特征真实几何对称中心面相一致的面。

（15）Feature Derived Median plane of（源自中间面特征）：穿过由特征限定界限的所有线段中心的不完整面（抽象的）。这些线段垂直于实际配合包络线/面。

（16）Feature Derived Median Line of（源自中心线特征）：穿过特征横截面的中心点的不完整线（抽象的）。这些横截面的中心点垂直于实际配合包络线/面的轴。

（17）Feature of Size（尺寸特征）：与大小尺寸相关的一个圆柱面或球面，或者一组两个相反元素或相反平行平面。

（18）Full Indicator Movement [FIM]（完全指示器运动）：恰当地用于测量表面变动时，指示器的全部运动。

（19）Least Material Condition[LMC]（最小材料状态）：在指定尺寸极限内，包含最小材料量的尺寸特征状态，如最大孔直径、最小轴直径。

（20）Maximum Material Condition[MMC]（最大材料状态）：在指定尺寸极限内，包含最大材料量的尺寸特征状态，如最小孔直径、最大轴直径。

（21）Plane Tangent（相切面）：源自指实特征面的真实几何对称的理论精确面。

（22）Regardless of Feature Size [RFS]（不考虑特征尺寸）：该术语用于说明在尺寸公差范围内，几何公差或基准参考适用于任何特征尺寸增量。

（23）Resultant Condition（总合状态）：由尺寸特征的指定 MMC 或 LMC 材料状态、该材料状态的几何公差、尺寸公差及源自特征偏离指定材料状态的附加几何公差等综合影响而产生的变化范围。

（24）Size Actual（实际尺寸）：关于生产特征的一般术语。包括实际配合尺寸和实际局部尺寸。

（25）Size Actual Local（实际局部尺寸）：特征的任意横截面的任意单个距离的值。

（26）Size Actual Mating（实际配合尺寸）：实际配合包络面/线的尺寸值。

（27）Size Limits of（极限尺寸）：指定的最大尺寸和最小尺寸。

（28）Size Nominal of（名义尺寸）：用于核对目的的名称。

（29）Size,Resultant Condition（综合状态尺寸）：综合状态限定的实际尺寸。

（30）Size,L Resultant Condition（实际状态尺寸）：实际状态限定的实际尺寸。

（31）Tolerance（公差）：指定尺寸允许变化的总量。公差是最大极限与最小极限之差。

（32）Tolerance Bilateral（双边公差）：允许在指定尺寸两个方向变化的公差。

（33）Tolerance Geometric（几何公差）：适用于控制形状、轮廓、定位、位置、振摆等类别的通用术语。

（34）Tolerance Unilateral（单边公差）：允许在指定尺寸 1 个方向变化的公差。

（35）True Geometric Counterpart（真实几何对称）：指定基准特征的理论完美边界（实际状态或实际配合包络面/线）或者最佳装配（相切）。

（36）True Position（真实位置）：由公称尺寸建立的特征的理论精确位置。

（37）Virtual Condition（实际状态）：由尺寸特征的指定 MMC 或 LMC 材料状态和该材料状态的几何公差产生的恒定边界。

附录 F　ISO 标准及其他一些国家标准的比较

F1　符号

附表 F-1 提供了 ISO 采用的符号与澳大利亚、美国、英国和加拿大所采用的符号的比较。

附表 F-1　符号比较

特性	ISO	澳大利亚	美国	英国	加拿大
小数记号	,	同 参见注 2	• （与数字底线同高）	• （与数字底线同高）	• （在数字中间高度上）
小数记号前的 0	有	有	无	有	无
特性	ISO	澳大利亚	美国	英国	加拿大
直径	ϕx	同	同	同	同
半径	Rx	同	xR	同	xR
正方形	□x	同	—	—	—
锥度	⌲	同	—	同	—
斜度	⌳	同	—	—	—
正确位置	[X]	同	同	同	同
形体识别	A	[A]↓	—	A	—
基准识别	[A]▲ 或 ┌▲	同	[−A−]	同	[−A−]▲ 或 ┌▲
MMC	Ⓜ	同	同	同	同
直度	—	同	同	同	同
平度	⏥	同	同	同	同
圆度	○	同	同	同	同
特性	ISO	澳大利亚	美国	英国	加拿大
圆柱度	⌭	同	同	同	同
线轮廓度	⌒	同	same	同	同
面轮廓度	⌓	同	same	同	同
平行度	//	同	同	同	同
垂直度	⊥	同	同	同	同
倾斜度	∠	同	同	同	同
位置度	⌖	同	同	同	同
同轴度	◎	同	同	同	同
对称度	⌯	同	同	同	同
跳动（圆）	↗	同	同	同	同
全跳动	参见注 3	⌰	↗参见注 4	—	—
与形体尺寸无关	—	—	Ⓢ	—	—

续表

特性	ISO	澳大利亚	美国	英国	加拿大
延伸公差带	参见注 5	邻近于形体中心线的有明确长度的 G 型线	x Ⓟ	—	x Ⓟ
基准目标	—	—	A/y	—	A/y
零件对称	—╫—	同	—	类似用粗线	同

注：1．“同”表示与栏 2（ISO）相同；“—”表示无；“X”表示尺寸数值；“Y”表示识别基准目标的数字 1～6；“A”表示识别基准目标字母。

2．在使用英制尺寸时，小数记号与数字底线同高，或在数字中间高度上。

3．示于 AS1100 的符号已被 ISO/TC、ISO/SC5 所采纳，但在任何标准中尚未体现。

4．在公差框格下面注出“全”（于 ANSI 中称此为形体控制代号）。

5．在尺寸线上或靠近公差框格的符号已被 ISO/TC、ISO/SC5 采纳，但在任何标准中尚未体现。

F2　其他比较

F2.1　公差带的形状

ISO 公差带是指指引线方向的总宽。当公差带为圆或圆柱体时应标ϕ。
澳大利亚、美国和英国同 ISO。
加拿大公差带形状由所控制的特征来决定。

F2.2　公差框格内的次序

ISO 从左到右的次序：几何公差符号、公差值、基准代号。例如：

⊕	ϕ0.5Ⓜ	A

澳大利亚、英国和加拿大同 ISO。
美国同 ISO 或按下列次序：几何公差符号、基准代号、公差值。例如：

⊕	A	ϕ0.5Ⓜ

F2.3　位置度公差标注和中心距公差标注的组合

ISO 尚未规定。
澳大利亚和加拿大规定带中心距公差的尺寸和带形状公差的尺寸应分别独立地符合要求。
美国和英国允许孔组中各孔的中心线可以超出中心距公差，其允许的超出量于形体处于 MMC 时为给定的位置度公差之半。

F3　西方主要国家的形状和位置公差标准号

附表 F-2　西方主要国家的形状和位置公差标准号

序号	国家	标准号	中文术语
1	国际标准化组织	ISO R 1101:1969/A.1:1971(E)	形状和位置公差

续表

序号	国家	标准号	中文术语
2	美国	ANSI ASME Y14.5:2009	尺寸、形状和位置公差
3	澳大利亚	AS 1100.10:1974	几何公差（米制单位）
4	法国	NF E04-121:1970	形状和位置公差
5	西德	DIN 7184:1972	形状和位置公差
6	日本	JIS B0621:1974	形状和位置公差的定义及表示
7	英国	BS 308:1972	尺寸和几何公差
8	印度	IS:8000	尺寸、形状和位置公差

附录G 几何公差的符（代）号（GB/T 1182—2008 几何公差标注及定义）

附表 G-1 几何公差的符（代）号（GB/T 1182—2008 几何公差标注及定义）

几何公差分类和项目				
分类		项目	符号	有或无基准要求
形状	形状	直线	⏤	无
		平面	⏥	无
		圆度	○	无
		圆柱度	⌭	无
形状或位置	轮廓	线轮廓度	⌒	有或无
		面轮廓度	⌓	有或无
位置	定向	平行度	∥	有
		垂直度	⊥	有
		倾斜度	∠	有
	定位	位置度	⌖	有或无
		同轴（同心）度	◎	有
		对称度	⌯	有
	跳动	圆跳动	↗	有
		全跳动	⌰	有

其他有关符号	
名称	符号
包容要求	Ⓔ
最大实体要求	Ⓜ
最小实体要求	Ⓛ
可逆要求	Ⓡ
延伸公差带	Ⓟ
自由状态（非刚性零件）条件	Ⓕ
全周（轮廓）	⌀↙
理论正确尺寸	50
基准目标的标注	$\phi2$ / A1

几何公差框格

指引线　公差框格　几何公差符号　公差值和有关符号　基准字母和有关符号

⌖ | $\phi0.1$Ⓜ | A | BⓂ

公差框格分成两格或多格，框格内从左到右填写以下内容：

第一格：几何公差特征的符号；

第一格：几何公差数值和有关符号；

第三格和以后各格：基准字母和有关符号。

公差框格应水平或垂直绘制，其线型为细实线。

基准符号

A　A

基准符号由基准字母、框格、连线和一个涂黑的或空白的三角形组成。

注：GB/T 1182—1996中规定的基准符号为

Ⓐ

附录H　安全裕度（A）与计量器具的测量不确定度允许值（μ）

附表 H-1　安全裕度（A）与计量器具的测量不确定度允许值（μ）

公差等级		6					7					8					9					10					11				
公称尺寸/mm		T	A	μ			T	A	μ			T	A	μ			T	A	μ			T	A	μ			T	A	μ		
大于	至			I	II	III			I	II	III			I	II	III			I	II	III			I	II	III			I	II	III
—	3	6	0.6	0.54	0.9	1.4	10	1.0	0.9	1.5	2.3	14	1.4	1.3	2.1	3.2	25	2.5	2.3	3.8	5.6	40	4.0	3.6	6.0	9.0	60	6.0	5.4	9.0	14
3	6	8	0.8	0.72	1.2	1.8	12	1.2	1.1	1.8	2.7	18	1.8	1.6	2.7	4.1	30	3.0	2.7	4.5	6.8	48	4.8	4.3	7.2	11	75	7.5	6.8	11	17
6	10	9	0.9	0.81	1.4	2.0	15	1.5	1.4	2.3	3.4	22	2.2	2.0	3.3	5.0	36	3.6	3.3	5.4	8.1	58	5.8	5.2	8.7	13	90	9.0	8.1	14	20
10	18	11	1.1	1.0	1.7	2.5	18	1.8	1.7	2.7	4.1	27	2.7	2.4	4.1	6.1	43	4.3	3.9	6.5	9.7	70	7.0	6.3	11	16	110	11	10	17	25
18	30	13	1.3	1.2	2.0	2.9	21	2.1	1.9	3.2	4.7	33	3.3	3.0	5.0	7.4	52	5.2	4.7	7.8	12	84	8.4	7.6	13	19	130	13	12	20	29
30	50	16	1.6	1.4	2.4	3.6	25	2.5	2.3	3.8	5.6	39	3.9	3.5	5.9	8.8	62	6.2	5.6	9.3	14	100	10	9.0	15	23	160	16	14	24	36
50	80	19	1.9	1.7	2.9	4.3	30	3.0	2.7	4.5	6.8	46	4.6	4.1	6.9	10	74	7.4	6.7	11	17	120	12	11	18	27	190	19	17	29	43
80	120	22	2.2	2.0	3.3	5.0	35	3.5	3.2	5.3	7.9	54	5.4	4.9	8.1	12	87	8.7	7.8	13	20	140	14	13	21	32	220	22	20	33	50
120	180	25	2.5	2.3	3.8	5.6	40	4.0	3.6	6.0	9.0	63	6.3	5.7	9.5	14	100	10	9.0	15	23	160	16	15	24	36	250	25	23	38	56
180	250	29	2.9	2.6	4.4	6.5	46	4.6	4.1	6.9	10	72	7.2	6.5	11	16	115	12	10	17	26	185	18	17	28	42	290	29	26	44	65
250	315	32	2.9	2.9	4.8	7.2	52	5.2	4.7	7.8	12	81	8.1	7.3	12	18	130	13	12	19	29	210	21	19	32	47	320	32	29	48	72
315	400	36	3.6	3.2	5.4	8.1	57	5.7	5.1	8.4	13	89	8.9	8.0	13	20	140	14	13	21	32	230	23	21	35	52	360	36	32	54	81
400	500	40	4.0	3.6	6.0	9.0	63	6.3	5.7	9.5	14	97	9.7	8.7	15	22	155	16	14	23	35	250	25	23	38	56	400	40	36	60	90

续表

公差等级		12				13				14			
公称尺寸/mm		T	A	μ		T	A	μ		T	A	μ	
大于	至			I	II			I	II			I	II
—	3	100	10	9.0	15	140	14	13	21	250	25	23	38
3	6	120	12	11	18	180	18	16	27	300	30	27	45
6	10	150	15	14	23	220	22	20	33	360	36	32	54
10	18	180	18	16	27	270	27	24	41	430	43	39	65
18	30	210	21	19	32	330	33	30	50	520	52	47	78
30	50	250	25	23	38	390	39	35	59	620	62	56	93
50	80	300	30	27	45	460	46	41	69	740	74	67	110
80	120	350	35	32	53	540	54	49	81	870	87	78	130
120	180	400	40	36	60	630	63	57	95	1000	100	90	150
180	250	460	46	41	69	720	72	65	110	1150	115	100	170
250	315	520	52	47	78	810	81	73	120	1300	130	120	190
315	400	570	57	51	86	890	89	80	130	1400	140	130	210
400	500	630	63	57	95	970	97	87	150	1500	150	140	230

公差等级		15				16				17				18			
公称尺寸/mm		T	A	μ		T	A	μ		T	A	μ		T	A	μ	
大于	至			I	II			I	II			I	II			I	II
—	3	400	40	36	60	600	60	54	90	1000	100	90	150	1400	140	125	210
3	6	480	48	43	72	750	75	68	110	1200	120	110	180	1800	180	160	270
6	10	580	58	52	87	900	90	81	140	1500	150	140	230	2200	220	200	330
10	18	700	70	63	110	1100	110	100	170	1800	180	160	270	2700	270	240	400
18	30	840	84	76	130	1300	130	120	200	2100	210	190	320	3300	330	300	490
30	50	1000	100	90	150	1600	160	140	240	2500	250	220	380	3900	390	350	580
50	80	1200	120	110	180	1900	190	170	290	3000	300	270	450	4600	460	410	690
80	120	1400	140	130	210	2200	220	200	330	350	350	320	530	5400	540	480	810
120	180	1600	160	150	240	2500	250	230	380	4000	400	360	600	6300	630	570	940
180	250	1850	185	170	280	2900	290	260	440	460	460	410	690	7200	720	650	1080
250	315	2100	210	190	320	3200	320	290	480	5200	520	470	780	8100	810	730	1210
315	400	2300	230	210	350	3600	360	320	540	5700	570	510	860	8900	890	800	1330
400	500	2500	250	230	380	4000	400	360	600	6300	630	570	950	9700	970	870	1450

附录I　标准公差数值（摘自GB/T 1800.1—2009）

附表I-1　标准公差数值（一）

单位：mm

公差等级										
IT8	IT9	IT10	IT11	IT12	IT13	IT14	IT15	IT16	IT17	IT18
14	25	40	60	100	0.14	0.25	0.40	0.60	1.0	1.4
18	30	48	75	120	0.18	0.30	0.48	0.75	1.2	1.8
22	36	58	90	150	0.22	0.36	0.58	0.90	1.5	2.2
27	43	70	110	180	0.27	0.43	0.70	1.10	1.8	2.7
33	52	84	130	210	0.33	0.52	0.84	1.30	2.1	3.3
39	62	100	160	250	0.39	0.62	1.00	1.60	2.5	3.9
46	74	120	190	300	0.46	0.74	1.20	1.90	3.0	4.6
54	87	140	220	350	0.54	0.87	1.40	2.20	3.5	5.4
63	100	160	250	400	0.63	1.00	1.60	2.50	4.0	6.3
72	115	185	290	460	0.72	1.15	1.85	2.90	4.6	7.2
81	130	210	320	520	0.81	1.30	2.10	3.20	5.2	8.1
89	140	230	360	570	0.89	1.40	2.30	3.60	5.7	8.9
97	155	250	400	630	0.97	1.55	2.50	4.00	6.3	9.7
110	175	280	440	700	1.10	1.75	2.8	4.4	7.0	11.0
125	200	320	500	800	1.25	2.0	3.2	5.0	8.0	12.5
140	230	360	560	900	1.40	2.3	3.6	5.6	9.0	14.0
165	260	420	660	1050	1.65	2.6	4.2	6.6	10.5	16.5
195	310	500	780	1250	1.95	3.1	5.0	7.8	12.5	19.5
230	370	600	920	1500	2.30	3.7	6.0	9.2	15.0	23.0
280	440	700	1100	1750	2.80	4.4	7.0	11.0	17.5	28.0
330	540	860	1350	2100	3.30	5.4	8.0	13.5	21.0	33.0

附表 I-2　标准公差数值（二）

公称尺寸/mm	IT01	IT0	IT1	IT2	IT3	IT4	IT5	IT6	IT7
≤3	0.3	0.5	0.8	1.2	2	3	4	6	10
>3～6	0.4	0.6	1	1.5	2.5	4	5	8	12
>6～10	0.4	0.6	1	1.5	2.5	4	6	9	15
>10～18	0.5	0.8	1.2	2	3	5	8	11	18
>18～30	0.6	1	1.5	2.5	4	6	9	13	21
>30～50	0.6	1	1.5	2.5	4	7	11	16	25
>50～80	0.8	1.2	2	3	5	8	13	19	30
>80～120	1	1.5	2.5	4	6	10	15	22	35
>120～180	1.2	2	3.5	5	8	12	18	25	40
>180～250	2	3	4.5	7	10	14	20	29	46
>250～315	2.5	4	6	8	12	16	23	32	52
>315～400	3	5	7	9	13	18	25	36	57
>400～500	4	6	8	10	15	20	27	40	63
>500～630	—	—	9	11	16	22	30	44	70
>630～800	—	—	10	13	18	25	35	50	80
>800～1000	—	—	11	15	21	29	40	56	90
>1000～1250	—	—	13	18	24	34	46	66	105
>1250～1600	—	—	15	21	29	40	54	78	125
>1600～2000	—	—	18	25	35	48	65	92	150
>2000～2500	—	—	22	30	41	57	77	110	175
>2500～2150	—	—	26	36	50	69	93	135	210

注：1．公称尺寸大于 500mm 的 IT1～IT5 的标准公差数值为试行。

2．公称尺寸不大于 1mm 时，无 IT14～IT80。

附录 J　IT6 ~ IT14 级工作量规制造公差与位置要素值表（摘要）

附表 J-1　IT6～IT14 级工作量规制造公差与位置要素值表（摘要）

单位：μm

工作公称尺寸	IT6			IT7			IT8			IT9			IT10			IT11			IT12			IT13			IT14		
D/mm	IT6	T	Z	IT7	T	Z	IT8	T	Z	IT9	T	Z	IT10	T	Z	IT11	T	Z	IT12	T	Z	IT13	T	Z	IT14	T	Z
～3	6	1	1	10	1.2	1.6	14	1.6	2	25	2	3	40	2.4	4	60	3	6	100	4	9	140	6	14	250	9	20
大于 3～6	8	1.2	1.4	12	1.4	2	18	2	2.6	30	2.4	4	48	3	5	75	4	8	120	5	11	180	7	16	300	11	25
大于 6～10	9	1.4	1.6	15	1.8	2.4	22	2.4	3.2	36	2.8	5	58	3.6	6	90	5	9	150	6	13	220	8	20	360	13	30
大于 10～18	11	1.6	2	18	2	2.8	27	2.8	4	43	3.4	6	70	4	8	110	6	11	180	7	15	270	10	24	430	15	35
大于 18～30	13	2	2.4	21	2.4	3.4	33	3.4	5	52	4	7	84	5	9	130	7	13	210	8	18	330	12	28	520	18	40
大于 30～50	16	2.4	2.8	25	3	4	39	4	6	62	5	8	100	6	11	160	8	16	250	10	22	390	14	34	620	22	50
大于 50～80	19	2.8	3.4	30	3.6	4.6	46	4.6	7	74	6	9	120	7	13	190	9	19	300	12	26	460	16	40	740	26	60
大于 80～120	22	3.2	3.8	35	4.2	5.4	54	5.4	8	87	7	10	140	8	15	220	10	22	350	14	30	540	20	46	870	30	70
大于 120～180	25	3.8	4.4	40	4.8	6	63	6	9	100	8	12	160	9	18	250	12	25	400	16	35	630	22	52	1000	35	80
大于 180～250	29	4.4	5	46	5.4	7	72	7	10	115	9	14	185	10	20	290	14	29	460	18	40	720	26	60	1150	40	90
大于 250～315	32	4.8	5.6	52	6	8	81	8	11	130	10	16	210	12	22	320	16	32	520	20	45	810	28	66	1300	45	100
大于 315～400	36	5.4	6.2	57	7	9	89	9	12	140	11	18	230	14	25	360	18	36	570	22	50	890	32	74	1400	50	110
大于 400～500	40	6	7	63	8	10	97	10	14	155	12	20	250	16	28	400	20	40	630	24	55	970	36	80	1550	55	120

参 考 文 献

[1] 甘永立．几何量公差与检测[M]．10版．上海：上海科学技术出版社，2013．

[2] 廖念钊，古莹菴，莫雨松，等．互换性与测量技术基础[M]．6版．北京：中国质检出版社，2012．

[3] 毛平淮．互换性与测量技术基础[M]．2版．北京：机械工业出版社，2011．

[4] 胡凤兰．互换性与技术测量基础[M]．2版．北京：高等教育出版社，2010．

[5] 李军．互换性与测量技术基础[M]．3版．武汉：华中科技大学出版社，2013．

[6] 徐学林．互换性与测量技术基础[M]．长沙：湖南大学出版社，2005．

[7] 方昆凡．公差与配合速查手册[M]．北京：机械工业出版社，2013．

[8] 刘美华，张秀娟．互换性与测量技术[M]．武汉：华中科技大学出版社，2013．

[9] 任桂华，胡凤兰．互换性与技术测量实验指导书[M]．武汉：华中科技大学出版社，2013．

[10] 王伯平．互换性与测量技术基础[M]．4版．北京：机械工业出版社，2013．

[11] 何永熹，武充沛．几何精度规范学[M]．2版．北京：北京理工大学出版社，2006．

[12] 付求涯，邱小童．互换性与技术测量[M]．北京：北京航空航天大学出版社，2011．

[13] 孙开元，冯晓梅．公差与配合速查手册[M]．北京：化学工业出版社，2009．

[14] 张铁，李旻．互换性与测量技术[M]．北京：清华大学出版社，2010．

[15] 薛岩，刘永田，等．公差配合新标准解读及应用示例[M]．北京：化学工业出版社，2014．

[16] 朱孝录．齿轮传动设计手册[M]．2版．北京：化学工业出版社，2010．

[17] 倪莉．画法几何及机械制图（附习题集）[M]．北京：中国电力出版社，2015．

[18] GB/T 4249—2009 产品几何技术规范（GPS） 公差原则[S]．北京：中国标准出版社，2009．

[19] GB/T 10095.1—2008 圆柱齿轮 精度制 第 1 部分：轮齿同侧齿面偏差的定义和允许值[S].北京：中国标准出版社，2008．

[20] GB/T 10095.2—2008 圆柱齿轮 精度制 第 2 部分：径向综合偏差与径向跳动的定义和允许值[S].北京：中国标准出版社，2008．

[21] GB/Z 18620.1—2008 圆柱齿轮 检验实施规范 第 1 部分：轮齿同侧齿面的检验[S]．北京：中国标准出版社，2008．

[22] GB/Z 18620.2—2008 圆柱齿轮 检验实施规范 第 2 部分：径向综合偏差、径向跳动、齿厚和侧隙的检验[S]．北京：中国标准出版社，2008．

[23] GB/Z 18620.3—2008 圆柱齿轮 检验实施规范 第 3 部分：齿轮坯、轴中心距和轴线平行度的检验[S]．北京：中国标准出版社，2008．

[24] GB/Z 18620.4—2008 圆柱齿轮检验实施规范 第 4 部分：表面结构和轮齿接触斑点的检验[S]．北京：中国标准出版社，2008．

[25] 美国机械工程学会．ASME Y14.5:2009 Dimensioning and Tolerancing. American[S]，2009．